W0256871

Physische Geographie kompakt

Rüdiger Glaser   Christiane Hauter   Dominik Faust
Rainer Glawion   Helmut Saurer   Achim Schulte
Dirk Sudhaus

Physische Geographie kompakt

Autoren:
Rüdiger Glaser; ruediger.glaser@geographie.uni-freiburg.de
Christiane Hauter; christiane@hauter.eu
Dominik Faust; Dominik.Faust@mailbox.tu-dresden.de
Rainer Glawion; rainer.glawion@geographie.uni-freiburg.de
Helmut Saurer; helmut.saurer@geographie.uni-freiburg.de
Achim Schulte; achim.schulte@fu-berlin.de
Dirk Sudhaus; dirk.sudhaus@gmx.net

Bibliografische Information der Deutschen Nationalbibliothek
Die Deutsche Nationalbibliothek verzeichnet diese Publikation in der Deutschen Nationalbibliografie; detaillierte bibliografische Daten sind im Internet über http://dnb.d-nb.de abrufbar.

Springer ist ein Unternehmen von Springer Science+Business Media
springer.de

© Spektrum Akademischer Verlag Heidelberg 2010
Spektrum Akademischer Verlag ist ein Imprint von Springer

10 11 12 13 14   5 4 3 2 1

Planung und Lektorat: Merlet Behncke-Braunbeck, Sabine Bartels
Redaktion: Dr. Jens Seeling
Satz: klartext, Heidelberg
Umschlaggestaltung: SpieszDesign, Neu-Ulm
Titelfotografie: Arches National Park, © Rüdiger Glaser

ISBN 978-3-8274-2059-6

Vorwort

Der vorliegende Band ist Einstieg und Überblick zur Physischen Geographie und wendet sich insbesondere an Schüler/Schülerinnen und Lehrer/Lehrerinnen höherer Jahrgangsstufen sowie an Studierende und Dozenten der Geographie in den Anfangssemestern sowie Studierende, die Geographie als Nebenfach belegen.

Die Physische Geographie beschäftigt sich mit den naturwissenschaftlich geprägten Erscheinungen auf der Erde, insbesondere Boden, Relief, Wasser, Klima sowie Vegetation und Tierwelt. Diese Teilbereiche standen auch als Gliederungsprinzip für dieses Buches Pate. In der Zusammenschau vermitteln sie ein Grundverständnis für die wesentlichen Prozesse auf unserem Planeten. Diese stehen in direktem Zusammenhang mit den aktuellen Fragen zum Zustand unserer Umwelt. Ohne dieses Grundwissen lassen sich Fragen des Klimawandels, der Biodiversität oder der Desertifikation nicht schlüssig beantworten. Geographie fördert insbesondere das dafür unabdingbare Systemverständnis. Die Betonung der Erde als System kommt besonders in den Darstellungen zu den Stoffkreisläufen zum Ausdruck. Eine zeitgemäße Physische Geographie muss aber auch den Mensch als prägenden Faktor der Umwelt einbeziehen. Geographie ist integrativ und folgt einem gesamtheitlichen Ansatz im Sinne der Mensch-Umwelt-Forschung. Um dieser Brückenstellung der Geographie zu entsprechen, sind auch Themenkreise wie Global Change sowie einige Umweltfragen in das Buch mit aufgenommen.

Die Ausführungen sind knapp und verständlich gehalten, vermitteln aber dennoch die klassischen Themenbereiche Geologie und Geomorphologie sowie Klima-, Hydro-, Vegetations- und Bodengeographie. Ergänzt werden sie durch die Betrachtung von verschiedenen integrativen Problemfeldern. Hierzu gehören naturräumliche Gliederungen und Stoffkreisläufe ebenso wie die Beschäftigung mit Fragen des Umweltschutzes oder des Globalen Wandels. Auch die für das Grundverständnis von Geographie wesentlichen Arbeitsmethoden wie Feld- und Labormethoden, GIS und Fernerkundung werden in einem eigenen Kapitel vorgestellt.

Kurze Exkurse zu aktuellen Themen, Problemen und Fragestellungen runden diese Themen ab und unterstreichen die Stellung der Geographie als eine lebensnahe, problemorientierte Wissenschaft. Viele Fallbeispiele lenken den Fokus auf Mitteleuropa, ihr Bezug zum globalen Kontext wird jedoch aufgezeigt. Eingestreute Aufgaben und Fragen zum behandelten Stoff sollen zum selbstreflektierenden Eigenstudium anregen und dienen der Festigung der Lerninhalte. In diesem Sinne ist dieser „kleine Bruder" des „großen Lehrbuchs Geographie" auch als Kompendium zur Prüfungsvorbereitung in der Physischen Geographie geeignet.

Die Autoren sind ausgewiesene Experten auf den jeweiligen Gebieten. Durch die Einbeziehung von Lehrerinnen in den Autorenkreis wird die „Brückenstellung" dieses Buches betont.

Wir danken den folgenden Wissenschaftlerinnen und Wissenschaftlern recht herzlich für ihre Genehmigung, in diesem Buch Textpassagen und Grafiken aus der „Geographie" zu zitieren, und ganz besonders für zahlreiche hilfreiche Kommentare, die zur Verbesserung des vorliegenden Werkes beigetragen haben: C. Beck, H. Brückner, E. Brunotte, O. Bubenzer, R. Dikau, W. Endlicher, M. Frühauf, R. Gerlach, E. Giese, T. Glade, S. Glatzel, W. Haeberli, J. Herget, J. Jacobeit, D. Kelletat, A. Kleber, W. Mauser, J. Nipper, C. Opp, E. Parlow, U. Radtke, K. Rögner, G. Schellmann, E. und T. Schmitt, C. Schönwiese, J. Sehring, B. Sponholz, H. von Storch, J. Völkel, F. Whelan, L. Zöller.

Freiburg,
im Februar 2010

Rüdiger Glaser und
Christiane Hauter

Inhalt

13   Global Change und seine Risiken

Vom galaktischen Staub zum blauen Planeten – die Entwicklungsgeschichte der Erde

1

1.1 Die Entstehung des Sonnensystems

Die Entstehung des Universums gehört zu den grundlegendsten Fragen der Menschheit. In allen Religionen haben sich – ähnlich der Schöpfungsgeschichte in der Bibel – Mythen und Anschauungen gebildet, die sich mit dieser Frage auseinandersetzen.

In der Wissenschaft ist die Theorie des **Urknalls** heute allgemein anerkannt. Danach entstand unser Universum vor ca. 13,7 Milliarden Jahren infolge einer gewaltigen kosmischen Explosion aus einem einzigen Punkt unvorstellbar hoher Dichte, in dem die gesamte Materie und Energie konzentriert war. Dieser „Big Bang" markiert den Beginn von Materie, Raum und Zeit. Seit dem Urknall dehnt sich das Universum kontinuierlich aus.

Unser Sonnensystem, ist Teil des Milchstraßensystems (Galaxis), eines großen Sternensystems im Universum, das sich vor etwa 4,5 Milliarden Jahren bildete. Bereits im Jahre 1755 stellte der Philosoph Immanuel Kant eine Hypothese darüber auf, wie die Planeten unseres Sonnensystems entstanden. In den letzten Jahrzehnten haben Astronomen seine Vorstellung, die **Nebularhypothese,** ausgebaut und verfeinert. Demnach bildete sich unser Sonnensystem aus einer rotierenden Wolke von Gas und Staub, dem solaren Urnebel. Massenanziehungskräfte zwischen ihren Teilchen ließen diese Wolke kontrahieren, wobei eine flache Scheibe entstand, deren Masse sich im Zentrum konzentrierte. Durch den anhaltenden Aufprall von Teilchen verdichtete sich das Zentrum der Scheibe, die Protosonne, immer weiter und heizte sich auf. Bei einer Temperatur von mehreren Millionen Kelvin kam es schließlich zur Kernfusion, d. h. zur Verschmelzung von Wasserstoffker-

nen zu Heliumkernen unter hohen Druck- und Temperaturbedingungen. Ein Teil der dabei frei gewordenen Energie treibt den Sonnenwind an, einen Strom elektrisch geladener Teilchen. Auch das für den Menschen wahrnehmbare Sonnenlicht hat seine Ursache in der Kernfusion in der Sonne.

Im Sonnennebel, also den Resten der ursprünglichen Gas- und Staubwolke, die nicht in der Sonne konzentriert waren, entstanden ebenfalls „Materieklumpen" (Planetesimale). Durch Kollisionen dieser Körper bilde-

Abb. 1.1 Die Erde aus dem All. Die Darstellung (MODIS-Daten) vom September 2002 fokussiert auf den Nordpazifik und den Nordpol. Derartige Aufnahmen zeigen die Faszination unseres Planeten, zugleich vermitteln sie die derzeitigen Veränderungen – wie hier die abnehmende Eisbedeckung der Arktis (aus Dech et al. 2008).

Abb. 1.2 Die Planeten des Sonnensystems (nach Press und Siever 2008). Pluto wird seit der Neudefinition des Begriffs Planet durch die Internationale Astronomische Union im Jahr 2006 nicht mehr als Planet, sondern als Zwergplanet bezeichnet (http://www.iau.org/administration/resolutions/ga2006).

ten sich letztendlich die acht Planeten Merkur, Venus, Erde, Mars (innere Planeten) sowie Jupiter, Saturn, Uranus und Neptun (äußere Planeten) heraus. Da die inneren Planeten näher an der Sonne und somit unter wärmeren Bedingungen entstanden, bestehen sie vorwiegend aus gesteinsbildenden Silikaten und schweren Metallen wie Eisen und Nickel. Gase und Flüssigkeiten wie Wasser, Wasserstoff und Helium konnten unter diesen Bedingungen nicht kondensieren. In den kälteren äußeren Bereichen des Sonnensystems hingegen konzentrierten sich diese Substanzen und bildeten die äußeren Planeten, die zwar Kerne aus Gesteinen und Metallen besitzen, ansonsten aber vorwiegend aus Wasserstoff, Helium und anderen Bestandteilen des solaren Urnebels bestehen (Press und Siever 2008, Bahlburg und Breitkreuz 2008).

1.2 Aus dem solaren Urnebel – die Entstehung der Erde

Im Anfangsstadium der Entstehung der Erde kam es immer wieder zu Einschlägen von Himmelskörpern. Bei einer solchen Kollision wird – wie beim Zusammenprall der Elementarteilchen im solaren Urnebel – Bewegungsenergie in Wärmeenergie umgewandelt. Dies führte zusammen mit dem Zerfall von radioaktiven Elementen zum Aufschmelzen des Planeten. Im weichen Material waren die einzelnen Komponenten frei beweglich, so dass schwerere Elemente wie Eisen und Nickel absanken und den Erdkern bildeten. Das leichtere Material stieg auf, wodurch Wärme vom Erdinneren an die Oberfläche

gelangte und ins Weltall abgegeben wurde. Die Erdkruste erhärtete und es entstand ein Planet, der aus konzentrischen Schalen aufgebaut ist, die sich in ihren chemischen und physikalischen Eigenschaften unterscheiden. Dieser Prozess wird als Differenziation bezeichnet.

Auch die Entstehung des Mondes ist auf ein Kollisionsereignis vor ca. 4,5 Milliarden Jahren zurückzuführen. Ein Himmelskörper von der Größe des Mars prallte dabei auf die Erde auf. Dadurch wurde Material von beiden Himmelskörpern in den Weltraum geschleudert, das sich in der Folge zum Mond zusammenfügte. Die Erde gelangte durch diesen Aufprall in „Schräglage", so dass ihre Rotationsachse heute nicht mehr senkrecht auf ihre Umlaufbahn steht, sondern um 23,5° geneigt ist. Dadurch erhalten Nord- und Südhalbkugel an verschiedenen Punkten der Umlaufbahn der Erde um die Sonne unterschiedliche Strahlungsmengen, was die Grundlage für die Ausbildung der Jahreszeiten darstellt (Press und Siever 2008).

1.3 Der lange Weg zum Durchatmen – die Entstehung der Atmosphäre

Die Erde besitzt – etwa im Gegensatz zum Mond – eine **Atmosphäre**, d. h. sie wird von einer Lufthülle umgeben. Diese hatte im Verlauf der Erdgeschichte wechselnde Zusammensetzungen. Die **erste Erdatmosphäre** bildete sich aus dem Sonnennebel, nachdem die Erde groß

Meteoriteneinschläge

Während es in der frühesten Phase der Erdgeschichte öfter zu Kollisionen mit anderen Himmelskörpern kam, nahm die Häufigkeit solcher Einschläge im Laufe der Zeit ab. Kleinere Himmelskörper werden meist schon beim Eintreten in die Atmosphäre abgebremst und verglühen. Trotzdem erreichen pro Jahr ca. 40 000 Tonnen extraterrestrisches Material die Erde, überwiegend Staub und kleinere Objekte. Statistisch gesehen kollidiert alle 1 bis 2 Mio. Jahre ein Materieklumpen mit einem Durchmesser von 1 bis 2 km mit der Erde. Es sind mehrere solche **Impaktereignisse** dokumentiert.

Vor ca. 65 Millionen Jahren schlug vor der mexikanischen Halbinsel Yucatán ein Asteroid mit einem Durchmesser von ca. 10 km ein. Die dadurch ausgelöste Explosion war mehrere hundert Milliarden Mal stärker als die bisher stärkste Kernwaffenexplosion. Es entstanden heftige Tsunamis. Der emporgeschleuderte Staub und Dampf verteilten sich in der gesamten Atmosphäre und reduzierten das Strahlungsangebot für die Photosynthese erheblich. Giftige schwefel- und stickstoffhaltige Gase lösten sich im atmosphärischen Wasser und führten dazu, dass „saurer Regen" auf die Erde niederging. Die Folgen waren verheerend für das Leben auf der Erde, ca. 75 % der Arten, unter anderem die Dinosaurier, starben aus.

Durch reliefprägende Vorgänge wie Plattentektonik und Verwitterung sind auf der Erde im Gegensatz zu den stark „vernarbten" anderen terrestrischen Planeten nur wenige Einschlagkrater erhalten. In Deutschland ist das Nördlinger Ries ein bekannter Krater, der vor etwa 14,8 Millionen Jahren durch den Einschlag eines Meteoriten entstand.

Astronomen der NASA prognostizieren, dass im März des Jahres 2880 ein Asteroid mit 1 km Durchmesser mit einer Wahrscheinlichkeit von 0,33 % mit der Erde kollidieren wird. Dieses Ereignis hätte katastrophale Auswirkungen für das Leben auf der Erde. Der 1998 erschienene Hollywoodfilm *Armageddon* thematisiert ein solches Szenario (Eberle et al. 2007, Press und Siever 2008).

---

genug geworden war, um durch ihre Anziehungskraft eine Lufthülle festzuhalten. Die beschriebene Erhitzung der Erde durch Kollisionen mit anderen Himmelskörpern sowie der Sonnenwind waren die Ursachen dafür, dass die erste Atmosphäre nicht dauerhaft Bestand hatte.

Die **zweite Erdatmosphäre** entstand durch den während der Abkühlung der Erdoberfläche zunehmenden Vulkanismus. Ihre Zusammensetzung ähnelt der von Gasen, die heute bei Vulkanausbrüchen entweichen. Sie bestand hauptsächlich aus Wasserdampf, aber auch aus Kohlendioxid und Schwefelwasserstoff. Stickstoff, Wasserstoff und andere Gase kamen in geringeren Konzentrationen vor.

Durch die Abkühlung der Erdoberfläche kondensierte der Wasserdampf allmählich und bildete die Ozeane. Darin konnten sich Stoffe aus den Gesteinen der Erdoberfläche wie beispielsweise Calcium, aber auch Gase aus der Lufthülle lösen. Durch Reaktionen dieser gelösten Bestandteile miteinander wurden Feststoffe wie beispielsweise Kalk (Calciumcarbonat) ausgefällt und auf dem Meeresboden abgelagert. Infolgedessen wurden der Atmosphäre weiter Gase entzogen, was zu einer Veränderung ihrer Zusammensetzung führte. Die **dritte Atmosphäre** mit Wasserdampf, Kohlendioxid und Stickstoff als wichtigste Bestandteile war entstanden.

Der gesamte Sauerstoff, heute einer der Hauptbestandteile der Atmosphäre, entstand durch **Photosynthese**. Bei dieser chemischen Reaktion, die die Grundlage für das Leben auf der Erde darstellt, wird die Lichtenergie der Sonne unter Verbrauch von Wasser und Kohlendioxid in chemisch gebundene Energie (in Form von energiereichen Makromolekülen) umgewandelt. Der dabei entstehende Sauerstoff reicherte sich mit der Zeit in der Atmosphäre an. Die ersten photosynthesetreibenden Organismen, die Cyanobakterien, gab es bereits vor ca. 4 Mrd. Jahren. Zunächst wurde der freiwerdende Sauerstoff allerdings durch Reaktion mit dem im Meerwasser gelösten Eisen und Schwefel sofort wieder gebunden. Die durch diesen „Rostvorgang" entstandenen Eisenerze stellen heute bedeutende Lagerstätten dar. Es dauerte etwa 2 Mrd. Jahre bis sich ca. 1% der heutigen Sauerstoffkonzentration in der Atmosphäre angereichert hatte. Erst die Evolution von komplexeren Lebewesen und die damit verbundene effizientere Energieverwertung führte zu einer Ausbreitung des Lebens auf der Erde und – gleichzeitig mit den geringer werdenden Anteilen von oxidierbaren Stoffen in den Meeren – zur Erhöhung des Sauerstoffanteils in der Atmosphäre. Nachdem ein bestimmter Schwellenwert überschritten war, wurden in höheren Atmosphäreschichten durch ultraviolette Strahlung Sauerstoffmoleküle gespalten, wodurch die Ozonschicht entstand. Dieser Vorgang der Spaltung von Sauerstoffmolekülen dauert bis heute an und führt dazu, dass die Ozonschicht als Schutzschild gegen UV-Strahlung wirkt (Häckel 2008, Bauer et al. 2004). Die heutige Atmosphäre – unsere Luft zum Atmen – war entstanden. Und wenn wir heute mit der Erhöhung der Treibhausgase, der Zerstörung der Ozonschicht und der Anreicherung

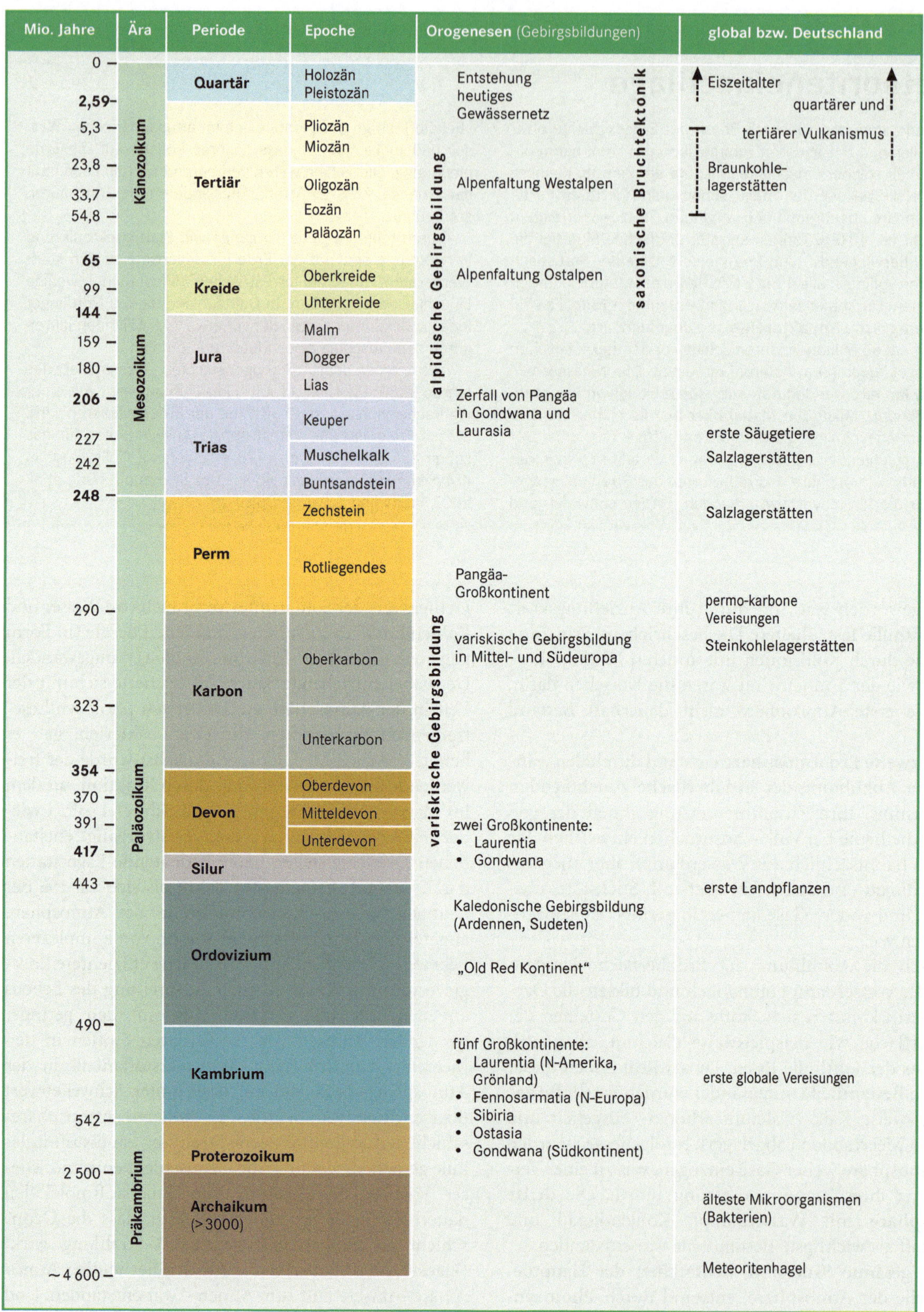

Abb. 1.3 Die geologische Zeittafel (Schellmann 2007).

von Schadstoffen wesentliche Probleme des globalen Wandels geschaffen haben, dann scheint auch in dieser Hinsicht eine neue Dimension eröffnet worden zu sein.

1.4 Blick in die Vergangenheit – die Erforschung der Erdgeschichte

Schon seit jeher interessierten sich die Menschen ebenso für ihre eigene Vergangenheit wie für die ihres Planeten. Während frühere Wissenschaftler häufig auf ihre Vorstellungsgabe angewiesen waren, gibt es heute vielfältige, mitunter technisch aufwendige Verfahren, um die Erdgeschichte zu rekonstruieren.

Klassischerweise werden stratigraphische Methoden verwendet. Dabei werden die verschiedenen Sedimentschichten untersucht, wobei vorausgesetzt wird, dass ihr Alter von unten nach oben abnimmt: das sogenannte **stratigraphische Grundprinzip. Fossilien**, d. h. in die Sedimente eingebettete Überreste von Organismen, lassen sich sowohl in ihrer zeitlichen Stellung zueinander als auch anhand biologisch-evolutionärer Merkmale zeitlich fixieren. Beim Vergleich verschiedener Schichten, die Fossilien führen, kann damit ein zeitliches Gerüst entworfen und Gesteinsfolgen an verschiedenen Standorten parallelisiert werden. Aus solchen Vergleichen haben Geologen die **geologische Zeitskala** erstellt. Dabei wird die Erdgeschichte in verschiedene Einheiten (Ären, Perioden und Epochen) unterteilt (Abb. 1.3). Die Grenzen zwischen den verschiedenen Zeitabschnitten fallen oft mit großen Massenaussterbeereignissen zusammen wie beispielsweise dem Aussterben von 75% der Arten, u. a. der Dinosaurier, an der Grenze von

Kreide zu Paläogen (Exkurs Meteoriteneinschläge). Während aus dem Präkambrium, das die ersten 4 Mrd. Jahre der Erdgeschichte umfasst, nur wenige Kenntnisse vorliegen, ist die jüngere Erdgeschichte seit dem Paläozoikum wesentlich detaillierter gegliedert.

Während stratigraphische Methoden nur eine **relative Datierung**, d. h. die Festlegung einer Abfolge ohne genaue Altersangabe ermöglichen, erlauben **absolute Datierungsmethoden** eine exakte Zeitangabe. Werden bei der Entstehung von Gesteinen radioaktive Nuklide in deren Minerale eingeschlossen, beginnen diese ab diesem Zeitpunkt zu zerfallen. Dieser Zerfallsprozess erfolgt in einer konstanten Geschwindigkeit, die sich mithilfe der **Halbwertszeit**, also der Zeit, in der die Hälfte der ursprünglich vorhandenen Menge eines radioaktiven Nuklids zerfallen ist, angeben lässt. Durch diese **radioaktive Uhr** lässt sich anhand des Verhältnisses zwischen Mutterelement und Tochterelement berechnen, vor wie vielen Jahren das entsprechende Gestein entstanden ist. Durch Anwendung von absoluten Datierungsmethoden konnte die geologische Zeitskala um genaue Zeitangaben ergänzt werden (Press und Siever 2008, Bahlburg und Breitkreuz 2008).

💡 Zum Weiterdenken

1. Warum ist es nicht so einfach, geologische Zeitdimensionen exakt zu bestimmen?

2. Warum hat sich unsere Atmosphäre erst in mehreren Schritten entwickelt?

3. Warum sind Begriff und Datierung des Anthropozän umstritten?

4. Welche Entwicklungen waren für die Entstehung des Lebens auf der Erde von besonderer Bedeutung?

Exkurs

Aktuelle Forschungskontroversen in der Stratigraphie

Die *International Comission on Stratigraphy (ICS)* wacht über geochronologische und stratigraphische Daten und definiert diese. Es mag vielleicht erstaunen, dass dafür eine Kommission existiert. Es zeigt sich aber, dass manche Einordnung noch Probleme bereitet: So weisen einige Autoren das Anthropozän ab dem Jahre 1800 n. Chr., dem Beginn der Industrialisierung, als eigene Einheit aus. Andere Autoren weiten diesen Begriff auf den prähistorischen Zeitraum aus. Dies trägt dem Umstand Rechnung, dass der Mensch zumindest seit seiner Sesshaftwerdung in zunehmendem Maße als prägender Faktor in Erscheinung getreten ist. Der Beginn des Quartärs, dieser für das heutige Bild so wichtigen, weil vom Wechsel der Glaziale (Kaltzeiten) und Interglaziale (Warmzeiten) geprägten Periode, war ebenfalls über lange Jahre Gegenstand heftiger Diskussionen. Erst im Jahre 2009 wurde sein Beginn offiziell mit 2,588 Mio. Jahren vor heute festgelegt (www.stratigraphy.org).

Literatur

Bahlburg H, Breitkreuz C (2008) Grundlagen der Geologie. 3. Auflage. Heidelberg.

Bauer J, Englert W, Meier U (2004) Physische Geographie kompakt. 4. Auflage. Heidelberg.

Dech S, Glaser R, Meisner R (2008) Globaler Wandel – Die Erde aus dem All. München.

Eberle J, Eitel B, Blümel WD (2007) Deutschlands Süden – vom Erdmittelalter zur Gegenwart. Heidelberg.

Gebhardt H et al. (2007) Geographie – Physische Geographie und Humangeographie. Heidelberg.

Häckel H (2008) Meteorologie. 6. Auflage. Stuttgart.

Henningsen D, Katzung G (2006) Einführung in die Geologie Deutschlands. 7. Auflage. Heidelberg.

Leser H (Hrsg) (2001) Diercke Wörterbuch Allgemeine Geographie. 12. Auflage. Braunschweig, München.

Markl G (2008) Minerale und Gesteine. Mineralogie – Petrologie – Geochemie. 2. Auflage. Heidelberg.

Press F, Siever R (2008) Allgemeine Geologie. 5. Auflage. Heidelberg.

Rothe P (2006) Die Geologie Deutschlands, 48 Landschaften im Portrait. Darmstadt.

Rothe P (2008) Die Erde. Alles über Erdgeschichte, Plattentektonik, Vulkane, Erdbeben, Gesteine und Fossilien. Darmstadt.

Schellmann G (2007) Geologische Grundlagen. In: Gebhardt H et al. (Hrsg.) Geographie – Physische Geographie und Humangeographie. Heidelberg, S. 264–277.

International Commission on Stratigraphy: http://www.stratigraphy.org

Die Wirkung endogener Kräfte

2

2.1 Reise zum Mittelpunkt der Erde – oder wie kommt man zum Schalenbau der Erde?

Lange war es für Wissenschaftler schwierig, das Erdinnere zu erforschen. Bei einem Erdradius von ca. 6 300 km konnte selbst die bis heute tiefste Bohrung auf der russischen Halbinsel Kola, die 1994 eine Tiefe von 12 262 m erreichte, nur einen geringen Teil des Erdinneren aufschließen. Doch schon früh entwickelten die Menschen – mutmaßlich geprägt durch die Beobachtung von Vulkanausbrüchen und heißen Quellen – die Vorstellung, dass die Temperaturen im Erdinneren höher sind als an ihrer Oberfläche. Dies kommt sowohl in der mythologischen Vorstellung von der Unterwelt, die vom flammenden Fluss Pyriphlegeton umgeben ist, als auch in der christlichen Vorstellung von der Hölle zum Ausdruck.

Erkenntnisse über den Aufbau der Erde stammen also vor allem aus indirekten Quellen. Schon im 18. Jahrhundert war bekannt, dass die gesamte Erde eine Dichte von 5,5 g/cm³ hat, während ihre Oberflächengesteine wie beispielsweise Granit nur eine Dichte von 2,7 g/cm³ aufweisen. Dieses scheinbare Paradoxon lässt sich nur dann erklären, wenn im Inneren der Erde wesentlich dichtere Materie vorliegt. Meteoriten, die vornehmlich aus Eisen und Nickel bestehen, weisen eine Dichte von bis zu 8 g/cm³ auf. Die Schlussfolgerung, dass auch der Kern der Erde eine ähnliche Zusammensetzung aufweisen könnte, liegt nahe.

Das heute gültige Modell einer aus hinsichtlich physikalischen und chemischen Eigenschaften unterschiedlichen Schalen aufgebauten Erde wurde vor allem durch **seismologische Untersuchungen** gewonnen. Dabei werden **seismische Wellen**, also Verformungen im Gestein, die sich entweder als **Raumwellen** im Erdinneren oder als **Oberflächenwellen** entlang der Erdoberfläche ausbreiten, mithilfe von geeigneten Geräten (Seismographen) aufgezeichnet. Diese können auf natürliche Weise, insbesondere bei Erdbeben, entstehen, aber auch z. B. durch Sprengungen erzeugt werden. Ihre Ausbreitungsgeschwindigkeit und -richtung ist von den Eigenschaften des durchquerten Gesteins abhängig.

Für die Erforschung des Erdinneren sind insbesondere die Raumwellen von Bedeutung. Man unterscheidet dabei zwischen **Longitudinalwellen** (Kompressionswellen, **P-Wellen**), bei denen die Bodenteilchen in der Fortpflanzungsrichtung schwingen, und **Transversalwellen** (Schwerwellen, **S-Wellen**), bei denen die

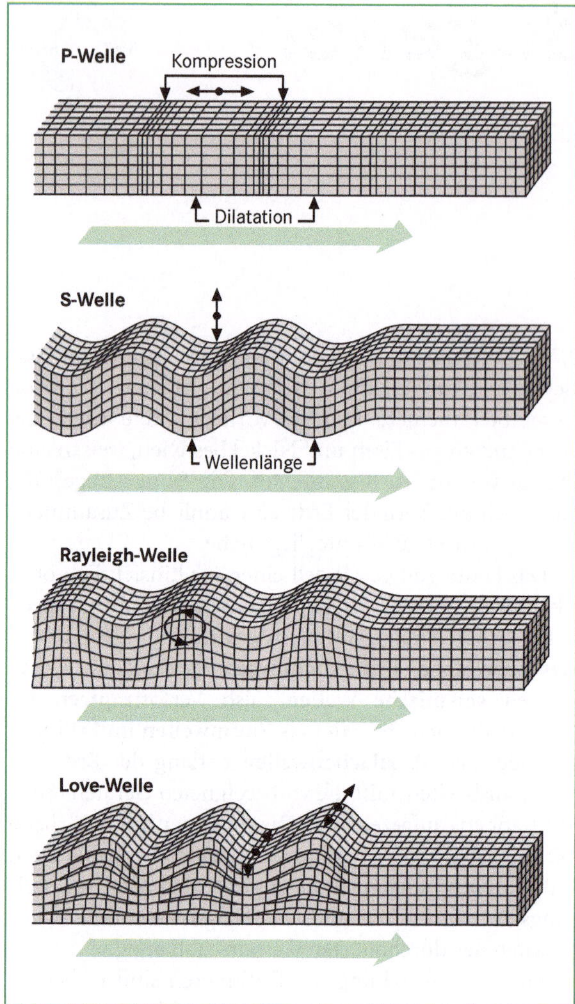

Abb. 2.1 Seismische Wellen (Fortpflanzungsrichtung von links nach rechts) (nach Lexikon der Geowissenschaften Band 4).

Schwingungsrichtung senkrecht auf die Ausbreitungsrichtung steht (Abb. 2.1). Während sich S-Wellen nur in Festkörpern ausbreiten können, sind P-Wellen in der Lage, sich sowohl in fester als auch in flüssiger oder gasförmiger Materie auszubreiten.

Seismologische Untersuchungen ergaben, dass sich Longitudinalwellen durch den Erdkern hindurch ausbreiten können, während Transversalwellen nicht in der Lage sind, diesen zu durchqueren. Dies deutet darauf hin, dass zumindest der äußere Bereich des Erdkerns flüssig sein muss.

Außerdem wurden **Diskontinuitätszonen** registriert, in denen es bei beiden Wellentypen zu abrupten Geschwindigkeitsänderungen kommt. Dies kann mit einem plötzlichen Wechsel des Materials oder des Aggregatzustandes erklärt werden.

Hieraus leitete man das Modell vom Schalenbau der Erde ab. Grob wird zwischen Kruste, Mantel und Kern unterschieden. Die Erdkruste ist mit einer Dicke von ca. 7–40 km im Vergleich zur Erde dünner als eine Eierschale in Relation zu einem Ei. Unter den Ozeanen ist die Kruste nur ungefähr 7 km dick und mit ca. 3,1 g/cm^3 dichter als unter den Kontinenten, wo sie bei einer Dichte von ca. 2,7 g/cm^3 eine Dicke von bis zu 40 km erreicht. Nach dem Archimedischen Prinzip taucht die kontinentale Kruste dadurch weiter aus dem Erdmantel auf und treibt auf diesem ähnlich wie ein Eisberg auf dem Ozean (Prinzip der **Isostasie**). Wird die kontinentale Kruste durch eine zusätzliche Masse belastet – wie beispielsweise durch die nordische Inlandsvereisung während der letzten Eiszeit –, taucht sie durch den Druck dieses Gewichtes weiter in den Erdmantel ein. Verliert sie an Masse – man könnte hier analog an die Gletscherschmelze am Ende des Pleistozäns denken –, hebt sie sich wieder aus dem Erdmantel heraus. Durch diese **glazialisostatische Ausgleichsbewegung** haben sich Teile Skandinaviens seit dem Ende der letzten Eiszeit um bis zu 275 m gehoben und weisen noch heute Hebungsraten von knapp 1 cm/Jahr auf (Ahnert 2003).

Die Erdkruste wird durch die **Mohorovičić-Diskontinuität** (kurz Moho) vom **Erdmantel** getrennt, der eine höhere Dichte (ca. 3,3 g/cm^3) aufweist. Innerhalb des Erdmantels erreichen sowohl P- als auch S-Wellen in ca. 100–400 km Tiefe ein ausgeprägtes Geschwindigkeitsminimum. Dies deutet auf eine höhere Plastizität der dort liegenden Gesteine hin. Man bezeichnet diesen Teilbereich des oberen Erdmantels als **Asthenosphäre**. Die darüber liegenden starreren Schichten der Kruste und des oberen Erdmantels werden dagegen als **Lithosphäre** bezeichnet. Der untere Erdmantel wird in 2 900 km Tiefe durch die **Wiechert-Gutenberg-Diskontinuität** vom flüssigen äußeren Erdkern getrennt, der zu hohen Anteilen aus Eisen und Nickel besteht. In ihm finden permanent relativ schnelle Konvektionsbewegungen statt, die durch die Beteiligung von Ladungsträgern elektrische Ströme erzeugen und so als „Geodynamo" das Magnetfeld der Erde bedingen. Dies sorgt dafür, dass wir uns mithilfe eines Kompasses orientieren können, da sich die metallische Kompassnadel immer entlang des Erdmagnetfeldes ausrichtet. Ab einer Tiefe von ca. 5 100 km ist der Druck so hoch, dass das Material in den festen Aggregatzustand „zusammengepresst" wird. Bei diesem Phasenübergang wird – ähnlich wie bei der Kondensation von Wasser – Energie frei, die die Konvektionsströme im Erdinnern antreibt (Press und Siever 2008, Bauer et al. 2004, Schellmann 2007).

mittlere Tiefe [km] (Ozeane)	Gliederung des Erdinneren, Erdschalen (Kontinente)	Gliederung von Erdkruste und Erdmantel	stoffliche Zusammensetzung	Zustand der Materie
basaltische Ozeankruste 8–10	**obere Erdkruste** *(Sial)* 10–20	**Lithosphäre** (bis zu ca. 100 km)	Sedimente, Granite, Gneise, saure Silikatgesteine	fest
				Conrad-Diskontinuität
	untere Erdkruste *(Sima)* 30–50		Gabbro, basische Silikatgesteine	fest
				Moho-Diskontinuität
	oberer Erdmantel		Peridotit	fest
100 – 400		**Asthenosphäre (Konvektionszone)**	ultrabasische Gesteine	fließfähig (plastisch, 1-10 cm/a)
~670		Übergangszone	Druckoxide	fest
2 900	**unterer Erdmantel** (evtl. 2. Konvektionszone)		Hochdruckoxide	fest (oder plastisch)
				Wiechert-Gutenberg-Diskontinuität
5 000	**äußerer Erdkern**		metallisch	flüssig
5 160				Übergangszone
	innerer Erdkern		metallisch	fest

Abb. 2.2 Schalenbau der Erde (nach Schellmann 2007).

Zum Weiterdenken

1. Schlagen Sie in einem geeigneten Lehrwerk die Bedeutung des Begriffs „geothermischer Gradient" nach.
2. Welche Arten von Ausgleichsbewegung außer der glazialisostatischen Hebung bzw. Senkung wären noch denkbar?

2.2 Vom globalen Puzzle zur Plattentektonik

Schon seit dem 16. und 17. Jahrhundert war Naturwissenschaftlern aufgefallen, dass die Umrisse der Kontinente auf beiden Seiten des Atlantiks wie Puzzleteile ineinander passen. Daraus und aus der Beobachtung, dass auch geologische Strukturen, Fossilien und glaziale Ablagerungen auf den gegenüberliegenden Kontinenten sich am besten erklären lassen, wenn man einen zusammenhängenden Großkontinent (Pangaea) annimmt, entwickelte Alfred Wegener 1912 die Theorie der **Kontinentalverschiebung**. Danach driften die spezifisch leichteren Kontinente (**Sial**, benannt nach der Zusammensetzung überwiegend aus Silikaten und Aluminium) über das schwerere **Sima** (von Silikaten und Magnesium), das am Ozeanboden an die Oberfläche tritt. Diese Theorie wurde von Geologen u. a. wegen der unzureichenden Erklärung der Antriebsmechanismen zunächst abgelehnt, dann aber in den 1960er Jahren aufgrund von neueren Erkenntnissen bei der Erforschung der Geologie der Ozeane in modifizierter Form als Theorie der **Plattentektonik** neu „aufgelegt". Danach besteht die Lithosphäre aus sechs Großplatten und mehreren kleinen Platten (Abb. 2.3), die – im Gegensatz zum Postulat Wegeners – sowohl kontinentale als auch ozeanische Kruste umfassen können. Diese starren Platten bewegen sich auf der darunter liegenden plastischen Asthenosphäre mit Geschwindigkeiten von ca. 1 – 10 cm pro Jahr (Wilhelmy 2004, Schellmann 2007).

An den Plattengrenzen kann es zu verschiedenen Prozessen kommen (Abb. 2.4):

1. An **divergierenden** oder **konstruktiven** Plattenrändern entfernen sich die Platten voneinander. Durch aufsteigendes Mantelmaterial bildet sich neuer Oze-

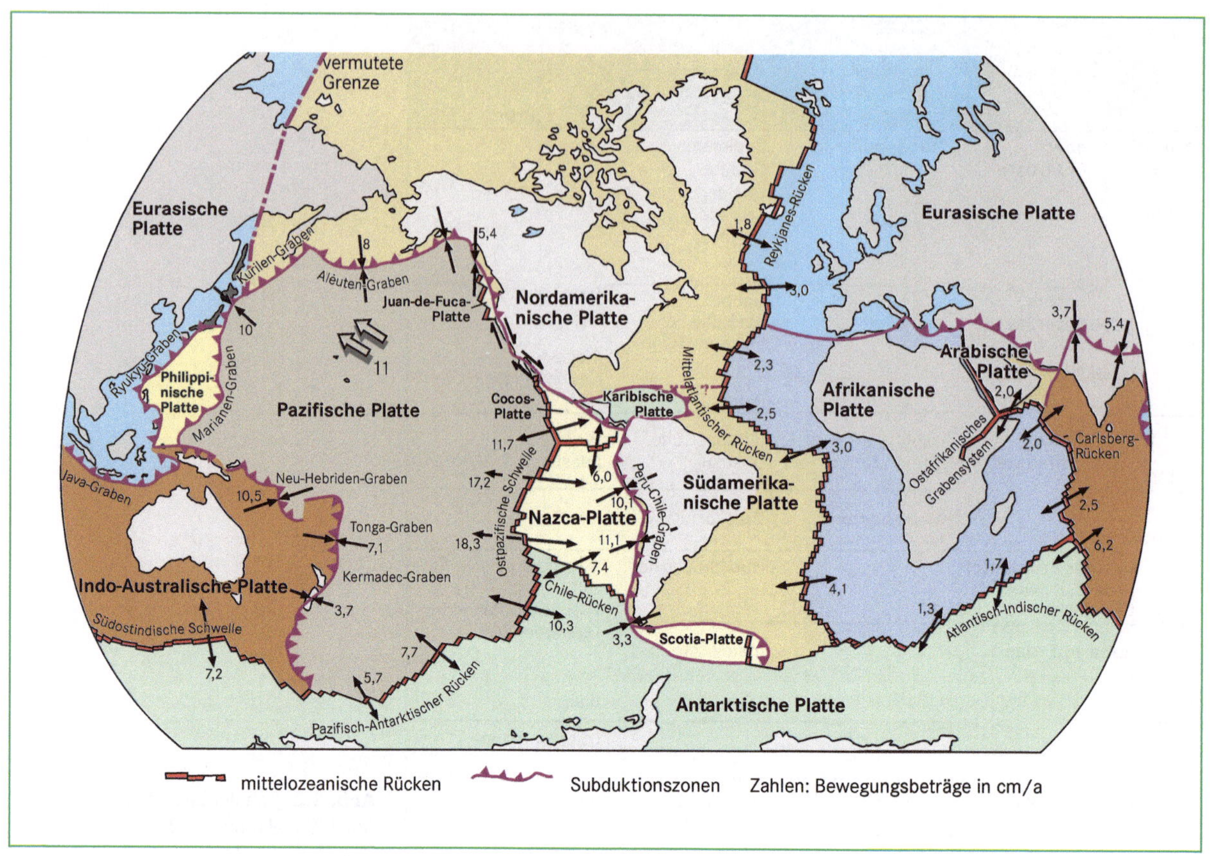

Abb. 2.3 Plattentektonische Gliederung der Erde (nach Bolt 1995, Bahlburg und Breitkreuz 2008 u. a.).

anboden (*sea-floor-spreading*), es entsteht ein **mittelozeanischer Rücken**. Island ist beispielsweise ein Teil des Mittelatlantischen Rückens, der sich durch das Aufsteigen von heißem Mantelmaterial (Hot Spot, Abschnitt 2.4) über den Meeresspiegel erhebt. Grabenstrukturen auf den Kontinenten (*Rift-Valleys*) wie beispielsweise der Ostafrikanische Graben stellen die Anfangsstadien solcher divergierender Plattengrenzen dar.

2. Wenn sich Litosphärenplatten an einem Kontinentalrand aufeinander zu bewegen (**konvergierende** oder **destruktive** Plattengrenze) taucht entlang von Tiefseerinnen die schwerere ozeanische Platte unter die leichtere kontinentale ab (**Subduktion**). Der Ozeanboden inklusive seiner Sedimente und der Rand des Kontinentes werden zu einem Gebirge zusammengestaucht. Die Anden sind beispielsweise auf diese Weise entstanden. Auch bei der Konvergenz von zwei ozeanischen Platten findet Subduktion statt, auch hier entstehen Tiefseegräben wie z. B. der Marianengraben am Westrand des Pazifiks, der mit 11 000 m Tiefe die Höhe des Mt. Everest übertrifft. Durch Auf-

schmelzen der Lithosphäre unter größerem Druck kommt es zu Vulkanismus, es entsteht ein **Inselbogen** wie etwa die Aleuten. Bei einer Kontinent-Kontinent-Kollision findet keine Subduktion statt, hier kommt es zu einer Verdopplung der Erdkruste. Auf diese Weise, nämlich durch die Kollision der Indischen mit der Eurasischen Platte ist das höchste Gebirge der Welt, der Himalaja, entstanden und aus der Kollision der Afrikanischen mit der Eurasischen Platte die Alpen.

3. An **Transformstörungen** gleiten Platten aneinander vorbei, ohne dass dabei Lithosphäre vernichtet oder neu gebildet wird. Dabei können schwere Erdbeben auftreten. Die San-Andreas-Störung, an der die Pazifische an der Nordamerikanischen Platte entlang gleitet, verläuft in der Nähe der Millionenstädte San Francisco und Los Angeles (Abb. 2.5).

Im Gegensatz zur Theorie der Kontinentalverschiebung stellen nach der Plattentektonik nicht die Kontinentalränder, sondern die Plattengrenzen die tektonischen Aktivzonen der Erde dar. Man unterscheidet deswegen

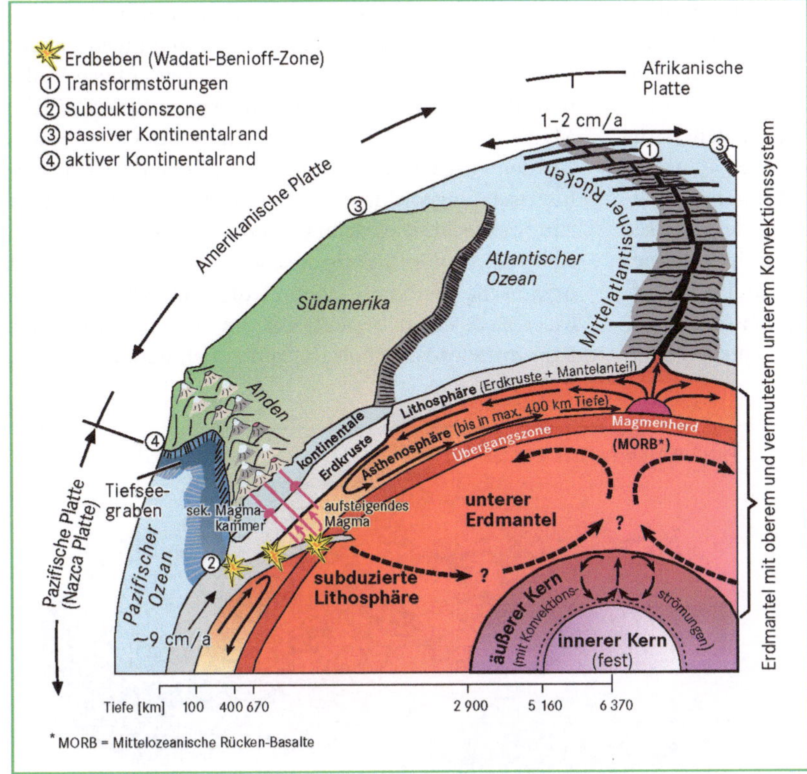

Abb. 2.4 Vorgänge an Plattengrenzen (nach Wyllie 1976).

aktive Kontinentalränder, die mit Plattengrenzen zusammenfallen, und **passive Kontinentalränder**, die innerhalb von Lithosphärenplatten liegen.

Die Antriebskräfte der Plattenbewegungen sind bis heute nicht im Detail geklärt. Lange ging man davon aus, dass die Platten durch die Bewegung des zäh-plastischen Magmas im Bereich des Erdmantels (**Konvektionsströmungen**) angetrieben werden. Diese Strömungen beziehen ihre Energie aus dem Erdinneren und umfassen nach neueren Erkenntnissen den gesamten Bereich des Erdmantels. Heute hingegen scheint es wahrscheinlich, dass die Platten nicht passiv durch Konvektionsströmungen bewegt werden, sondern insbesondere durch den Zug, den das Abtauchen der ältesten und dichtesten Bereiche von Lithosphärenplatten ausübt (*slab pull*). Der Druck durch aufdringendes Magma an

Abb. 2.5 Versatz eines Gartenzauns an der San-Andreas-Störung. Der Versatz ist das Ergebnis des Erdbebens von 1906, das u. a. San Francisco zerstörte (Foto: R. Glaser).

mittelozeanischen Rücken (***ridge push***) ist demnach weniger bedeutend. Die Platten werden also durch ihr eigenes Gewicht in die Tiefe gezogen, während das *sea-floor-spreading* auf einem passiven Aufstieg von Mantelmaterial an denjenigen Stellen beruht, an denen die Platten auseinandergezogen werden.

Die Theorie der Plattentektonik wird durch zahlreiche Indizien belegt. Bei der Entwicklung der Theorie waren insbesondere Untersuchungen zur Magnetisierung des Ozeanbodens bedeutend. Wenn Lava nach einem Vulkanausbruch auskristallisiert, richten sich die in ihr enthaltenen eisenhaltigen Minerale entsprechend

des Erdmagnetfeldes aus. Da es in diesem im Laufe der Erdgeschichte immer wieder zu Umpolungen gekommen ist, finden sich in über längere Zeit aktiven Vulkanen übereinander liegende Schichten unterschiedlicher Magnetisierung. Bei der Erforschung des Ozeanbodens wurden ausgehend von mittelozeanischen Rücken symmetrisch angeordnete Streifen mit inverser Polarisierung entdeckt. Dies deutet ebenso wie die mit größerem Abstand vom mittelozeanischen Rücken abnehmende organische Sedimentschicht, die aus abgestorbenen Meereslebewesen besteht, auf ein mit der Entfernung zum mittelozeanischen Rücken zunehmendes Alter des

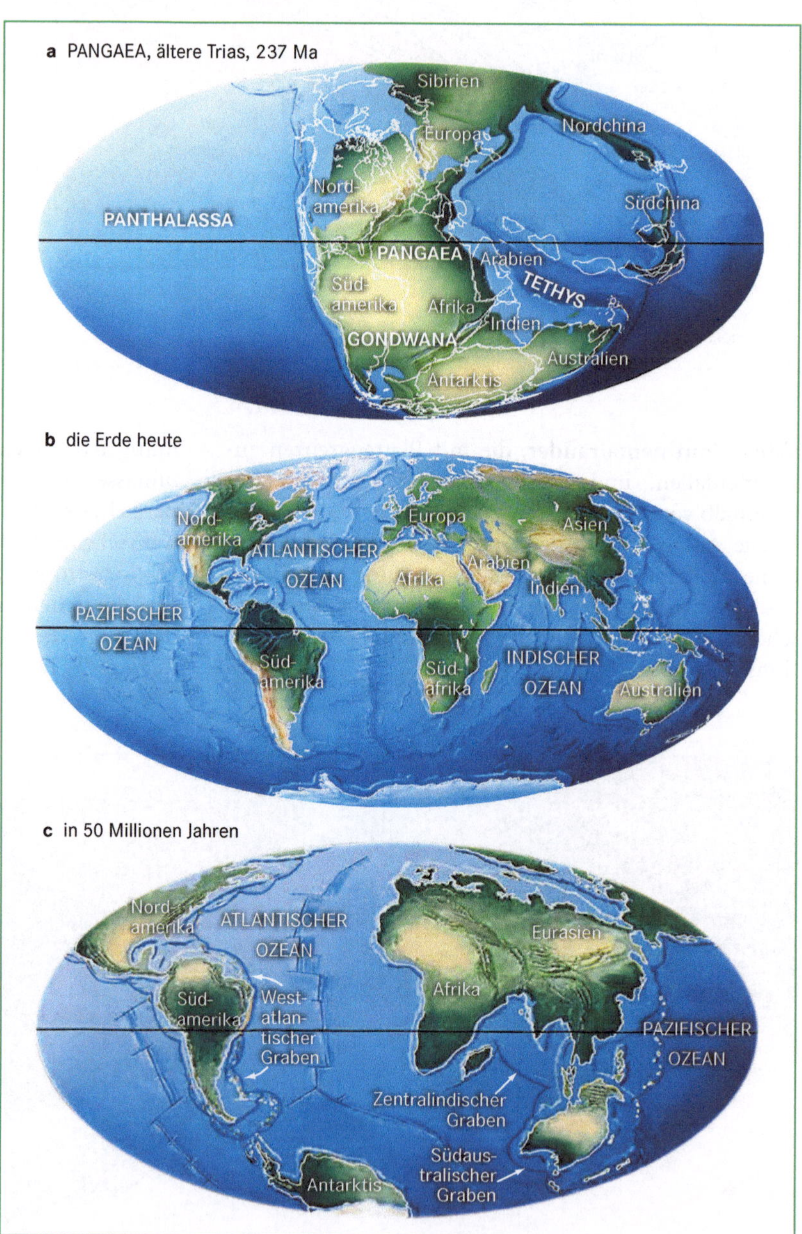

Abb. 2.6 a) Der Superkontinent Pangaea in der älteren Trias vor ca. 237 Mio. Jahren (nach http://www.scotese.com/newpage8.htm). b) Die Welt heute (nach http://www.scotese.com/modern.htm). c) Die Welt in 50 Mio. Jahren (nach http://www.scotese.com/future.htm).

Ozeanbodens hin. Diese Befunde werden auch durch Bohrkerne bestätigt, die ein zunehmendes Alter der unter dieser Sedimentschicht liegenden vulkanischen Gesteine ergaben (Press und Siever 2008, Bauer et al. 2004).

Mithilfe der genannten sowie weiterer Indizien lassen sich die Plattenbewegungen der Vergangenheit rekonstruieren. So konnte beispielsweise bestätigt werden, dass – wie schon Wegener ansatzweise postuliert hatte – am Beginn des Mesozoikums alle Kontinente zum Großkontinent Pangaea vereinigt waren. Zu Beginn des Jura ist dieser „Superkontinent" auseinandergebrochen und die Welt, wie wir sie heute kennen, ist entstanden. Wenn man davon ausgeht, dass die Lithosphärenplatten ihre derzeitigen Bewegungen fortsetzen, wird in der Zukunft Europa mit Afrika kollidieren, wobei das „Mittelmeergebirge" entsteht und auch Australien und Südostasien werden zusammenrücken. Kalifornien könnte dann nordwärts an Nordamerika vorbeigleiten und in ca. 50 Millionen Jahren ungefähr vor der Küste Alaskas liegen (Abb. 2.6) (Scotese 2008).

Die Entwicklung der Theorie der Plattentektonik hatte für die Geologie eine ähnliche Wirkung wie die Relativitätstheorie für die Physik oder die Entdeckung der DNA für die Biologie. Sie stellt eine Synthese dar, die schlüssige Erklärungsansätze für zahlreiche Phänomene wie das räumliche Auftreten von Vulkanismus und Erdbeben, aber auch Erklärungsansätze für Prozesse wie die Gebirgsbildung gibt. Dementsprechend ist sie für unterschiedliche Wissenschaften anwendungsrelevant. Als Beispiel sei hier die Wirtschaftsgeologie genannt, wo man sich durch Vergleich von Rohstoff führenden Schichten auf Kontinenten, die vor dem Aufbrechen des Großkontinents Pangaea zusammenhingen, Hinweise auf weitere Rohstoffvorkommen erhofft (Press und Siever 2008).

💡 Zum Weiterdenken

1. Listen Sie die Unterschiede zwischen der Kontinentalverschiebungstheorie von Alfred Wegener und der Theorie der Plattentektonik auf.

2. Informieren Sie sich über weitere regionale Beispiele für konvergierende Plattengrenzen, divergierende Plattengrenzen und Transformstörungen.

3. Wieso sind die verschiedenen mit der Theorie der Plattentektonik zusammenhängenden Hypothesen immer noch so umstritten?

4. Welche Parameter muss man kennen, um eine Karte wie in Abb. 2.6c zu erstellen?

2.3 Bewegende Fakten – Erdbeben und ihre Wirkungen

In den Bereichen, in denen verschiedene Lithosphärenplatten aufeinander treffen, kommt es vermehrt zu geologischen Phänomenen wie Vulkanismus und Erdbeben (Abb. 2.7).

Erdbeben gehören wegen ihres plötzlichen Auftretens und der fehlenden Vorhersagbarkeit zu den verheerendsten Bedrohungen für den Menschen. Nach der **Scherbruchhypothese** entstehen Erdbeben an Grenzflächen von Gesteinsblöcken, die einen unterschiedlichen Bewegungsimpuls aufweisen. Wenn die Gesteinsblöcke – beispielsweise durch überlagernde Gesteine – an der Bewegung gehindert werden, entsteht ein Reibungswiderstand, der die Gesteine „zusammenhält". Die Bewegungsenergie führt aber dazu, dass sich im Gestein Spannungen aufbauen. Wenn nach einer gewissen Zeitspanne durch andauernde entgegengesetzte Bewegung die Spannungskräfte den Reibungswiderstand überwinden, kommt es zu einem Bruch, seismische Wellen entstehen (Abschnitt 2.1) und es kommt zu einem Erdbeben. Dabei wird der in der Tiefe liegende Erdbebenherd als **Hypozentrum** bezeichnet. Am senkrecht darüber gelegenen Punkt der Erdoberfläche, dem **Epizentrum**, hat das Erdbeben die größten Auswirkungen.

Will man die Stärke eines Erdbebens bestimmen, so kann man sich an verschiedenen Parametern orientieren. Die allgemein bekannte **Richter-Magnitude** wird durch physikalische Messergebnisse bestimmt. Dabei wird anhand der Amplitude der Erdbebenwellen auf dem Seismographen sowie der Entfernung zum Erdbebenherd, die aus dem Zeitintervall zwischen dem Eintreffen der verschiedenen Typen von seismischen Wellen ermittelt wird, ein Wert auf einer logarithmischen Skala bestimmt. Dieser ist dann unabhängig vom Abstand zum Zentrum des Bebens an allen seismischen Stationen weitgehend gleich. Ein solcher Wert lässt aber nicht unbedingt Rückschlüsse auf die tatsächliche Zerstörungswirkung eines Bebens zu, da beispielsweise starke Beben, die weit entfernt von besiedeltem Gebiet stattfinden, weniger verheerend wirken. Daher wurden außerdem sogenannte **Intensitätsskalen** geschaffen, die auf der subjektiven Wahrnehmung der Zerstörung beruhen. Die älteste hiervon, die **Mercalli-Skala,** wurde entsprechend der Bedingungen in verschiedenen Ländern modifiziert. In Europa ist beispielsweise die 1998 erarbeitete **Europäische Makroseismische Skala** in Gebrauch.

Im 20. Jahrhundert starben weltweit pro Jahr durchschnittlich 13 000 Menschen bei Erdbeben (Abb. 2.8). Dabei ist die Energie des Bebens nicht unbedingt der entscheidende Faktor für das Ausmaß der Auswirkungen. Neben der Beschaffenheit des Untergrunds und der schon erwähnten Besiedlungsdichte im Erdbebengebiet spielt auch die Verwundbarkeit (Vulnerabilität) der Bevölkerung eine starke Rolle (Kapitel 13). Neben den **primären Gefahren**, die von Erdbeben ausgehen wie Bruchbildung und Bodenbewegungen, werden durch Erdbeben auch **sekundäre Gefahren** ausgelöst. Hierzu gehören insbesondere die verschiedenen Formen von gravitativen Massenbewegungen, z. B. Rutschung und Bodenverflüssigung. Auch von Seebeben ausgelöste Tsunamis sind hier zu nennen (Exkurs „Tsunamis"). In Städten kommt es durch beschädigte Gas- und Elektroleitungen häufig zu Bränden, die durch die gestörte Wasserversorgung nur schwer gelöscht werden können. Die meisten der ca. 3 000 Opfer des bekannten Erdbebens von San Francisco im Jahr 1906 kamen durch Brände ums Leben.

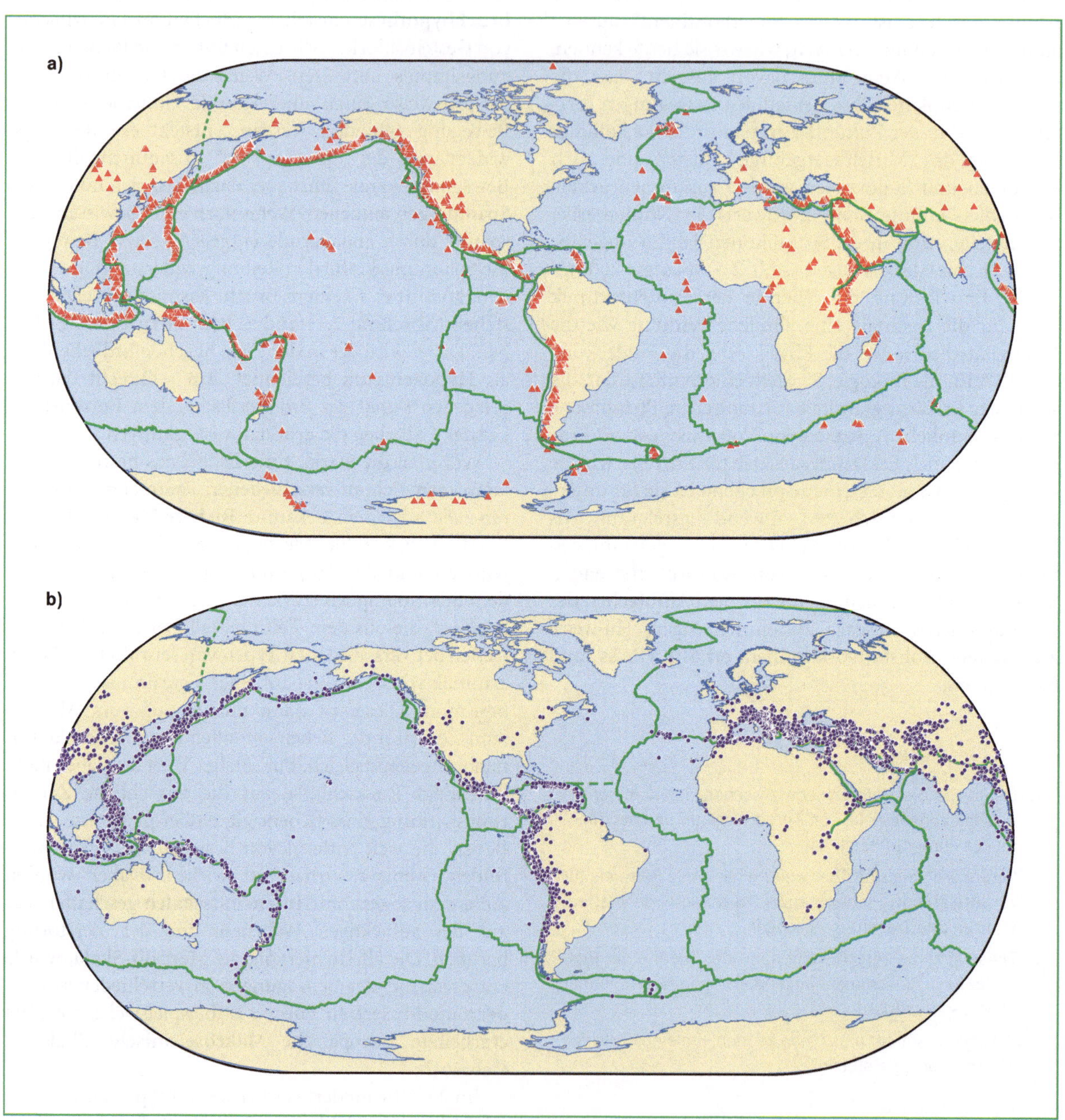

Abb. 2.7 a) Verbreitung von Vulkanismus und b) Erdbeben (verändert nach NOAA, National Geophysical Data Center 2004).

Abb. 2.8 Erdbeben-Memorial in Kobe. Das Erdbeben von Kobe 1995, das rund 6 500 Tote forderte und als eines der teuersten Schadensereignisse gilt, wird in Kobe an exponierter Stelle in einem Memorial gewürdigt. Im Vordergrund sieht man Teile der damaligen Uferstraße, die durch das Erdbeben zerstört wurde und abgesunken ist. Im Hintergrund stehen Gedenk- und Informationstafeln (Foto: R. Glaser).

Exkurs

Tsunamis

Durch starke Erdbeben unter den Ozeanen (Seebeben) kann es zu ruckartigen Vertikalverschiebungen auf dem Meeresboden kommen. Dadurch werden große Massen des darüberliegenden Meerwassers verdrängt. Die so entstehenden Meereswellen können auf dem offenen Ozean kaum wahrgenommen werden. Sie breiten sich mit hohen

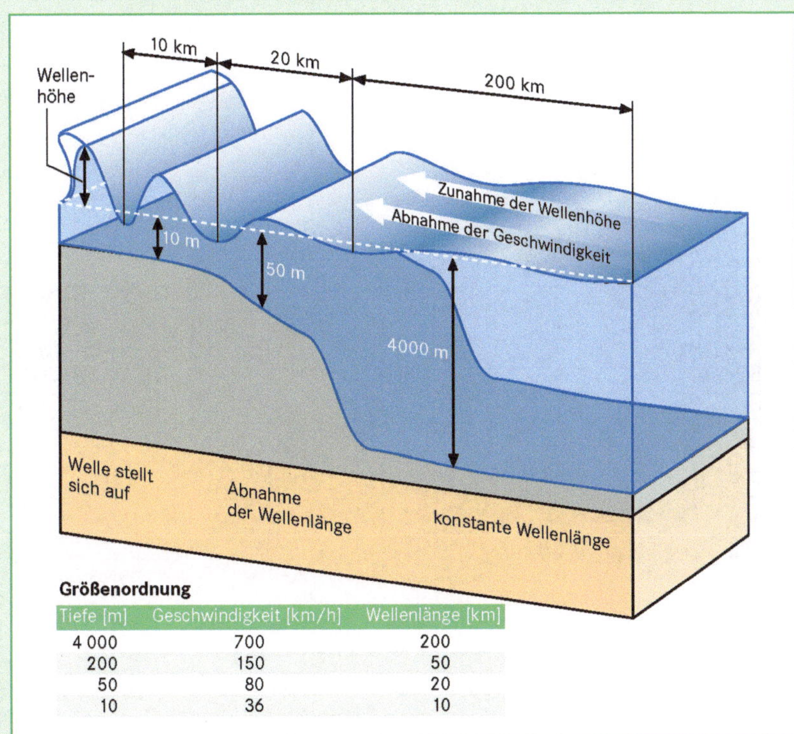

Tiefe [m]	Geschwindigkeit [km/h]	Wellenlänge [km]
4 000	700	200
200	150	50
50	80	20
10	36	10

Abb. 2.9 Schematische Darstellung von Wellenparametern bei einem starken Tsunami (nach Whelan und Kelletat 2007).

Fortsetzung

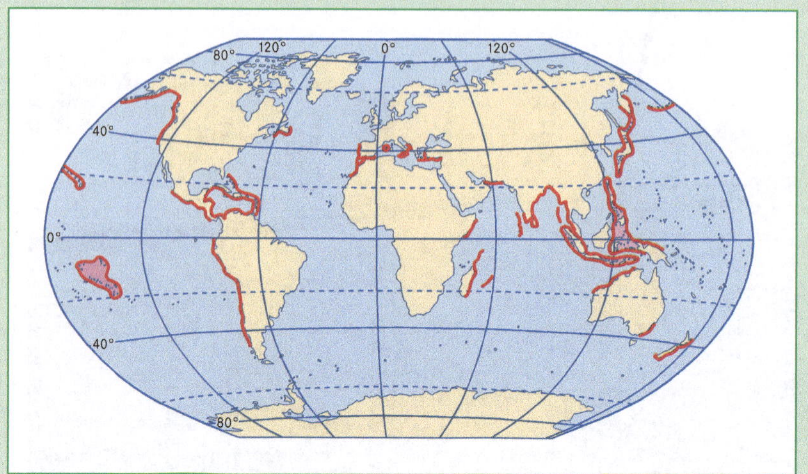

Abb. 2.10 Küstenregionen der Erde, die in den letzten 500 Jahren von zerstörerischen Tsunamis betroffen wurden (nach Whelan und Kelletat 2007).

Geschwindigkeiten aus. In flachen Küstengewässern werden sie abgebremst, wobei gleichzeitig eine gewaltige Wassermasse mit hoher Geschwindigkeit Wasser nachschiebt. Daher wird die Welle steiler und kann so ihre zerstörerische Kraft entfalten. Am 26. Dezember 2004 ereignete sich, ausgelöst durch ein Seebeben der Magnitude 9,2, im Indischen Ozean ein Tsunami, bei dem an den Küste Sumatras, Thailands, Sri Lankas und Indiens insgesamt mehr als 270 000 Menschen ums Leben kamen. Die maximalen Wellenhöhen beim Auflaufen auf das Festland erreichten hier 25–35 m. Bis 2 km ins Landesinnere wurden Gebäude und Vegetation vernichtet. Da Tsunamis in den Ozeanen in einiger Entfernung zu den Küsten entstehen, hat man eine gewisse Vorwarnzeit. Daher besteht im Gegensatz zu Erdbeben die Möglichkeit, Frühwarnsysteme zu installieren. Bei der Katastrophe im Indischen Ozean war ein solches Warnsystem allerdings nicht vorhanden. Seit 2008 ist ein solches im Betrieb.

Abb. 2.11 Durch den Tsunami von 2004 zerstörte Fischersiedlung in Chennai, Indien. Die Siedlung wurde weitgehend aufgegeben, den Betroffenen bot man neuen Wohnraum mehrere Kilometer vom Strand entfernt an (Foto: R. Glaser).

Erdbebengefährdung in Deutschland

Auch wenn Deutschland in globaler Perspektive nicht zu den Brennpunkten der Erdbebengefährdung zählt, kommen doch in bestimmter Regelmäßigkeit Menschen und Sachgüter zu Schaden. Schwerpunkte der Erdbebengefährdung liegen im Alpenvorland an der Alpenrandüberschiebung, im Hegau, im Oberrheingraben, in der niederrheinischen Bucht und im Vogtland. Vor allem historische Erdbeben, wie das von Basel 1356, zeigen, welche Schadwirkungen möglich sind. Für die Sicherheit von Kernkraftwerken, etwa dem von Fessenheim im Elsass, spielt die Erdbebengefährdung eine große Rolle. In den gefährdeten Regionen bestehen entsprechende Bauvorschriften und es existieren Katastrophenschutzpläne. Für eine ganz eigene Art von Beben zeichnet der Mensch selbst verantwortlich: Bergschäden infolge des Bergbaus zählen in allen Montanregionen wie dem Ruhr- und Saargebiet zu den Ewigkeitslasten. So ereignete sich beispielsweise im Februar 2008 im Saarland ein solches Beben der Stärke 4,0, bei dem einige Gebäude zu Schaden kamen.

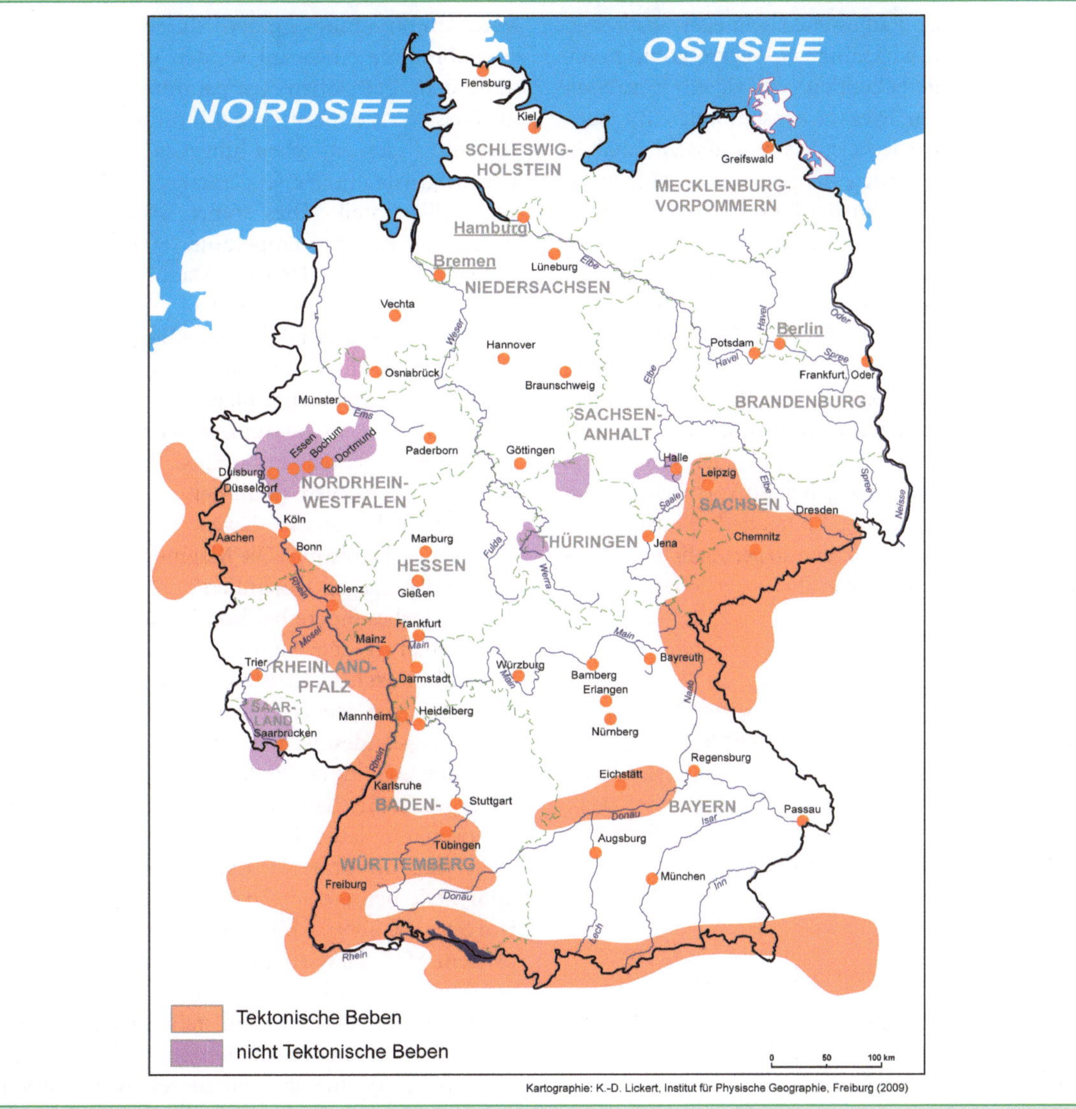

Kartographie: K.-D. Lickert, Institut für Physische Geographie, Freiburg (2009)

Abb. 2.12 Erdbebengefährdung in Deutschland. Die Karte zeigt die durchschnittlich einmal in 475 Jahren zu erwartende makroseismische Intensität. Die Wahrscheinlichkeit, dass dieser Wert innerhalb eines beliebigen 50-Jahreszeitraums überschritten wird, beträgt 10%. Als Brennpunkte der Erdbebengefährdung in Deutschland erkennt man Teile von Südwestdeutschland, den Hegau, den Raum Köln-Aachen, das südwestliche Sachsen (Vogtland) sowie den Alpenraum.

Der genaue Zeitpunkt und Ort von Erdbeben lässt sich kaum vorhersagen, was die Gefahrenverminderung enorm erschwert. Lediglich langfristige Vorhersagen über **Rekurrenzintervalle**, also erwartete Häufigkeiten des Auftretens sind möglich, lassen aber keine exakten Vorhersagen zu. Für Orte, die in einiger Entfernung von den häufigen Erdbebenherden liegen wie beispielsweise Mexiko-Stadt, wäre theoretisch eine **Echtzeit-Warnung**, Sekunden bevor das Beben auftritt, möglich. Ein direkt in der Erdbebenzone installiertes Netzwerk von Seismographen könnte innerhalb von Sekundenbruchteilen computergesteuert ein Erdbeben ermitteln und die Information über Satelliten in die gefährdeten Gebiete weitergeben. Da sich Radiowellen schneller ausbreiten als die zerstörerisch wirksamen S-Wellen, könnte eine Warnung so einige Sekunden vor deren Eintreffen weitergegeben werden. Dies wäre insbesondere für technische Maßnahmen wie beispielsweise das Abschalten von Atomkraftwerken interessant, aber auch Hilfsmaßnahmen ließen sich so schneller koordinieren. Ein Zeitintervall von wenigen Sekunden wäre aber zu kurz, um Gebäude zu evakuieren. Schutzvorkehrungen beziehen sich dementsprechend überwiegend auf die Verminderung von Gefahren. Dazu werden auf Grundlage von historischen Beschreibungen und von seismischen Messdaten Gefährdungskarten erstellt. An besonders gefährdeten Stellen gelten Bodennutzungsbeschränkungen. Da seismische Erschütterungen aber meist lokal nicht eng begrenzt auftreten, gelten oft Vorschriften zum erdbebensicheren Bauen. Durch spezielle Konstruktionen lassen sich Erdbebenschäden so gering halten (Press und Siever 2008, Schmincke und Hinzen 2008).

2.4 Vulkanismus – wenn die Erde Feuer, Magma und Wasser spuckt

Vulkanismus wird im Wesentlichen durch die hohen Temperaturen im Inneren der Erde angetrieben. Dabei steigt in der Asthenosphäre aufgeschmolzenes Gesteinsmaterial (**Magma**) angetrieben durch seine geringere Dichte nach oben auf und bildet im Bereich der Lithosphäre Magmakammern aus. Nach Erreichen der Erdoberfläche tritt die dann als **Lava** bezeichnete Gesteinsschmelze abhängig von ihren chemischen Eigenschaften entweder **explosiv**, d. h. in Form einer Vulkaneruption, an die Erdoberfläche, oder sie fließt ohne gewaltige Ausbrüche (**effusiv**) aus (Abb. 2.13). Bei zweiterer handelt es sich im Allgemeinen um **basaltische** Lava. Sie entsteht im Bereich des Erdmantels und besitzt infolgedessen einen geringeren Anteil an Silikaten, den Hauptbestandteilen der Erdkruste. Stattdessen enthält sie große Anteile an Metallen wie Magnesium, Eisen oder Mangan. Da diese im Gegensatz zu den Silikaten nicht durch eine feste Atombindung, sondern durch eine weniger feste Ionenbindung eingebaut werden und basaltische Lava außerdem bei hohen Temperaturen (1 000 – 1 200 °C) ausfließt, ist sie meist eher dünnflüssig. **Saure** (**rhyolithische**) Laven entstehen hingegen aus aufgeschmolzener Erdkruste und haben dementsprechend einen höheren Silikatanteil. Dies führt zusammen mit der geringeren Austrittstemperatur (600 – 800 °C) zu einer höheren Viskosität der Lava. Dadurch stauen sich Gase in der Lava an und es kommt zu explosiven Vulkanausbrüchen. **Andesitische** (**intermediäre**) Laven sind ebenfalls eher dickflüssig und haben im Allgemeinen explosive Vulkantätigkeit zur Folge.

Vulkanische Erscheinungen stehen in engem Zusammenhang zu plattentektonischen Prozessen. An mittelozeanischen Rücken dominieren aus dem Erdmantel stammende basaltische Laven, verbunden mit einem effusiven Vulkanismus. Die Magmen an Subduktionszonen sind hingegen wesentlich heterogener zusammengesetzt. Insbesondere bei Kontinent-Ozean-Kollisionen wird neben aus dem Mantel stammenden Basalten auch aufgeschmolzenes Krustenmaterial eingebunden, so dass oft – nach dem entsprechend entstandenen Gebirge benannte – andesitische Laven entstehen. Jedoch liegen nicht alle Vulkane an Plattengrenzen. Es gibt auch Inselketten vulkanischen Ursprungs, die innerhalb einer Lithosphärenplatte liegen (**Intraplattenvulkanismus**). Dabei liegt am Ende der Kette ein aktiver Vulkan (**Hot Spot**). Die heutige Forschung geht davon aus, dass ein Hot Spot die oberflächliche Erscheinungsform von plastischem Material darstellt, das schlauchförmig aus großen Tiefen des Erdmantels, unter Umständen sogar von der Kern-Mantel-Grenze, aufsteigt (**Manteldiapir**). Die Vulkankette entsteht demnach durch die Bewegung der Lithosphärenplatte über einen relativ ortsfesten oder sich nur langsam bewegenden Manteldiapir, wobei der Hot Spot die aktuelle Position des Manteldiapirs anzeigt. Die Inselkette von Hawaii ist beispielsweise auf einen solchen Hot Spot zurückzuführen, nach der Hypothese mancher Forscher gilt dies ebenso für den Eifelvulka-

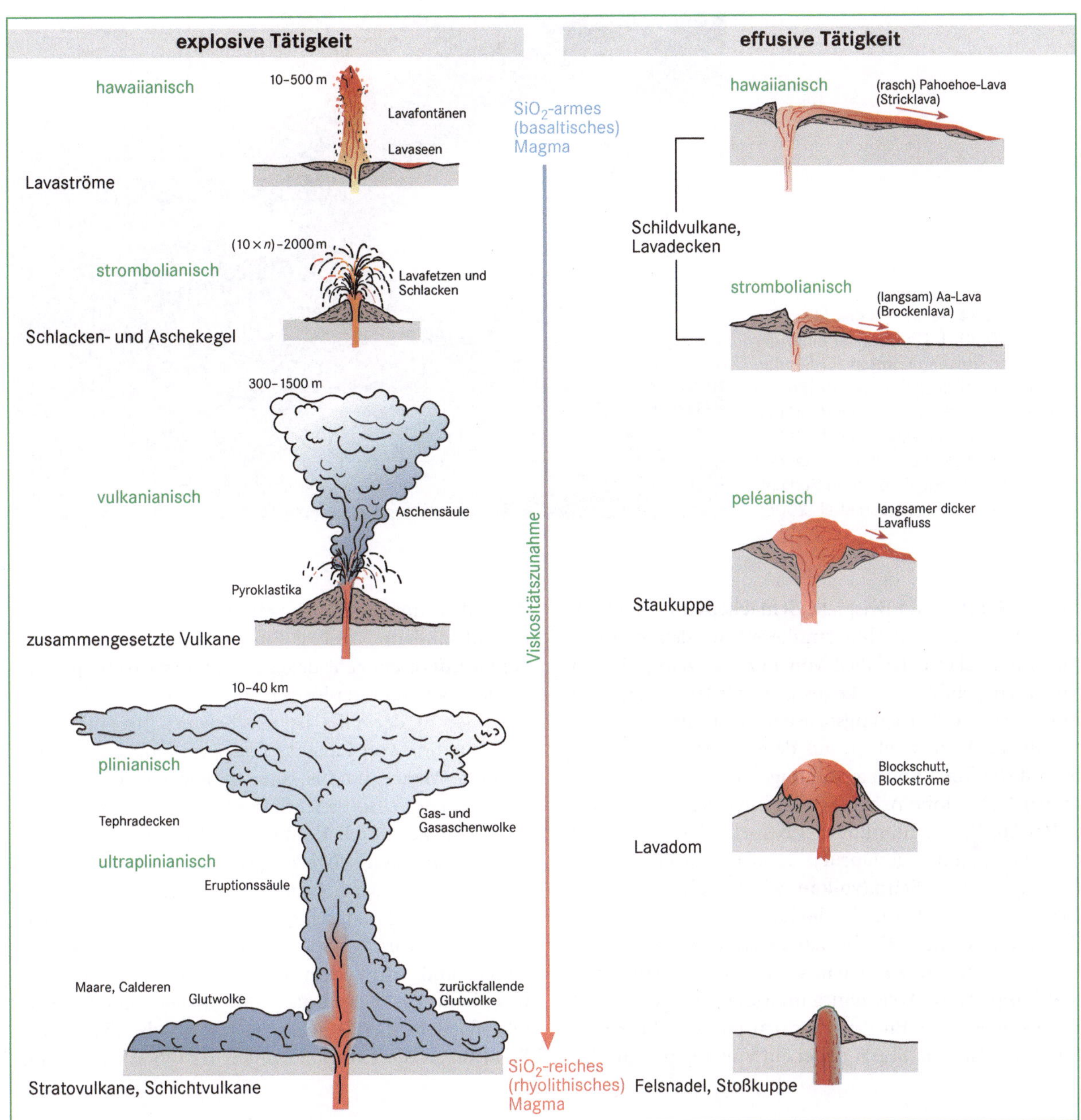

Abb. 2.13 Vulkanische Eruptionsarten, Vulkanformen und vulkanische Förderprodukte (nach Schmincke 2000, Schmincke et al. 1993).

nismus. Auch Island hat seine Entstehung einem Manteldiapir zu verdanken, der im Bereich des Mittelatlantischen Rückens liegt. Hot Spots stellen bis heute ein wichtiges Gebiet der geologischen Forschung dar. Es ist immer noch umstritten, wie ortsfest Hot Spots tatsächlich sind und wie schlauchförmig die Manteldiapire ausgeprägt sind (Press und Siever 2008, Bauer et al. 2004).

Bei vulkanischen Formen kann man nach Zepp (2008) zunächst zwischen Voll- und Hohlformen unterscheiden. Unter den Vollformen wiederum befinden sich **Linearvulkane**, bei denen das Magma aus einer Spalte austritt, wodurch sich **Flut-** oder **Plateaubasalte** bilden, sowie **Zentralvulkane**, bei denen die Magmakammer durch einen Schlot mit dem Krater verbunden ist. Darunter sind die **Stratovulkane** (auch Schichtvulkane) die bekanntesten. Sie bilden durch Wechsellagerung von Pyroklastika und Lavaergüssen eine Kegelform aus. Der Fudschijama, der Vesuv, der Ätna (Abb. 2.14) oder der

Abb. 2.14 Ausbruch des Ätnas am 30.10.2001. Der Ätna ist einer der aktivsten Vulkane Europas. Er liegt im Nordosten Siziliens an der Straße von Messina. Ursache für seine Aktivität ist die komplexe plattentektonische Situation im Mittelmeerraum. Es handelt sich um einen idealtypischen Schichtvulkan (aus Dech et al. 2008).

Mount Rainier sind Beispiele. **Schlackenvulkane** (auch Aschenvulkane, Aufschüttungskegel) werden dagegen nur aus Lockermaterialien von nur kurzzeitig aktiven Vulkanen gebildet, die keine Lava fördern. Aufgrund ihrer geringen Abtragungsresistenz stammen die heute erhaltenen Aschenvulkane aus dem Quartär, ältere sind bis auf die Tuff- und Lavafüllungen des Schlotes abgetragen (z. B. Hohe Acht). Erfolgt hingegen ein wiederholtes Ausfließen dünnflüssiger basischer Lava, so bilden die übereinander gestapelten Lavaergüsse einen eher flach gewölbten **Schildvulkan** wie beispielsweise den Mauna Loa auf Hawaii. Ist die Lavamasse dagegen zähflüssig und dringt zwar bis zur Oberfläche vor, erstarrt aber ohne sich auszubreiten, so spricht man von einer **Staukuppe** (z. B. Wolkenburg im Riesengebirge). Durch Explosionen oder Einsturz können vulkanische Hohlformen entstehen. Stürzt dabei ein Vulkangipfel infolge der Entleerung der Magmakammer ein, bezeichnet man die entstandene Form als **Einsturzcaldera**. Eine **Explosionscaldera** entsteht dagegen durch Wegsprengen des Gipfels bei einer explosiven Vulkaneruption. Der Laacher See in der Eifel ist ein Beispiel für eine durch Kombination von Einsturz und Explosion entstandene Caldera. **Maare**, hierbei sind die Formen der Eifel namensgebend, sind wesentlich kleiner als Calderen. Sie entstehen bei durch Kontakt des Magmas mit Wasser (**phreatomagmatisch**) ausgelösten Explosionen, bei denen das darüber liegende Deckgestein weggesprengt, aber nur wenig Material gefördert wird. Der so geschaffene trichterförmige Sprengkrater ist oft mit einem See gefüllt und von einem Ringwall aus Lockermaterial umgeben. Im Gegensatz zum bisher besprochenen Oberflächenvulkanismus erstarrt bei **subvulkanischen Strukturen** die Lava kurz unter der Oberfläche. Dabei

Vulkanlandschaften in Deutschland

In Deutschland gibt es derzeit keine aktiven Vulkane, allerdings war dem nicht immer so, wie die imposanten Vulkanlandschaften des Hegau, des Vogelsbergs, der Rhön, des Kaiserstuhls oder der Eifel beweisen. Infolge der alpidischen Gebirgsbildung war Mitteleuropa im Tertiär eine Region vergleichsweise hoher vulkanischer Aktivität. Der letzte große Vulkanausbruch war die Laacher-See-Eruption um 11 000 bp. Die bei diesem Ausbruch verbreiteten Auswurfmaterialien sind in großen Teilen Europas zu finden und stellen einen wichtigen Zeitmarker dar. Zudem wird der bei dieser Eruption ausgeworfene Bims als Baumaterial gewonnen. In der Eifel entsteht derzeit ein umfassender Themenpark, der für Besucher eindrucksvolle Programme anbietet. An sogenannten postvulkanischen Erscheinungen gibt es immerhin einen kalten Geysir, blubbernde Gasaushauchungen in einigen Maaren und heiße, mineralreiche Quellen, die beispielsweise entlang des Oberrheingrabens die Grundlage für die Heilbäder bilden.

Abb. 2.15 Mount St. Helens. Der Gipfel und die Nordflanke des Berges wurden beim letzten großen Ausbruch am 18. Mai 1980 weggesprengt. Die Druckwelle, das Schmelzen der Eiskappe und die Schlammströme veränderten die Umgebung völlig. Im unmittelbaren Umfeld sind selbst heute noch anstelle des ehemaligen Waldes „mondlandschaftartige" Zustände zu sehen. Markant sind die Erosionsrinnen im Vordergrund und mittleren Bildteil (Foto: R. Glaser).

wird das über der aufsteigenden Lava liegende Deckgestein zu einer **Quellkuppe** aufgewölbt. Der Drachenfels im Siebengebirge bei Bonn ist ein Beispiel hierfür, wobei hier der Lavapfropfen heute den Gipfel ausbildet, da die Deckschicht abgetragen ist. Tiefengesteinsmassen oder **Plutone** sind dagegen in größeren Tiefen erstarrt. Die entsprechenden Gesteine (Plutonite) bestehen aus größeren Kristallen als die **Vulkanite**, da die Kristallisation langsamer verläuft (Ahnert 2003, Zepp 2008).

Pro Jahr brechen etwa 60 der weltweit 550 aktiven Vulkane aus (Schmincke und Hinzen 2008), in den letzten 500 Jahren kamen mehr als 250 000 Menschen bei Vulkanausbrüchen ums Leben (Press und Siever 2008). Dabei ergeben sich die von Vulkanausbrüchen ausgehenden Gefahren weniger durch die Explosion und die dabei entstehende Eruptionswolke selbst (obwohl diese auch für Flugzeuge gefährlich werden kann), sondern vielmehr durch nachfolgend ausgelöste Phänomene. Insbesondere Massenbewegungen wie **pyroklastische Ströme** (Glutlawinen aus heißer Asche, Staub und Gasen, die sich mit bis zu 200 km/h ausbreiten) und **Lahare** (Schlamm- und Schuttströme aus wassergesättigten vulkanischem Material) stellen vor allem in den am Vulkan liegenden Tälern eine Bedrohung für den Menschen dar (Abb. 2.15). Aber auch der Kollaps ganzer Vulkanflanken kann Hangrutschungen und – falls er im Meer stattfindet – Tsunamis auslösen. Ein Einsturz einer Caldera hat sich zwar in historischer Zeit nicht ereignet, ein solches Ereignis hätte jedoch katastrophale Folgen. Vulkanausbrüche können außerdem auch längerfristig und großflächig das Klima verändern. Beispielsweise führte der Ausbruch des Tambora dazu, dass das Jahr 1816 ungewöhnlich kalt war und in weiten Teilen der Erde als „Jahr ohne Sommer" bezeichnet wird (Glaser 2008).

Dennoch sind die Gebiete um aktive Vulkane oft dicht besiedelt, oft liegen auch größere Städte in der Nähe von Vulkanen wie beispielsweise Neapel am Vesuv. Vulkanismus hat demnach auch positive Auswirkungen für den Menschen (Schellmann 2007):

- Vulkanische Böden sind oft sehr fruchtbar, da „frisches" nährstoffreiches Gesteinsmaterial gefördert wird.
- In der Nähe von Vulkanen ist die Erdwärme oft erhöht, es lässt sich geothermische Energie nutzen.
- An Vulkanen kommt es oft zur Bildung von Lagerstätten (Kapitel 4). Hierzu gehören insbesondere hydrothermale Erzlagerstätten, aber auch der Abbau von vulkanischen Baustoffen wie Bims.

Vulkanausbrüche sind wesentlich einfacher vorherzusagen als Erdbeben. Durch Analyse der historischen Entwicklung des Vulkans können statistische Schätzungen über Ausbruchsintervalle gemacht werden. Zusätzlich werden die Seismizität, die Ausdehnung der Erdkruste über der Magmakammer, austretende Gase sowie eine eventuelle Aufheizung mit verschiedensten Methoden, u. a. GPS-Messungen und Fernerkundung überwacht (**Monitoring**). Auf dieser Grundlage werden Gefährdungskarten erstellt und gewisse Bebauungsbestimmungen erlassen (*Hazard Assessment*). Zusätzlich können nen so im Rahmen eines **Katastrophenmanagements** Katastrophenpläne und Warnsysteme für den Ernstfall entwickelt werden. Eine Information der Bevölkerung über eventuell drohende Gefahren ist ebenso wichtig (Schmincke und Hinzen 2008).

2.5 Tektonik und Gebirgsbildung – *crash of continents*

Die Theorie der Plattentektonik hat nicht nur schlüssige Erklärungsansätze für die Phänomene Vulkanismus und Erdbeben geliefert, sondern auch die Modellvorstellungen von Gebirgsbildung und anderen tektonischen Bewegungsvorgängen verändert. Grundsätzlich werden durch Plattenbewegungen, insbesondere durch das Aufeinandertreffen von Platten, Dehnungs-, Kompressions- und Scherungskräfte auf das Gestein ausgeübt. Das Gestein reagiert auf solche Bewegungen entweder spröde (durch Bruch) oder plastisch (durch Faltung). Dabei ist es schwierig, die Reaktion des Gesteins genau vorherzusagen, da sie von vielfältigen Faktoren abhängt. Prinzipiell reagieren Sedimentgesteine eher plastisch auf Druck und tendieren dazu, sich zu verfalten, während Magmatite und Metamorphite eher spröde reagieren. Allerdings ist das genaue Verhalten nicht nur vom Gesteinstyp, sondern auch von der Tiefenlage, der Geschwindigkeit der Bewegung und nicht zuletzt von der Art der ausgeübten Kräfte (Dehnung oder Druck) abhängig (Press und Siever 2008).

Reagieren Gesteine spröde auf Deformationsvorgänge (**Bruchtektonik**), so werden Gesteine in horizontaler und/oder vertikaler Richtung entlang von Brüchen (**Verwerfungen**) verschoben (Abb. 2.16). Die Sprunghöhe bezeichnet dabei den Grad des vertikalen Versatzes. Durch vielfältige Abtragungsvorgänge (Kapitel 3) ist sie in der Regel wesentlich größer als die heutige Differenz der Landeshöhen.

Reagiert das Gestein dagegen plastisch auf Kompression so bilden sich **Falten** mit Sätteln (Antiklinalen) und Mulden (Synklinalen). Oft kommt es dabei zu Überschiebungen und Bildung von Faltendecken (vgl. Entstehung der Alpen). In der Realität lassen sich Bruch- und Faltentektonik oft in kombinierter Form beobachten.

Setzen an tektonisch gebildeten Strukturen die Kräfte der Abtragung an, lassen sich am heutigen Relief nicht unbedingt Rückschlüsse auf die zugrunde liegenden tektonischen Vorgänge ziehen. Im Extremfall – falls in einer Mulde bzw. einem Graben widerständsfähigere Gesteine vorliegen als in der Umgebung – können die umliegenden Gesteine stärker abgetragen werden und der geologische Graben bzw. die geologische Mulde im heutigen Relief als Erhöhung sichtbar werden (**Reliefumkehr**) (Zepp 2008, Press und Siever 2008, Schellmann 2007).

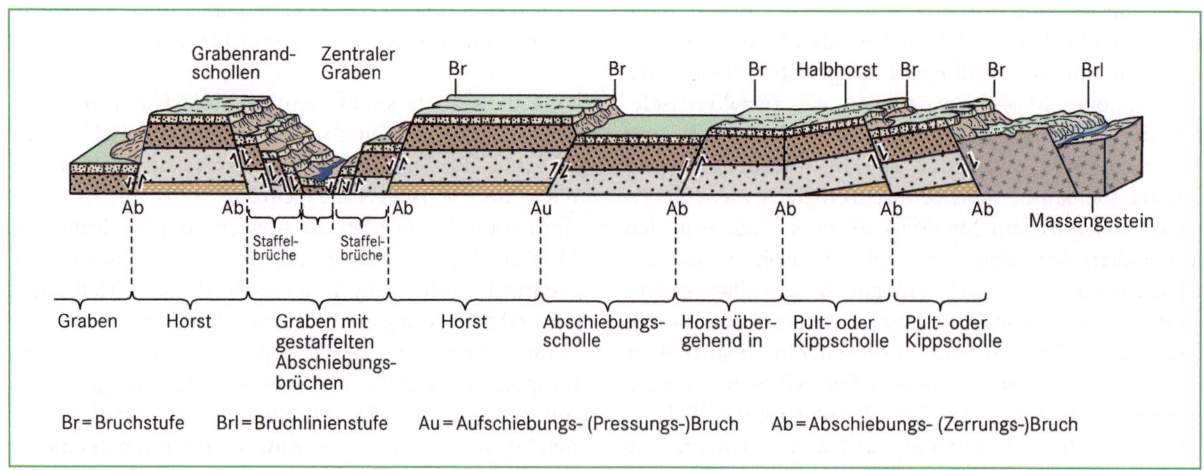

Abb. 2.16 Horst, Graben, Staffelbruch, Aufschiebung, Abschiebung Pultscholle (nach Leser 2003).

Gebirgsbildung in Europa

Die Entstehung von Europa ist im Wesentlichen auf drei große Gebirgsbildungsphasen zurückzuführen. Die früheste, die **kaledonische Gebirgsbildung**, fand vor 530–405 Millionen Jahren im frühen Paläozoikum durch Kollision der Osteuropäischen Plattform mit dem Laurentischen Schild statt. Sie führte zur Herausbildung von Irland, Schottland, Nordengland und Norwegen. Durch die **variskische Orogenese** (vor 400–250 Millionen Jahren), die durch die Kollision von Gondwana und Laurasia verursacht wurde, entstanden die Varisziden, die auch heute noch prägend für die geologisch-tektonische Struktur Mitteleuropas sind. Sie wurden nachfolgend im Perm abgetragen und somit eingerumpft. An ihren randlichen Senken bildeten sich im Karbon die für die industrielle Entwicklung im Ruhrgebiet und im Saarland so wichtigen Steinkohlenwälder.

Im Zuge der alpidischen Gebirgsbildung, in der neben den namensgebenden Alpen auch die Pyrenäen, die Karpaten, der Kaukasus oder der Himalaja entstanden, kam es in Europa zu bruchtektonischen Bewegungen (**Saxonische Bruchtektonik**), die zur Heraushebung der Mittelgebirge und zu zahlreichen Grabenbrüchen führte. Dabei bilden Oberrheingraben, Hessische Senke und Leinegraben einen Teil der ganz Mitteleuropa durchziehenden **Mittelmeer-Mjösen-Zone**. Auf den herausgehobenen Schollen wurden in der Folge die mesozoischen Sedimente (**Deckgebirge**) abgetragen und das bei der variskischen Orogenese gebildete **Grundgebirge** freigelegt. Die mit der alpidischen Gebirgsbildung zusammenhängenden Hebungs- und Senkungsvorgänge sowie die bruchtektonischen Aktivitäten sind bis heute noch nicht abgeschlossen. Indikatoren sind neben leichten Erdbeben in den tektonischen Aktivitätszentren auch die Vorkommen von Mineral- und Thermalwässern in diesen Gebieten (Baumhauer 2007, Henningsen und Katzung 2006).

2.6 *Let it rock* – Gesteine

Gesteine eröffnen uns die Möglichkeit, die bisher beschriebenen Prozesse direkt in der Landschaft zu beobachten. Es gibt verschiedene Möglichkeiten, Gesteine zu klassifizieren.

Betrachtet man den Entstehungsprozess, so kann man zwischen magmatischen, sedimentären und metamorphen Gesteinen unterscheiden. Eine feinere Unterteilung erfolgt aufgrund der Mineralzusammensetzung. Magmatische Gesteine entstehen durch die Kristallisation von Gesteinsschmelzen (Magmen). Dabei kann das Magma tief in der Erdkruste langsam abkühlen, wobei **Plutonite** (auch Intrusivgesteine) mit großen Kristallen entstehen (z. B. Granit), oder es kann bei Vulkanausbrüchen als Lava gefördert werden. Dann kühlt es plötzlich ab und es steht wenig Zeit für die Kristallisation zur Verfügung. Die so entstehenden **Vulkanite** wie beispielsweise Basalt sind daher wesentlich feinkörniger. Durch Verwitterungs-, Umlagerungs- und biogene Prozesse entstehen an der Erdoberfläche Sedimente. Diese verfestigen sich durch Gesteinsbildung (**Diagenese**) zu **Sedimentgesteinen**. Bei diesem Prozess erfolgt ein Zusammenpressen der Gesteine durch das Gewicht darüberliegender Sedimente (**Kompaktion**) sowie eine Verkittung durch Ausfällung von neu gebildeten Mineralen in die Zwischenräume (**Zementation**). Aus umgelagerten Gesteinstrümmern entstehen klastische Sedimente. Je nach Korngröße und -form unterscheidet man Tonsteine, Sandsteine, Konglomerate (abgerundete Komponenten) und Brekzien (eckige Komponenten). Diesen stellt man die nichtklastischen Sedimente gegenüber. Dazu gehören chemische Sedimente, die durch chemische Prozesse wie Verdunstung und Ausfällung entstehen wie beispielsweise Gips, Steinsalz und Dolomit. Kalksteine können ebenfalls durch chemische Prozesse entstehen, sie können aber auch durch Akkumulation von Skelettresten, Schalen oder anderen Bruchstücken von Organismen sowie durch riffbildende Lebewesen gebildet werden. Zusammen mit weiteren organisch gebildeten Sedimenten wie beispielsweise Kohle oder Ölschiefer werden sie als biogene Sedimente bezeichnet. Sedimentgesteine haben mit etwa 8% an der Masse der Erdkruste zwar nur einen geringen Anteil, sie bedecken aber etwa 75% der Erdoberfläche (Schellmann 2007). Unter dem Einfluss von hohen Temperaturen und Drücken entstehen aus Magmatiten und Sedimentgesteinen **metamorphe Gesteine**. Bei der Metamorphose werden die Gesteine nicht vollständig aufgeschmolzen (wie es bei Magmatiten der Fall ist), die Minerale werden durch hohe Drücke und Temperaturen jedoch umgebildet. Man unterscheidet dabei verschiedene Typen, wobei die **Regionalmetamorphose**, bei der durch Gebirgsbildung hohe Drücke dominieren, und die **Kontaktmetamorphose**, bei der in der Nähe von Magmenkammern hohe Temperaturen eine größere Rolle spielen, die wichtigsten sind. Durch hohen Druck werden die Minerale neu eingeregelt, es entsteht eine

Abb. 2.17 a) Granit, grobkristallines Tiefengestein, das reich an Quarz, Feldspat und Glimmer ist (Foto: J. Schönbein). b) Bei diesem Basalt sind sehr viele Hohlräume zu erkennen, die durch eingeschlossene Gase entstanden. Die einzelnen Minerale sind hier wesentlich feinkörniger als beim Granit und daher mit bloßem Auge nicht sichtbar. Fundort: Snake River Plateau, USA (Foto: J. Schönbein). c) Buntsandstein, Fundort: Kaiserslautern, Betzenberg (Foto: C. Hauter). d) Wellenkalk, Fundort: Wutachschlucht bei Bachheim (Foto: C. Hauter). e) Tonstein aus dem Posidonienschiefer der Schwäbischen Alb. Die Bezeichnung „Schiefer" ist hier irreführend, da es sich nicht um ein metamorphes Gestein, sondern um ein Sedimentgestein handelt. Die Schichtung ist sehr gut zu erkennen. In den Posidonienschiefern um Holzmaden sind Fossilien sehr gut erhalten, was sie zu einem wichtigen Fundort, beispielsweise von Meeressauriern macht (Foto: C. Hauter). f) Gneis. Die Schieferung ist hier insbesondere an den Glimmern sehr gut zu erkennen. Fundort: Rappenfelsen bei Kirnbach im Schwarzwald (Foto: C. Hauter).

Schieferung, die nicht mit der Schichtung von Sedimentgesteinen zu verwechseln ist. Beispiele für metamorphe Gesteine sind Gneis, Marmor, der aus Kalkstein entsteht, und der vom Sandstein abgeleitete Quarzit (Abb. 2.17).

Gesteine werden auf der Erde nicht neu gebildet, sondern entstehen immer aus anderen bereits vorhanden. Die verschiedenen Gesteinsarten sind also durch einen immerwährenden Kreislauf miteinander verbunden (Abb. 2.18). Durch Verwitterung, Erosion und Transport bilden sich Sedimente, die durch den Prozess der Diagenese zu Sedimentgesteinen umgewandelt werden. Falls diese weiter absinken, können metamorphe Gesteine und letztendlich durch Aufschmelzen magmatische Gesteine entstehen. An diesen setzen wiederum Verwitterungs-, Erosions- und Transportprozesse an.

In geologischen Karten wird die Verbreitung der verschiedenen Gesteine in einem Gebiet dargestellt, die sich anhand von Gesteinsausbildung, Farbe oder Zusammensetzung unterscheiden lassen. Neben dieser rein lithologischen Darstellung werden die Gesteine aufgrund ihres Entstehungszusammenhangs und ihres Alters zusammengefasst. Die Gesteine werden dann entsprechend der erdgeschichtlichen Zeittafel (Kapitel 1) weiter klassifiziert (Zepp 2008, Press und Siever 2008, Markl 2008).

🔅 Zum Weiterdenken

1. Wo findet man in Deutschland jeweils Sedimentgesteine, magmatische Gesteine und metamorphe Gesteine?
2. Was sind die entscheidenden Antriebskräfte des Gesteinskreislaufs?

Literatur

Ahnert F (2003) Einführung in die Geomorphologie. 3. Auflage. Stuttgart.

Bahlburg H, Breitkreuz C (2008) Grundlagen der Geologie. 3. Auflage. Heidelberg.

Bauer J, Englert W, Meier U (2004) Physische Geographie kompakt. 4. Auflage. Heidelberg.

Baumhauer R (2007) Die geologische und tektonische Entwicklung Deutschlands. In: Glaser R, Gebhardt H, Schenk W (Hrsg) Geographie Deutschlands. Darmstadt, S. 99–107.

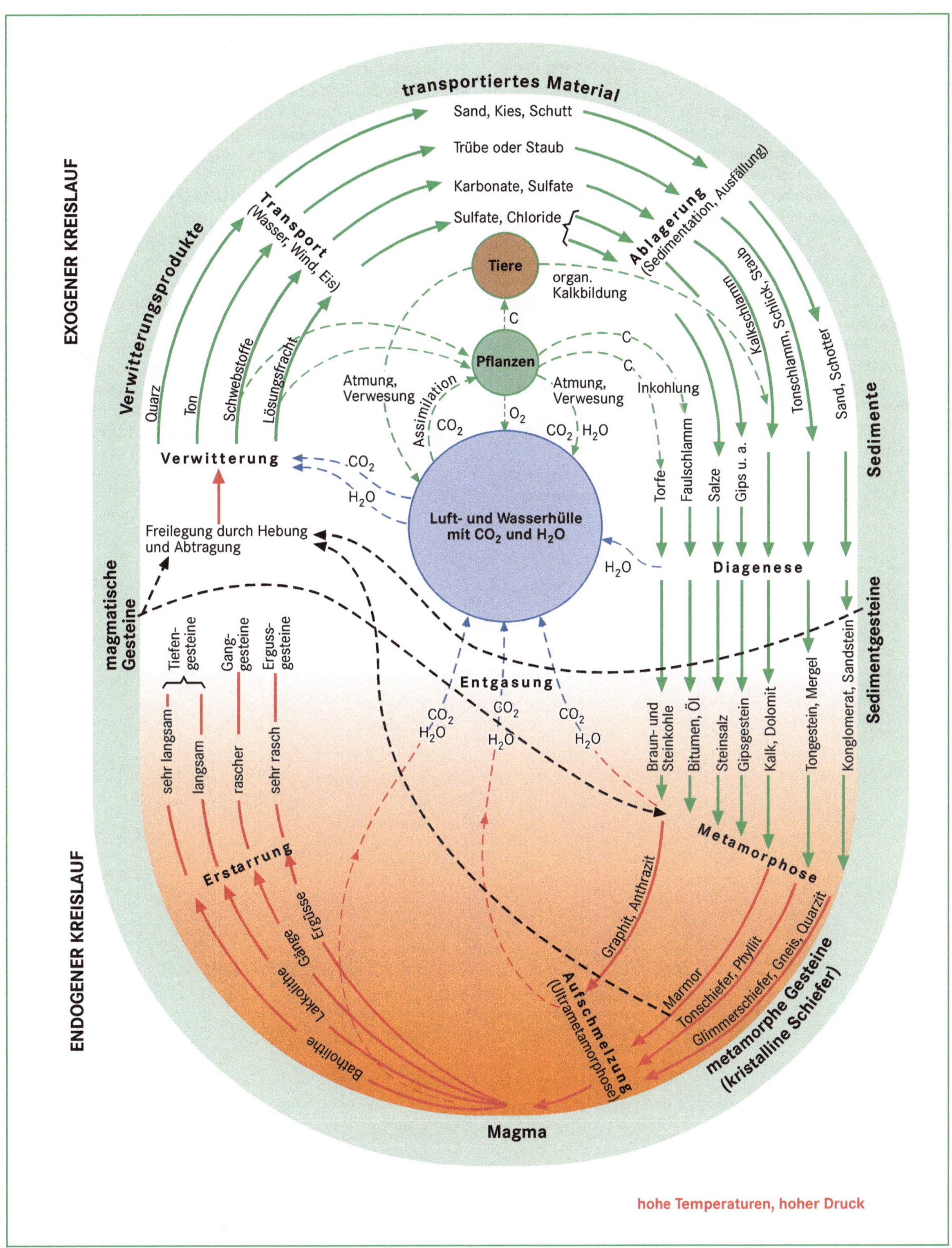

Abb. 2.18 Kreislauf der Gesteine (verändert nach Schwegler et al. 1969).

Dech S, Glaser R, Meisner R (2008) Globaler Wandel – Die Erde aus dem All. München.

Eberle J et al. (2007) Deutschlands Süden – vom Erdmittelalter zur Gegenwart. Heidelberg.

Gebhardt H et al. (2007) Geographie – Physische Geographie und Humangeographie. Heidelberg.

Glaser (2008) Klimageschichte Mitteleuropas. 1200 Jahre Wetter, Klima, Katastrophen. 2. Auflage. Darmstadt.

Häckel H (2008) Meteorologie. 6. Auflage. Stuttgart.

Henningsen D, Katzung G (2006) Einführung in die Geologie Deutschlands. 7. Auflage. Heidelberg.

Leser H (Hrsg) (2001) Diercke Wörterbuch Allgemeine Geographie. 12. Auflage. Braunschweig u. München.

Leser H (2003) Geomorphologie. 8. Auflage. Das geographische Seminar. Braunschweig.

Markl G (2008) Minerale und Gesteine. Mineralogie – Petrologie – Geochemie. 2. Auflage. Heidelberg.

Press F, Siever R (2008) Allgemeine Geologie. 5. Auflage. Heidelberg.

Rothe P (2006) Die Geologie Deutschlands, 48 Landschaften im Portrait. Darmstadt.

Rothe P (2008) Die Erde. Alles über Erdgeschichte, Plattentektonik, Vulkane, Erdbeben, Gesteine und Fossilien. Darmstadt.

Schellmann G (2007) Geologische Grundlagen. In: Gebhardt H et al. (Hrsg.) Geographie – Physische Geographie und Humangeographie. Heidelberg, 264–277.

Schmincke HU (2000) Vulkanismus. 2. Auflage. Darmstadt.

Schmincke HU, Hinzen K (2008) Vulkanismus und Erdbeben. In: Felgentreff C, Glade T (Hrsg): Naturrisiken und Sozialkatastrophen. Heidelberg, S. 140–150.

Whelan F, Kelletat D (2007) Tsunamis. In: Gebhardt H et al. (Hrsg.) Geographie – Physische Geographie und Humangeographie. Heidelberg, 1046–1047.

Wilhelmy H (2004) Geomorphologie in Stichworten. Band 1: Endogene Kräfte, Vorgänge und Formen. 6. Auflage. Berlin, Stuttgart.

Zepp H (2008) Geomorphologie: Eine Einführung. 4. Auflage. Paderborn.

Kontinentales Tiefbohrprojekt im Rahmen des International Continental Scientific Drilling Program: http://www.icdp-online.org/contenido/icdp/front_content.php?idcat=708

Scotese C R (2008) Paleomap Website. http://www.scotese.com

Äußeres Erscheinungsbild – exogene Formungskräfte

3

Das Erscheinungsbild der Erdoberfläche wird von endogenen und exogenen Prozessen geprägt. Die **Geomorphologie** ist der Bereich der physischen Geographie, der sich mit der Beschreibung der Oberflächenformen der Erde, der Untersuchung der räumlichen und zeitlichen Entwicklung dieser Oberflächenformen sowie der formenbildenden Prozesse befasst. Die Wortbestandteile stammen aus dem Griechischen und bedeuten *Geos* = Erde, Erdoberfläche, *Morphos* = Gestalt, Form und *Logos* = Lehre, Wort. Aktuelle geomorphologische Fragestellungen sind insbesondere die quantitative Erfassung von Transportprozessen, der menschliche Einfluss auf die Landformung, etwa als Verursacher von Bodenerosion, sowie der Schutz vor Naturgefahren. Auch der Klimawandel hat Auswirkungen auf die Erdoberfläche. So führt das Auftauen von Dauerfrostböden zur Instabilität von Hängen im Gebirge und zu Felsstürzen, daneben wird vermehrt Methan freigesetzt, das selbst ein klimawirksames Gas ist und den Prozess der Erwärmung beschleunigt.

3.1 Verwitterung – was härteste Steine mürbe macht!

Die Verwitterung ist der grundlegende Prozess der exogenen Formenbildung. Durch sie werden Festgesteine zu Lockermaterialien umgewandelt. Dies ist die Voraussetzung für die Abtragung, aber auch für die Bodenbildung sowie das Pflanzenwachstum, und damit eine unserer wesentlichsten Lebensgrundlagen. Verschiedene physikalische und (bio-)chemische Prozesse wirken auf die Gesteine der Erdoberfläche ein. Gesteuert wird die Art und Weise der Verwitterung im Wesentlichen von der mineralogischen Zusammensetzung der Gesteine und der Intensität und Einwirkungsdauer der exogenen Faktoren. Dabei sind die Verwitterungsprozesse in der Regel nicht isoliert zu betrachten, da die Verwitterungsergeb-

nisse auf eine Kombination von Prozessen zurückzuführen sind. Eine gute Übersicht mit zahlreichen Animationen und Übungen zu den verschiedenen Verwitterungsarten findet sich unter www.webgeo.de.

Physikalische Verwitterung

Als physikalische Verwitterung bezeichnet man die mechanische Zerkleinerung der Gesteine bis hin zur Grobtonfraktion. Bereits die Verminderung der Auflast auf ein Gestein durch Abtrag von aufliegendem Material, führt zu Verwitterungsprozessen. So bilden sich durch die Druckentlastung Spalten und Klüfte im Gestein, was zur Abschuppung ganzer Lagen von dem Gestein führen kann. In diesen Klüften können weitere Verwitterungsprozesse ansetzen. So können etwa Pflanzenwurzeln in Klüfte und Spalten eindringen und diese durch den Druck infolge ihres Dickenwachstums erweitern.

Auch die **Frostverwitterung** setzt Hohlräume, von kleinen Haarrissen bis weiten Klüften, voraus. Sammelt sich in diesen Feuchtigkeit, so führt die Volumenzunahme beim Gefrieren, die immerhin 9% beträgt, zum Zersprengen von Gesteinen (Faust und Kleber 2007). Das Resultat sind eckiger Schutt (Abb. 3.1), Grus und Sand, bis hin zu feinem Grobton. Für die Frostverwitterung ist sowohl eine ausreichende Feuchtigkeit vonnöten als auch ein häufiger Temperaturwechsel an der Null-Grad-Grenze förderlich. Dies zeigt, dass in unterschiedlichen Klimagebieten verschiedene Verwitterungsprozesse zum Tragen kommen.

In ariden bis semiariden Gebieten kann die **Salzverwitterung** eine ähnliche Wirkung erzielen wie die Frostverwitterung. Kristallisieren in Gesteinshohlräumen im Wasser enthaltene Salze durch Verdunstung aus, führt das Wachstum der Salzkristalle ebenfalls zu einer Druckwirkung auf das Gestein (Tab. 3.1). Bei einer erneuten Befeuchtung kann die Hydratation, also das Einbauen von Wassermolekülen in das Kristallgitter, zu

Abb. 3.1 Kantige Steine als Ergebnis der Frostverwitterung (Foto: R. Glaser).

einer Volumenzunahme führen. Bei der Umwandlung von Anhydrit zu Gips beträgt diese Quellung beispielsweise 60 % (Baumhauer 2006). Die Hydratation bewirkt zwar einen physikalischen Verwitterungsprozess, zählt für sich genommen jedoch zur chemischen Verwitterung.

Starke tagszeitliche Temperaturschwankungen, die auf dunklen Gesteinsoberflächen durch intensive Sonneneinstrahlung und anschließende Abkühlung über 50 °C betragen können, bewirken eine Temperatur- oder **Insolationsverwitterung** (Faust und Kleber 2007). Bei einer entsprechend starken Erwärmung führt die schlechte Wärmeleitfähigkeit von Gesteinen zu großen Temperaturunterschieden und damit zu Spannungen zwischen ihrem Inneren und dem Äußeren. Das Gleiche kann zwischen Sonnen- und Schattenseite auftreten. Besteht ein Gestein aus vielen unterschiedlichen Mineralen, lockert außerdem das unterschiedlich starke Ausdehnen verschiedener Minerale das Gesteinsgefüge.

Werden Steine oder Blöcke von Wasser oder Eis transportiert, so kommt es durch Kollisionen und Abrieb zur Zerkleinerung des Materials und des Untergrunds. Auch Tiere und Menschen können Gesteine mechanisch zerkleinern. Die Zerkleinerungen der Ge-

Tabelle 3.1 Druckwirkung physikalischer Verwitterungsprozesse, durchschnittliche Belastungsfähigkeit von Gesteinen ca. 25 MPa (Faust und Kleber 2007).

Verwitterungsprozess	maximale Druckwirkung [MPa]
Insolationsverwitterung	50
Frostsprengung	200
Salzsprengung	30
Pflanzenwurzeln	1,5

steine durch die physikalische Verwitterung vergrößert deren Oberflächen und damit die Angriffsflächen für die chemische Verwitterung.

Chemische Verwitterung

Die chemische Verwitterung umfasst alle chemischen Reaktionen an Gesteinen und führt in der Regel zu einer Veränderung der Mineralzusammensetzung. Da die Geschwindigkeiten chemischer Reaktionen mit der Temperatur steigen und die chemische Verwitterung, abgesehen von der Oxidation, Reaktionen zwischen dem Gestein und wässrigen Lösungen beschreibt, wirkt die chemische Verwitterung am stärksten in humid-tropischen Gebieten (Abb. 3.2)

Bereits angesprochen wurde die **Hydratation**, die jedoch nicht nur bei Salzen in Gesteinshohlräumen stattfindet, sondern auch direkt die Minerale des Gesteins betreffen kann. Frei bewegliche Wassermoleküle lagern sich wegen ihres Dipolcharakters an Gesteinsoberflächen an und verändern die chemischen Bindungen in den Kristallen der Minerale. Die Folge ist eine Lockerung des Gesteinsgefüges. Bei leicht löslichen Mineralen wie Steinsalz, Anhydrit oder Gips führt dieser Prozess zur Lösungsverwitterung. Die Wassermoleküle umhüllen in diesem Fall die Ionen der Minerale vollständig und diese gehen in Lösung.

Ein wichtiger Prozess, vor allem bei der chemischen Umwandlung der Silikate, ist die Hydrolyse, die man

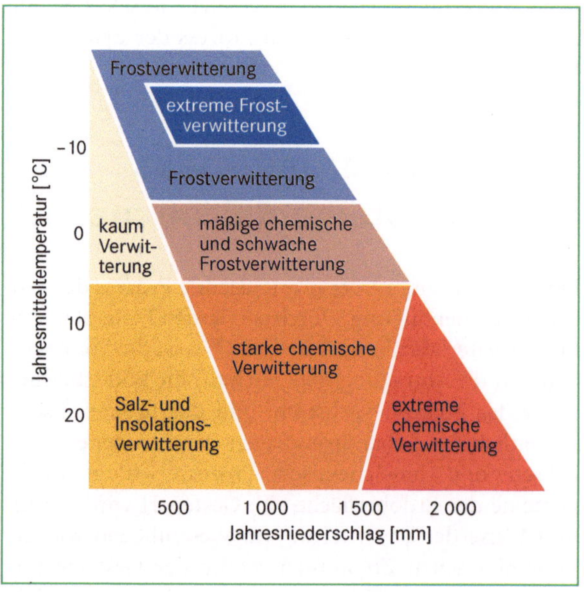

Abb. 3.2 Abhängigkeit der vorherrschenden Verwitterungsprozesse vom Klima (Faust und Kleber 2007).

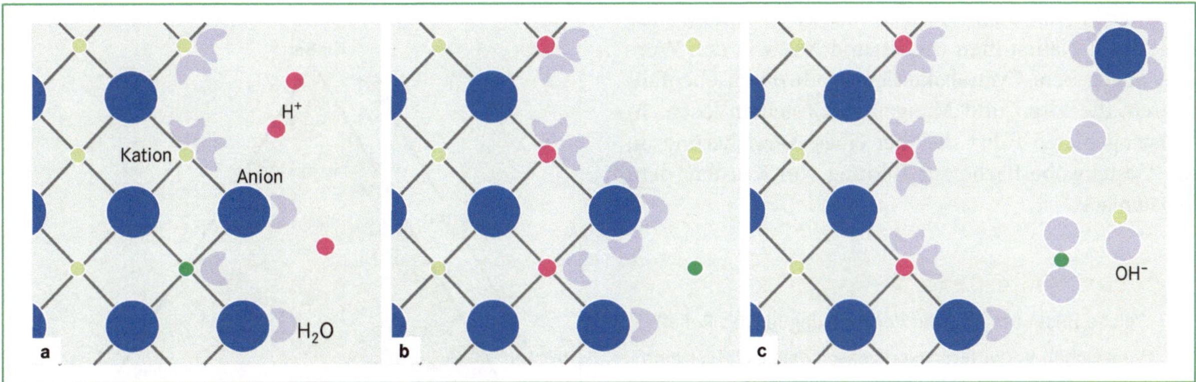

Abb. 3.3 Schema der Hydrolyse. a) Ein Kristall mit Kationen, die sich nicht im Gleichgewicht innerhalb des Kristallgitters befinden (dunkelgrün) bzw. nicht vollständig gebunden sind (hellgrün), werden b) durch H⁺-Ionen ersetzt. c) Anionen können dadurch aus der Bindung herausgelöst werden, die Kationen gehen neue Bindungen ein, zum Beispiel mit OH⁻ (Faust und Kleber 2007).

daher auch als **Silikatverwitterung** bezeichnet. Bei der **Hydrolyse** werden die Kationen eines Minerals durch Wasserstoffionen (H⁺-Ionen) ausgetauscht (Abb. 3.3). Schreitet die Hydrolyse voran, führt dies zur Herauslösung von Anionen, die mit der Bodenlösung abtransportiert werden können. Säuren, welche die Konzentration an H⁺-Ionen erhöhen, beschleunigen die Hydrolyse. Durch Lösung des allgegenwärtigen CO_2 in Wasser entsteht Kohlensäure. Die **Kohlensäureverwitterung** spielt bei der Verwitterung der Carbonate eine wichtige Rolle. Kalk (Calciumcarbonat, $CaCO_3$) ist in reinem Wasser schwer löslich. Durch die erhöhte Anzahl an H⁺-Ionen wird Kalk in leichter lösliches Calciumhydrogencarbonat ($Ca(HCO_3)_2$) umgewandelt und in Lösung abtransportiert. Da die Kohlensäureverwitterung umkehrbar ist, kann Kalk aus dem Wasser wieder ausgefällt werden, so ist CO_2 etwa bei höheren Temperaturen oder niedrigerem Druck schlechter löslich und der Kohlensäuregehalt im Wasser nimmt ab:

$$CaCO_3 + H^+ + HCO_3^- \leftrightarrow Ca^{2+} + 2HCO_3^-$$

Enthält ein Gestein sowohl Carbonate als auch Silikate, neutralisieren die Carbonate die Säuren und die Silikatverwitterung wird erst bedeutend, nachdem die Carbonatverwitterung abgeschlossen ist. Durch die Kohlensäureverwitterung werden auch die Feldspäte umgewandelt, wobei letztendlich Tonminerale entstehen. Enthalten die Gesteine beispielsweise Eisen, Mangan oder Schwefel, führt auch die Oxidation durch den Luftsauerstoff zur Verwitterung. Durch die **Oxidationsverwitterung** werden die Kationen leichter aus dem Kristallverband gelöst und das Kristallgitter destabilisiert. Die Oxide sind durch eine Farbänderung hin zu brau, schwärzlich oder rötlich erkennbar. Eine Oxidschicht kann das Gestein vor einer weiteren Verwitterung schützen, wird diese jedoch abgeführt, ist die Oxidationsverwitterung eine effektive Ergänzung der Hydrolyse.

Biologisch-chemische Verwitterung

Biologische Aktivitäten beschleunigen chemische Verwitterungsprozesse, beispielsweise wenn Bodenlebewesen die CO_2-Konzentration im Boden stark erhöhen und damit auch die Kohlensäurebildung begünstigen. Durch die Zersetzung von organischem Material entstehen außerdem Huminsäuren, welche die chemische Verwitterung verstärken.

Organismen können auch aktiv die Verwitterung beeinflussen. So bohren Bohrmuscheln Gänge in Kalk oder Korallen (Abb. 3.4). Pflanzenwurzeln, Pilzhyphen und Algen geben organische Säuren ab, was der Ernäh-

Abb. 3.4 Gänge von Bohrmuscheln im Malm-Kalk am Heldenfinger Kliff in der Schwäbischen Alb (Foto: R. Glaser).

rung der Pflanze dient. Auch werden H$^+$-Ionen im Austausch mit Nährstoffen wie K$^+$ und Na$^+$ von den Wurzeln abgegeben. Cyanobakterien produzieren ebenfalls Säuren, die Eisen und Mangan in Gesteinen lösen. In Wüstengebieten führt dies bei einer Anreicherung an der Gesteinsoberfläche zur Bildung von Krusten, dem Wüstenlack.

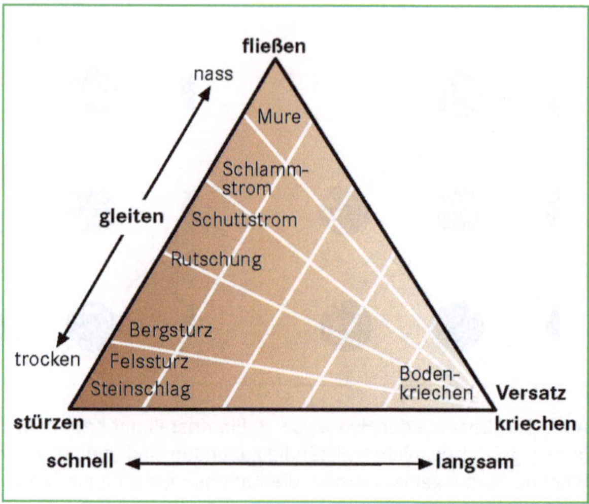

Abb. 3.5 Klassifizierung von gravitativen Massenbewegungen (verändert nach Carson und Kirkby 1972).

3.2 Styling fürs Relief – Formungsprozesse

Geomorphologische Formen bilden sich durch flächenhaften (Denudation) und linienhaften Abtrag (Erosion). Abweichend von dieser Definition wird der Begriff Bodenerosion allerdings auch für die flächenhafte Abtragung auf landwirtschaftlichen Nutzflächen gebraucht. Welche Formungsprozesse an der Erdoberfläche ablaufen, ist von vielen Steuerungsfaktoren abhängig. Dazu gehören das Klima, das vorhandene Relief, die geologischen Gegebenheiten und die Zeit. Die geomorphologischen Grundformen (Hohlformen, Flachformen und Vollformen) lassen sich nach ihrer Entstehung in Denudations-/Erosions- und Akkumulationsformen einteilen. Der Transport – dieser Prozess ist selbst nicht formenbildend – erfolgt durch Wasser, Eis oder Wind, seltener findet er ohne Transportmedium satt.

Wenn Berge ins Rutschen kommen – gravitative Massenbewegungen

Als gravitative Massenbewegungen werden alle Prozesse bezeichnet, bei denen eine Materialverlagerung in schwach geneigtem bis steilem Gelände durch den Einfluss der Schwerkraft erfolgt. Dies ist ohne Transportmedium möglich, etwa bei Steinschlägen und Bergstürzen, die man als trockene Massenbewegungen bezeichnet. Wasser kann jedoch gravitative Massenbewegungen auslösen oder als Schmiermittel dienen. Auslöser katastrophaler Ereignisse sind vor allem Erdbe-

ben sowie extrem starke oder lang anhaltende Niederschläge. Auch menschliche Eingriffe in das Hangsystem können die Hangstabilität herabsetzen, beispielsweise durch das Anschneiden von Böschungen für Verkehrswege, durch Wassereinleitung oder durch die Verhinderung des Wasseraustritts durch Verbauung oder Entwaldung sowie durch bergbauliche Tätigkeiten und Sprengungen (Glade 2007). Die intensive Nutzung der Gebirgsregionen und der Klimawandel können also zu einem verstärkten Auftreten von gravitativen Massenbewegungen führen. Die Geschwindigkeiten, in denen die Massenbewegungen stattfinden, sind sehr unterschiedlich, sie können wie beim Bodenfließen wenige mm pro Jahr betragen, aber auch 100 m/s bei Bergstürzen (Abb. 3.5). Bergsturzlandschaften werden auch als Tomalandschaften bezeichnet.

Von Bedeutung für die Oberflächenformung ist die gravitative Massenbewegung vor allem in alpinen Gebieten und in den Mittelgebirgen. Im Laufe der Zeit kann die Intensität dieses Prozesses in einem Raum aber sehr unterschiedlich sein. So sind die Hangformen der Mittelgebirge und der Alpen stark durch kaltzeitliche Massenbewegung geprägt (Abb. 3.6).

Steter Tropfen – Formung durch fließendes Wasser

Die Gestaltung der Oberflächenformen der Erde durch fließendes Wasser (**fluviale Formung**) ist in den meisten Gegenden der bedeutendste Formungsprozess (Zepp 2008). Er umfasst die linienhaften Formungen durch

Abb. 3.6 Ungebundene und gebundene Solifluktion am Munt Buffalora im Schweizer Nationalpark (Graubünden) (Foto: J. Eberle).

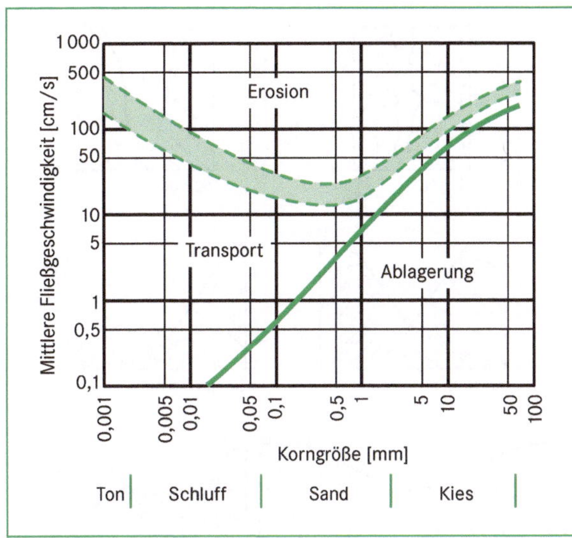

Abb. 3.7 Hjulström-Diagramm (nach Leser 2003).

Bäche, Flüsse und Ströme sowie den flächenhaften Abtrag an Hängen. Wasser transportiert das durch die Verwitterung aufgearbeitete Material in Lösung, als Schweb- oder als Geröllfracht. Ob und welches Material erodiert, transportiert oder abgelagert wird, hängt von der Fließgeschwindigkeit des Wassers (Abb. 3.7) und der Abflussmenge ab. Einfluss auf die Erodierbarkeit hat auch die Bindigkeit des Substrats. So werden Tone durch ihre hohen Kohäsionskräfte erst bei relativ hohen Fließgeschwindigkeiten erodiert, bei sinkenden Geschwindigkeiten jedoch wegen der geringen Partikelgröße weiter transportiert. Die Sedimentation ist vor allem von der Korngröße abhängig, Tonpartikel bleiben sogar in unbewegtem Wasser lange in Schwebe.

Beim Transport wird das Material zerkleinert und abgerundet. Geröll kann als Erosionswaffe wirken und den Untergrund durch Kollisionen oder schleifend bearbeiten. Abtragung, Transport und Ablagerung (Sedimentation) bilden sehr verschiedenartige Tal- und Oberflächenformen, abhängig von der Wasserführung, den Höhenunterschieden, den Verwitterungsbedingungen, der Erodierbarkeit des anstehenden Gesteins und der Vegetationsbedeckung im Einzugsgebiet des Flusses.

Täler sind geomorphologisch als durch fließendes Wasser entstandene längliche Hohlformen definiert. Ein Tal besteht aus mehren Reliefelementen: den Talhängen, dem Talboden und dem Flussbett. Eine wesentliche Rolle für die Eintiefung von Flüssen und die Bildung von Tälern spielt die rückschreitende Erosion. Sie beschreibt die Eintiefungstendenz eines Flus-

ses von seiner Mündung zur Quelle, wobei die Höhenlage der Mündung als Erosionsbasis bezeichnet wird. Von Bedeutung für die Talformung ist das **Belastungsverhältnis** des Gewässers, das sich aus dessen Transportkapazität und Sedimentfracht ergibt. Ist die Transportkapazität des Flusses größer als die Menge an zu transportierendem Material, neigen die Flüsse zur Tiefenerosion. Dreht sich das Belastungsverhältnis um und es wird beispielsweise durch die Hangentwicklung mehr Material bereitgestellt, als der Fluss transportieren kann, wird dieses akkumuliert. So führen Staustufen zu einer Herabsetzung der Fließgeschwindigkeit und damit der Transportkapazität. Sie wirken also als Sedimentfallen, während unterhalb eines Damms die nun geringe Sedimentfracht bei gleichzeitig höherer Fließgeschwindigkeit zu Tiefenerosion führt und letztlich die Staumauer selbst unterspült werden kann. Durch Geschiebezugaben versucht man, diese Erosionsprozesse zu minimieren.

Im Hochgebirge überwinden die Flüsse große Höhenunterschiede. Die resultierenden hohen Fließgeschwindigkeiten führen zu starker Tiefenerosion und Täler mit steilen Hängen entstehen: in sehr widerstandsfähigem Gestein Klammtäler und in weniger standfestem Material Schluchten (Abb. 3.8). Ist der Abtrag an den Hängen stärker, so entstehen Kerbtäler, die das Erscheinungsbild der meisten Mittelgebirge prägen. In diesen Tälern stehen Hangabtrag und Tiefenerosion im Gleichgewicht. Stärkerer Hangabtrag führt zu einer Änderung des Belastungsverhältnisses und zur Akkumulation von Material in der Talsohle, ein Sohlenkerbtal bildet sich aus. In den Hochflächenlagen der Mittel-

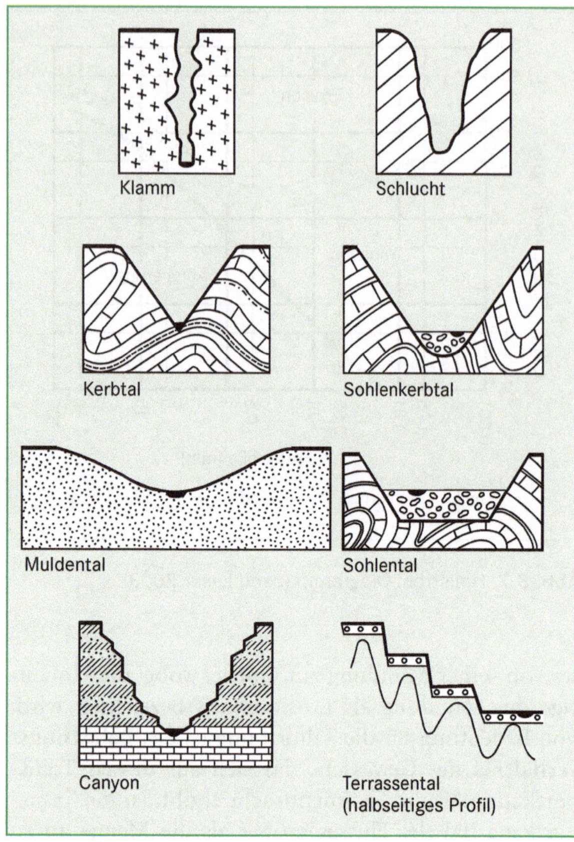

Abb. 3.8 Talformen im Querschnitt (verändert nach Leser 2003).

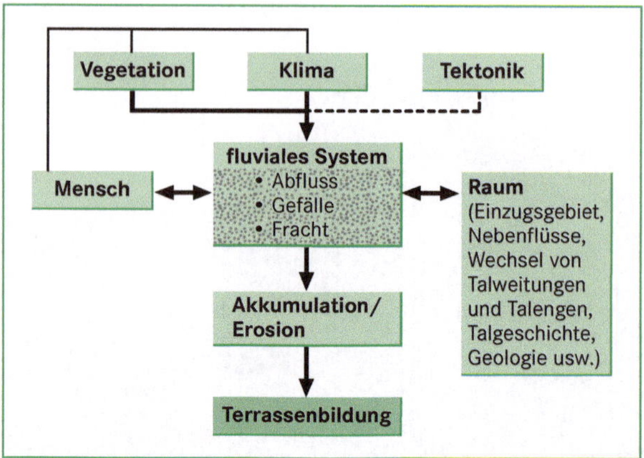

Abb. 3.9 Wesentliche Einflussfaktoren auf die fluviale Dynamik und Terrassenbildung während mittel- bis langfristiger Zeiträume (Schellmann 2007b).

gebirge sind Muldentäler verbreitet, die flach geneigte Hänge und keine Talsohle haben.

In einem Sohlental weitet sich die Talsohle durch verstärkte Seitenerosion aus und ist mehrere hundert Meter breit. Die nachlassende Transportkapazität führt zur Materialakkumulation und die Talsohle ist daher aus mächtigen Flusssedimenten aufgebaut. Große Flüsse wie Mosel, Ruhr, Saale und Werra bilden in den Mittelgebirgen Sohlentäler aus (Schmidt 2007a). Haben sich Phasen mit Seitenerosion und Akkumulation mit Zeiten vorwiegender Tiefenerosion abgewechselt, sind die Talhänge der Sohlentäler als Terrassen ausgebildet. Der Fluss hat sich dann bei der Tiefenerosion in seinen eigenen Talboden eingeschnitten, der jeweils jüngere Talboden liegt auf einem tieferen Niveau. Die Ursachen für diese Terrassierung sind die Hebung der Mittelgebirge (Tektonik) und klimatische Wechsel einschließlich Vegetationsveränderungen, wie sie durch die Eiszeiten hervorgerufen wurden, die durch geänderten Abfluss zu veränderter Belastungskapazität des Flusses führen (Abb. 3.9). Die Stufung in den Canyons wird hingegen durch wechselnde Erodierbarkeit von Sedimentgestei-

nen in horizontaler Lagerung hervorgerufen. Die widerstandsfähigeren Schichten bilden hier die steilen Wände aus, während die Oberfläche der anfälligeren Gesteine schwach geneigt ist. Häufig ist diese Talform mit der Ausbildung von tief eingeschnittenen Talmäandern verbunden.

Talmäander entstehen, wenn sich ein Fluss mit vielen Flusswindungen, also ein mäandrierender Fluss, in den Untergrund eintieft. Meist geschieht dies infolge einer Gebirgsanhebung oder einer Absenkung der Erosionsbasis. Dabei bleibt der Verlauf des mäandrierenden Flusses erhalten und das vom Fluss geschaffene Tal erbt dessen Verlauf und zeichnet die Mäander nach. Freie Mäander hingegen liegen in einer Talsohle oder Ebene, deren Material aus den Ablagerungen des Flusses bestehen, und können ihren Verlauf darin durch Seitenerosion verlagern. Vorherrschende Seitenerosion an der Außenkurve eines Mäanderbogens bildet einen Prallhang aus, während an der Innenkurve mit vorherrschender Akkumulation ein Gleithang entsteht. In den Mäanderbögen ist das Flussquerprofil asymmetrisch, am Prallhang ist der Fluss tiefer (Abb. 3.10). Bei fortschreitender Seitenerosion an den Prallhängen kommt es zu Durchbrüchen am Mäanderhals mit der Abschnürung von Altarmen. Auch Talmäander können abgeschnürt werden, dadurch entstehen ein Umlaufberg und ein Umlauftal, das trocken fällt.

Als Maß für die Gewundenheit eines Flussabschnitts wird die Fließlänge im Verhältnis zur Tallänge angegeben. Bei mäandrierenden Flüssen ist die Fließlänge mindestens 1,5-mal so hoch wie die Tallänge, kann aber auch mehr als die dreifache Länge betragen. Eine hohe Fließlänge im Tal führt zu einem hohen Retentionsvermögen und einer starken Verzögerung von Hochwasser-

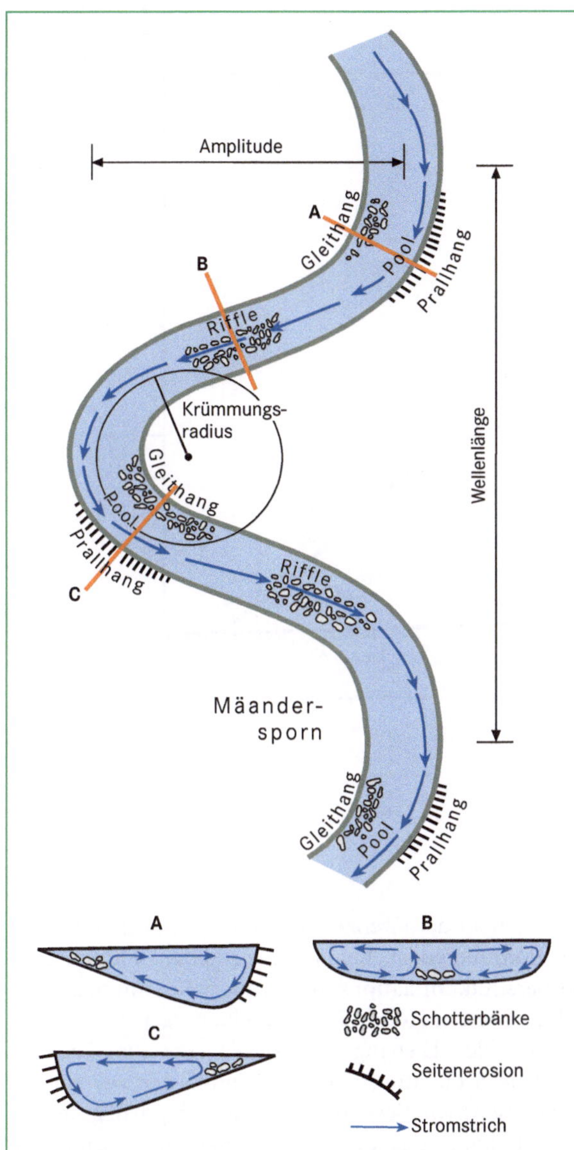

Abb. 3.10 Schematischer Grundriss und Gerinnequerschnitte eines mäandrierenden Gewässers mit zugehörigen morphometrischen Eigenschaften (verändert nach Ahnert 2003).

wellen (Schmidt 2007a). Eingriffe des Menschen in Form von Begradigungen können entsprechend hochwasserverschärfend auf die unterliegenden Flussabschnitte wirken.

Ein weiterer Grundrisstyp von Flüssen ist der gradlinige Verlauf, der in der Natur jedoch äußerst selten ist. Er ist in der Regel auf Gewässerstrecken mit hohem Talgefälle beschränkt. Bei verzweigten Flüssen teilt sich der Abfluss in mehrere Stromstriche auf, das heißt, es bilden sich Inseln aus. Diese können in Flüssen mit vorherr-

schender Tiefenerosion auf resistente Gesteine zurückzuführen sein. Häufig bildet sich die Verzweigung jedoch durch den Transport großer Geröllfrachten und wechselnde Abflüsse. Diese verwilderten Flüsse (*braided river*) nehmen den gesamten Talboden ein, wobei die einzelnen Abflussrinnen durch Schotterbänke getrennt sind, die sich durch jedes stärkere Abflussereignis verlagern können. Verbreitet sind diese Flüsse vor allem in Regionen mit vorherrschender physikalischer Verwitterung wie in Periglazialgebieten und Hochgebirgen.

Das **Flusslängsprofil** ist das Höhenprofil eines Flusses von der Quelle bis zur Mündung. Im Idealfall bildet ein Fluss ein konkaves Längsprofil aus, das in Ober-, Mittel- und Unterlauf eingeteilt wird. Das Gefälle und die Fließgeschwindigkeit nehmen vom Ober- zum Unterlauf hin ab. Abweichungen von dem konkaven Längsprofil sind auf lokale Erosionsbasen zurückzuführen. Die Haupterosionsbasis eines Flusssystems ist das Meer. Eine Änderung des geologischen Untergrunds, tektonische Störungen oder der Übergang von einer durch Erosion geprägten Flussstrecke in eine durch Akkumulation geprägte, können eine lokale Erosionsbasis ausbilden. Im Längsprofil des Rheins sind der Bodensee und das Binger Loch deutlich als lokale Erosionsbasen erkennbar, die Nordsee ist die Haupterosionsbasis (Abb. 3.11).

Dust in the wind – Windwirkung

Der Wind kann bei fehlender oder schütterer Vegetationsbedeckung Bodenpartikel aufnehmen und diese je nach Größe z. T. über weite Strecken transportieren. So kann sogar Saharastaub bis nach Mitteleuropa verfrachtet werden. Zu Winderosion kann es ebenfalls kommen, wenn durch landwirtschaftliche Nutzung die Vegetationsdecke entfernt wird. Allerdings vermag der Wind nur trockenes Lockermaterial aufzunehmen und die Formungsstärke äolischer Prozesse, die Formung durch den Wind, ist wesentlich geringer als die von Eis und Wasser (Bubenzer 2007). Trotzdem haben äolische Prozesse in den Trockenzonen der Erde, an Sandstränden und im Umfeld von Gletschern, also im Periglazialgebiet, bedeutenden Einfluss auf die Oberflächengestaltung. Da Wind im Gegensatz zu Wasser Lockermaterial auch entgegen der Schwerkraft transportieren kann, können sowohl Dünen als auch Hohlformen entstehen.

Neben der Feuchtigkeit des Untergrunds und der Dichte der Vegetationsdecke hängt die äolische Aufnahme von Lockermaterial von der Windgeschwindigkeit, dem Relief und der Korngrößenverteilung ab. In der Regel gilt, dass höhere Windgeschwindigkeiten auch gröberes Material transportieren können, ähnlich wie

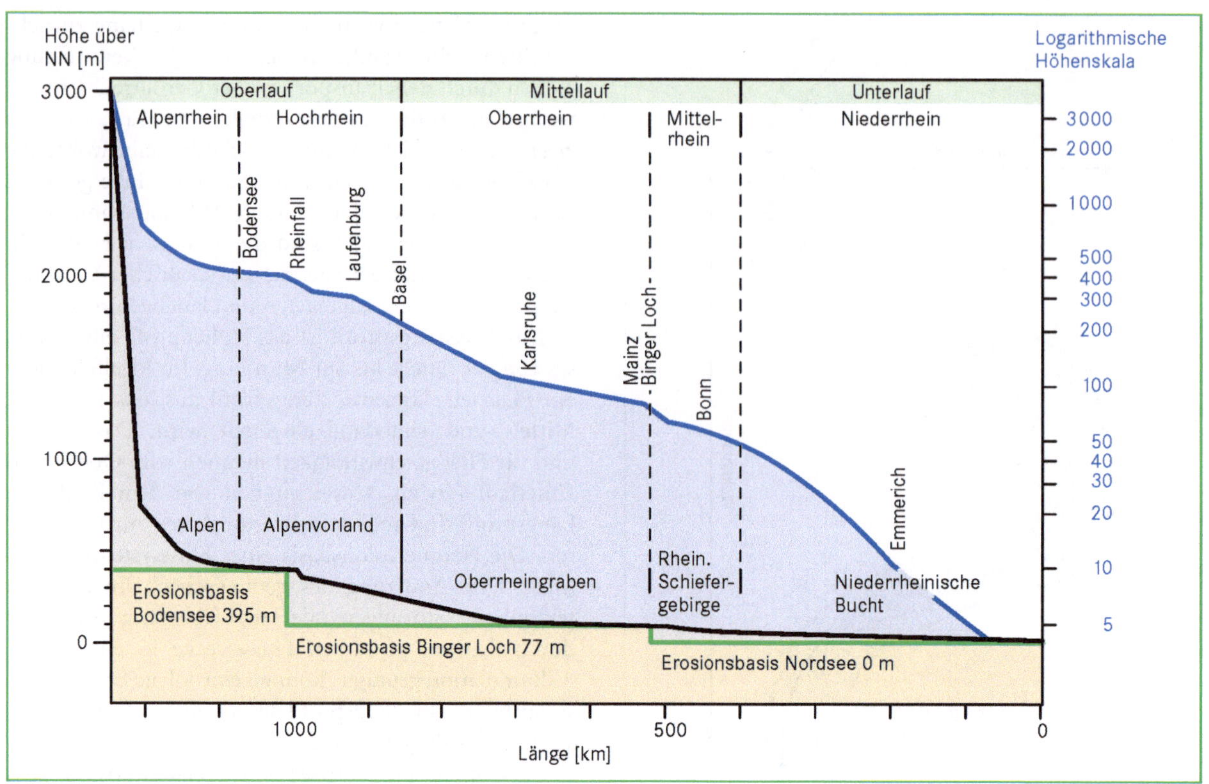

Abb. 3.11 Längsprofil des Rheins (verändert nach Ahnert 2003).

beim fließenden Wasser benötigen die Partikel der Ton- und Schlufffraktion aber höhere Geschwindigkeiten als Sand, um abgetragen zu werden (Abb. 3.12). Ton- und Schluffpartikel, die Hauptkomponenten des Lösses, können in Suspension, d. h., „in der Schwebe" transportiert werden, was für Sand nur bei Sturm gilt. Dieser wird in der Regel springend (**Saltation**), rollend oder stoßweise (**Reptation**) transportiert (Abb. 3.13). Dabei kann ein saltierendes Sandkorn auf ein anderes prallen und dieses zur Saltation oder zum Rollen anregen.

Die flächenhafte Aufnahme von Material durch den Wind wird **Deflation** genannt. Voraussetzung für Deflation ist, dass das Gestein verwittert ist. Durch das selektive Ausblasen von kleineren Korngrößen und der daraus resultierenden Tieferlegung der Oberfläche, kann es zur Anreicherung von gröberen Komponenten an der Oberfläche kommen (Abb. 3.14). Am Ende dieses Prozesses entsteht ein stabiles Wüstenpflaster, das eine weitere Auswehung verhindert. Trifft das vom Wind transportierte Material auf anstehendes Gestein, kann dieses durch Windschliff (**Korrasion**) geformt werden.

Die kleinsten äolischen Akkumulationsformen mit einer Höhe von ca. 0,5–5 cm sind **Windrippel** (Mega-rippel bis maximal 50 cm), die durch Reibung und Tur-

bulenzen an der Grenze zwischen Oberfläche und Luft bei dominierender Reptation entstehen. **Dünen** sind größere Akkumulationsformen aus Sand, mit mehreren zehner Metern Höhe. Sie haben einen flachen Luv- und einen steilen Leehang und weisen eine zum Leehang parallele Schichtung auf. Die Sandkörner werden auf der Luvseite vorwiegend saltierend transportiert, an der Leeseite kommt es an aktiven Dünen zu Rutschungen. Unterschieden werden gebundene Dünen von freien Dünen, Querdünen von Längsdünen sowie komplexe Dünen von Einzeldünen (Abb. 3.15).

Pflanzen, Felsen oder Hügel sind Barrieren im Strömungsfeld des Windes an denen **gebunde Dünen** entstehen können. Nebkas oder Kupste sind an Pflanzen gebunden, deren Wurzeln zusätzlich stabilisierend wirken. Sandrampen und Echodünen entstehen im Luv von Hindernissen. Leedünen können mehrere Kilometer lang werden. Lunettes und Parabeldünen entstehen an Ufervegetation bzw. auf gras- oder krautbewachsenem Untergrund.

Freie Dünen entstehen ohne Hindernis und treten als Längs- oder Querdünen auf. Barchane, die einzigen echten Wanderdünen, sind an ihrer gebogenen Form zu erkennen (Abb. 3.16). Die Leeseite ist konkav gebogen,

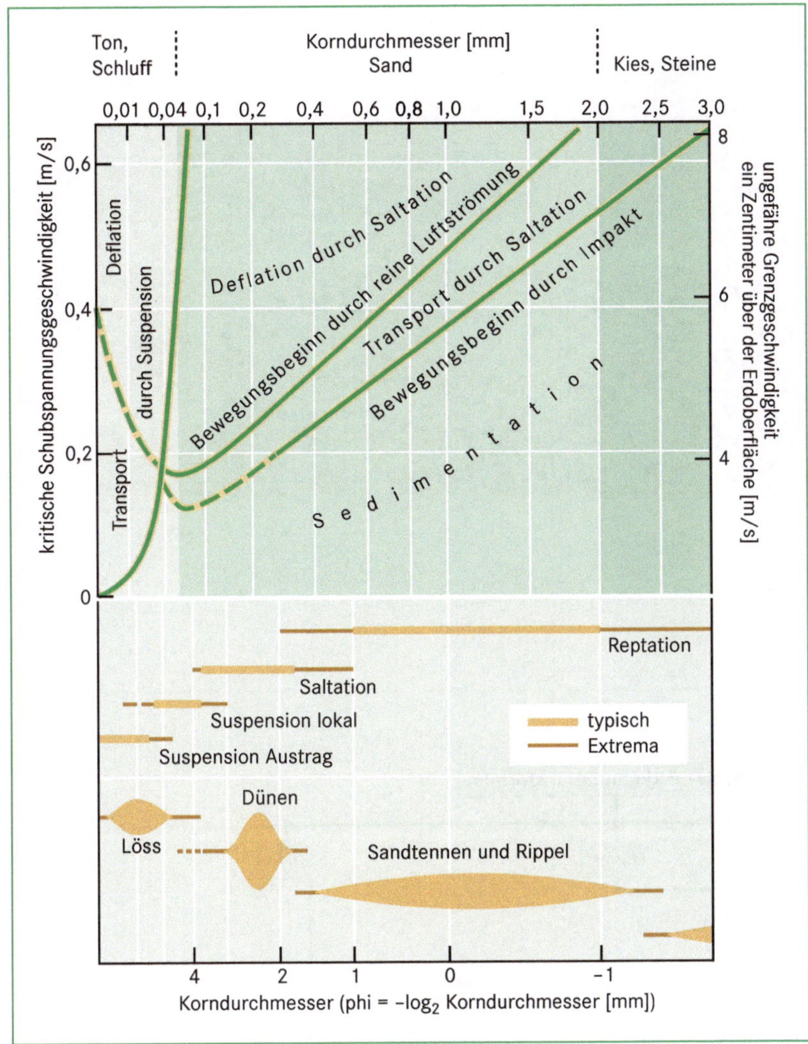

Abb. 3.12 Kritische Schubspannungsgeschwindigkeiten verschiedener Korngrößen für Deflation, äolischen Transport und Sedimentation sowie typische Formungsbeispiele (Bubenzer 2007, verändert nach Bagnold 1941, Mabbutt 1977).

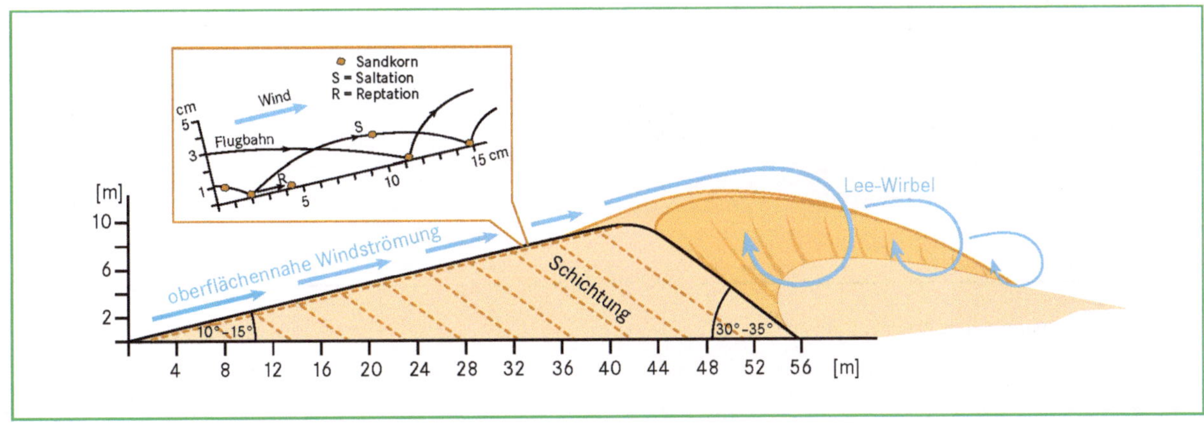

Abb. 3.13 Querschnitt eines Brachan und Sandbewegung (Bubenzer 2007).

Abb. 3.14 Steinwüste (Hamada) im Hochland von Nordjemen: Grober basaltischer Verwitterungsschutt prägt hier die Abtragungslandschaft (Foto: B. Eitel).

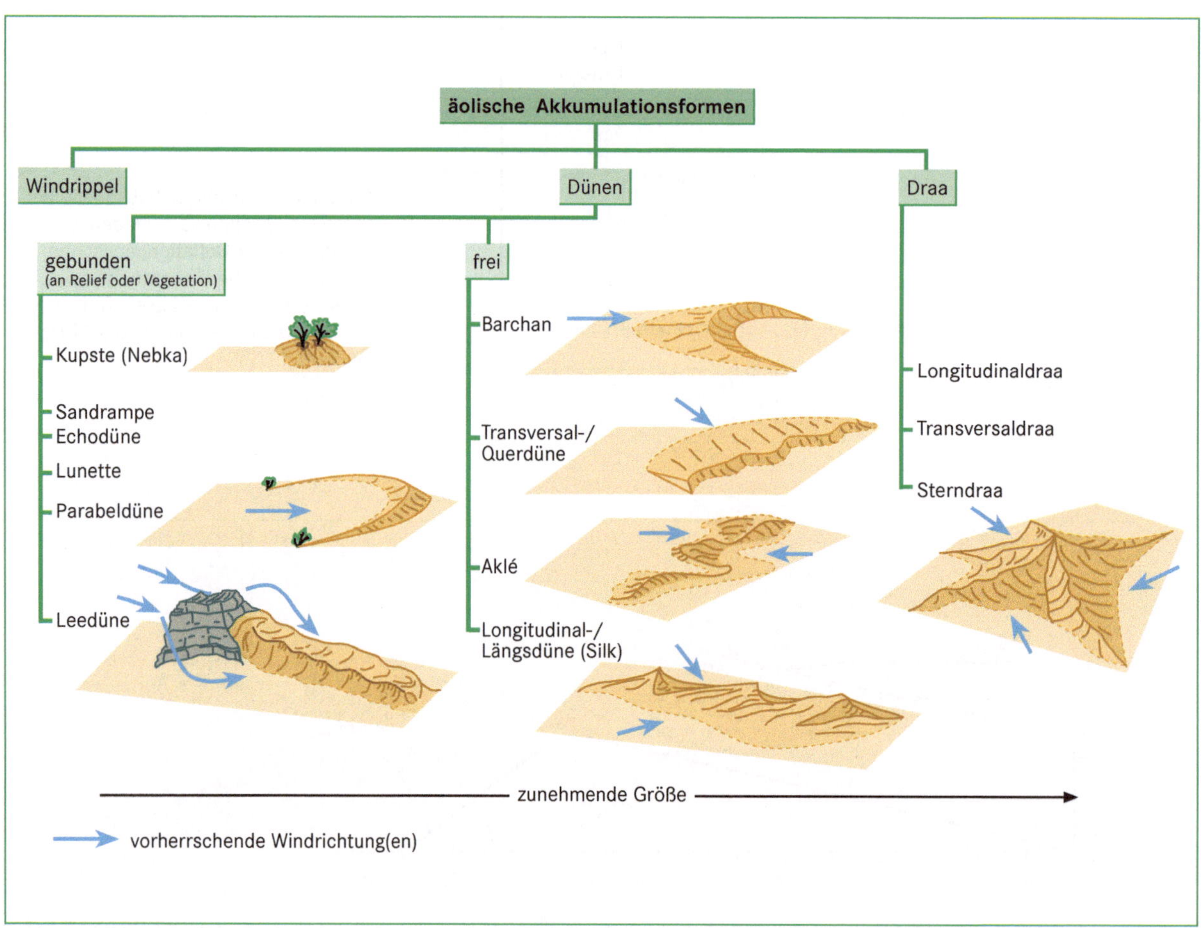

Abb. 3.15 Klassifikation äolischer Akkumulationsformen (Bubenzer 2007, verändert nach Thomas 1997).

Abb. 3.16 Sandwüste (Erg) in der nördlichen Atacama, Peru: Der Dünensand, der über Fußflächen und ephemere Abflusssysteme fluvial in die Wüste transportiert und zusammengeweht wurde, bildet eine Landschaft aus Dünen unterschiedlicher Genese und Dynamik (Foto: B. Eitel)

die Hörner wandern schneller als das Zentrum der Düne. Barchane bilden sich bei relativ geringer Verfügbarkeit an Sand und einer vorherrschenden Windrichtung auf festem und vegetationsfreiem Untergrund. Bei höherer Sandzufuhr bilden sich Querdünen. Wenn die Winde z. B. im Jahresverlauf aus unterschiedlichen Richtungen wehen, entstehen die komplexeren Aklé. Als Draa bezeichnet man Megaformen von 100–200 Meter Höhe. Unter den heutigen Umweltbedingungen sind sie jedoch nicht mehr aktiv und daher Paläoformen, die vermutlich im Pleistozän gebildet wurden.

In Mitteleuropa sind aktive Dünen vor allem in den Küstenregionen zu finden, wo Sand von den Stränden verweht wird. Auch im Binnenland gibt es Dünen, diese sind Zeugnisse einer schütteren Vegetationsbedeckung während des Glazials, sie können jedoch auch infolge anthropogener Eingriffe entstehen, wie beispielsweise in Brandenburg (Abb. 3.17). Ebenfalls im Glazial wurde Löss abgelagert, der heute das am weitesten verbreitete quartäre Sediment ist. In den Lössbörden und dem Oberrheingraben kommt er mit Mächtigkeiten von 1 bis 2 m vor, am Kaiserstuhl und in der südlichen Niederrheinischen Bucht kann er bis 20 m mächtig sein.

Vom Eis bestimmt – glaziale Prozesse

Große Teile Mitteleuropas wurden während der Eiszeiten, den **Glazialen**, sowohl von kontinentalen Eismassen als auch von der vorstoßenden Gebirgsvergletscherung überdeckt und geformt (Abb. 3.20). Die aktuell vergletscherten Gebiete der Erdoberfläche sind die Antarktis und Grönland sowie die vergletscherten Hochgebirge, die jedoch nur ca. 1% der Fläche ausmachen. 10% des

Abb. 3.17 Wanderdüne bei Forst Zinna, südlich von Berlin (Foto: D. Sudhaus).

Löss

Löss ist ein kalkhaltiges äolisches Sediment, das vor allem aus Schluff besteht. Auswehungsgebiete sind die glazialen Sander- und Schotterflächen, vermutlich auch die periglazialen verwilderten Flusstäler wie beispielsweise des Rheins. Quellen des Sediments stellen auch kalte und heiße Wüsten dar. In den Ablagerungsgebieten erfolgt die Sedimentation des Materials meist ohne Schichtung (Zöller 2007). Anschließend führt eine Diagenese zur Bildung von Kalkbrücken zwischen den Körnern. Primäre Lösse werden dadurch sehr standfest und können steile Lösswände bilden zum Beispiel an Hohlwegen, die durch Jahrhunderte andauernde Nutzung von Wegen entstehen (Abb. 3.18). Wegen ihrer kulturlandschaftlichen Besonderheit und weil sie seltenen Tieren einen Lebensraum bieten, stehen Hohlwege häufig unter Schutz. Zusätzliche Stabilität verleihen dem Löss kleine Röhrchen aus Kalk, vermutlich Kalkabscheidungen an den Wurzeln der periglazialen Tundrenvegetation. Diese bewirken eine sehr gute Durchlüftung und Wasserhaltung der fruchtbaren Lössböden.

Mächtige Lössprofile stellen wichtige Archive für die Erforschung der Landschaftsentwicklung dar. Durch wechselnde Paläoklimaverhältnisse lösen sich Phasen von Lössablagerung in den kalten Zeiten mit Phasen von Bodenbildung in den Warmzeiten ab. In einem Profil können durch weitere Lössablagerung mehrere Paläoböden erhalten sein, deren Bildungszeit datierbar ist (Abb. 3.19). Kohlensäureverwitterung führt im Löss zu Kalklösung im Oberboden. Ein Teil des Kalks wird nicht vollständig ausgewaschen und kann im Unterboden wieder ausgefällt werden, wo sich Kalkkonkretionen, die sog. Lösskindel, ausbilden. In Lössprofilen können mehrere Schichten solcher Lösskindel vorliegen. Nach einer fluvialen Verlagerung abgelagerter Löss wird Schwemmlöss genannt. Er besitzt nicht mehr alle Eigenschaften eines Primärlösses, er enthält keinen Kalk mehr und seine Standfestigkeit ist herabgesetzt.

Abb. 3.18 Hohlweg im Kaiserstuhl (Foto: D. Sudhaus).

Abb. 3.19 Lössaufschluss bei Riegel (Kaiserstuhl), Thermolumineszenz-Datierungen (nach Zöller et al. 1988) der Lössablagerungen während der Kaltzeiten (blau) und der Bodenbildungen während der Warmzeiten (rot) (Foto: D. Sudhaus).

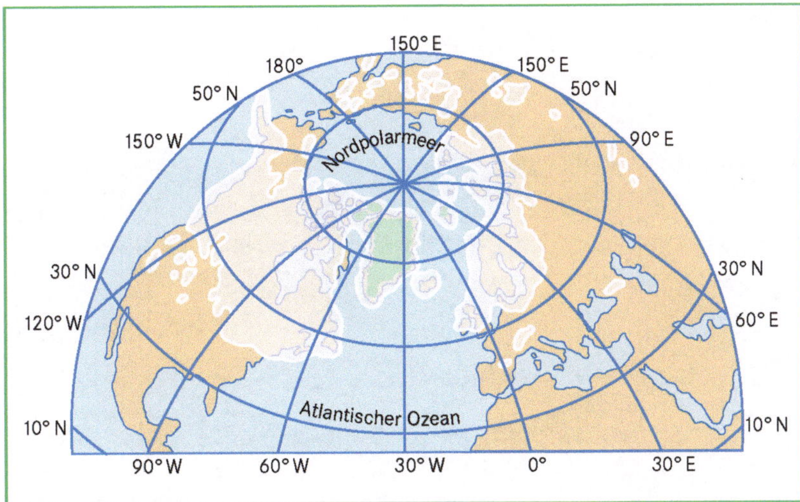

Abb. 3.20 Wahrscheinliche maximale Ausdehnung der pleistozänen (weiß) und heutigen (grün) Verschletscherung auf der Nordhalbkugel (ohne rezente Gebirgsvergletscherung) (verändert nach Goudie 2002, Press und Siever 2003).

gesamten Festlandes sind heute von Eis bedeckt, während der Eiszeiten waren es fast ein Drittel (Rögner 2007). Glazial geprägte Landschaften machen folglich einen großen Bereich der Erdoberfläche aus. Das norddeutsche Tiefland, die Alpen samt ihrem Vorland und die höheren Lagen der Mittelgebirge Harz, Schwarzwald und Bayerischer Wald wurden durch glaziale Prozesse geformt.

Glaziale Prozesse umfassen Erosion, Transport und Akkumulation durch Gletscher und Schmelzwasser am Grund eines Gletschers. **Temperierte Gletscher** haben Eistemperaturen nahe des Schmelzpunktes, so dass unterhalb des Gletschers Schmelzwasser auftreten. **Kalte Gletscher** sind dagegen am Untergrund angefroren. Die Folge ist ein anderes Fließverhalten, das eher durch Blockschollenbewegung anstelle von plastischem Fließen gekennzeichnet ist. Die Gletscher erreichen dabei sehr unterschiedliche Fließgeschwindigkeiten. Während diese in den Alpen 30 bis 150 m pro Jahr betragen, wurden am Rand des grönländischen Inlandeises 3 bis 10 km jährlich gemessen (Zepp 2008).

Die Formung eines Gebiets durch glaziale Prozesse hängt von der Erosionswiderstandsfähigkeit, der Topographie, dem Reibungswiderstand und dem Gefälle des Gesteinsuntergrunds ab. Einfluss haben auch die Fließgeschwindigkeit, die Eismächtigkeit, die Eistemperatur, das Auftreten von Schmelzwasser und die Schuttführung. Schmelzwasser und mitgeführtes Gestein sind neben dem Gletschereis die Erosionswerkzeuge der Gletscher. Schutt und Eis schleifen und verkratzen die anstehende Gesteinsoberfläche und legen diese tiefer (**Detersion**). Dadurch entstehen ein feinkörniges Gesteinsmehl (Gletschermilch) und glatte, polierte Gesteinsoberflächen, die Schrammen und Furchen (Gletscherschrammen) besitzen können (Abb. 3.21). Gesteinshindernisse

werden abgetragen oder bleiben als Felsbuckel stehen, die wegen ihrer charakteristischen Form als Rundhöcker bezeichnet werden (Schellmann 2007a).

Treten Frostwechsel am Gletscheruntergrund auf und bewirken ein wiederholtes Festfrieren am Untergrund, so wird dieser gelockert. Große Gesteinsbruchstücke können dadurch an der Gletscherunterseite anfrieren und aus dem Untergrund herausgerissen und abtransportiert werden. Dieser Prozess, die **Detraktion**, tritt verstärkt an den Gletscherrändern auf, wo häufig Frostwechsel auftreten, sowie an der Leeseite von Hindernissen an der Gletschersohle, weil dort basale Auftau- und Gefrierprozesse durch den geringeren Auflastungsdruck des Eises häufiger sind. Lockergesteinsmaterial kann an der Gletscherstirn ausgeschürft und zusammengeschoben werden (**Exaration**), wodurch beispielsweise Zungenbecken entstehen. Weitere glaziale Erosionsformen im Gebirge sind Kare (Abb. 3.22), halb offene übertiefte Hohlformen mit steilen Rück- und Seitenwänden, sowie Trogtäler, glazial überprägte Täler mit trogförmigem Querprofil. Fjorde sind ebenfalls glazial überformte Täler, die aufgrund des Meeresspiegelanstiegs an der Küste liegen.

Als **Moränen** bezeichnet man die durch den Gletscher transportierten wie auch die vom Eis abgesetzten Schuttmassen. Moränen bestehen aus Geschiebe, Lockergesteinsmassen sämtlicher Korngrößen, die unsortiert abgelagert werden (Abb. 3.23). Bewegte Moränen bestehen aus dem im Zuge der glazialen Erosion aufgenommenen Material. An der Unterseite des Gletschers wird die Untermoräne transportiert. Auf der Gletscheroberfläche liegt die Obermoräne. Sie besteht aus Material, das von Fels- oder Blockstürzen und Lawinen stammt, die von den Gletscherflanken oder Nunataks, über den Gletscher herausragende Berge, auf das Eis niedergehen.

Abb. 3.21 Gletscherschrammen im Columbia Icefield, Kanada (Foto: R. Glaser).

Ebenso wie bei der im Eis transportierten Innenmoräne, wird das Material der Obermoräne vom Gletscher kaum bearbeitet und bleibt z. T. scharfkantig, während sonst die Kanten abgerundet werden. Wird ein Gletscher aus mehr als einem Firnfeld gespeist oder fließen zwei Talgletscher zusammen, dann vereinigen sich die jeweiligen Seitenmoränen zu einer Mittelmoräne. Als Seitenmoräne wird sowohl das an den Seiten transportierte als auch abgesetzte Material bezeichnet. Grundmoränen bestehen aus Ablagerungen der Unter-, Innen- und Obermoränen. Eine weitere wichtige Akkumulationsform ist die Endmoräne, die sich an der Gletscherstirn absetzt (Zepp 2008).

Während die Ablagerungen der Gletscher unsortiert sind, weisen die von Schmelzwasser stammenden Sedimente wegen der stark schwankenden Wasserführung eine Schichtung auf. Hierzu zählen die Oser, die in den Abflussbahnen auf oder unter dem Eis entstehen, ebenso wie Kames, die bei Gebirgsgletschern auch als Terrassen ausgebildet sein können. Vor dem Eisrand werden Sander abgelagert und das Schmelzwasser in Schmelzwasserrinnen oder Urstromtälern abgeführt.

Abb. 3.22 Kar auf Korsika (Foto: R. Glaser).

Abb. 3.23 Aletschgletscher mit zwei Mittelmoränen (Foto: D. Sudhaus)

Zudem gibt es gemischte Formen wie Drumlins, die aus Moränen- und Schmelzwasserablagerungen bestehen können, deren Oberflächenform jedoch von bewegtem Eis geprägt wurde. Toteislöcher entstehen, wenn beim Abschmelzen eines Gletschers Eisblöcke von Schmelzwasserablagerungen überdeckt werden, dadurch erst verzögert abtauen und Hohlformen hinterlassen.

Glaziallandschaften bilden sich also aus einem Zusammenwirken der glazialen Erosions- und Akkumulationsprozesse, wobei diese durch mehrere Gletschervorstöße überprägt werden können. Die regelhafte Abfolge von glazialen Formen, wie sie in Norddeutschland und im Alpenvorland auftritt, wird als glaziale Serie bezeichnet (Abb. 3.24). Sie besteht aus einem durch Exaration entstandenen Gletscherbecken. Im Bereich der nordischen Vereisung wird dieses heute von der Ostsee eingenommen, im Alpenvorland zählen dazu die Zungenbecken, die teilweise wassergefüllt sind. Diesen Gletscherbecken schließt sich eine Grundmoränenlandschaft an, an deren Oberfläche Material der Ober- und

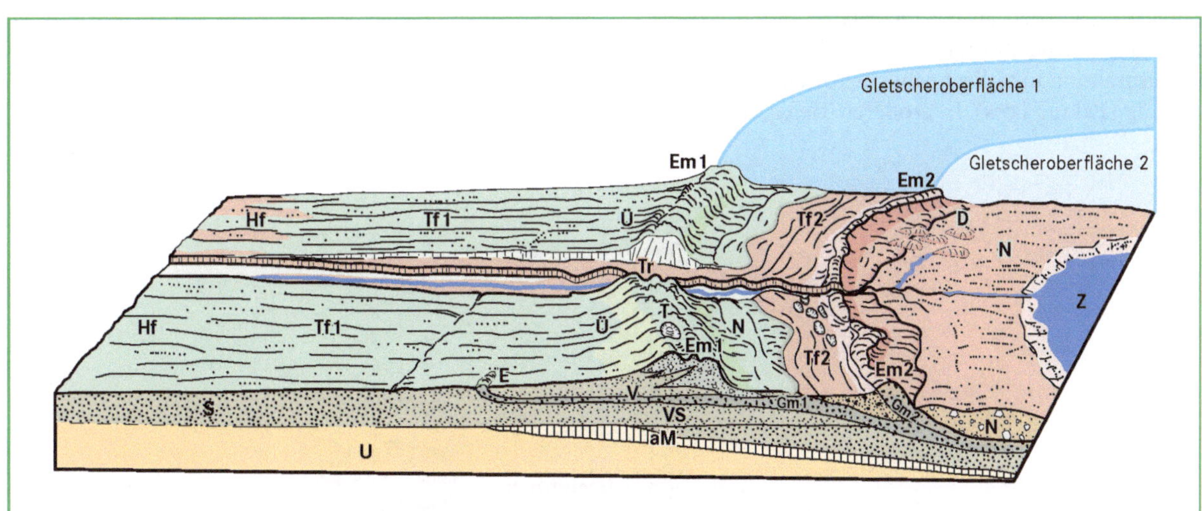

Abb. 3.24 Die „glaziale Serie". aM = Moräne einer vorangegangenen Eiszeit, D = Drumlin, E = Moräne des weitesten Vorstoßes, Em = Endmoränenwall, Gm = Grundmoräne, Hf = Hauptfeld, N = Niedertaulandschaft, S = Schotter/Sander, T = Toteisloch, Tf = Teilfeld, Tr = Trompetental/-tälchen, U = Untergrund meist präquartär, Ü = Übergangskegel, V = Grundmoräne des weitesten Vorstoßes, VS = Vorstoßschotter, Z = Zungenbecken mit See und Verlandung an den Ufern. Die Ziffern 1 und 2 geben zusammengehörende glaziale Komplexe an. Die beiden Teilfelder Tf 1 und Tf 2 vereinigen sich zu einem Hauptfeld (verändert nach Penck und Brückner 1901–09, German 1968, Schreiner 1992).

Innenmoränen ansteht, das beim Niedertauen des Eises abgelagert wurde. Am Rand dieses Bereichs sind auch Drumlins zu finden, die häufig schwarmartig vorkommen. Das Gefälle steigt bis zur Endmoräne an, der sich nach Übergangskegeln die ebenen, mit umgekehrtem Gefälle geneigten Sander anschließen. Erfolgte ein jüngerer, schwächerer Eisvorstoß, konnten die Schmelzwasser die Schotterflächen in Form von Trompetentälchen zerschneiden, in Norddeutschland bildeten sich Urstromtäler (Rögner 2007). In glazial geprägten Landschaften treten aber auch Bereiche auf, deren Formung durch periglaziale Prozesse erfolgte.

Bodenfrost trifft Frostdynamik – periglaziale Prozesse

Periglaziale Oberflächenformung in den nicht vergletscherten kaltklimatischen Gebieten wird durch Bodenfrost gesteuert. Diese frostdynamischen Prozesse hängen stark vom Klima ab, so können Tageszeitenfrost, Jahreszeitenfrost und Dauerfrost unterschieden werden. Beim Tageszeitenfrost liegt die Tiefenwirkung nur im Bereich weniger Zentimeter, während Dauerfrostboden mehrere Meter bis über 1 000 Meter mächtig sein kann (Haeberli 2007). Neben den Temperaturen ist der Eisgehalt für die geomorphologischen Prozesse im Dauerfrostboden entscheidend. Dabei kann der Eisgehalt höher sein als das Porenvolumen des Ausgangsgesteins.

Durch die häufigen Frostwechsel, vor allem im Tageszeitenfrost, werden an der Oberfläche durch Frostverwitterung kleine Korngrößen gebildet. Besonders die Schlufffraktion unterliegt dabei bedeutendem äolischen Austrag (Exkurs Löss). In größeren Tiefen können sich Eislinsen bilden, die an Felswänden Sturzvorgänge auslösen (Abb. 3.25), die Schuttkegel und -halden aufbauen.

Ist der Eisgehalt in dauernd gefrorenem Schutt sehr hoch, können sich die Schuttmassen an Berghängen mit mehreren Zentimetern bis Metern pro Jahr talwärts bewegen und Blockgletscher ausbilden (Abb. 3.26). Frier- und Tauprozesse führen an Hängen zu einem Fließen der Oberbodenschichten (**Solifluktion**) und zur Materialsortierung in flacherem Gelände. An Steilhängen treten vermehrt Murengänge auf.

In ebenem Gelände entstehen bei starken Temperaturstürzen Risse im gefrorenen Boden. In der folgenden sommerlichen Auftauperiode fließen Schmelzwasser in die Spalten und bilden beim Gefrieren Eiskeile aus. Das gefrierende Eis dehnt sich aus und wölbt die Bodenoberfläche auf. Flächenhaft bilden sich Eiskeilnetze aus, die Aufwölbungen formen dann Polygone. Durch den Frosthub können auch Hügel unterschiedlicher Größe entstehen, die aus einem mit Sediment- und Mineralboden überdeckten Eiskern bestehen. Durch das starke Aufwölben kommt es im fortgeschrittenen Stadium zu Rissen in dem überdeckenden Material und der Eiskern schmilzt auf. Dadurch können die Hügel kollabieren und es entwickeln sich Seen.

Die Verbreitung von periglazialen Formen in Mitteleuropa, teilweise als Relikte, lässt Rückschlüsse auf vergangene Klimabedingungen zu. In den alpinen Gebieten sind periglaziale Bedingungen heute noch verbreitet. Durch den aktuellen Temperaturanstieg kann die Stabilität von Berghängen herabgesetzt werden, so dass es vermehrt zu Massenbewegungen kommt. In den Permafrostgebieten sind heute ausgedehnte Feuchtgebiete mit der für kalte Moorlandschaften typischen Vegetation

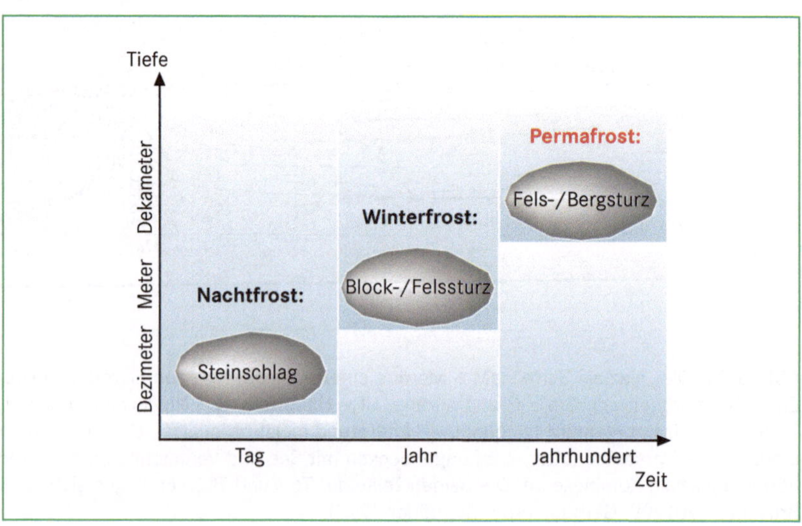

Abb. 3.25 Zeitabhängigkeit und Tiefenwirkung der Frostverwitterung in Felswänden sowie entsprechende Sturzphänomene (Haeberli 2007).

Abb. 3.26 Aktiver Blockgletscher im Val Muragl, Oberengadin, Schweizer Alpen. Seit Jahrtausenden kriechen die eisreichen Schuttmassen mit charakteristischen Geschwindigkeiten von einigen Dezimetern pro Jahr talabwärts, haben dabei lavastromartige Fließformen gebildet und die lokale Untergrenze der Permafrostverbreitung erreicht (Foto: C. Rothebühler).

verbreitet. Sie stellen damit Kohlenstoffspeicher dar. Beim Auftauen werden Methan und Kohlendioxid freigesetzt, ein Effekt, der sich mit zunehmender Klimaerwärmung verstärkt und diese steigert, da beide Gase Treibhausgase sind.

Natur spielt Gaudi – Lösungsvorgänge und Karst

Durch Lösungsverwitterung entstandene Landformen werden als **Karst** bezeichnet. Die Entwicklung von Karstlandschaften ist folglich an das Anstehen von lösungsfähigen Gesteinen gebunden. Typisch für diese Landschaften ist das häufige Vorkommen von geschlossenen Hohlformen im Festgestein. Je nach verkarstendem Gestein wird unterschieden in (nach Sponholz 2007):

- Salinarkarst
  - Salzkarst: Chloride wie Steinsalz (NaCl) und Kalisalz (KCl) weisen die höchste Löslichkeit auf. Oberflächig findet man sie nur in extrem ariden Regionen (z. B. Atacama, Zentraliran). Liegen die Salze im Untergrund vor, kommt es durch Grundwasser zu Auslaugung (Subrosion), die zu Senkungserscheinungen führen kann (z. B. in Norddeutschland).
  - Gipskarst: Sulfate wie Gips ($CaSO_4 \cdot 2\,H_2O$) und Anhydrit sind verkarstungsfähige Gesteine.
- Carbonatkarst: Carbonate sind die verbreitetste Gruppe der Karstgesteine. Ihre Löslichkeit ist stark vom Kohlensäuregehalt des Wassers abhängig (Kohlensäureverwitterung). Neben Kalk ($CaCO_3$) ist hier Dolomit ($CaMg(CO_3)_2$) zu nennen.
- Silikatkarst: Karst in silikatischen Gesteinen, speziell auch Sandsteinkarst.

Neben dem lösungsfähigen Gestein ist ausreichend verfügbares Wasser Voraussetzung für die Verkarstung. Karstgebiete zeichnen sich durch ihren Wasserhaushalt aus und können trotz teilweise hoher Niederschläge frei von Oberflächengewässern sein. Die Karstgebiete werden unterirdisch entwässert, Niederschlagswasser und Zuflüsse versickern, teilweise konzentriert in sogenannten Schlucklöchern (Ponoren). Beispielsweise versickert die obere Donau bei Immendingen, in niederschlagsarmen Sommern führt dies zur totalen Austrocknung des Flussbettes (Abb. 3.27). Die Wegsamkeit des Wassers und die Dränage zum Vorfluter muss gewährleistet sein, das gesättigte Wasser muss abtransportiert werden. Daher ist eine hohe Reinheit der Gesteine für eine effiziente Verkarstung wichtig, ein zu hoher Anteil an Lösungsrückständen (**Residuen**) wie Ton oder Schluffpartikel reichert sich sonst an und blockiert die Karstwasserbahnen.

Im Karstsystem zirkuliert das Wasser in Hohlräumen, die ein System kommunizierender Röhren ausbilden. Das Wasser kann dadurch unter Druck durch die Hohlräume gepresst werden und tritt druckbedingt in Quelltöpfen entgegen der Schwerkraft aus. Die Schüttung von Karstquellen schwankt in der Regel sehr stark, da diese schnell auf eine Veränderung der Wasserzufuhr reagieren. An höher gelegenen Hangpositionen schütten die Quellen (Hungerbrunnen) nur bei hohen Wasserständen. Die Zone, deren Hohlräume mit Wasser gefüllt sind, ist die **phreatische Zone**. Der Bereich, dessen Hohlräume luftgefüllt sind und der nur vom Wasser durchflossen wird, heißt **vadose Zone**.

Abb. 3.27 Donauversickerung bei Sigmaringen im Sommer 1995 (Foto: D. Sudhaus).

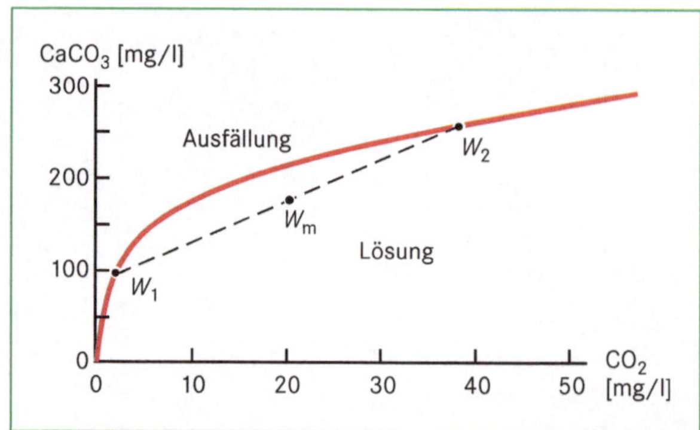

Abb. 3.28 Lösungsgleichgewicht von Kalk und Kohlensäure und Mischungskorrosion für die mit W$_1$ und W$_2$ bezeichneten gesättigten Kalklösungen (verändert nach Bögli 1964).

Die höchste Verbreitung hat der Carbonatkarst. Die Lösung des Kalks wird als **Korrosion** bezeichnet. Die Aufnahmefähigkeit des Wassers für Carbonate ist von dessen CO$_2$-Gehalt und der Temperatur abhängig. Ein Liter Wasser kann 100–400 mg Calciumcarbonat (CaCO$_3$) aufnehmen und abtransportieren (Abb. 3.28) (Zepp 2008). Die Sättigungskurve des Wassers mit CaCO$_3$ in Abhängigkeit von der Temperatur verläuft jedoch nicht linear, so dass beim Zusammenfließen zweier gesättigter Wasser unterschiedlicher Temperatur wieder Kalk gelöst werden kann. Dies wird als Mischungskorrosion bezeichnet und erklärt das Auftreten von größeren Hohlräumen an entsprechenden Zusammenflüssen. Durch das Entweichen von CO$_2$ aus dem Wasser kann der Kalk wieder ausgefällt werden und es kommt zur Ablagerung von Sinterkalken. Wird das CO$_2$ durch Photosynthese treibende Pflanzen entzogen und diese von Kalk umkrustet, entsteht Kalktuff.

Karst tritt in verschiedenen Formen auf, die häufig vergesellschaftet sind. **Oberflächenkarst** tritt an der Erdoberfläche zutage, während Karst im Untergrund als **Tiefenkarst** bezeichnet wird. Bei nacktem Karst ist die Oberfläche frei von jeglicher Auflage. Beim bedeckten Karst ist das verkarstete Gestein von Boden und Vegetation überzogen. Wurde eine Fläche nach der Verkarstung mit Sediment überlagert, liegt ein überdeckter Karst vor. Unterirdischer Karst umfasst die Gesamtheit der unterirdischen Karsterscheinungen. Erdfälle können durch Einbrüche oder Sackungen unterirdischer Hohlräume auch in unlöslichen Deckschichten verursacht werden.

Die Kleinformen des Oberflächenkarsts werden als Karren bezeichnet. Unterschieden werden längliche scharfkantige Rillen- oder abgerundete Rinnenkarren, Loch- und Napfkarren oder Spritzwasserkarren im Küstenbereich. Ist das Karstgestein von vielen Klüften durchzogen, bilden sich ausgedehnte Karrenfelder aus, auf denen sich die Kluftkarren an den Klüften orientieren.

Die Leitform in den außertropischen Karstgebieten ist die **Doline** (Sponholz 2007). Einsturzdolinen entstehen durch den Einbruch von unterirdischen Hohlräumen und haben senkrechte oder überhängende Wände. Lösungsdolinen bilden sich durch Gesteinslösung, häufig an besonders lösungsanfälligen Stellen wie Kluftkreuzungen. Hier können auch Karstschlote entstehen, die mit steilen Wänden tief hinabführen können. Uvalas sind eine Übergangsform zwischen Dolinen und Poljen, die vermutlich durch das Zusammenwachsen von Lösungsdolinen entstehen.

Poljen sind große geschlossene und beckenartige Hohlformen mit einem ebenen Boden, der häufig auf der Ebene der Karstwasserfläche liegt. Die Bodenfläche ist mit Verwitterungs- und Lösungsrückständen bedeckt, die meist fluvial umgelagert wurden. Diese können wasserstauend sein, weshalb sich in Poljen teils periodische Oberflächengewässer finden. In Karstgebieten sind Poljen Gunsträume für die landwirtschaftliche Nutzung.

In den kühlgemäßigten Breiten in Mittel- und Westeuropa treten in Karstlandschaften Karren, Schlucklöcher sowie kleine und flache Dolinen auf. Der **dinarische Karst** in mediterranen Gebieten wird von Dolinenreichtum und große Poljen bestimmt. Im Gegensatz zu diesen durch Hohlformen geprägten Landschaften sind für den **tropischen Karst** Vollformen mit zwischengeschalteten Senken kennzeichnend

Abb. 3.29 Kegelkarst auf Kuba (Foto: R. Glaser).

(Abb. 3.29). Die Senkenareale vergrößern sich bei fortschreitender Lösung, berühren sich gegenseitig und bilden eine polygonale Struktur aus (polygonaler Karst). In der Weiterentwicklung des polygonalen Karsts entstehen Cockpits, große Hohlformen mit sternförmigem Grundriss und ebenem Boden.

Das Karstgestein ist im tropischen Karst größtenteils weggelöst, der Boden der Hohlformen reicht bis zum Niveau des Karstwasserspiegels oder einer unterlagernden Schicht aus unlöslichem Gestein. Als Vollformen sind je nach Steilheit und relativer Höhe Karstkegel oder Karsttürme erhalten. Die Entwicklung des Karsts verläuft nach dem Karstzyklus (Abb. 3.30), der mit der Anlösung der Karstgesteinsfläche beginnt, bei der zwischen den Dolinen die ursprüngliche Landschaftsform noch erkennbar ist. Die Dolinen nehmen zu und wach-

sen zusammen und schließlich bildet sich eine Cockpitlandschaft aus. Der Karstzyklus endet in der Auflösung des Gesteins mit nur noch wenigen Resten, die als Vollformen erhalten bleiben.

Die Leitform des Tiefenkarsts ist die **Höhle** (Sponholz 2007). Höhlen entstehen vor allem im Schwankungsbereich der Karstwasserfläche, im phreatisch-vadosen Grenzbereich. Nach Niederschlägen strömt CO_2-reiches Wasser zu und das Niveau des nun lösungsaktiveren Wassers steigt. Durch die Hebung eines Karstgebiets und die Eintiefung des Vorfluters können sich mehrere Höhlenstockwerke ausbilden. Durch Druckminderung beim Austritt aus Klüften wird dem Wasser CO_2 entzogen und es kommt zu Kalkausfällungen. Es bilden sich Sinterkalke oder Tropfsteine aus, die als Stalaktiten von der Decke herabwachsen oder als Stalagmi-

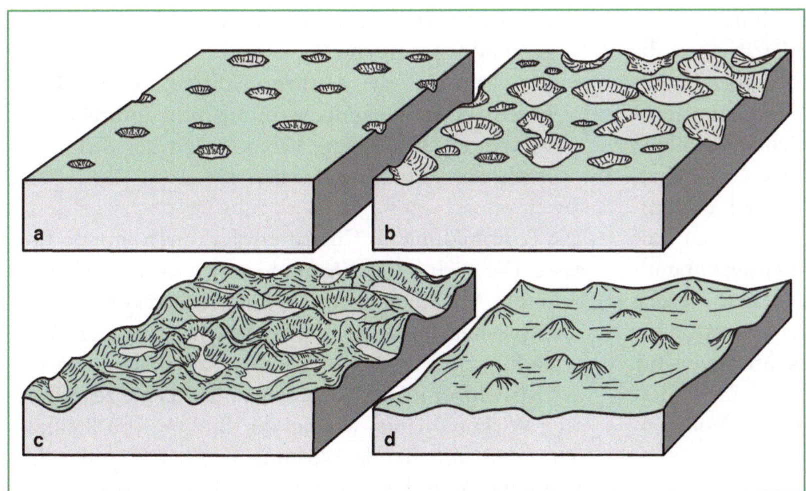

Abb. 3.30 Karstzyklus: a) junger Karst, b) spätjunger Karst, c) Cockpitlandschaft mit reifem Karst, d) Cockpitlandschaft mit altem Karst (verändert nach Grund 1914).

Abb. 3.31 Stalagmit in der Erdmannshöhle, Südschwarzwald (Foto: D. Sudhaus).

ten vom Boden aufwachsen, durch das Zusammenwachsen von beiden entstehen Travertinsäulen (Abb. 3.31). Im Salinarkarst gibt es keine Tropfsteinbildung.

Paläokarst und fossiler Karst sind Verkarstungen, die unter anderen Klimabedingungen in der Vorzeit entstanden und in denen keine aktuellen Verkarstungsprozesse mehr ablaufen. Karst in wenig löslichen Gesteinen wie Sandstein, Quarzit oder auch Granit wird als Silikatkarst bzw. Sandsteinkarst bezeichnet. Dieser Karst entsteht ebenfalls durch Lösungsvorgänge im Gestein, die in der Regel in enger Verbindung mit intensiver chemischer Verwitterung ablaufen. Als **Pseudokarst** werden hingegen Formen bezeichnet, die dem Karst zwar ähneln, aber nicht auf Lösung zurückzuführen sind, sondern beispielsweise durch Auftauen von Eis (Thermokarst) oder im Zuge der Lavaförderung (Vulkanokarst) entstanden.

Wenn das Meer auf Land trifft – Formungsprozesse an Küsten

Küsten sind Grenzräume zwischen Meer, Festland und Atmosphäre, die in allen Klimaten vorkommen. Sie sind weit verbreitete Geo- und Ökosysteme und haben auf der Erde eine Länge von mindestens einer Million Kilometer. Dabei gehen sie über die Uferlinie hinaus und umfassen meerwärts die Fläche, auf der die Brandung Einfluss auf den Meeresboden hat. Landwärts erstrecken sie sich weiter als der Wellenschlag bei Sturmfluten reicht, da der Eintrag salzhaltigen Meerwassers durch Salzspray die morphlogische Formung beeinflusst. Salz behindert den Aufwuchs von Vegetation, ermöglicht so Dünenbildung und fördert die Salzverwitterung.

Starke räumliche Verschiebungen der Küsten sind vor allem auf Meeresspiegelschwankungen zurückzuführen. Der heutige Küstenverlauf ist erst 6 000 Jahre alt, da nach der letzten Eiszeit mit einem bis 120 m niedrigeren Meeresspiegel das heutige Niveau erst im Atlantikum erreicht wurde. Die Küsten können jedoch Relikte aus früheren Zeiten ähnlicher Meeresspiegelhöhen enthalten. Neben den drei Sphären, die diesen Grenzraum bilden, wirken auch die Biosphäre und der Mensch auf die Ausformung der Küsten (nach Kelletat und Brückner 2007):

- das Festland, die **Lithosphäre**, ist aus Locker- oder Festgestein aufgebaut und kann sich in einer geodynamischen Situation befinden (heben, senken, kippen oder stabil sein)
- die **Atmosphäre** über Niederschläge, Starkwinde und Temperaturen (einschließlich Boden- und Permafrost)
- das Meer, die ozeanische **Hydrosphäre**, über Wellen, Gezeiten, Strömungen und Meeresspiegelschwankungen, zudem mit unterschiedlichen Salz- und Kalkgehalten sowie Temperaturen
- Pflanzen und Tiere der **Biosphäre** aufbauend, schützend oder zerstörend
- der Mensch, die **Anthroposphäre**, direkt durch Deichbau und Landgewinnung und indirekt über Meeresverschmutzung, Veränderung der Sedimentfracht von Flüssen und weiteres.

Die Formbildung an Küsten erfolgt durch litorale Prozesse. Die wichtigsten Formungsprozesse an den Küsten sind die Wirkungen von Wellen, Meeresströmungen und Gezeiten. Sie steuern Erosion, Transport und Akkumulation, sind in ihrer Wirkung jedoch abhängig von der Küstenform. Diese Prozesse können eine zerstörerische Wirkung haben wie bei der Bildung von Steilküsten, oder aufbauende Wirkung wie bei Strandwällen, Strandhaken und Nehrungen. Es gibt aber auch Küsten,

Tabelle 3.2 Systematik der genetischen Küstengestaltungstypen (verändert nach Kelletat 1999).

aufgetauchte Küsten				Meeresbodenküsten	
aufgebaute Küsten	organisch gestaltet	phytogen		Mangroven-, Seetangküsten, Kalkalgenbiohermata	
		zoogen		Korallenriffe, Vermetidensäume, Bryozoen- und Serpulidenriffe	
	anorganisch gestaltet	thalassogen	schwache *Gezeitenwirkung*	Haff-Nehrungsküsten	Strandhaken, Standwälle, Tomboli
			starke *Gezeitenwirkung*	Watten und Nehrungsinseln	
		potamogen		Deltas, Schwemmlandküsten	
		vulkanische Küsten		Lavazungenküsten, Kraterinseln	
untergetauchte Küsten (Ingressionsküsten)	tektonisch gestaltet			Bruchküsten	
	glazial und fluvioglazial gestaltet	erosiv	dirigierte *Glazialerosion*	Fjord-Schären-Küsten	
			freie *Glazialerosion*	Förden-, Bodden- und Fjärd-Schären-Küsten	
		akkumulativ		Moränen-, Boddenküsten	
	fluvial gestaltet			Canale-, Riaküsten	
	äolisch gestaltet			Dünentalküsten	
	denudativ und korrosiv gestaltet			Dolinen- und Kegelkarstküsten, Rumpfflächen- und Inselbergküsten, Thermoabrasionsküsten	
zerstörte Küsten	anorganisch			Kliffe, Schorren, Thermoabrasionsküsten	
	organisch			Bioerosionsküsten	

die nach einer Änderung des Meeresspiegelniveaus keiner wesentlichen litoralen Formung unterlegen waren, beispielsweise durch postglazialen Meeresspiegelanstieg überflutete glaziale Formen wie Fjorde und Schären (Tabelle 3.2).

Organismen können einen deutlichen Einfluss auf die Ausgestaltung von Küsten haben. So können Küsten vor allem durch riffbildende Korallen aufgebaut werden. Eine Schutzfunktion vor Sturmwellen erfüllen die an den tropischen und subtropischen Gezeitenküsten vorkommenden Mangroven. Abbauend und zur Bioerosion an Kalkküsten führt dagegen das Abraspeln von Mikroorganismen von der Gesteinsoberfläche durch Schnecken.

Der Einfluss des Menschen auf die Oberflächenformung

Der Mensch formt durch seine Tätigkeiten die Landschaften. Er modifiziert die Erdoberfläche beispielsweise durch Bergbau, Flussbegradigung, Küstenschutz und Landgewinnungsmaßnahmen, die Anlage von Weinbergterrassen und den Straßenbau. Neben diesen direkten Veränderungen der Formen der Landschaft initiiert und beeinflusst der wirtschaftende Mensch auch geomorphologische Vorgänge. Dies sind Anpassungsreaktionen der morphodynamischen Systeme an die vom

Menschen veränderten Randbedingungen. Sie laufen nach natürlichen Gesetzmäßigkeiten ab und werden daher als **quasinatürliche Prozesse** bezeichnet. Beispielsweise begradigt der Mensch einen Fluss, ein anthropogener Prozess, und löst damit ein Einschneiden dieses Flusses aus, das sich in dessen Nebenflüssen fortsetzt, da deren Erosionsbasis tiefer gelegt wird. Ein natürlicher Prozess ausgelöst durch einen anthropogenen Eingriff läuft ab, folglich ist dies ein quasinatürlicher Prozess.

Flächenhafte Eingriffe des Menschen in das morphologische Geschehen beginnen mit der Ausbreitung des Ackerbaus in der Jungsteinzeit. An den Ackerstandorten und in den Flussauen werden die Abtragungs- und Sedimentationsraten erhöht. Die Bodenerosion und die Auensedimentation werden durch den Menschen gegenüber den natürlichen Raten beträchtlich gesteigert (Tab. 3.3). Mit Intensivierung der Landnutzung und Ausweitung der Nutzflächen nahm die Abtragungsrate zu. Der wesentliche Steuerungsfaktor ist jedoch der Niederschlag, der sowohl räumlich als auch zeitlich stark variiert. Entsprechend der Klimaentwicklung gab es daher Perioden unterschiedlicher Intensität von Bodenerosionsereignissen.

Die stärksten Bodenerosionsereignisse der letzten 2 000 Jahre sind für das Jahr 1342 nachgewiesen (Abb. 3.32) (Bork et al. 1998). Diese Ereignisse wurden durch eine Periode besonders intensiver Niederschläge ausge-

Tabelle 3.3 Raten von natürlichem und quasinatürlichem Bodenabtrag (nach Eichler 1993).

natürlicher Bodenabtrag	
• unter tropischem Regenwald in Neuguinea	0,5–1,07 mm/Jahr
• unter tropischem Regenwald in Amazonien	
im Flachland	0,2 mm/Jahr
an Steilhängen	1,25 mm/Jahr
• süddeutsche Mittelgebirge	0,01 mm/Jahr
• süddeutsches Lösshügelland	0,003 mm/Jahr
• im dinarischen Karst im mediterranen Klimabereich	0,01–0,04 mm/Jahr
• im warmgemäßigten bis subtropischen Einzugsgebiet des Missisippi	0,07–0,1 mm/Jahr
anthropogen beschleunigter Abtrag (Bodenerosion)	
• in der agrarisch genutzten Lösshügellandschaft des Kraichgaus	2–3 mm/Jahr
• auf Rodungsflächen im tropischen Regenwald Amazoniens	
Weidenutzung (Flachland)	0,3–3 mm/Jahr
Ackerbau (Flachland)	1,5–4 mm/Jahr
Ackerbau (Hanglagen)	30–60 mm/Jahr
• auf Ackerflächen im Lössgebiet Chinas in der inneren Mongolei	30 mm/Jahr

löst. Begünstigt wurde das quasinatürliche Prozessgeschehen durch die damalige intensive Landnutzung. Wald, der am besten vor Bodenerosion schützt, bedeckte nur noch 15 % des heutigen Deutschlands und auch dieser unterlag einer intensiven Nutzung. Zwischen Landnutzung und Erosionsanfälligkeit besteht folglich ein Zusammenhang, der auch in der Schadwirkung deutlich wird. Die Bodenerosionsereignisse führen zu Bodenabtrag, Schluchtenreißen und Verfüllung der Täler mit Kolluvien. Das erhöhte Aufkommen an Sedimenten führt zu einer Überfrachtung der Flüsse und ihrer Auen und erhöhten Sedimentationsraten, was die hydrologischen Gegebenheiten verändert.

Durch das Ablaufen von quasinatürlichen Prozessen können auch andere als natürliche Formen entstehen. Dies gilt für die Waldrandstufen, die an der Grenze zwischen Acker- und Waldfläche durch erhöhte Erosion auf den Ackerflächen und deren dadurch bedingte Tieferlegung entstehen, während die Waldfläche vor Erosion geschützt ist und das ursprüngliche Niveau bewahrt.

Auch andere geomorphologische Prozesse werden durch den Menschen in ihrer Art, Intensität und räumlichen Dimension beeinflusst. So konnten die Dünen an der polnischen Ostseeküste erst nach großflächigen Rodungen entstehen, die äolische Erosion auslöste. Ferner können Rodungen gravitative Massenbewegungen auslösen und auch Erdrutsche, Murabgänge oder Lawinen haben diesen Ursache-Wirkungszusammenhang. Entwaldungen und anschließende intensive Nutzung führen zu gehäuftem Auftreten, höherer Intensität sowie Dimension dieser Prozesse und bedingen hierdurch eine höhere Schadwirkung. Gleiches gilt für eine Beschleunigung von Auslaugungsprozessen (Subrosion) durch bergbauliche Grubenwasserhaltung (Frühauf 2007). So

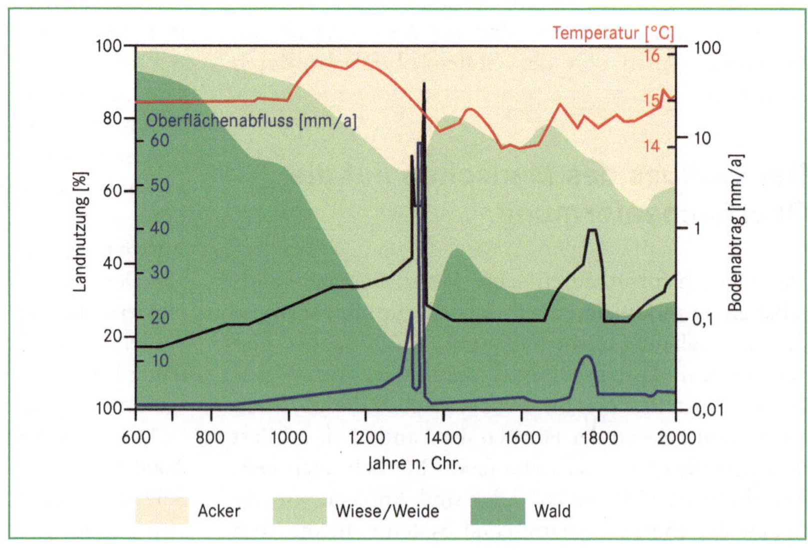

Abb. 3.32 Entwicklung von Landnutzung, Bodenabtrag und Klima seit dem Mittelalter (nach Bork et al. 1998).

Abb. 3.33 Tagesbruch im ehemaligen Kuperschieferbergbau (Foto: M. Frühauf).

führt der Kupferschieferbergbau im liegenden der löslichen Zechsteinablagerungen im östlichen Harzvorland zu Geländesenkungen und häufigen Tagesbrüchen (Abb. 3.33).

Für den Bergbau werden gewaltige Materialumlagerungen vorgenommen, eine direkte Formenveränderung der Landschaft durch den Menschen, die als Halden oder Tagebaue deutlich wird. Die meiste Fläche nimmt in Deutschland der Kiesabbau ein, eine größere Dimension haben die vom Braunkohletagebau geschaffen Hohlräume (Abb. 3.34). Die Konsequenzen des Bergbaus sind weitreichend, beispielsweise durch die damit verbundenen Grundwasserabsenkungen, und können großräumig auftreten. Insgesamt werden die im Zuge von Bergbauaktivität weltweit jährlich bewegten

Erd- und Felsmassen mit 3 000 Mrd. t angegeben. Die Flüsse transportieren im Vergleich dazu nur 24 Mrd. t in die Weltmeere (Frühauf 2007).

Insgesamt nimmt der Mensch mit der Nutzung der Landschaft Einfluss auf die geomorphologischen Prozesse und verändert auch den landschaftlichen Stoff-, Wasser- und Energiehaushalt. Die resultierenden Prozesse und Formen lassen sich nicht immer natürlichen oder anthropogenen Ursachen zuordnen, da sie zeitlich und räumlich vom Ort der Verursachung abweichen können. Das Verständnis der Ursache-Wirkungszusammenhänge ist jedoch um so mehr von Nöten, wenn sich durch die Prozesse eine Gefährdung des Menschen ergibt.

Abb. 3.34 Großtechnische Landschaftsumgestaltung durch den Braunkohletagebau Jänschwalde (Lausitz), mit der F60 und dem Vorschnittbagger (hinten links) zum Abtrag des Abraums und zwei Schaufelradbaggern (im Vordergund) zur Kohleförderung (Foto: D. Sudhaus).

3.3 Warum das Gelände so kompliziert aufgebaut ist – Landschaften als mehrphasige Bildungen

Eine Landschaft setzt sich aus vielfältigen geomorphologischen Formen zusammen, die in unterschiedlichsten Anordnungen und Mustern auftreten. Sie umfassen verschiedene Größenordnungen, die von mikroskaligen Rinnen oder Rillen über mesoskalige Hochgebirge bis zu den megaskaligen kontinentalen Schilden reichen (Dikau 2007). Formenvergesellschaftungen setzen sich aus typischen Abfolgen geomorphologischer Formen zusammen, wie es beispielsweise bei Schichtstufenlandschaften oder bei einer glazialen Serie der Fall ist (Schmidt 2007b). Die Formen wurden durch verschiedene geomorphologische Prozesse in unterschiedlichen erdgeschichtlichen Epochen gebildet. Die Entstehung von Reliefformen und -formengemeinschaften durch mehrere geomorphologische Prozesse, die gleichzeitig oder zeitlich aufeinanderfolgend ablaufen können, wird als Polygenetik bezeichnet. Im Laufe der Erdgeschichte gab es verschiedene Ereignisse, die zu aufeinanderfolgenden geomorphologischen Prozessphasen führten. Dies können tektonische Hebungen und Senkungen sein, Meeresspiegelschwankungen oder Klimaveränderungen inklusive der Veränderung der Vegetationsbedeckung. Diese Formen sind häufig ineinander verschachtelt, wobei jüngere Prozesse die älteren Formen überprägen. Vorzeitformen bleiben also nur erhalten,

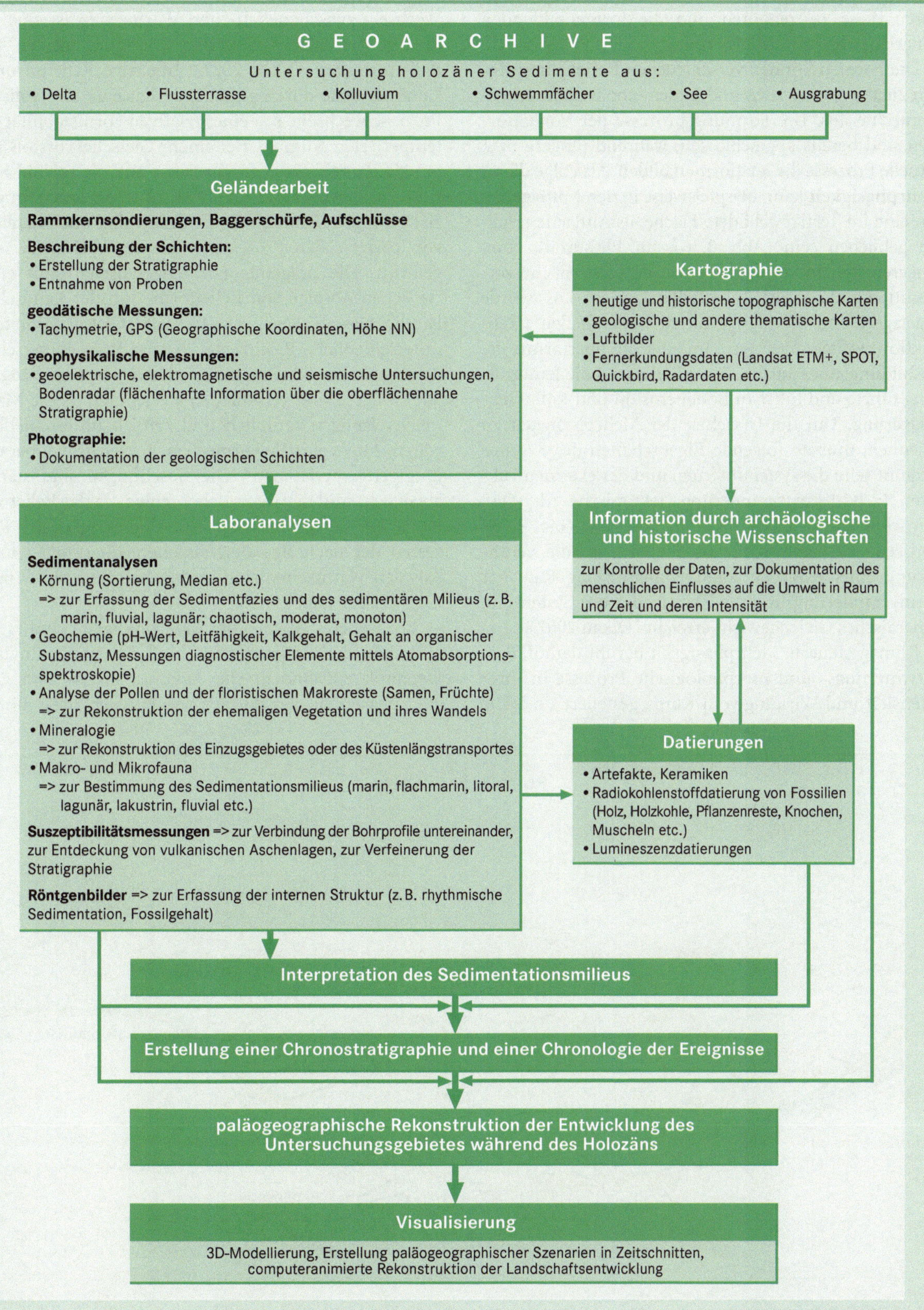
GEOARCHIVE
Untersuchung holozäner Sedimente aus:
• Delta
• Flussterrasse
• Kolluvium
• Schwemmfächer
• See
• Ausgrabung

Geländearbeit
Rammkernsondierungen, Baggerschürfe, Aufschlüsse
Beschreibung der Schichten:
• Erstellung der Stratigraphie
• Entnahme von Proben
geodätische Messungen:
• Tachymetrie, GPS (Geographische Koordinaten, Höhe NN)
geophysikalische Messungen:
• geoelektrische, elektromagnetische und seismische Untersuchungen, Bodenradar (flächenhafte Information über die oberflächennahe Stratigraphie)
Photographie:
• Dokumentation der geologischen Schichten

Kartographie
• heutige und historische topographische Karten
• geologische und andere thematische Karten
• Luftbilder
• Fernerkundungsdaten (Landsat ETM+, SPOT, Quickbird, Radardaten etc.)

Laboranalysen
Sedimentanalysen
• Körnung (Sortierung, Median etc.)
=> zur Erfassung der Sedimentfazies und des sedimentären Milieus (z. B. marin, fluvial, lagunär; chaotisch, moderat, monoton)
• Geochemie (pH-Wert, Leitfähigkeit, Kalkgehalt, Gehalt an organischer Substanz, Messungen diagnostischer Elemente mittels Atomabsorptionsspektroskopie)
• Analyse der Pollen und der floristischen Makroreste (Samen, Früchte)
=> zur Rekonstruktion der ehemaligen Vegetation und ihres Wandels
• Mineralogie
=> zur Rekonstruktion des Einzugsgebietes oder des Küstenlängstransportes
• Makro- und Mikrofauna
=> zur Bestimmung des Sedimentationsmilieus (marin, flachmarin, litoral, lagunär, lakustrin, fluvial etc.)
Suszeptibilitätsmessungen => zur Verbindung der Bohrprofile untereinander, zur Entdeckung von vulkanischen Aschenlagen, zur Verfeinerung der Stratigraphie
Röntgenbilder => zur Erfassung der internen Struktur (z. B. rhythmische Sedimentation, Fossilgehalt)

Information durch archäologische und historische Wissenschaften
zur Kontrolle der Daten, zur Dokumentation des menschlichen Einflusses auf die Umwelt in Raum und Zeit und deren Intensität

Datierungen
• Artefakte, Keramiken
• Radiokohlenstoffdatierung von Fossilien (Holz, Holzkohle, Pflanzenreste, Knochen, Muscheln etc.)
• Lumineszenzdatierungen

Interpretation des Sedimentationsmilieus

Erstellung einer Chronostratigraphie und einer Chronologie der Ereignisse

paläogeographische Rekonstruktion der Entwicklung des Untersuchungsgebietes während des Holozäns

Visualisierung
3D-Modellierung, Erstellung paläogeographischer Szenarien in Zeitschnitten, computeranimierte Rekonstruktion der Landschaftsentwicklung

wenn die nachfolgenden Prozesse nicht in der Lage waren diese zu zerstören und die formenbildenden Materialien abzutransportieren.

Die Formen können verschiedenen **Reliefgenerationen** zugeordnet werden und bilden eine **Reliefformenhierarchie** aus. Die Formungsprozesse der Vorzeitformen sind bereits abgeschlossen, während jüngere bzw. aktuelle Prozesse die Jetztformen bilden. Als Folge dieser **Mehrphasigkeit** kann beispielsweise in den Mittelgebirgen eine im Tertiär gebildete Fläche als Altfläche erhalten geblieben sein (Abb. 3.36). Im Pleistozän, einer jüngeren Reliefbildungsphase, wurde diese Fläche zerschnitten und zerstört, Täler tieften sich ein, Löss wurde abgelagert und die Hänge durch Bodenfließen (Gelifluktion) weiter abgetragen. Im Holozän überformte die Ausbildung einer Talaue dieses Relief und die Landnutzung führte und führt zu Bodenerosion und Kolluvienablagerung. Um die Ursachen der Mehrphasigkeit zu erkennen, müssen folgende Eigenschaften des Systems bekannt sein: die systeminternen und der externen Faktoren (z. B. Klimaveränderung, tektonische Aktivität, menschlicher Einfluss) der Reliefformung, die Reaktionszeit oder Sensitivität des Systems auf die Veränderung einer externen Randbedingung, die Rate der Formveränderung und die Zeit, in der das System ein dynamisches Gleichgewicht erreicht (Dikau 2007).

Klimagesteuerte Mehrphasigkeit beruht darauf, dass Verwitterungs- und morphologische Prozesse in ihrer Intensität und Wirkung vom Klima gesteuert sind. Die quartäre Vereisung in Mitteleuropa mit mindestens 20 Wechseln zwischen Kalt- und Warmzeiten ist eine der deutlichsten klimagesteuerten Mehrphasigkeiten der Reliefformung (Dikau 2007). Intensive Reliefformung kalter Klimate durch glaziale, periglaziale und äolische Prozesse wechselte mit einer relativen Formstabilität der temperierten Klimate. Bei einem Gletschervorstoß treten gleichzeitig Formungsprozesse auf, die sowohl Erosions- als auch Akkumulationsformen erzeugen. In glazial geprägten Landschaften wurden aber auch Bereiche von periglazialen Prozessen oder dem Schmelzwasser geformt. Die prägende Formengesellschaft mit einer typischen Abfolge von Reliefformen in der Landschaft ist die glaziale Serie. Da fast alle Gletschervorstöße unterschiedliche Reichweiten hatten, können verschiedene glaziale Serien nachgewiesen werden (Rögner 2007). Diese sind verschieden ausgeprägt, da die Maximalvereisungen räumlich und zeitlich unterschiedlich waren. Ältere glaziale Formen erscheinen gegenüber den jüngeren „verwaschen“. Die Böschungen sind stärker abgeflacht und die Toteislöcher fehlen, da das Relief von nachfolgenden Ereignissen, etwa den periglazialen Prozessen der nachfolgenden Eiszeiten, überprägt wurde. Aus den Warmzeiten sind im Idealfall Bodenbildungen nachweisbar (Abb. 3.19).

Ein weiteres Beispiel der Mehrphasigkeit sind Flussterrassen, die infolge mittel- bis langfristiger fluvialer Dynamik entstanden. Die Akkumulations- und Erosionsphasen, die zur Bildung von Flussterrassen führen,

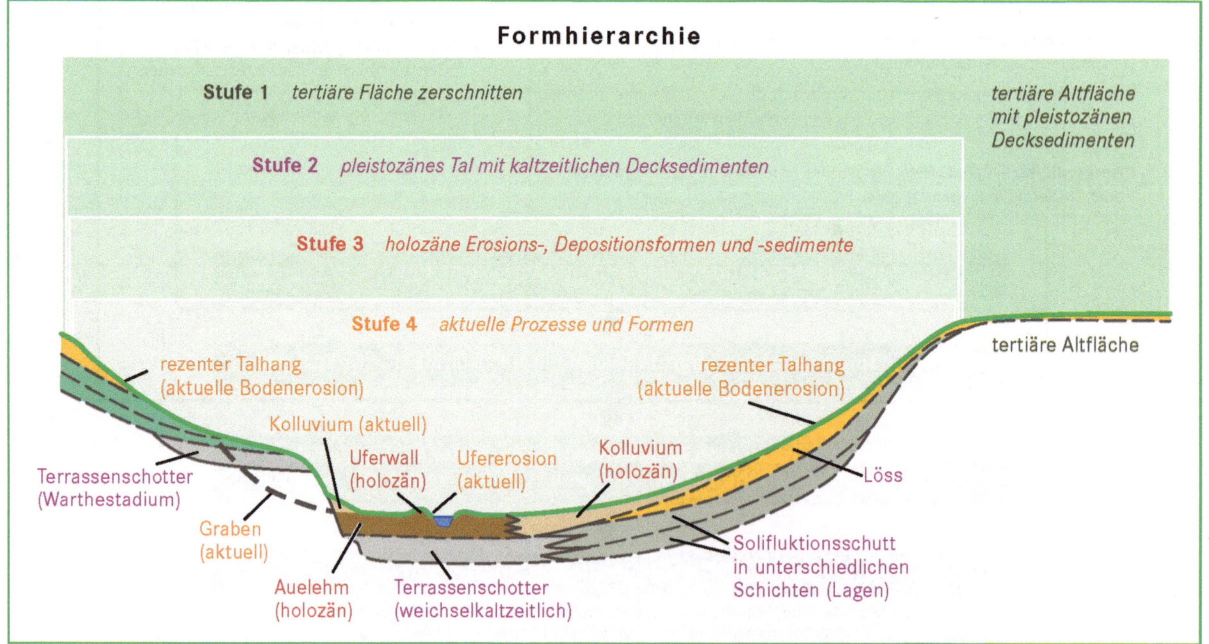

Abb. 3.36 Reliefgenerationen in einem Mittelgebirgstal (verändert nach Kugler und Schaub 1997, Bremer 1989).

Schichtstufen

Schichtstufen sind Landschaften, die durch ihren geologischen Untergrund geprägt werden, daher treten sie in allen Klimazonen der Erde auf (Brunotte 2007). Sie entstehen in Gebieten, deren geologischer Untergrund aus unterschiedlich abtragungsresistenten Schichten aufgebaut ist, die schwach geneigt sind. In Mittel- und Westeuropa ist dies im niedersächsischen Bergland, dem Südwestdeutschen Schichtstufenlandschaft, dem Pariser Becken und im Süden Englands der Fall.

Schichtstufen zeichnen sich im Querprofil durch eine deutliche Asymmetrie aus (Abb. 3.37). Sie bauen sich aus einem steil ansteigenden Stufenhang und einer annähernd ebenen Stufenfläche auf. Stufenbildner sind die stark erosionsresistenten Gesteinsschichten, die Stufenflächen und der obere Teil der steilen Stufenhänge wird von ihnen gebildet. Sockelbildner sind dagegen die weniger abtragungsresistenten Gesteine. Die Sockelbildner unterlagern die Stufenbildner, die Gesteinsgrenze liegt im mittleren bis unteren Bereich der Stufenhänge. Folglich wird die Höhe der Stufen im Wesentlichen durch die Mächtigkeit des Stufenbildners bestimmt, Einfluss haben auch die Schichtneigung und die Eintiefung der subsequenten Flüsse des Vorlandes, die schichtstufenparallel verlaufen. Der Abstand der Schichtstufen zueinander hängt von der Schichtneigung ab.

Schichtstufen können im Querprofil sehr unterschiedlich aussehen, drei Schichtstufentypen werden unterschieden. Bei der **Walmstufe** ist ein Walm als konvexe Übergangsböschung vom First, dem höchsten Punkt im Querprofil, zum Stufenhang ausgebildet. Bei der **Traufstufe mit Walm** verschneiden sich der konkave Stufenhang und der Walm zu einer scharfen Stufenkante. Fällt diese Kante mit dem First zusammen und ein Walm ist daher nicht ausgebildet, liegt eine **reine Traufstufe** vor (Abb. 3.37).

Die mitteleuropäischen Schichtstufen sind Vorzeitformen. Im Holozän fand lediglich an den Stufenstirnen weitere Formung durch Rutschungen und Bergstürze sowie Erosion an Quellaustritten, die an der Schichtgrenze häufig sind, statt. Entsprechende vorzeitliche Quellaustritte führten durch rückschreitende Erosion auch zum Abtrennen von Zeugenbergen wie dem Hohenstaufen in der Schwäbischen Alb.

Fallen die geologischen Schichten stärker ein, bildet sich ein Schichtkammrelief aus (Abb. 3.37). Das Relief folgt stärker dem Ausstrich der stark resistenten Gesteine. Wie der Name sagt, haben sich im Querprofil deutlich erkennbare Kämme ausgebildet. Stirn- und Rückseite können sowohl ein symmetrisches als auch asymmetrisches Relief formen. Die Sockel werden ebenfalls aus den schwach resistenten Gesteinen gebildet, während die Kämme aus stark resisten-

ten Schichten bestehen. Ähnlich wie bei den Schichtstufen kann zwischen **Traufstirnhang** ohne Walm, Traufstirnhang mit Walm und **Walmstirnhang** unterschieden werden, wenn ein Firstbereich von einer Scheitelfläche eingenommen wird.

Verschiedene Modelle zur Entstehung der Schichtstufenlandschaften wurden aufgestellt, in denen die Bedeutung von Gestein, Tektonik und Klima für die Formungsprozesse unterschiedlich bewertet wurde. Es ist davon auszugehen, dass es keine allgemeingültige Theorie zur Schichtstufenentwicklung gibt, sondern die individuellen Eigenschaften der Schichtstufenlandschaften berücksichtigt werden müssen (Zepp 2008).

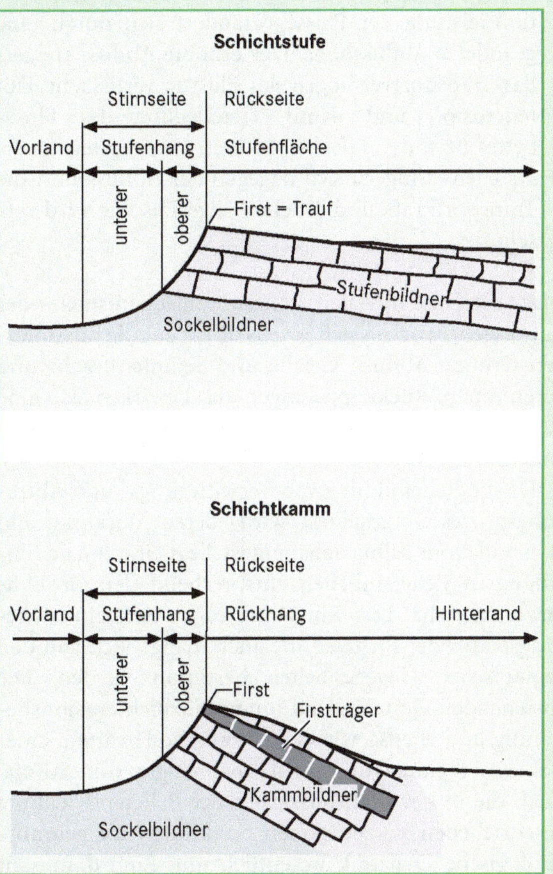

Abb. 3.37 Schema für Schichtstufen und Schichtkämme (Brunotte 2007).

werden durch externe Mechanismen gesteuert (nach Schellmann 2007b):

- Tektonik bzw. Krustenbewegungen: Infolge von langsamen Hebungen entstehen Terrassentreppen an den Talhängen, nachdem der Fluss sich in seine eigenen Sedimente der bestehenden Talsohle einschneidet.
- Klimaschwankungen und Vegetationsveränderungen: Diese führen zu einer Veränderung der Sedimentfracht der Flüsse. Die Flussterrassen der größeren Täler Mitteleuropas sind überwiegend ein Ergebnis des wiederholten Wechsels von Kalt- und Warmzeiten. In den Kaltzeiten wurde von den verwilderten Flüssen viel Sediment abgelagert, in den Warmzeiten tieften sich die mäandrierenden Flüsse in diese Talböden ein.
- Flussanzapfungen: Die Erosions- und Akkumulationsleistung der Flüsse verändert sich durch eine geänderte Abflusshöhe. Der erhöhte Abfluss steigert das Transportvermögen des Flusses, verursacht Tiefenerosion und damit Tieferlegung des Flussbettes bzw. der Talsohle. In dem angezapften Flusssystem verringern sich dagegen der Abfluss und die Transportkraft, und die ehemalige Talsohle wird verschüttet.

Diese externen fluvialen Steuerungsmechanismen oder Impulsgeber wirken sich jeweils direkt auf die flussinternen Größen Abfluss, Gefälle und Sedimentfracht und deren innere Rückkoppelungen aus, bewirken also eine Veränderung des Erosions- oder Akkumulationsverhaltens.

Da die Reliefbildung von Verwitterungs- und Abtragungsprozessen gesteuert wird, deren Wirkung und Dynamik vom Klima abhängig ist, liegt eine zonale Einteilung in Reliefeinheiten entsprechend den Großklimazonen nahe. Das Klima ist jedoch nur ein Steuerungsfaktor der Prozesse, die auch maßgeblich von den geologischen Gegebenheiten bestimmt werden. Die anstehenden Gesteine sind unterschiedlich erosionsbeständig und ebenso wie die tektonische Formung eines Gebietes regional und lokal unabhängig vom Klima. Auch die in der Mehrphasigkeit der Reliefentwicklung beschriebenen Vorzeitformen bestimmen die geomorphologische Dynamik wesentlich mit. Eine dominant zonal ausgeprägte Reliefformung findet daher nicht statt, vielmehr sind die Oberflächenformen das Ergebnis von komplexen polygenetischen Entwicklungen, klimagesteuerter Mehrphasigkeit, dem geologischen Untergrund und den tektonischen Struktureinheiten.

Literatur

Ahnert F (2003) Einführung in die Geomorphologie. Ulmer, Stuttgart.

Bagnold RA (1941) The physics of blown sand and desert dunes. Methuen, London.

Baumhauer R (2006) Geomorphologie. WBG, Darmstadt.

Bögli A (1964) Mischungskorrosion. Ein Beitrag zum Verkarstungsproblem. Erdkunde 18, 83–92.

Bork HR, Bork H, Dalchow C, Faust B, Piorr HP, Schatz T (1998) Landschaftsentwicklung in Mitteleuropa – Wirkung des Menschen in der Landschaft. Klett-Perthes, Gotha u. Stuttgart.

Bremer H (1989) Allgemeine Geomorphologie. Gebr. Bornträger, Berlin u. Stuttgart.

Brückner H, Gerlach R (2007a) Geoarchäologie. In: Gebhardt H et al. (Hrsg.) Geographie – Physische Geographie und Humangeographie. Spektrum, Heidelberg, 513–516.

Brückner H, Gerlach R (2007b) Geoarchäologische Fallbeispiele. In: Gebhardt H et al. (Hrsg.) Geographie – Physische Geographie und Humangeographie. Spektrum, Heidelberg, 561–563

Brunotte E (2007) Schichtstufen und Schichtkämme. In: Gebhardt H et al. (Hrsg.) Geographie – Physische Geographie und Humangeographie. Spektrum, Heidelberg, 323–325.

Bubenzer O (2007) Formbildung durch äolische Prozesse. In: Gebhardt H et al. (Hrsg.) Geographie – Physische Geographie und Humangeographie. Spektrum, Heidelberg, 295–302.

Carson MA, Kirkby MJ (1972) Hillslope Form and Process. Cambridge Geographical Studies 3, Cambridge Univ. Press, Cambridge.

Dikau R (2007) Ursachen von Mehrphasigkeit. In: Gebhardt H et al. (Hrsg.) Geographie – Physische Geographie und Humangeographie. Spektrum, Heidelberg, 320–323.

Faust D, Kleber A (2007) Verwitterung als Voraussetzung für Bodenbildung, Pflanzenwuchs und Relieform. In: Gebhardt H et al. (Hrsg.) Geographie – Physische Geographie und Humangeographie. Spektrum, Heidelberg, 278–282.

Frühauf M (2007) Formbildung durch anthropogene und quasinatürliche Prozesse. In Gebhardt H et al. (Hrsg.) Geographie – Physische Geographie und Humangeographie. Spektrum, Heidelberg, 312–315.

Glade T (2007) Formbildung durch gravitative Massenbewegung. In: Gebhardt H et al. (Hrsg.) Geographie – Physische Geographie und Humangeographie. Spektrum, Heidelberg, 287–288.

Goudie A (2002) Physische Geographie – Eine Einführung. Spektrum Akademischer Verlag. Heidelberg.

Grund A (1914) Der geographische Zyklus im Karst. Zeitschrift Gesell. Erdkunde Berlin, 621–640.

Haeberli W (2007) Formbildung durch periglaziale Prozesse. In: Gebhardt H et al. (Hrsg) Geographie – Physische Geographie und Humangeographie. Spektrum, Heidelberg, 289–295.

Kelletat D (1999) Physische Geographie der Meere und Küsten. 2. Aufl., Teubner Verlag, Stuttgart.

Kelletat D, Brückner H (2007) Formbildung durch litorale Prozesse. In: Gebhardt H et al. (Hrsg.) Geographie – Physische Geographie und Humangeographie. Spektrum, Heidelberg, 302–305.

Kugler H, Schaub D (1997) Allgemeine Geomorphologie. In Hendl M, Liedtke H (Hrsg) Lehrbuch der Allgemeinen Physischen Geographie. Justus Perthus Verlag, Gotha, 141–231.

Leser H (2003) Geomorphologie. Westermann, Braunschweig.

Mabbutt JA (1977) Desert Landforms. MIT Press, Cambridge.

Penck A, Brückner E (1901-09) Die Alpen im Eiszeitalter. 3 Bände, Leipzig.

Press F, Siever R (2003) Allgemeine Geologie. 3. Aufl., Spektrum, Heidelberg.

Rögner K (2007) Glazial geprägte Landschaften. In: Gebhardt H et al. (Hrsg.) Geographie – Physische Geographie und Humangeographie. Spektrum, Heidelberg, 332–335.

Schellmann G (2007a) Formbildung durch glaziale Prozesse. In: Gebhardt H et al. (Hrsg.) Geographie – Physische Geographie und Humangeographie. Spektrum, Heidelberg, 305–307.

Schellmann G (2007b) Flussterrassen. In: Gebhardt H et al. (Hrsg.) Geographie – Physische Geographie und Humangeographie. Spektrum, Heidelberg, 330–333.

Schmidt KH (2007a) Formungsprozesse und Morhphologische Einzelformen – Einführung. In: Gebhardt H et al. (Hrsg.) Geographie – Physische Geographie und Humangeographie. Spektrum, Heidelberg, 283–287.

Schmidt KH (2007b) Formbildung durch fluviale Prozesse. In: Gebhardt H et al. (Hrsg.) Geographie – Physische Geographie und Humangeographie. Spektrum, Heidelberg, 289–295.

Schreiner A (1992) Einführung in die Quartärgeologie. Schweizerbart'sche Verlagsbuchhandlung, Stuttgart.

Sponholz B (2007) Formbildung durch Lösungsprozesse. In: Gebhardt H et al. (Hrsg.) Geographie – Physische Geographie und Humangeographie. Spektrum, Heidelberg, 309–312.

Thomas DSG (1997) Arid zone geomorphology. Chichester, Wiley.

Zepp H (2008) Geomorphologie. UTB, Paderborn.

Zöller L (2007) Löss. In: Gebhardt H et al. (Hrsg.) Geographie – Physische Geographie und Humangeographie. Spektrum, Heidelberg, 300–301.

Zöller L, Stremme HE, Wagner GA (1988) Thermolumineszenz-Datierung an Löß-Paläoboden-Sequenzen von Nieder-, Mittel- und Oberrhein. Chemical Geology 73, 39–62.

Auf Kohle und Stahl gebaut – die Bildung von Lagerstätten und Bodenschätzen

4

Viele Städte in Deutschland verdanken ihre Existenz und ihre historische Bedeutung dem Vorkommen von Lagerstätten bzw. Bodenschätzen. Ohne Silberbergbau hätten sich Goslar und Freiburg i. Br. anders entwickelt, ohne Salz wären die zahlreichen Hall-Orte nicht entstanden und ohne Kohle und Eisen gäbe es das Ruhrgebiet und das Saargebiet in ihrer heutigen Form nicht. Einst warb das Ruhrgebiet mit dem Slogan „auf Kohle und Stahl gebaut" – und auch wenn heute immer weniger auf Kohle und dafür mehr auf Kunst, Kultur und Kommerz gesetzt wird, bleibt die Frage: Was hat es damit auf sich?

Die meisten chemischen Elemente treten in der Erdkruste nicht in reiner Form auf, sondern in Verbindung mit anderen Elementen in Form von Mineralen. Meist kommen sie dabei in homogener Verteilung in Anteilen vor, die in etwa dem Durchschnittsgehalt in der Erdkruste entsprechen. Sind Metalle jedoch in bestimmten Mineralen bzw. Gesteinen angereichert, so dass sie mit wirtschaftlichem Erfolg gewonnnen werden können, spricht man von **Erzen**. Erzlagerstätten können durch verschiedene Prozesse entstehen. **Primäre** oder **magmatische Erzlagerstätten** bilden sich bei der Erstarrung von Gesteinsschmelzen, wenn die verschiedenen Minerale aufgrund unterschiedlicher Schmelzpunkte nacheinander auskristallisieren. Dabei sinken Schwermetalle wie Titan oder Nickel am Anfang der Abkühlungsphase im Intrusivkörper nach unten. In der Gesteinsschmelze, die nach Entstehung des Plutons noch vorhanden ist, sind zahlreiche Metalle angereichert, die im Intrusivgestein weniger häufig vorkommen. Dringt sie in Klüfte des umgebenden Gesteins ein und kristallisiert dort aus, kommt es zur Bildung von **Ganglagerstätten**. Auch hydrothermale Lösungen, die durch Kontakt des Plutons mit Grundwasser entstehen, können in Spalten aufsteigen, dort abkühlen und Erze ablagern. **Sekundäre** oder **sedimentäre Lagerstätten** entstehen aus den Verwitterungsprodukten primärer Lagerstätten, wenn diese erodiert und an anderem Ort wieder abgelagert werden. Erfolgt der Abtransport mechanisch, so werden die entstehenden Lagerstätten als **Seifen** bezeichnet. Das bekannteste Beispiel hierfür sind die Goldseifen Kaliforniens. Die Metalle können aber auch in Lösung transportiert und schließlich durch Ausfällung abgelagert werden. Die Lothringischen Eisenerze (Minette), die allerdings aufgrund ihres geringen Eisengehalts heute nicht mehr genutzt werden, sind ein Beispiel für solche chemisch-sedimentären Lagerstätten. Werden magmatische oder sedimentäre Lagerstätten durch Metamorphose verändert, entstehen **metamorphe Erzlagerstätten**. Erze können auch nach intensiver chemischer Verwitterung entstehen, wenn bestimmte Minerale nicht gelöst und abtransportiert werden, sondern als Rest zurückbleiben (**Verwitterungslagerstätten**). Auf diese Weise entsteht beispielsweise das Aluminiumerz Bauxit (Bauer et al. 2004).

Bis ins Mittelalter hinein war Salz so wertvoll, dass es als „Weißes Gold" bezeichnet wurde. Heute ist es zwar für wenig Geld im Supermarkt zu erhalten, dennoch hatten und haben die Salzlagerstätten Deutschlands eine enorme wirtschaftliche Bedeutung, nicht zuletzt in der aktuellen Diskussion als Atommüll-Endlager. Salzlager-

stätten entstehen im trocken-heißem Klima im Schelfbereich von Meeren bei eingeschränkter Verbindung zum offenen Ozean und geringer Süßwasserzufuhr (Abb. 4.1). Durch Verdunstung nimmt unter solchen Bedingungen der Salzgehalt des Meerwassers kontinuierlich zu. Aufgrund unterschiedlich guter Löslichkeit werden die verschiedenen **Evaporite** nacheinander ausgefällt: Den schwer löslichen Carbonaten (Kalk und Dolomit) folgt zunächst Gips (Calciumsulfat). Erst dann werden Steinsalz (Natriumchlorid) und danach die leicht löslichen Magnesium- und Kaliumsalze ausgefällt. In Mitteleuropa waren solche Bedingungen vor ca. 250 Millionen Jahren gegeben, als das Zechsteinmeer als Randmeer der Tethys unter Senkungsbedingungen mehrfach vollständig austrocknete und bis zu 1 km mächtige Salzlagerstätten schuf. Diese sind nicht nur als Rohstoff für die Nahrungs- und Arzneimittelindustrie und für die Landwirtschaft sowie für die kosmetische und chemische Industrie bedeutend – dies gilt insbesondere für Kalisalze –, sondern haben durch den Vorgang der Salztektonik, der sogenannten **Halokinese,** zur Ausbildung des heutigen Reliefs beigetragen. Unter dem Druck der überlagernden Sedimente verhält sich Salz plastisch und steigt an geeigneten Stellen aufgrund seiner geringeren Dichte tropfenartig nach oben. Seitlich dieser **Salzdiapire** sackt das Deckgebirge nach unten und verstärkt so den Druck, so dass die Salzstöcke sich nach oben hin pilzartig erweitern. Diese Veränderungen im Untergrund sind auch an der Erdoberfläche im Relief sichtbar und Ursache für eine Reihe von Erhebungen im Niedersächsischen Bergland (Press und Siever 2008, Bauer et al. 2004).

Kohlelagerstätten entstehen – wie dort vorkommende fossile Pflanzenreste zeigen – aus mächtigen Anreicherungen von pflanzlichen Überresten, die unter feucht-warmen Klimabedingungen in Waldsumpfmooren gewachsen sind. Abgestorbenes Pflanzenmaterial wird schnell von Wasser und anderen Pflanzenresten bedeckt, so dass es unter Sauerstoffabschluss nicht vollständig zersetzt werden kann. Der so entstandene Torf wird durch Absenkung über lange Zeiträume von Sedimenten bedeckt und dadurch zusammengedrückt und entwässert. Durch den Überlagerungsdruck erhöht sich auch die Temperatur, wodurch chemische Prozesse (**Inkohlungsprozesse**) ablaufen, es bildet sich **Braunkohle**. Durch weiter zunehmenden Druck und steigende Temperatur entsteht schließlich **Steinkohle**. Deutschland ist vor China und den USA der weltgrößte Braunkohleproduzent. Die mächtigen Braunkohleflöze der wichtigsten deutschen Braunkohlereviere (Rheinisches Revier, Lausitz und mitteldeutsches Revier) sind im Tertiär entstanden und können aufgrund der geringen Überlagerung mit Sedimenten im Tagebau abgebaut

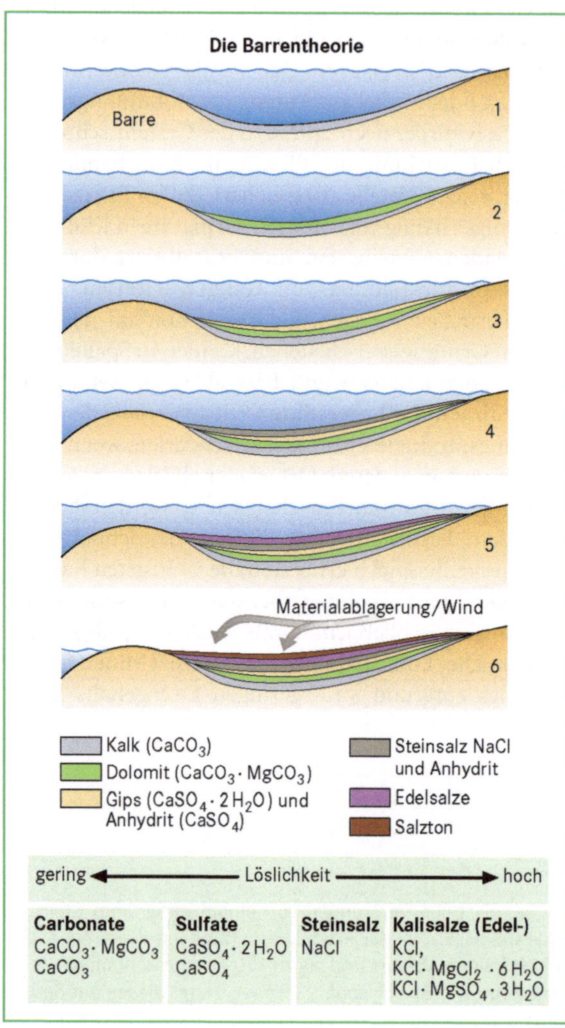

Carbonate	Sulfate	Steinsalz	Kalisalze (Edel-)
CaCO₃ · MgCO₃ CaCO₃	CaSO₄ · 2 H₂O CaSO₄	NaCl	KCl, KCl · MgCl₂ · 6 H₂O KCl · MgSO₄ · 3 H₂O

Abb. 4.1 Entstehung von Salzlagerstätten nach der Barrentheorie (nach Bauer et al. 2004).

Abb. 4.2 Bergbau und Kohleförderung in Deutschland sind heute im Rückgang begriffen. a) Steinbruch im Mayener Grubenfeld. Nach Aufgabe des Bergbaus kann sich in solchen Steinbrüchen oft eine wertvolle Pioniervegetation ansiedeln. Das hier ebenfalls vorhandene Stollensystem ist Deutschlands größtes Fledermausquartier. Um dieses zu erhalten, finden Schutzprojekte statt, beispielsweise vom NABU. b) Teilweise kommt auch eine Umnutzung für den Industrietourismus in Frage wie hier in der Zeche Zollverein (Essen), die in die Welterbeliste der UNESCO aufgenommen wurde (Fotos: R. Glaser).

werden, was tiefgreifende Veränderungen der Landschaft zur Folge hat (Abb. 4.3). Braunkohle wird überwiegend zur Elektrizitätserzeugung genutzt.

Grundlage für die Industrialisierung im Ruhrgebiet und im Saarland waren die dortigen Vorkommen von Steinkohle, die für die Verhüttung von Eisenerzen genutzt wurden. Die Steinkohlelagerstätten bildeten sich aus mächtigen Sumpfwäldern des Karbons in den Randbereichen des entstehenden variskischen Gebirges. Diese senkten sich immer weiter ab und wurden folglich vom Abtragungsschutt des Gebirges zusedimentiert. Dadurch entstand ein hoher Überlagerungsdruck, was den hohen Inkohlungsgrad bewirkte. In Deutschland ist der Steinkohleabbau aufgrund geringer Flözmächtigkeiten, oft gestörter Lagerungsverhältnisse und der relativ tief liegenden Flöze heute nicht mehr konkurrenzfähig (Press und Siever 2008, Bauer et al. 2008). Abraumhalden, Absatzbecken, belastete Vorfluter und Bergschäden zählen zu den Ewigkeitslasten des Bergbaus, den historische Hypotheken, die bereits heute enorme Kosten verursachen.

Ausgangspunkt für **Erdöl- und Erdgaslagerstätten** sind marine Organismen, insbesondere Plankton. Bei hoher biologischer Produktion und gleichzeitiger schlechter Sauerstoffversorgung sinkt die abgestorbene organische Substanz auf den Meeresboden ab und wird dort von tonigen Sedimenten überdeckt, ohne jedoch abgebaut zu werden, es entsteht **Faulschlamm**. Dieser wird durch anaerobe Bakterien zu Primärbitumen umgewandelt. Durch Absinken des Meeresbodens wer-

Abb. 4.3 Braunkohleabbau Hambach im Rheinischen Braunkohlerevier. Der Braunkohletagebau ist der derzeit größte flächenhafte Eingriff, bei dem bis zu 300 m Deckgebirge abgetragen werden, um an die begehrte Braunkohle zu gelangen. Die beiden Abraumkanten sind rund 7 km voneinander entfernt. Wegen der sozialen Diemension wie den Umsiedlungen, den massiven Eingriffen in den Wasserhaushalt und den hohen CO_2-Emissionen ist diese Art der Energiegewinnung in die Kritik geraten. Braunkohle stellt eine wichtigen Anteil an der Energieversorgung in Deutschland dar (Foto: R. Glaser).

Abb. 4.4 a) Braunkohle (Foto: J. Schoenbein), b) Steinkohle (Foto: C. Hauter).

den die Schichten, die organische Substanz enthalten, zusedimentiert und gelangen unter höhere Druck- und Temperaturbedingungen. Über lange Zeiträume entstehen durch chemische Prozesse Kohlenwasserstoffverbindungen im Muttergestein. Erdöl bildet sich dabei nur, wenn sich dieses über einen ausreichend langen Zeitraum unter bestimmten Druck- und Temperaturbedingungen in einem Bereich von etwa 2–5 km Tiefe, der als **Erdölfenster** bezeichnet wird, befindet. Nimmt der Druck auf das Muttergestein weiter zu, werden die Kohlenwasserstoffverbindungen ausgepresst und wandern in benachbarte poröse **Speichergesteine** wie Kalk- oder Sandstein ab (**Migration**). Wenn diese Abwanderung von einer undurchlässigen Schicht aus Salz oder Ton unterbrochen wird, werden die Kohlenwasserstoffe abgefangen. Es entsteht eine **Erdölfalle**. Solche Fallen können tektonisch durch Sattel- oder Verwerfungsstrukturen entstehen, aber auch durch die Stratigraphie vorgegeben sein. Auch ein Salzstock kann verbunden

mit entsprechender Tektonik eine Erdölfalle erzeugen (Abb. 4.6). Die Erdölreserven betragen heute weltweit ca. 1,2 Billionen Barrel (Press und Siever 2008). Bei einer derzeitigen Förderung von etwa 30 Milliarden Barrel pro Jahr wären diese in ca. 40 Jahren aufgebraucht. Die entscheidende Frage, wie viele unbekannte Erdölressourcen noch vorhanden sind, wird kontrovers diskutiert. Neben der Endlichkeit der Vorräte stellen die Umweltbelastungen, die mit der Erdölförderung verbunden sind, ein großes Problem dar. Hierzu gehören nicht nur der Anstieg des Kohlendioxidgehalts in der Atmosphäre durch die Verbrennung, sondern auch der Ausfluss von Erdöl aus Tankern oder Ölplattformen, der eine enorme Belastung für marine Ökosysteme darstellen kann.

Als Alternative zu Erdöl sind immer wieder Teersande und Ölschiefer in der Diskussion. Letztere sind aus Muttergesteinen entstanden, die nicht unter entsprechende Druck- und Temperaturbedingungen geraten sind. Im Südwesten der USA finden sich ausge-

Abb. 4.5 Auch die Folgen des Bergbaus sind heute noch weithin in der Landschaft sichtbar wie beispielsweise a) durch Abraumhalden des Steinkohleabbaus bei Völklingen, die als „Landmarks" das Landschaftsbild prägen (Foto: C. Hauter) oder b) den Abraum des Erzbergbaus im Bingham Canyon, Salt Lake City, USA (Foto: R. Glaser).

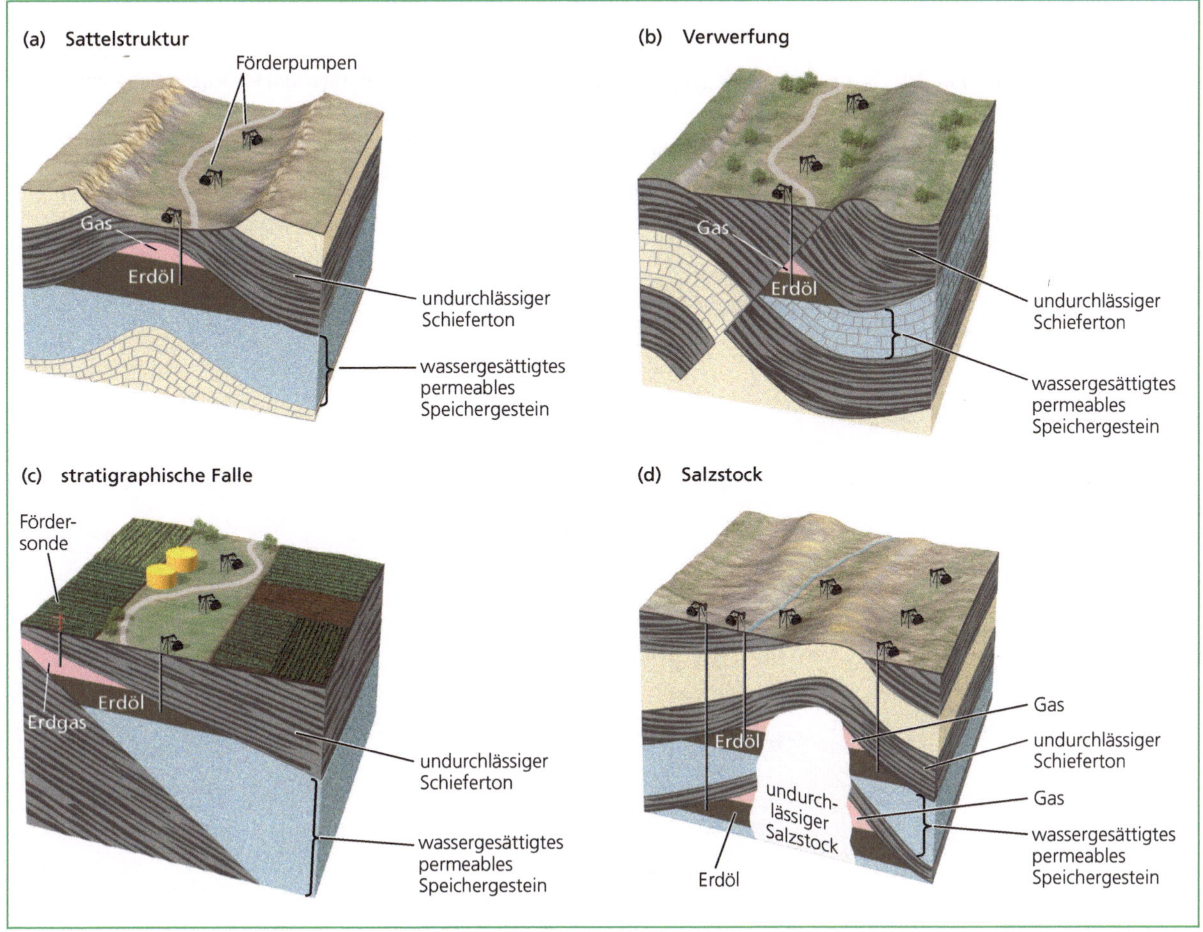

Abb. 4.6 Erdölfallen (nach Press und Siever 2008).

dehnte Ölschiefervorkommen. Teersande sind ehemals Erdöl enthaltende Gesteine, die aber die flüchtigen Bestandteile mittlerweile abgegeben haben. In der kanadischen Provinz Alberta finden sich bedeutende Lagerstätten. Allerdings birgt der Abbau dieser beiden Erdöl-Alternativen erhebliche Probleme. Die Verarbeitung ist sehr energieintensiv, so dass hohe Mengen an Treibhausgasen freigesetzt werden. Dies erhöht die Kosten und senkt den Wirkungsgrad. Immens sind auch die ökologischen Folgen der im Tagebau betriebenen Abbaustätten, die zudem sehr viel Wasser verbrauchen.

Exkurs

Sequestrierung

Unter Sequestrierung versteht man die Einlagerung von Kohlendioxid (CO_2) aus Verbrennungs-Abgasen in unterirdische Speicherstätten. Das vergleichsweise neue Verfahren ist derzeit noch in der Erprobungsphase, wird allerdings als zukunftsweisend für die Behandlung des CO_2-Problems angesehen. Ob und inwieweit ein operationaler Betrieb funktioniert, kann derzeit noch nicht abschließend beurteilt werden. Das bekanntest Projekt dieser Art ist das von der norwegischen Firma Statoil betriebene Sleipner Ölfeld in der norwegischen Nordsee, in dem das Kohlendioxid nach der Abscheidung rund 1 000 m tief verpresst wird.

Zum Weiterdenken

1. Diskutieren Sie die Vor- und Nachteile von Salzstöcken als Atommüll-Endlager.

2. Recherchieren Sie, in welchen Schichten sich die bedeutenden deutschen Salzlagerstätten befinden.

3. Stellen Sie die spezifischen Umstände zusammen, die zur Entstehung von Erdöl- und Erdgaslagerstätten notwendig sind.

4. Mit welchen Folgen sind der Rohstoffabbau und die Rohstoffgewinnung verbunden?

Literatur

Bauer J, Englert W, Meier U (2004) Physische Geographie kompakt. 4. Aufl. Heidelberg.

Press F, Siever R (2008) Allgemeine Geologie. 5. Aufl. Heidelberg.

Vom Winde verweht – und andere Grundlagen des Klimas

5

Das Klima der Erde ist der entscheidende Faktor für das Leben in der uns bekannten Form. Änderungen im Klimasystem können die Lebensbedingungen unserer Umwelt stark beeinträchtigen. Das Klima ist daher ein Forschungsfeld, in dem viele Disziplinen engagiert sind und sich die Disziplingrenzen verwischen. Zentrale Fächer sind die Meteorologie und die Geographie. Schwerpunkte der Meteorologie sind die Physik der Atmosphäre und die Randbedingungen, welche die Eigenschaften der Atmosphäre beeinflussen. Die Geographie beschäftigt sich vorwiegend mit der Interaktion der natürlichen Lebensbedingungen einerseits sowie ökonomischen, sozialen und kulturellen Strukturen andererseits. Spezifisch für die Geographie ist die Betrachtung der Klimawirkung und der Klimafolgen (*climatic impact*) von der globalen bis zur lokalen Ebene. Ziel dieses Kapitels ist der Aufbau eines Grundverständnisses der Klimadifferenzierung als Basis für eine weitergehende Vertiefung der Frage von Mensch-Klima-Interaktionen.

5.1 Das Klimasystem

Das Klima der Erde ist vom Energieangebot der Sonne abhängig. Die Energie wird in Form elektromagnetischer Wellen zugestrahlt. Sie ist die wichtigste Steuergröße des Klimasystems. Ein Teil der solaren Strahlung wird von der Erde absorbiert, im System (feste Erde, Meer und Atmosphäre) verteilt und umgewandelt. Etwa 30% der Einstrahlung werden ungenutzt in den Weltraum reflektiert.

Das Strahlungsangebot der Sonne ist zeitlich nicht konstant. Es hängt von der **solaren Aktivität** ab, die in nicht genau definierten Zyklen schwankt, sowie von regelhaften Änderungen der **Erdbahnparameter** Exzentrizität, Schiefe der Ekliptik und Präzession.

Neben der Sonnenenergie als rahmengebender Größe des Klimasystems steuern Atmosphäre, Biosphäre, Hydrosphäre, Geosphäre und Kryosphäre das gesamte Klimasystem mit. Seit Beginn der Industrialisierung spielt der Mensch eine nicht unbedeutende Rolle, da er in die Stoff- und Energieflüsse zwischen den Teilsystemen eingreift und so Ausprägung und Entwicklung des Klimas mitbedingt. Besonders stark ist der Eingriff in den Kohlendioxidkreislauf. Dem Kohlendioxid (CO_2) kommt wegen seiner Wirkung als Treibhausgas eine zentrale Rolle in der aktuellen Diskussion zum globalen Klimawandel zu. Die entsprechenden Speichervolumina und Flüsse sind aus diesem Grund in der schematisierten Darstellung des Klimasystems mit aufgeführt (Abb. 5.1).

Die **Zusammensetzung der Atmosphäre**, insbesondere die Menge der natürlichen und anthropogenen Treibhausgase, prägt über die Einflüsse auf die Absorption von Strahlung das Klima entscheidend. Ohne die Treibhauswirkung der Atmosphäre würde die globale Durchschnittstemperatur $-18\,°C$ statt $+15\,°C$ betragen. Für die natürliche Treibhauswirkung der Atmosphäre ist vor allem der Wasserdampf verantwortlich.

Seit Beginn des Industriezeitalters hat der Mensch die Zusammensetzung der Atmosphäre zunehmend verändert. Aber auch natürliche Vorgänge wie Vulkanausbrüche, die große Mengen an Gasen und Staub in die Atmosphäre freisetzen, können das Klimasystem kurzfristig beeinflussen. Der Ausbruch des Mount Pinatubo Anfang der 1990er Jahre führte durch Aerosole, die in die obere Atmosphäre eingetragen wurden, nicht nur zu beeindruckenden Sonnenunter- und Sonnenaufgängen, sondern auch zu einer globalen Temperaturreduktion von bis zu 0,8 °C, die sich über einen Zeitraum von zwei bis drei Jahren nachweisen ließ.

Es ist ein Charakteristikum des Klimasystems und zugleich eine Erklärung für die Schwierigkeit seiner Entschlüsselung, dass die einzelnen Elemente internen Veränderungen unterliegen, die auf unterschiedlichen Zeitskalen ablaufen. Zu den längerfristigen Einflussgrößen zählen plattentektonische Vorgänge. Diese verursa-

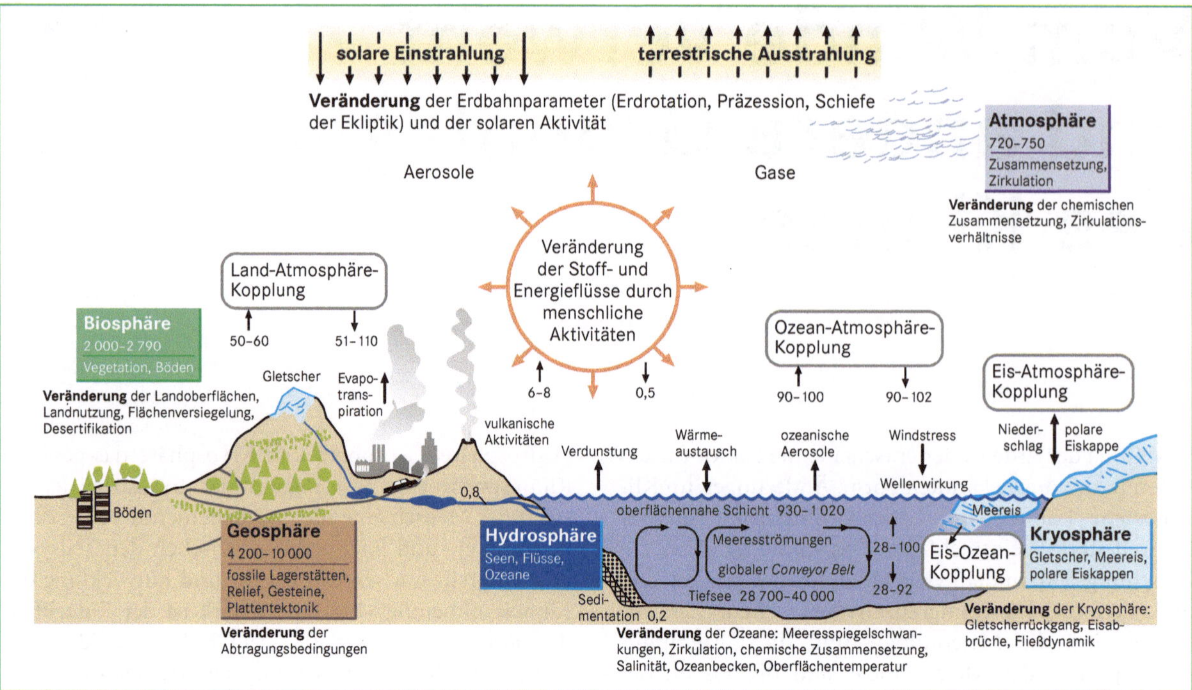

Abb. 5.1 Schematisierte Darstellung des Klimasystems der Erde mit Angabe der CO_2-Reservoire in Gigatonnen (Gt) und der Kohlenstoffflüsse in Gt pro Jahr für die 1990er-Jahre (Entwurf R. Glaser und H. Saurer, verändert nach Houghton et al. 2001).

chen, neben vulkanischen Aktivitäts- und Ruhephasen, die Wanderung, Lage und Anordnung der Kontinente und bestimmen die Größe von Meeresbecken. Sie beeinflussen damit die windgetriebenen oberflächennahen Meeresströmungen genauso wie die Anordnung und Intensität der großen, durch unterschiedliche Wärme und Salzkonzentrationen verursachten tief in die Ozeanbecken hineingreifenden Meeresströmungen, die **thermohaline Tiefenwasserzirkulation**.

Die Landoberflächen bestimmen über ihre Oberflächeneigenschaften, die wiederum Folge der natürlichen Vegetation oder der anthropogenen Nutzung sind, die Energie- und Stoffflüsse in die Atmosphäre. Der Mensch hat diese insbesondere über die Transformation der natürlichen Vegetation in landwirtschaftliche Nutzflächen verändert. Dieser Einfluss macht sich unter anderem über eine Änderung der Albedo, die verstärkte Freisetzung von Staub- und im Falle der Brandrodung von Rußpartikeln sowie die Veränderungen des terrestrischen Wasserhaushalts bemerkbar. Durch die Zerstörung der natürlichen Vegetation wurden und werden zusätzlich die Kohlenstoffspeicher verkleinert und CO_2 in die Atmosphäre freigesetzt.

Die Ausführungen belegen exemplarisch die Komplexität des Klimasystems. In Zusammenhang mit ak-

tuellen Forschungsfragen zum Klimawandel müssen alle Energie- und Stoffflüsse zwischen den Teilsystemen, man spricht in diesem Zusammenhang von der **Kopplung** der Teilsysteme, abgeschätzt werden. Die Frage, wie das Klimasystem auf rezente und künftige Eingriffe reagiert und wie sich das Klima in den nächsten 20, 50 oder 100 Jahren ändert, kann nur auf Basis einer umfassenden, alle Teilglieder integrierenden Modellierung des Klimasystems beantwortet werden.

Zum Weiterdenken

1. Überlegen Sie, wodurch großflächige Veränderungen der Landoberfläche Rückwirkungen auf das Klima haben können.

2. Welches ist das größte Kohlenstoffreservoir des globalen Klimasystems?

3. Erklären Sie die Entstehung von Jahreszeiten.

4. Wie hoch steht die Sonne am 21.6. mittags über dem Horizont a) in Bern (47°N), b) in Berlin (52,5°N)?

5. Nennen Sie Beispiele für natürliche Prozesse und Erscheinungen, die sich auf die Zusammensetzung der Atmosphäre auswirken.

Exkurs

Astronomische Grundlagen

Die Sonne strahlt derzeit im Mittel etwa 1 370 W auf eine senkrecht zur Sonne ausgerichtete Fläche von einem Quadratmeter Größe (**Solarkonstante**). Da die Oberfläche der Erdkugel viermal so groß ist wie die senkrecht zur Sonnenstrahlung stehende Querschnittsfläche der Erde, bedeutet das, dass umgerechnet an jeden Quadratmeter der Erdoberfläche im Durchschnitt 342 W elektromagnetischer Strahlung ankommen. Bei diesem Wert sind die Albedo, das Maß für den reflektierten Anteil der Strahlung, und der Einfluss der Atmosphäre nicht berücksichtigt. Effektiv steht an der Erdoberfläche daher eine geringere Strahlungsleistung zur Verfügung, was aber auf die nachstehenden grundsätzlichen Überlegungen keine Auswirkungen hat.

Durch die Eigenschaften der Erdbahn und die Ausrichtung der rotierenden Erde zur Sonne ergeben sich in den verschiedenen geographischen Breiten kurzfristige jahreszeitliche aber auch langfristige Änderungen der Strahlungsbedingungen. Die Erde läuft im Jahresverlauf auf einer ellipsenförmigen Bahn um die Sonne. Die Drehachse der Erde bildet einen Winkel mit der Ebene, in der die Erde um die Sonne läuft, und verursacht damit die Jahreszeiten. Dieser Winkel wird als **Schiefe der Ekliptik** bezeichnet und variiert mit einer Periode von etwa 41 000 Jahren. Die Schiefe der Ekliptik erlaubt eine schematische Abgrenzung von Tropen, Mittelbreiten und Polargebieten. In den (derzeit) von 23,5 °S bis 23,5 °N reichenden Tropen steht die Sonne mindestens einmal im Jahr im Zenit. Die Polargebiete in Breiten über 66,5 ° sind dadurch charakterisiert, dass die Sonne mindestens einen Tag im Jahr nicht über den Horizont reicht.

Die **Exzentrizität**, das ist ein Maß für die Ellipsenform der Erdumlaufbahn, verändert sich in Perioden von etwa 100 000 und 400 000 Jahren. Dadurch zeigt der Abstand zwischen Erde und Sonne im Jahresverlauf eine geringere oder stärkere Schwankung.

Die **Präzession** beschreibt eine Änderung der Richtung der Erdachse mit einer Zyklendauer von 25 800 Jahren (Hupfer und Kuttler 2005). Dadurch beschreiben die Pole in Bezug auf die Sterne eine Kreisbahn. Zurzeit ist der Nordpol auf den Polarstern gerichtet. Die Präzession ist für die jahreszeitliche Veränderung des sonnennächsten und des sonnenfernsten Punktes der Erdbahn verantwortlich (Perihel und Aphel). Durch die Überlagerung der drei genannten und weiterer untergeordneter zyklischer Schwankungen ergibt sich keine Änderung der mittleren Sonneneinstrahlung auf die gesamte Erde. Für eine Hemisphäre jedoch sind typische jahreszeitliche Änderungen die Folge. Dabei sind die Effekte im Sommer und Winter gegenläufig. Das bedeutet, dass bei einer unterdurchschnittlichen Einstrahlung im Winter gleichzeitig eine überdurchschnittliche Einstrahlung im Sommer erfolgt. In bestimmten Zeitabschnitten sind diese Effekte für die Nord- und die Südhemisphäre gegenläufig, zu anderen Zeiten gleichsinnig. Die Auswirkungen, die sich auf die energetischen Verhältnisse einer Hemisphäre durch die Überlagerung der Zyklen verschiedener Erdbahnparameter ergeben, hat Milankoviç in den 1920er bis 1940er Jahren berechnet. Er vermutete einen Zusammenhang mit der Klimaentwicklung im Pleistozän. Dieser Zusammenhang konnte seit den 1970er Jahren durch die Analyse von Meeressedimenten und Eisbohrkernen belegt werden. Dabei kommt den Verhältnissen auf der Nordhemisphäre eine Schlüsselstellung bei der Initialisierung globaler Kaltphasen zu.

5.2 Forschungsfelder und Aufgaben

Die **Klimatologie** beschreibt und erforscht anhand von Mittelwerten, Andauerwerten, Extremwerten, Häufigkeiten und Perioden die Abhängigkeiten zwischen den physikalischen Zustandsgrößen der Atmosphäre und deren Steuergrößen in Vergangenheit, Gegenwart und Zukunft. Ein besonderes Augenmerk liegt dabei auf den klimatischen Folgewirkungen in der Natur und im Lebens- und Wirtschaftsraum des Menschen sowie den durch menschliche Aktivitäten ausgelösten Rückkopplungsmechanismen.

Aus der Definition lassen sich die wichtigsten Teilbereiche und Forschungsfelder der modernen Klimatologie ableiten (Abb. 5.2). Die **separative Klimatologie** befasst sich primär mit der Untersuchung von zeitlichen und räumlichen Mustern der einzelnen Klimaelemente. Sie ist zu einem großen Teil deskriptiv und stellt wichtige Grundlagen sowohl für die synoptisch-dynamische Klimatologie wie auch die regionale Klimatologie bereit. Die **synoptisch-dynamische Klimatologie** widmet sich im Sinne des Klimasystems dem Zusammenhang und dem Zusammenfügen der Einzelelemente mit den typischen Abfolgen von Zuständen und Prozessen, die sich in der atmosphärischen Zirkulation als charakteristische Wetter- und Witterungsabläufe ausprägen. Regionale Besonderheiten von Zustand und Dynamik der Atmosphäre sind Gegenstand der **regionalen Klimatologie**. Schließlich sind angewandte Klimatologie und Klimafolgenforschung zu nennen, die auf den Ergebnissen der drei genannten Forschungsfelder aufsetzen und diese mit anderen Forschungs- und Lebensbereichen verbinden. Die **angewandte Klimatologie** beschäftigt sich mit der Berücksichtigung klimatischer Aspekte in Raum-

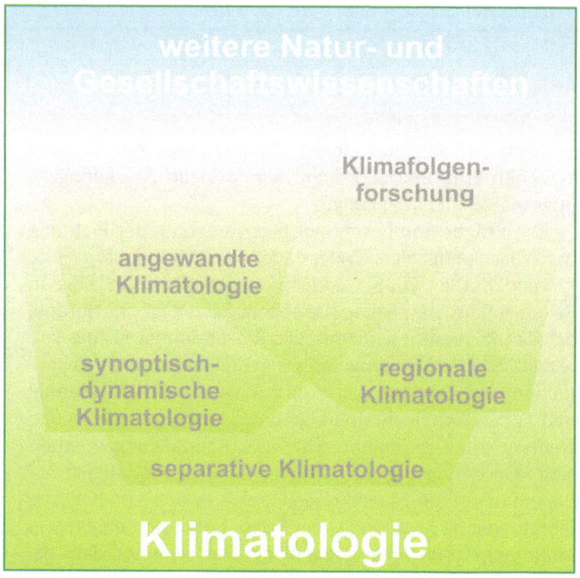

Abb. 5.2 Arbeitsgebiete der Klimatologie.

planung, Gesundheitswesen und weiteren Bereichen menschlicher Aktivitäten. In der **Klimafolgenforschung**, die von einer Vielzahl von Disziplinen getragen wird, werden im Sinne der politischen Ökologie die Interdependenzen von Mensch und Gesellschaft einerseits sowie Klimawandel, klimainduzierten Krisen und Konflikten andererseits analysiert und Handlungsmöglichkeiten aufgezeigt. Die Klimatologie liefert in diesem Feld entscheidende Beiträge zu Fragen der naturräumlichen und gesellschaftlichen **Verwundbarkeit** (***vulnerability***) und Elastizität oder **Pufferfähigkeit** (***resilience***). Charakteristisch für alle Arbeitsgebiete der Klimatologie ist, dass sich der Raumbezug über ein oder mehrere Skalenbereiche erstreckt (Mikro-, Meso- und Makroskala, Tab. 5.5).

Zum Weiterdenken

1. Neben Mittelwerten sind eine ganze Reihe weiterer Parameter kennzeichnend für das Klima eines Ortes. Welche sind typischerweise zu berücksichtigen?
2. Welche Probleme ergeben sich, wenn ein Beobachtungszeitraum zur Charakterisierung des Klimas zu kurz oder zu lang gewählt wird? Wie geht die WMO mit dieser Problematik um?
3. Welche Fachdisziplinen können Beiträge zur Klimafolgenforschung liefern?

5.3 Die Atmosphäre

Über der Erdoberfläche befindet sich die Atmosphäre, ein Gasgemisch, dessen Dichte mit zunehmender Höhe rasch abnimmt. Durch Wind und thermischen Auftrieb können neben den Gasen auch Feststoffe und Flüssigkeitstropfen in der Schwebe gehalten werden. Aufgrund der Temperaturen an der Erdoberfläche und in der Atmosphäre, die von etwa +60 °C bis –90 °C reichen, ist das Wasser der einzige Stoff, der in wechselnden Anteilen in allen drei Phasenzuständen vorkommt. Damit unterscheidet sich Wasser von den anderen natürlicherweise in der Atmosphäre vorkommenden Stoffen. Diese sind bis in Höhen von etwa 100 km nahezu homogen verteilt und ihre Volumenanteile sind über lange Zeiträume weitgehend konstant (Tab. 5.1). Der Anteil von Wasserdampf dagegen schwankt zeitlich und räumlich sehr stark zwischen nahezu 0 und 5 Vol.-%. Der Mittelwert liegt bei etwa 2,6 Vol.-%.

Aus der einführenden Übersicht lässt sich erkennen, dass die atmosphärischen Bestandteile drei Gruppen zugeordnet werden können.

Permanente und **semipermanente Gase** zeichnen sich dadurch aus, dass ihre Anteile über lange Zeiträume

Exkurs

Normalperioden

Im Jahresverlauf und im Vergleich verschiedener Jahre zeigt sich eine große Variabilität der Wetterbedingungen und Wetterabläufe. Zur Beschreibung der klimatologischen Verhältnisse eines Standortes werden deshalb verschiedene statistische Werte aus einer mehrjährigen Messreihe abgeleitet. Die Länge der Messreihe wird dabei von zwei Überlegungen bestimmt: Sie muss lang genug sein, um eine zufällige Häufigkeitsverteilung der erfassten Messwerte weitgehend auszuschließen. Sie darf aber wiederum nicht so lang sein, dass Klimavariationen und Klimaänderungen durch statistische Mittelwertbildungen verschwinden. Nach internationaler Übereinkunft werden 30-jährige Standardperioden herangezogen, die als Basis für räumliche und zeitliche Vergleiche (Klimaänderungen) dienen. Die von der *World Meteorological Organisation* (WMO) festgelegten Normalperioden sind 1901–1930, 1931–1960 und 1961–1990. Oft werden aber auch 30-jährige Mittel dazwischen liegender Perioden (z. B. 1951–1980 oder 1971–2000) ausgewertet, um dekadische Klimaänderungen und Klimavariationen ebenfalls zu erfassen.

Tabelle 5.1 Zusammensetzung trockener (wasserdampffreier) und reiner (aerosolfreier) Luft in Bodennähe, geordnet nach Volumenanteil (% bzw. ppm = 10^{-6}, ppb = 19^{-9} bzw. ppt = 10^{-12}, a = Jahr, m = Monat, d = Tag (aus Endlicher 2007, Quelle: Houghton et al. 1996, 2001, Schönwiese 2003).

Gas, chemische Formel	Volumenanteil V^*	Molekulargewicht M^* [10 kg/mol]	Verweilzeit t^* (mittl. molekulare)
Stickstoff, N_2	78,084%	28,02	> 1000 a
Sauerstoff, O_2	20,946%	32,01	> 1000 a
Argon, Ar	0,934%	39,95	> 1000 a
Kohlendioxid, CO_2	0,037% = 370 ppm[1]	44,02	5–15 a[2]
Neon, Ne	18,18 ppm	20,18	> 1000 a
Helium, He	5,24 ppm	4,00	> 1000 a
Methan, CH_4	1,75 ppm[1]	16,04	15 a
Krypton, Kr	1,14 ppm	83,80	> 1000 a
Wasserstoff, H_2	0,52 ppm	2,02	2 a
Distickstoffdioxid (Lachgas), N_2O	0,31 ppm[1]	44,01	120 a
Xenon, Xe	0,09 ppm = 90 ppb	131,30	> 1000 a
Kohlenmonoxid, CO	50–100 ppb[3]	28,01	60 d
Ozon, O_3	15–50 ppb[4]	48,00	< 4 m
Stickoxide, NO_X ($NO+NO_2$)	0,5–5 ppb[3]	30,00, 46,01	~ 1 d
Schwefeldioxid, SO_2	0,2–4 ppb[3]	64,06	1–4 d
Ammoniak, NH_3	0,1–5 ppb	17,03	~ 5 d
Propan, C_3H_8	0,2–1 ppb	44,11	?
Dichlordifluormethan, CF_2Cl_2 (FCKW-12)	~ 0,5 ppb	120,91	100 a
Trichlorfluormethan, $CFCl_3$ (FCKW-11)	~ 0,3 ppb	137,37	50 a
Chlordifluormethan, $CHClF_2$ (FCKW-22)	~ 0,1 ppb	86,47	13 a

[1] Konzentration ansteigend, angegeben ist der Schätzwert für 2000
[2] kein einheitlicher Wert angebbar, Verweilzeit des anthropogenen Anteils ca. 120 (50–200) a
[3] räumlich-zeitlich stark variabel, in Ballungsgebieten bis ungefähr um den Faktor 10 höhere Werte möglich
[4] wie [3] und [1], in der Stratosphäre jedoch wesentlich höhere Konzentrationen von 5–10 ppm, dort abnehmend

nahezu konstant sind. **Variable Gase** befinden sich nur einige Tage bis einige Wochen in der Atmosphäre. Dadurch können die Anteile stärker schwanken als bei den permanenten und semipermanenten Gasen. Zu dieser Gruppe zählen Ozon, Kohlenmonoxid, Stickoxide, Schwefeldioxid, Ammoniak und Wasserdampf. Dessen mittlere Aufenthaltsdauer in der Atmosphäre liegt bei etwa 10 Tagen. **Aerosole** sind kleine, feste oder flüssige Partikel natürlichen (z.B. Pollen) oder weitgehend anthropogenen Ursprungs (z.B. Ruß). Aufgrund der geringen Masse ist ihre Sinkgeschwindigkeit in der Atmosphäre so klein, dass sie bei einer turbulenten Strömung über Tage und Wochen – im Extremfall über Jahre – in der Schwebe gehalten werden können. Die Größe schwankt typischerweise zwischen 0,5 und 100 μm. Unter natürlichen Bedingungen variiert deren Anzahl zwischen 10^3 und 10^5 Teilchen pro cm^{-3}. Aerosole über 10 μm Durchmesser fallen aufgrund ihres Gewichts in der Regel schon nach kurzer Zeit wieder auf die Erdoberfläche. Kleinste Partikel sind ebenfalls selten, da sie schnell zu größeren Partikel aggregieren. Aerosole streuen das Licht in der Atmosphäre in allen Wellenlängen. Bei einem hohen Aerosolgehalt wird die Atmosphäre deshalb milchig-grau.

Stickstoff (N_2) und Sauerstoff (O_2) bilden mit 99,03 Vol.-% der trockenen, d. h. wasserdampffreien Atmosphäre nahezu die gesamte Atmosphäre. Von Argon abgesehen (0,934 Vol.-%) kommen die weiteren Bestandteile nur in Promilleanteilen und darunter vor. Man spricht daher von **Spurengasen**. Durch die industrielle Produktion ist neben den natürlich vorkommenden Gasen zwischenzeitlich eine große Zahl anderer Stoffe in die Atmosphäre gelangt. Diese Gase sind überwiegend der Gruppe der variablen Gase zuzuordnen. Einige, wie beispielsweise die für die polaren Ozonlöcher mitverantwortlichen **Fluorchlorkohlenwasserstoffe** (FCKW), halten sich jedoch über viele Jahre in der Atmosphäre auf und gehören daher zu den semipermanenten Gasen.

Einige Spurengase haben aufgrund ihrer besonderen Eigenschaften eine große Bedeutung für den Energie- und Nährstoffhaushalt von Klima- und Ökosystemen. In Bezug auf den Energiehaushalt spielen **Treibhausgase** eine wichtige Rolle. Sie sorgen dafür, dass die mittlere Temperatur in der unteren Atmosphäre und an der Erdoberfläche höher liegt, als nach der eingestrahlten Sonnenenergie zu erwarten wäre. Die Stoffe wirken ähnlich wie Glas, das sichtbares Licht weitgehend unbeeinflusst durchlässt, während langwellige Strahlung zu einem großen Teil absorbiert und zurückgestrahlt wird. Als Ergebnis steigt die Temperatur hinter der Glasscheibe, bis ein Gleichgewicht zwischen Strahlungsgewinn und Strahlungsverlust erreicht wird (vgl. Abschnitt 5.5). Aufgrund dieses Mechanismus wird von der Glashaus- oder Treibhauswirkung der Atmosphäre gesprochen. Das wichtigste Treibhausgas ist der **Wasserdampf**. Er ist für über 60% der natürlichen Treibhauswirkung der Atmosphäre verantwortlich. Weitere bedeutende natürliche Treibhausgase sind **Kohlendioxid**, bodennahes **Ozon**,

Distickstoffoxid und **Methan**. Der natürliche Kohlendioxidanteil ist Folge von Vulkanausbrüchen und Atmungsvorgängen. Durch Verbrennung fossiler Energieträger ist der Kohlendioxidanteil seit Beginn der industriellen Revolution erheblich gestiegen. Der heutige Anteil von knapp über 380 ppm liegt etwa 1,35-mal so hoch wie der vorindustrielle Wert. Dabei haben die Ozeane einen Teil des freigesetzten CO_2 gelöst und damit den anthropogen verursachten atmosphärischen Anstieg gedämpft. Die Gehalte an Methan und Distickstoffoxid haben sich durch die wirtschaftlichen Aktivitäten des Menschen ebenfalls erhöht und zu einer Verstärkung der Treibhauswirkung beigetragen. Quellen für Methan sind Tierhaltung, Nassreisanbau, Erdgasgewinnung und Abfalldeponierung. Anthropogen freigesetztes Distickstoffoxid stammt aus der Landwirtschaft (Düngung) und der Industrie. Während CO_2, CH_4 und N_2O sowohl natürliche als auch anthropogene Quellen haben, sind die FCKW rein industriellen Ursprungs. Trotz ihres geringen Anteils stehen sie in ihrer Wirkung nach Kohlendioxid und Methan an der dritten Stelle des anthropogen verursachten Treibhauseffekts.

Der Ozongehalt der Atmosphäre wird durch den Menschen auf zwei Ebenen beeinflusst. In der unteren Atmosphäre ergibt sich als Ergebnis von Verbrennungsprozessen ein erhöhter Ozongehalt, während es in einer Höhe von 20 bis 30 km zeitweise zu einem Ozonabbau kommt. Zwar ist Ozon auch ein Treibhausgas, beide Einflüsse sind jedoch nicht primär wegen der damit verbundenen Änderung der Treibhauswirkung von Bedeutung. Vielmehr führt bodennahes Ozon zu einer Gesundheitsgefährdung über die Atemwege, während der Rückgang des Ozons in der Höhe die UV-Belastung steigert und damit die Gefahr von Hauterkrankungen bis hin zu Hautkrebs erhöht.

Aerosole und Luftreinhaltung

Aerosole haben eine Vielzahl natürlicher Quellen. Beispiele sind Staub aus Wüsten und offen liegenden Bodenoberflächen, Rauch aus Waldbränden, Salzpartikel, die durch Brandungswirkung in die Luft gelangen, oder Pollen und Mikroorganismen, die vom Wind aufgenommen werden. Langandauernde hohe Aerosolkonzentrationen finden sich durch Reifenabrieb, Verbrennungs- und Produktionsprozesse vor allem in Ballungsräumen. Dabei sind Aerosole für den Menschen nicht nur aus klimatologischer, sondern vor allem aus gesundheitlicher Sicht von Bedeutung. Sie können Allergien verursachen. Vor allem Partikel mit einem Durchmesser von weniger als 2,5 µm stehen zudem im Verdacht, asthmatische und Herz-Kreislauf-Erkrankungen sowie Krebs auslösen zu können. Über die Luft werden Gase und Aerosole besonders schnell und weit verteilt. Von Seiten des Gesetzgebers sind daher entsprechende Vorkehrungen zu treffen, um die Reinhaltung der Luft sicherzustellen. In Bezug auf den Feinstaub (Aerosole unter 10 µm Durchmesser) sind Grenzwerte für die erlaubte Menge an Partikeln, die kleiner als 10 µm (PM 10) sind, eingeführt worden.

Um die Grenzwerte einzuhalten, werden entsprechende Begleit- und Schutzmaßnahmen erlassen. Beispielsweise Auflagen zum Betrieb von neuen und bestehenden Anlagen, die Schadstoffe emittieren, oder Verkehrsbeschränkungen bei starker Luftbelastung.

Aufbau der Atmosphäre

Die Atmosphäre kann vertikal nach verschiedenen Kriterien gegliedert werden. (Abb. 5.3). Für unsere Betrachtungen ist der Temperaturverlauf entscheidend. Die Unterteilung in die reibungsbeeinflusste Grenzschicht und die freie Atmosphäre werden wir bei einigen Teilaspekten ebenfalls berücksichtigen. Die Abgrenzungen nach der chemischen Zusammensetzung und der Ionisierung werden nur kurz angeführt, da sie klimatologisch ohne Bedeutung sind. Die **Homosphäre** wird durch ein Gasgemisch entsprechend Tab. 5.1 gekennzeichnet. Sie reicht bis etwa 100 km Höhe. In dieser Schicht übersteigt die turbulente Durchmischung die Sedimentation (das Absinken) der Gase und verhindert so eine Entmischung, die sich durch die unterschiedliche Schwere der Gasbestandteile einstellen würde. Darüber, in der **Heterosphäre**, wird die Entmischung aufgrund der geringen Turbulenz wirksam und der Anteil der schweren Bestandteile nimmt sukzessive ab. Die elektrischen Eigenschaften und der Ionisierungsgrad der Atmosphäre sind beispielsweise für den Funkverkehr von Bedeutung. Aus meteorologisch-klimatologischer Sicht ist nur die Entstehung der Polarlichter in der **Ionosphäre** als besondere atmosphärische Erscheinung der hohen Breiten von Bedeutung.

Der mittlere Temperaturverlauf der Atmosphäre ist von der Erdoberfläche ausgehend zunächst durch eine stetige Temperaturabnahme gekennzeichnet. Darüber befindet sich an der **Tropopause** eine quasi-permanente **Inversion** (Temperaturumkehr). Diese Inversion verhindert weitgehend die Durchmischung der unteren Atmosphärenschicht, der **Troposphäre**, mit den darüber liegenden Teilen der Atmosphäre. Die Mächtigkeit der Troposphäre schwankt zwischen einer Höhe von 8 km in den Polargebieten bis 16 km in den Tropen. Die kurzfristig wechselnden Eigenschaften der troposphärischen Luft, die für das veränderliche Wetter verantwortlich sind, wirken sich wegen der fehlenden Durchmischung in der **Stratosphäre** nicht aus. Man kann die Troposphäre deshalb als die Wetterschicht der Erde bezeichnen. Die Temperaturzunahme in der Stratosphäre ist Folge der Absorption von großen Teilen des UV-Lichts der Sonne durch das Ozon. Die höher liegenden Schichten der **Mesosphäre, Thermosphäre** und **Exosphäre** spielen klimatologisch ebenfalls keine Rolle, so dass wir nicht weiter darauf eingehen.

Die wesentlichen Wetterabläufe spielen sich in der Troposphäre ab. Sie wird deshalb weiter unterteilt. Zuunterst befindet sich eine wenige Millimeter bis Zentimeter mächtige **laminare Schicht**, in der geringe Windgeschwindigkeiten herrschen und keine strömungsbedingte Durchmischung stattfindet. Eine Durchmischung der Luft ist hier lediglich Folge von Temperaturunterschieden, wenn sich beispielsweise die Erdoberfläche durch die Absorption der Sonnenstrahlung aufheizt und sich als Folge davon Luft an ihr erwärmt und dadurch aufsteigt. Die **bodennahe Grenzschicht** bis in 2 m Höhe kennzeichnet den natürlichen Lebensraum vieler Pflanzen- und Tierarten sowie des Menschen. In ihr ist die Windgeschwindigkeit gegenüber der darüber liegenden, typischerweise über die

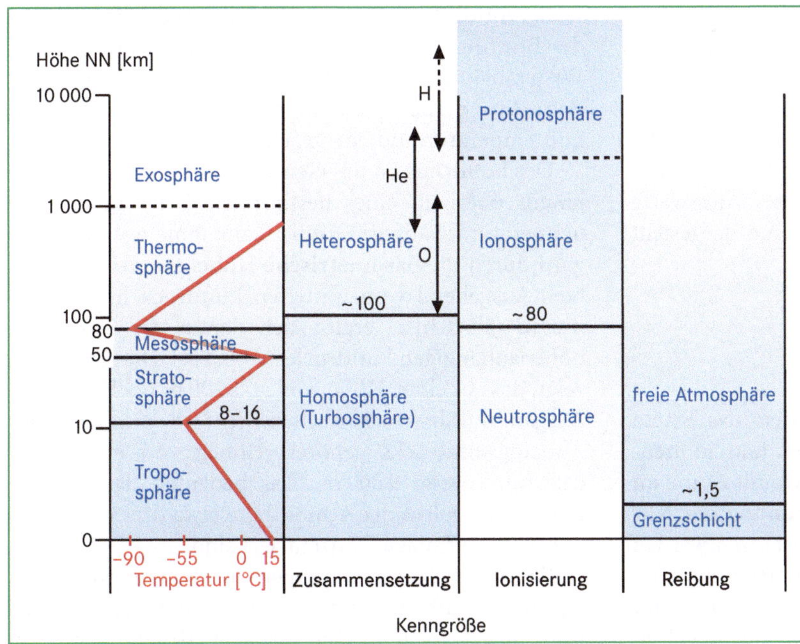

Abb. 5.3 Vertikalgliederung der Atmosphäre nach Temperatur, Zusammensetzung, Ionisierung und Reibung (verändert nach Liljequist und Cehak 1984, Schönwiese 2003).

mittleren Baumhöhen und die Bebauung reichenden **Hindernisschicht** noch deutlich reduziert. In die **planetarische Grenzschicht** oberhalb etwa 50 m ragen nur noch einzelne Objekte hinein. Dadurch geht der Reibungseinfluss weiter zurück, bis in einer – jahreszeitlich variierenden – Höhe von 500 bis 2 000 m die **Peplopause** erreicht wird. In dieser Höhe ist der Reibungseinfluss nahezu null, weshalb die darüber liegende Schicht als **freie Atmosphäre** bezeichnet wird. In der planetarischen Grenzschicht (Peplosphäre) wird die Luft durch den Reibungseinfluss durchmischt. Dadurch bildet sich darin bei Strahlungswetter ein typischer Tagesgang der atmosphärischen Eigenschaften aus, der mit der Höhe zunehmend schwächer ausgeprägt ist und in der freien Atmosphäre weitgehend verschwindet. Ein gut sichtbares Zeichen der Höhenlage der Peplopause ist die Obergrenze einer Dunstschicht bei sommerlichem Hochdruckwetter.

> **Zum Weiterdenken**
>
> 1. Welcher Atmosphärenbestandteil unterliegt auf einer Zeitskala von Tagen und Wochen den größten Schwankungen?
>
> 2. Was bewirken Aerosole in der Atmosphäre?
>
> 3. In welcher Höhe befindet sich die schützende Ozonschicht?

5.4 Klimafaktoren und Klimaelemente

Die Größen, die zur Beschreibung von Wetter und Klima herangezogen werden, bezeichnet man als meteorologische Elemente oder Klimaelemente (Tab. 5.2). Die wichtigsten Klimaelemente werden in diesem Kapitel beschrieben. Zunächst jedoch werden die Klimafaktoren vorgestellt, die das räumliche Muster der Messwerte bestimmen, bevor wichtige Klimaelemente dargestellt werden.

Klimafaktoren

Die geographische Breitenlage modifiziert das Klima großräumig. Von ihr hängen Tageslängen und Sonnenhöhen und damit die Einstrahlung ab. Damit ist die im Grundmuster erkennbare **zonale Anordnung der Klimate** erklärbar. Ebenfalls auf großen Distanzen werden die Werte der Klimaelemente von der Entfernung vom Meer beeinflusst. Der Feuchtegehalt der Luft nimmt mit zunehmender Entfernung vom Meer in der Regel ab

und die Niederschläge werden geringer. Zusätzlich wirken sich große Gewässer dämpfend auf die Temperaturextreme aus. Lage und Entfernung eines Ortes zum Meer entscheiden daher über die **Kontinentalität** (große Temperaturextreme, geringe Niederschläge) oder **Ozeanität** (ausgeglichene Temperaturen, höhere Niederschlagssummen). Betrachten wir die Raummuster der Klimate in kleineren Teilräumen, so ist zunächst die Höhenlage von Bedeutung. Folge der Abnahme der Temperatur mit der Höhe sind höhere relative Feuchtegehalte und höhere Niederschlagssummen oder häufigere Schneefälle. Zusätzlich nimmt der Reibungseinfluss der Erdoberfläche auf die Atmosphäre mit der Höhe ab. Im Mittel sind höhere Windgeschwindigkeiten zu erwarten. Die Höhenlage kann daher zur Erklärung der vertikalen Abfolge klimatischer Bedingungen (**Gebirgsklimate**) herangezogen werden. Noch kleinräumiger wirken sich die topographische Lage (z. B. auf einer Kuppe oder in einer Senke) und die Exposition auf die klimatischen Bedingungen aus. Bewölkungsverhältnisse, Strahlungs- und Windverhältnisse können sich auf verschiedenen Seiten eines Berges oder bei Strahlung und Wind sogar in einzelnen Hangabschnitten deutlich voneinander unterscheiden. Lage und Exposition erklären damit die **kleinräumige Klimadifferenzierung**.

Der Luftdruck

Der Luftdruck bestimmt im Wesentlichen die Wind- und Bewölkungsverhältnisse und hat damit Einfluss auf alle weiteren Klimaelemente. Dies ist der Grund für seine zentrale Stellung in der Wettervorhersage sowie bei der Beschreibung und dem Verständnis von einzelnen Wetterabläufen. In der langfristigen, klimatologischen Betrachtung sind die wichtigsten Klimaelemente jedoch Lufttemperatur und Niederschlag.

Der Luftdruck ist das Gewicht der Luftsäule, die sich jeweils oberhalb eines bestimmten Ortes findet. Die temperaturabhängige Luftdruckabnahme mit der Höhe wird durch die **barometrische Höhenformel** beschrieben. Ausgehend vom mittleren Luftdruck im Meeresniveau (1 018 hPa) ergibt sich daraus die Kurve des höhenabhängigen Luftdrucks (Abb. 5.4). Die Abbildung zeigt, dass in einer Höhe von ca. 2 200 m noch 75 % des Ausgangsluftdrucks herrschen. Zu 50 % und 25 % des Ausgangsluftdrucks gehören Höhen von etwa 5 100 beziehungsweise 9 000 m. Das bedeutet, dass in den untersten 9 000 m der Atmosphäre etwa drei Viertel der gesamten Luftmasse konzentriert sind.

Für Überschlagsrechnungen zur Temperaturabhängigkeit der Luftdruckabnahme lässt sich daraus eine einfache Regel ableiten. Der vertikale Abstand von zwei

Tabelle 5.2 Klimaelemente und Klimafaktoren. Oberflächen- und Bodentemperaturen werden bei der Klimacharakterisierung nicht verwendet. In der Meteorologie werden sie aber beispielsweise für die Energiebilanzmodellierung benötigt.

Klimaelemente		Klimafaktoren	Einfluss

• Luftdruck
• Temperatur
• Niederschlag
  ○ Menge
  ○ Form
• Wind
  ○ Richtung
  ○ Geschwindigkeit
	• Luftfeuchte
	• Bewölkung
	  ○ Wolkentyp
	  ○ Bedeckungsgrad
	• Strahlung
	• Oberflächentemperatur
	• Bodentemperatur
		• Geographische Breite
		• Lage und Entfernung zum Meer
		• Höhenlage
		• Reliefsituation
		• Exposition
		  ○ Wind
		  ○ Sonne
		• Bodenbedeckung
			großräumig / kleinräumig

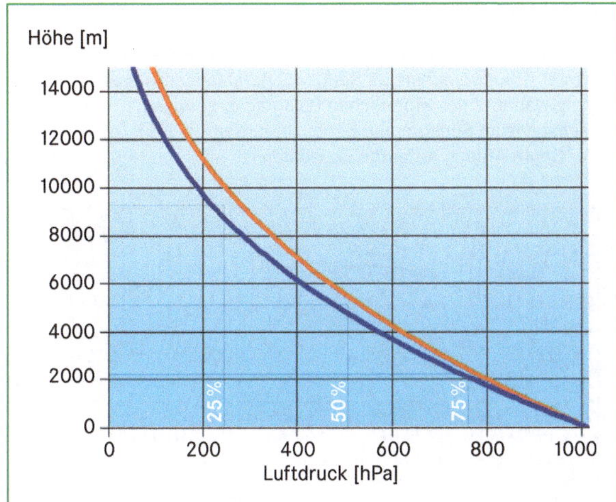

Abb. 5.4 Die Luftdruckabnahme mit der Höhe bei einem angenommenen Temperaturgradienten von 0,6 °/100 m und einer Ausgangstemperatur von +30 °C (rote Kurve) bzw. −10 °C (blaue Kurve).

Luftdruckniveaus nimmt pro Grad Temperaturerhöhung um vier Tausendstel zu. Das heißt, die isobaren Flächen (Flächen gleichen Luftdrucks) haben in warmer Luft einen größeren Abstand als in kalter Luft (Abb. 5.5). Die daraus in unterschiedlichen Höhen auftretenden Druckgradienten bedingen die Entstehung von Wind und unterschiedlichen Wetterlagen.

Bei ausgeprägten Hochdruckwetterlagen können großräumige Luftströmungen in einem bestimmten Gebiet eine untergeordnete Rolle spielen. Die Werte der meisten Klimaelemente sind eng an die Sonnenstrahlung gekoppelt und zeigen deshalb einen ausgeprägten Tagesgang. Man spricht in solchen Fällen von **autochthonen Wetterlagen.** Bei **allochthonen Wetterlagen** dagegen werden die Werte der Klimaelemente vor allem dadurch bestimmt, dass über den Wind Luftmassen mit bestimmten Eigenschaften (Temperatur, Luftfeuchte, Bewölkung etc.) in eine Region geführt werden.

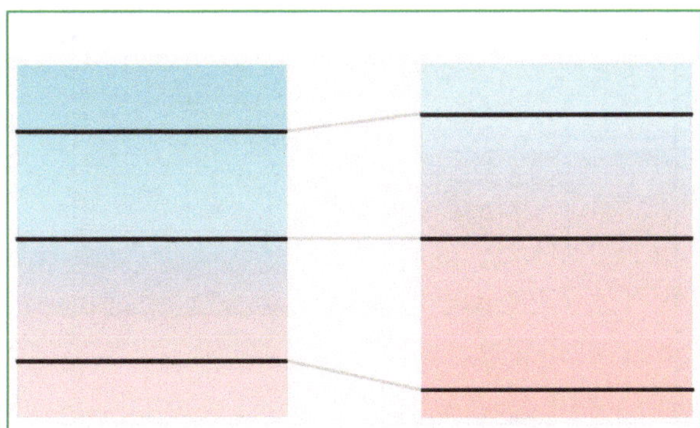

Abb. 5.5 Schematische Vertikalschnitte der Atmosphäre mit den Abständen von Isobaren (schwarze Linien) in kalter (links) und in warmer Luft (rechts). Dadurch ergeben sich in bestimmten Höhen Luftdruckunterschiede (Druckgradienten, graue Linien), die Ursache für die Entstehung von Wind sind.

Die Lufttemperatur

Die Lufttemperatur ist eng an die Strahlungsbedingungen gekoppelt. Häufig bilden sich deshalb ausgeprägte Tages- und Jahresgänge der Temperaturen aus. Diese Zyklizität kann mit **Thermoisoplethendiagrammen** (Abb. 5.6) übersichtlich dargestellt werden. Die jahreszeitliche Temperaturschwankung nimmt von den hohen Breiten zu den niederen Breiten ab. Die beiden tropischen Stationen Quito und Belém (Abb. 5.6 unten) zeigen dies deutlich. Bei ganzjährig hohem Mittagssonnenstand weist auch der Temperaturverlauf kaum jahreszeitliche Unterschiede auf. Im Laufe eines Tages schwankt die Temperatur stärker; man spricht daher von einem **Tageszeitenklima**. Auffallend ist, dass der Tagesgang der Temperaturen im tropischen Hochland (Quito) ausgeprägter ist als im Tiefland (Belém). Wie später noch ausgeführt wird, ist die Ursache hierfür der Einfluss des Wasserdampfs in der Atmosphäre auf den Strahlungshaushalt.

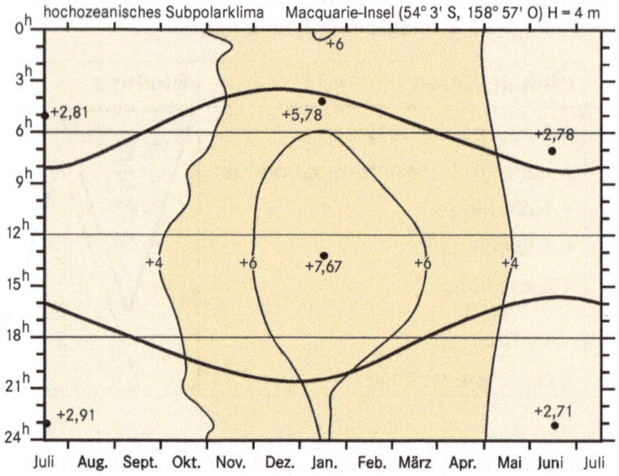

Macquarie-Insel. Hochozeanisches Subpolarklima mit fast fehlender Tages- und Jahresschwankung.

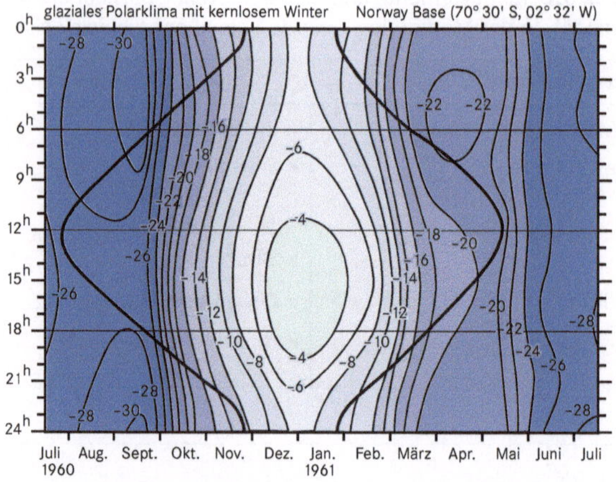

Norway Base (Antarktis). Glaziales Polarklima mit kernlosem Winter (Hauptminimum im September), fehlendem Tagesgang während der winterlichen Polarnacht, geringem Tagesgang im Südsommer. Beobachtungswerte 1960/61 der South African Antarctic Expedition I.

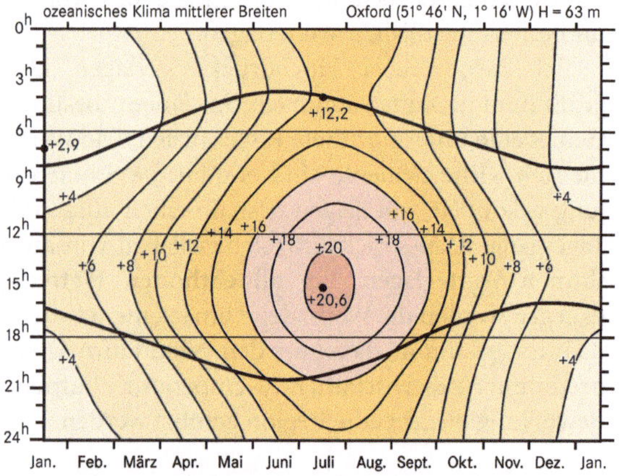

Oxford. Ozeanisches Klima mittlerer Breiten mit geringer, im Sommer leicht kontinental verstärkter Tagesschwankung und relativ geringer Jahresschwankung.

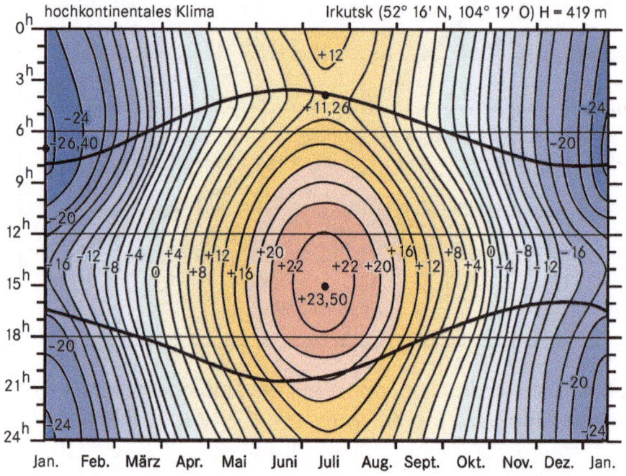

Irkutsk. Hochkontinentales Klima mit starken Tages- und Jahresschwankungen.

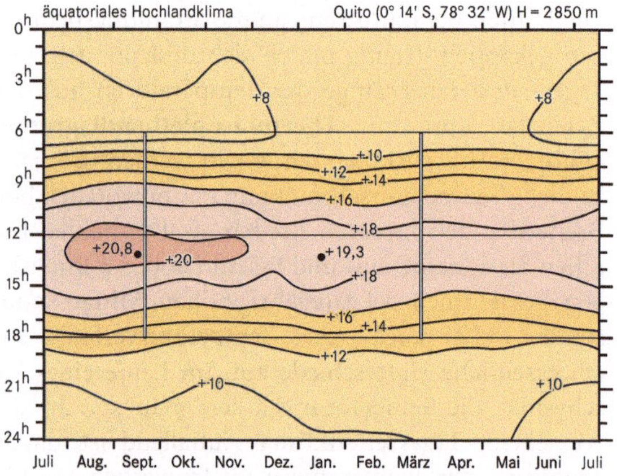

Quito. Äquatoriales Hochlandklima mit fast fehlender Jahresschwankung und starker Tagesschwankung.

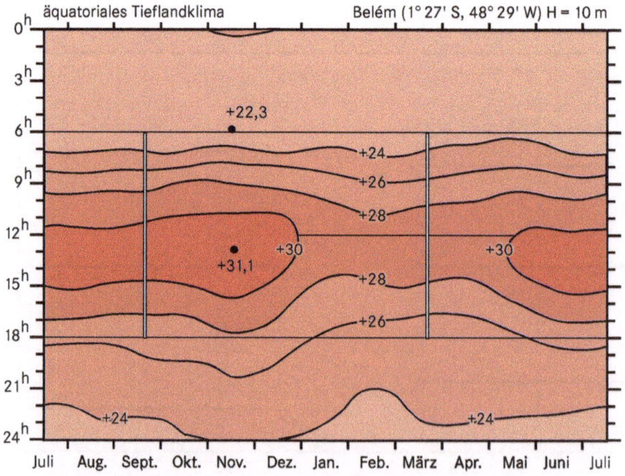

Belém. Äquatoriales Tieflandklima mit fast fehlender Jahresschwankung und mäßiger bis geringer Tagesschwankung.

Abb. 5.6 Tages- und Jahresgänge der Lufttemperatur in Isoplethendarstellung in verschiedenen Klimazonen (verändert nach Troll 1943).

An den Stationen der Mittelbreiten (Oxford und Irkutsk) und an der polaren (antarktischen) Station Norway Base ist die tägliche Temperaturschwankung kleiner als die Schwankung zu einer bestimmten Tageszeit im Jahresverlauf. Beispielsweise liegen Tagesminimum und Tagesmaximum in Irkutsk etwa 10 °C–12 °C auseinander. Die Mittagstemperatur schwankt im Jahresverlauf dagegen zwischen −18 °C und +22 °C. Man spricht von einem **Jahreszeitenklima**. Die in den hohen Mittelbreiten der Südhemisphäre gelegene Station Macquarie zeigt mit generell geringen Temperaturschwankungen ein ausgeprägt **ozeanisches Klima**. Dies ist eine Folge der Insellage mit der ausgleichenden Wirkung des Meeres. Trotz der geringen Temperaturschwankungen ist die Jahresschwankung der Temperaturen größer als die mittlere Tagestemperaturschwankung und es handelt sich demzufolge auch um ein Jahreszeitenklima. Die Wirkung des Klimafaktors geographische Breite ist damit auch an dieser Station erkennbar. Die Entfernung und Lage zum Meer haben aber einen außerordentlich hohen Einfluss und lassen den für die Breitenlage zu erwartenden Jahreszeiteneinfluss extrem zurücktreten.

Die Luftfeuchtigkeit

In der Atmosphäre befinden sich permanent ca. 12 900 km³ Wasser (Baumgartner und Liebscher, 1996). Diese Menge entspricht etwa 270-mal dem Wasservolumen des Bodensees (48 km³). Durch Verdunstung und Niederschlag wird dieses Wasser in etwa zehn Tagen einmal komplett umgesetzt. Flüssiges Wasser und Eiskristalle, die Wolken bilden, machen weniger als die Hälfte des Wassergehaltes der Atmosphäre aus. Der größte Teil des atmosphärischen Wassers liegt in Form von Wasserdampf vor.

In einem Gasgemisch wie der Luft tragen die einzelnen Gase zum Gesamtluftdruck bei. Der Anteil eines Gases am gesamten Druck wird als Partialdruck bezeichnet. Der Partialdruck des Wasserdampfs heißt auch **Dampfdruck** und wird oft mit e abgekürzt und in Hektopascal (hPa) angegeben. Der maximale Anteil an gasförmigem Wasser ist der **Sättigungsdampfdruck** E. Der Wert von E hängt exponentiell von der Lufttemperatur ab (Abb. 5.7) und ist regional und jahreszeitlich deshalb unterschiedlich. Warme Luft kann prinzipiell viel mehr Wasserdampf aufnehmen als kalte Luft. Wir können daraus einige grundlegende Schlüsse ziehen:

- Die Luft der niederen Breiten kann deutlich mehr Wasserdampf aufnehmen als die Luft der hohen Breiten.

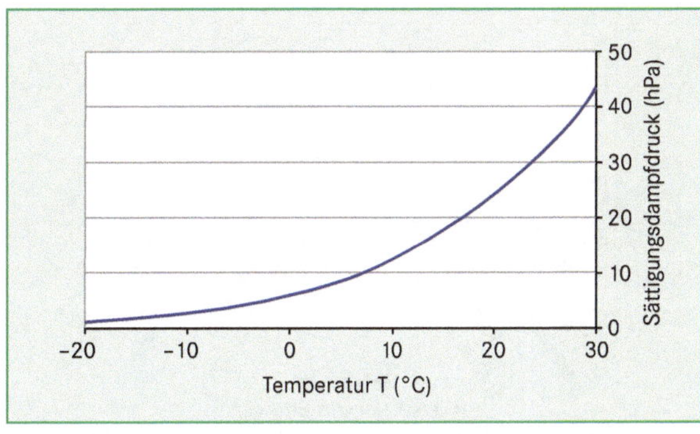

Abb. 5.7 Temperaturabhängigkeit des Sättigungsdampfdrucks der Luft über ebenen Wasseroberflächen.

- Die größte Wasserdampfmenge ist vor allem in den unteren, warmen Bereichen der Atmosphäre enthalten. Über Hochgebirgen befindet sich nur noch eine geringe Wasserdampfmenge in der Atmosphäre.
- Wenn sich warme, feuchte Luft um einen bestimmten Wert abkühlt, kondensiert sehr viel mehr Wasserdampf, als wenn die Temperatur kühler, feuchter Luft um den gleichen Wert absinkt. Es ist daher zu erwarten, dass Niederschläge in warmer Luft erheblich intensiver und ergiebiger sind als in kalter Luft.

Die **relative Feuchte** ist der Quotient von e/E. Die Angabe erfolgt in Prozent. Wenn Luft abkühlt, sinkt der Sättigungsdampfdruck und die relative Feuchte steigt an. Bei fortdauernder Abkühlung wird bei einer bestimmten Temperatur eine relative Feuchte von 100% erreicht und es setzt Kondensation ein. Die entsprechende Temperatur wird als **Taupunktstemperatur** oder Taupunkt bezeichnet. Ein häufiger Grund für die Abkühlung der Luft ist eine Hebung der Luft. Dadurch wird in einer bestimmten Höhe die Taupunktstemperatur unterschritten und es bilden sich bei weiterem Aufstieg Wassertröpfchen und damit Wolken. Im **Kondensationsniveau,** das ist die Höhe, in der die Kondensation einsetzt, befindet sich die Wolkenuntergrenze. Ein anderer Prozess ist die nächtliche Abkühlung der Erdoberfläche. In der Folge gibt die darüber liegende Luft Wärme an die Erdoberfläche ab und kühlt ebenfalls aus. Bei entsprechend starker Abkühlung wird die Taupunktstemperatur unterschritten und es kommt zu Kondensation und zur Bildung von (Boden-)Nebel.

An den beiden Beispielen wird deutlich, dass Temperatur, Luftfeuchte und die in der Atmosphäre ablaufenden Prozesse für die Wolkenbildung verantwortlich sind. Die Form der Wolken wird daher vor allem von den Prozessen abhängen. Auf einige Wolkentypen und die damit zusammenhängenden Abläufe werden wir im nächsten Abschnitt eingehen. Zunächst jedoch betrach-

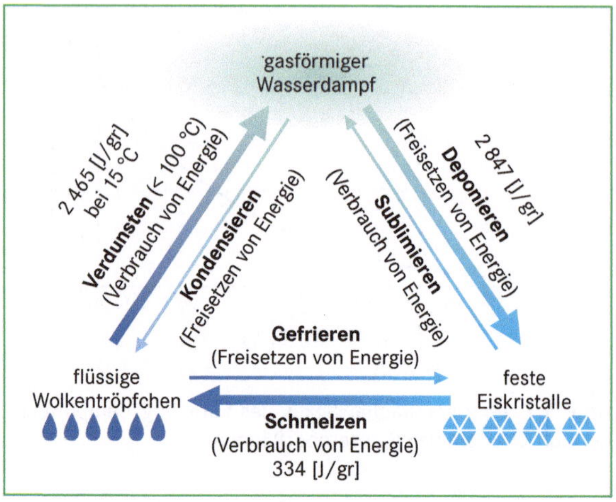

Abb. 5.8 Aggregatzustände des Wassers mit Umwandlungsenergien (verändert nach Schönwiese 2003 u. a.).

ten wir die Phasenübergänge des Wassers in der Atmosphäre. Denn Verdunstung und Kondensation bzw. Niederschlag transportieren nicht nur Wasser durch die Atmosphäre und halten damit den globalen Wasserkreislauf in Gang, sondern auch Energie (Abb. 5.8). Die Verdunstung von Wasser erfolgt überwiegend an der Erdoberfläche. Kondensation und Wolkenbildung treten dagegen vor allem in der Atmosphäre auf. Da Verdunstung Energie erfordert, die bei der Kondensation wieder frei wird, erfolgt durch die Phasenübergänge ein Energietransport von der Erdoberfläche in die Atmosphäre. Die bei der Verdunstung des Wassers an der Erdoberfläche benötigte Energie wird in der Atmosphäre zunächst nicht als Wärme messbar sein. Sie ist latent vorhanden und wird erst bei der Kondensation des Wasserdampfs wieder frei. Man bezeichnet sie deswegen als **latente Wärme**.

Die Bewölkung

Wolken bestehen aus Wassertropfen oder Eispartikeln, die in der Atmosphäre in Schwebe gehalten werden. Einzelne Wolken und Wolkengruppen (Wolkencluster) unterscheiden sich in Entstehung, Aussehen und Zusammensetzung erheblich. Für die Wetterbeobachtung und die daraus im Hinblick auf die in der Atmosphäre ablaufenden Prozesse zu ziehenden Schlüsse ist in der Meteorologie deshalb ein Klassifikationsschlüssel erarbeitet worden, der auf **zehn Wolkengattungen** basiert. Grundlage der Gattungen ist zunächst die Zuordnung zu einer der vier Wolkenfamilien. Dabei werden die vier Wolkenfamilien anhand der Höhenlage der Wolkenuntergrenze in einem der drei **Wolkenstockwerke** (Abb. 5.9) oder anhand der Vertikalerstreckung voneinander unterschieden. Aufgrund der vorherrschenden Temperaturen bilden sich im unteren Stockwerk **Wasserwolken**, im mittleren Stockwerk **Mischwolken** und im oberen Stockwerk **Eiswolken** aus. In Wolken sind Kristallisationskerne (Aerosole, Eiskristalle) häufig nur in geringer Zahl vorhanden, daher findet sich dort unterkühltes Wasser. Erst bei Temperaturen unter etwa −10 °C bilden sich auch Eiskristalle. Sinkt die Temperatur unter etwa −35 °C treten nur noch Eiskristalle auf.

Eine weitere Unterteilung der Wolken erfolgt anhand der Form: **Schleierwolken** (cirriform), **Schichtwolken** (stratiform) und **Haufenwolken** (cumuliform).

In der Kombination von Form und Höhenlage bzw. Vertikalerstreckung ergeben sich zehn in der Atmosphäre auftretenden Wolkengattungen, die durch Namenszusätze weiter unterteilt und beschrieben werden. Eine Übersicht der Klassifikation gibt der *International Cloud Atlas* der WMO (deutsche Ausgabe DWD 1990).

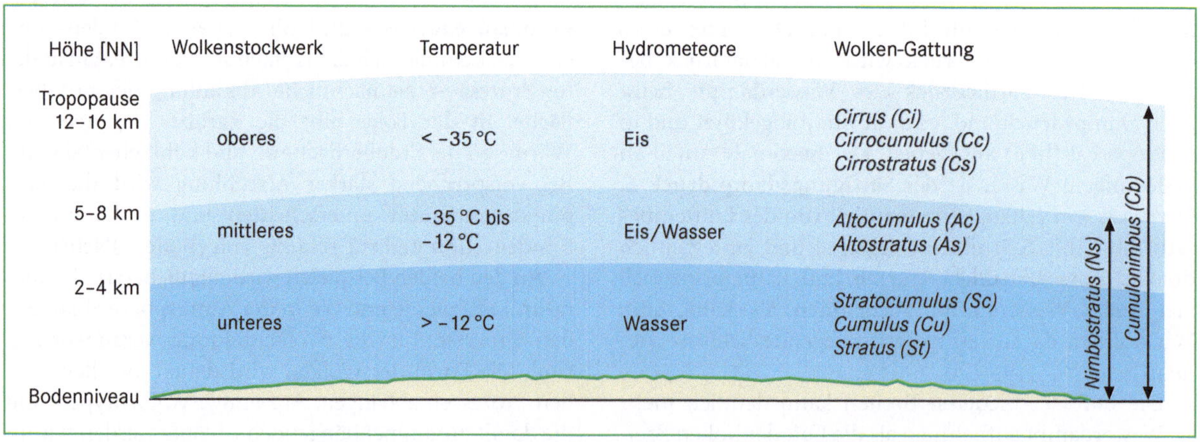

Abb. 5.9 Wolkenstockwerke und -gattungen (verändert nach Deutscher Wetterdienst 1987).

Der Niederschlag

Fallender Niederschlag in Form von Niesel, Regen, Schnee, Graupel und Hagel bildet in den meisten Regionen der Erde den größten Teil der Niederschlagsmenge.

Je nach regionaler oder lokaler Situation können auch andere Niederschlagsformen von entscheidender ökologischer Bedeutung sein. In manchen Trockengebieten bildet **abgesetzter Niederschlag** (Tau, Reif), der durch Kondensation oder Sublimation an Oberflächen ent-

Atmosphärische Schichtung

Bei der Hebung dehnt sich die Luft aufgrund des geringeren Umgebungsdrucks aus. Bei dieser Volumenänderung erfolgt kein Wärmetransport aus oder in die umgebende Luft (**adiabatischer Prozess**). Wärme ist die mittlere Bewegungsenergie der Moleküle in einem bestimmten Volumen. Da sich die gesamte Wärmemenge nach der Hebung auf ein größeres Volumen verteilt, sinkt die mittlere Bewegungsenergie pro Volumeneinheit: die Luft kühlt ab. Beim Abstieg von Luft zeigt sich der umgekehrte Effekt. Die Luft wird komprimiert und die Temperatur steigt. Zwei Varianten des vertikalen Massenflusses und der damit verbundenen adiabatischen Temperaturänderung treten auf. Bei der **trockenadiabatischen Temperaturabnahme** mit der Höhe führt die Ausdehnung zu einer konstanten Temperaturabnahme von etwa 1 K/100 m Höhe. Erfolgt der Aufstieg von Luft in Wolken, wird gleichzeitig Wasserdampf kondensieren und latente Wärme frei. Dadurch wird die Temperaturabnahme gedämpft. Je höher die Temperatur desto kleiner ist der **feuchtadiabatische Temperaturgradient,** weil mehr Wasserdampf pro Grad Temperaturänderung kondensiert (siehe Abb. 5.7). In wasserdampfgesättigter Luft mit einer Temperatur von 30 °C liegt der Wert des feuchtadiabatischen Gradienten bei 0,38 K/100 m. Bei sehr geringen Temperaturen, wie sie z. B. in der oberen Troposphäre auftreten, nähert sich der feuchtadiabatische dem trockenadiabatischen Gradienten an. Als Näherungswert des feuchtadiabatischen Gradienten für die Mittelbreiten kann 0,5 K/100 m angenommen werden.

Bei starken Vertikalbewegungen lagern sich an den Hydrometeoren (Wassertröpfchen, Hagelkörner, Eiskristalle) weitere kleine Wassertröpfchen oder Wasserdampf an, bis sie schließlich so schwer sind, dass sie aus der Wolke ausfallen. Große Tropfen sind daher an intensive Vertikalbewegungen in der Atmosphäre gebunden. Abhängig von der vertikalen Temperaturabfolge in der Atmosphäre können Vertikalbewegungen einerseits ausgelöst oder verstärkt und andererseits abgeschwächt oder unterbunden werden. Damit hat die **atmosphärische Schichtung** (Abb. 5.10) einen entscheidenden Einfluss auf die Wolkenbildung und die Intensität des Niederschlags.

Bei einer **stabilen Schichtung** ist der vertikale Temperaturgradient in der Luft kleiner als der adiabatische Gradient. Luft, die durch einen Impuls, z. B. das Überströmen eines Gebirges, nach oben verschoben wird, kühlt sich adiabatisch ab und gelangt daher in eine Umgebung, die wärmer ist. Mit der geringeren Temperatur ist eine höhere Dichte verbunden. Die aufgestiegene Luft wird wieder nach unten bewegt.

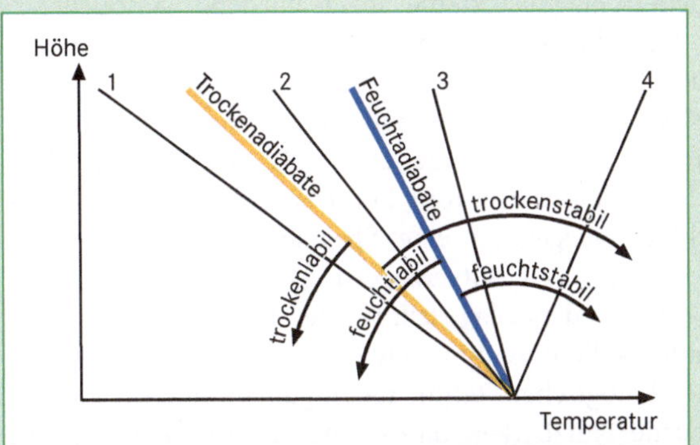

Abb. 5.10 Bereichsabgrenzung thermischer Schichtungen der Atmosphäre und verschiedene Fallbeispiele: 1 = trocken- und feuchtlabil, 2 = trockenstabil und feuchtlabil, 3 = trocken- und feuchtstabil, 4 = Inversion (verändert nach Hupfer und Kuttler 1998).

Ist der Impuls gegenläufig, erwärmt sich die Luft beim Abstieg und gelangt in eine kältere Umgebung, mit der Folge, dass sie wieder in die Gegenrichtung bewegt wird. Vertikalbewegungen werden aus diesem Grund in einer stabilen Schichtung weitgehend unterbunden. Ist der vertikale Temperaturgradient in der Luft dagegen größer als der adiabatische Gradient, wird durch einen Anfangsimpuls aufsteigende Luft in eine Umgebung gelangen, die kälter ist, und entsprechend weiter aufsteigen. Dieser Vorgang ist charakteristisch für eine **labile Schichtung** der Atmosphäre. Ist der Temperaturgradient in der Luft identisch mit dem adiabatischen Gradienten, spricht man von **indifferenter Schichtung**. Eine ausgelöste Vertikalbewegung wird in einer so geschichteten Luft anhalten, bis der Impuls nachlässt und der Vorgang durch Reibungskräfte zum Erliegen kommt. Bei der Aufwärtsbewegung von Luft hängt der Wert der adiabatischen Temperaturabnahme davon ab, ob Wasserdampf kondensiert oder nicht. Daher muss bei der Bestimmung der Labilität zwischen feuchtlabilen und trockenlabilen Schichtungszuständen unterschieden werden. Denn eine Schichtung kann gleichzeitig **trockenstabil** und **feuchtlabil** sein. Das bedeutet, dass eine nach oben gerichtete Bewegung von Luft ohne Kondensationsprozesse rasch gestoppt wird, während sich beim Aufstieg in einer Wolke (mit Kondensation) eine Verstärkung des Auftriebs ergibt.

steht, über weite Teile des Jahres die einzige Wasserquelle für die Vegetation. **Abgefangener Niederschlag**, der von Oberflächen aus Nebel ausgekämmt wird (Nebelniederschlag oder Raureif), kann in exponierter topographischer Situation erhebliche Mengen ausmachen. Das berühmteste Beispiel ist der Tafelberg bei Kapstadt mit dem Tafeltuch, einer häufig dort auftretenden Wolke. Dadurch stehen 1940 mm fallendem Niederschlag 3299 mm abgefangener Niederschlag gegenüber (Baumgartner und Liebscher 1996). In manchen Trockengebieten wie beispielsweise der Atacama ist abgefangener Niederschlag nahezu die einzige Niederschlagsquelle.

Die flüssigen Niederschlagsformen benetzen zunächst die Oberflächen. Wenn die Niederschlagssumme größer ist als die an den Oberflächen fixierbare Wassermenge, fließt der Überschuss als Oberflächenabfluss oder Sickerwasserstrom kurzfristig ab. Fester Niederschlag dagegen ist eine Speichergröße, aus der ein Abfluss erst mit Zeitverzögerung erfolgt.

Der Niederschlag stellt für den Wasserhaushalt eines Raumes die Einnahmeseite dar. Er hat im Hinblick auf die ökologischen Rahmenbedingungen und die ökonomische Nutzbarkeit daher eine zentrale Stellung. Die **Niederschlagssumme** ist der einfachste Parameter, wenn man Standorte vergleicht. Der jährliche Durchschnittsniederschlag über Landoberflächen liegt nach Baumgartner und Liebscher (1996) bei 746 bis 800 mm. Er schwankt weltweit jedoch in einer großen Spanne, die von 1 mm in der chilenischen Atacama bis über 12000 mm im Bergland der indischen Provinz Meghalaya reichen. In einzelnen niederschlagsreichen Jahren sind in dieser Region auch schon Jahreswerte von etwa 30000 mm gemessen worden.

Neben der Niederschlagshöhe sind die **zeitliche Verteilung** und die **Variabilität** der Niederschläge von entscheidender Bedeutung. Jahreszeitliche Trocken- und Feuchtphasen wie sie etwa für die wechselfeuchten Tropen oder den Mittelmeerraum typisch sind, beeinflussen die Landwirtschaft erheblich. Aber auch andere Wirtschaftsbereiche können davon betroffen sein. Ein Beispiel hierfür ist der Sommertourismus im Mittelmeerraum. In manchen Regionen kommt es zu regelmäßigen Engpässen in der Wasserversorgung, die wiederum Rückwirkung auf die Akzeptanz der Region als Tourismusdestination haben. Die Variabilität der Niederschläge, das ist die Veränderlichkeit der jährlichen Niederschlagssummen, bedingt vor allem in der Landwirtschaft ökonomische Risiken, die sich insbesondere in den Grenzräumen der Ökumene wie beispielsweise im afrikanischen Sahel sehr schnell zu sozialen und humanitären Problemen ausweiten können. Vor allem über diese beiden Aspekte – zeitliche Verteilung und Variabilität – hat der Niederschlag in der Diskussion um

Auswirkungen des globalen Klimawandels eine Schlüsselstellung.

5.5 Der Energiehaushalt der Erde

Strahlungs- und Wärmeflüsse treiben das Klimasystem an. In diesem Abschnitt betrachten wir einige physikalische Grundlagen des Energiehaushaltes.

Schwarze Strahler

Ein **schwarzer Strahler** (oder schwarzer Körper) ist ein idealisierter Körper, der auftreffende elektromagnetische Strahlung vollständig absorbiert. Im sichtbaren Spektralbereich erscheint ein entsprechender Körper daher schwarz. Diese Bezeichnung wurde auf das gesamte Spektrum übertragen. Gleichzeitig sendet ein schwarzer Körper aufgrund seiner Wärme und der damit verbundenen Bewegung der Atome und Moleküle Strahlung einer bestimmten Intensität und spektralen Verteilung ab, die durch das **Strahlungsgesetz von Planck** beschrieben wird. Ist Materie sehr heiß, wie etwa die Sonnenoberfläche, strahlt sie auch sichtbares Licht ab. Abbildung 5.11 zeigt die Verteilung in einer doppelt logarithmischen Darstellung. Auf der Abszisse ist die Wellenlänge der Strahlung im Bereich vom ultravioletten Licht bis zum fernen Infrarot, auf der Ordinate die Strahlungsflussdichte aufgetragen. Die Strahlungsflussdichte ist die Leistung (W = J/s), die von einer Fläche definierter Größe (m²) in einem kleinen Wellenlängenbereich (µm) ausgestrahlt wird.

Während sich die Sonne annähernd wie ein schwarzer Strahler verhält, weicht das Verhalten der Materie an der Erdoberfläche zum Teil mehr oder weniger stark von der Modellvorstellung ab. Die Strahlungsemission der Erdoberfläche und der Luft ist deshalb teilweise geringer als nach dem Planck'schen Strahlungsgesetz zu erwarten wäre. Die grundsätzliche Aussage des Gesetzes gilt jedoch: Materie sendet elektromagnetische Strahlung aus, sofern die Temperatur der Materie über dem absoluten Nullpunkt (0 K = −273,15 °C) liegt. Aus Abbildung 5.11 lassen sich weitere Aussagen ableiten:

- Materie höherer Temperatur sendet in jeder Wellenlänge mehr Strahlung aus als Materie geringerer Temperatur.
- Das Maximum der solaren Energieabgabe liegt im sichtbaren Bereich des elektromagnetischen Spektrums bei einer Wellenlänge von etwa 0,4 µm.
- Das Maximum der Ausstrahlung eines schwarzen Strahlers mit einer Temperatur von 288 K (= mittlere Temperatur der Erdoberfläche) liegt bei circa 10 µm Wellenlänge und damit im Bereich des „thermischen" Infrarot.
- Betrachtet man die Lage des Maximums fällt auf, dass sich dieses mit abnehmender Temperatur zu größeren Wellenlängen verschiebt (Wien'sches Verschiebungsgesetz).

Werden die Beiträge der einzelnen Wellenlängenabschnitte durch Integration des Planck'schen Strahlungsgesetzes „aufsummiert" ergibt sich eine sehr einfache Beziehung, das **Stefan-Boltzmann-Gesetz**: $S = \sigma \cdot T^4$. Es besagt, dass die Gesamtleistung proportional zur vierten Potenz der Temperatur (ausgedrückt in K) ist. Ein Beispiel: Verdoppelt sich die Temperatur eines schwarzen Strahlers gibt dieser $2^4 = 16$-mal so viel Strahlungsenergie ab wie zuvor.

Die bereits beschriebenen Abweichungen realer Materie von einem schwarzen Strahler werden im Gesetz von Stefan und Boltzmann durch die Einführung eines zusätzlichen Emissionskoeffizienten ε berücksichtigt, der Werte zwischen 0 und 1 annehmen kann: $S = \varepsilon \cdot \sigma \cdot T^4$. Liegt der Wert von ε bei 1, handelt es sich um einen schwarzen Strahler.

Die gesamte Strahlungsleistung der Sonne, die an der Erde ankommt, beträgt auf einer senkrecht im Strahlungsgang stehenden Fläche knapp 1 370 W/m². Dieser Wert wird als Solarkonstante bezeichnet. Betrachtet man die gesamte Erde, so ist zu berücksichtigen, dass eine Kugeloberfläche viermal so groß ist wie die senkrecht im Strahlengang stehende Querschnittsfläche der Erde. Pro Quadratmeter Erdoberfläche stehen daher im globalen Schnitt ein Viertel der Solarkonstanten, also 342 W/m², zur Verfügung (Abb. 5.12).

Diese Strahlung wird jedoch nicht vollständig umgesetzt und in Wärme umgewandelt, sondern teilweise direkt in den Weltraum reflektiert. Der gesamte reflek-

tierte Anteil wird **planetarische Albedo** genannt. Diese hat einen Wert von 0,3 (30%).

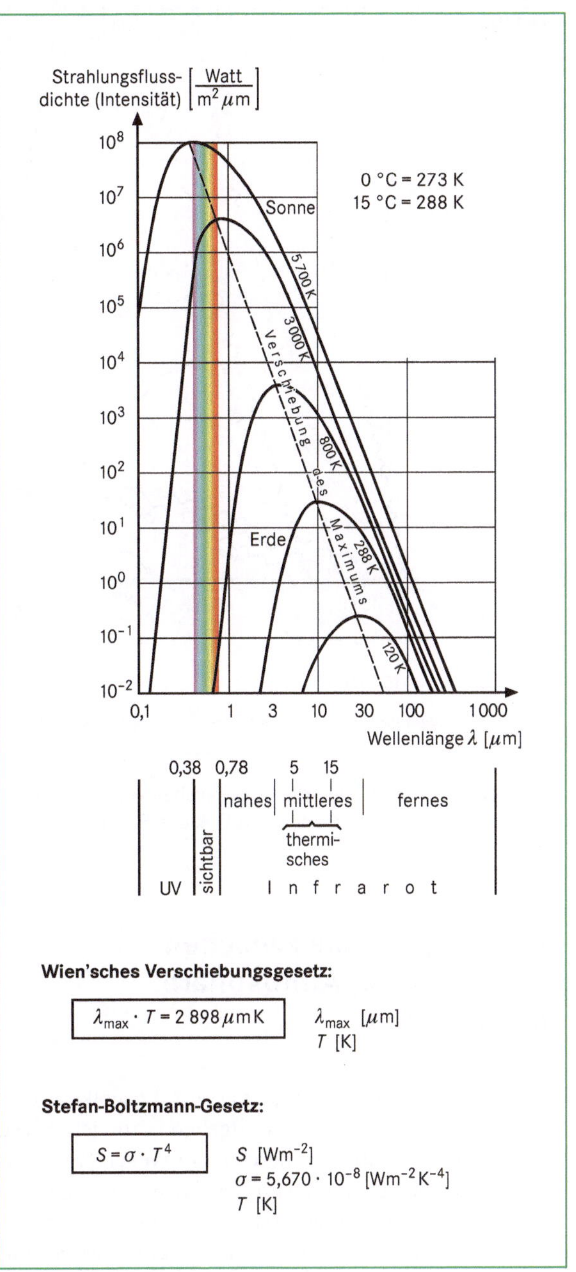

Abb. 5.11 Graphische Darstellung der wellenlängenabhängigen Emission von schwarzen Strahlern verschiedener Temperaturen. Grundlage der Darstellung ist das Planck'sche Strahlungsgesetz. Das Wien'sche-Verschiebungsgesetz charakterisiert die Lage des Emissionsmaximums. Das Gesetz von Stefan und Boltzmann gibt die gesamte Strahlungsleistung an (verändert nach Goßmann 1988, Kraus 2001 u.a.).

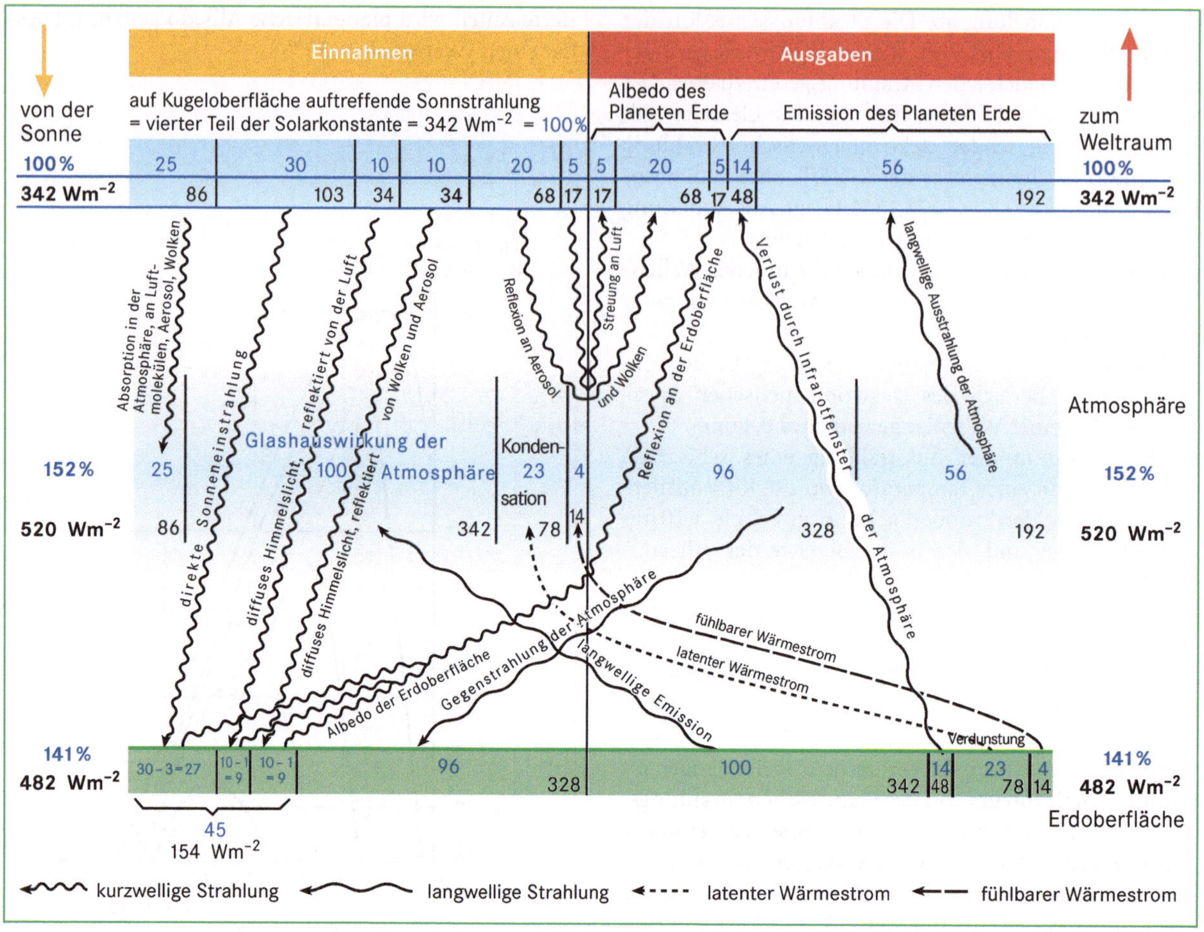

Abb. 5.12 Globaler mittlerer Energiehaushalt von Atmosphäre und Erdoberfläche mit Energieflüssen (extraterrestrische Einstrahlung auf die Erdkugeloberfläche = 100 %; aus Endlicher 2007, Datenquelle: Houghton et al. 1996).

Die Energieflüsse zwischen Erdoberfläche, Atmosphäre und Weltraum

Die einfallende Sonnenenergie passiert die wolken- und aerosolfreie Atmosphäre weitgehend ungehindert. Lediglich im ultravioletten Bereich mit Wellenlängen bis 0,3 µm wird die Strahlung von der Ozonschicht nahezu vollständig aufgenommen. Als Folge dieser Absorption steigt die Temperatur in der Ozonschicht (untere und mittlere Stratosphäre) mit zunehmender Höhe (Abb. 5.3). Sonnenstrahlung größerer Wellenlängen von 0,3 bis 3 µm wird in der Atmosphäre fast nur von Wolken und Aerosolen absorbiert. Insgesamt werden im langjährigen globalen Mittel dadurch etwa 25% der kurzwelligen Strahlungsenergie in der Atmosphäre und 45% an der Erdoberfläche absorbiert und in Wärme umge-

setzt. Die kurzwellige Strahlung (**Globalstrahlung**) erreicht die Erdoberfläche entweder auf direktem Weg als **direkte Sonnenstrahlung** oder durch Streuung (Richtungsänderung) an den atmosphärischen Bestandteilen als **diffuses Himmelslicht**. In einer klaren, wasserdampf- und aerosolarmen Luft wird vor allem das kurzwellige, blaue Licht stark gestreut und der Himmel erscheint blau. Bei tief stehender Sonne fehlen aufgrund des langen Weges durch die Atmosphäre große Teile des blauen Lichts im direkten Sonnenlicht und die Sonne ist rot gefärbt. Sind dagegen viele Wassertröpfchen, Eiskristalle oder Aerosole in der Luft, wird das Licht aller Wellenlängen etwa gleich abgelenkt und die Luft sieht milchig-grau aus.

Die Globalstrahlung macht nur einen Teil der Einnahme an Strahlungsenergie an der Erdoberfläche aus. Durch die Eigenemission der Atmosphäre erhält die Erdoberfläche einen Strahlungsfluss, der mit 328 W/m^2

mehr als doppelt so groß ist wie die Einnahme aus der Globalstrahlung. Globalstrahlung und atmosphärische Gegenstrahlung sorgen dafür, dass sich die Erdoberfläche erwärmt und entsprechend ihrer Temperatur langwellige Strahlung emittiert. Zusätzlich wird ein Teil der eingestrahlten Energie als **fühlbare** und **latente Wärme** in die Atmosphäre geführt. Die Erdoberfläche kann daher als Heizplatte des Geosystems (Erdoberfläche mit Atmosphäre) angesehen werden. Fühlbare Wärme wird durch Wärmeleitung und Konvektion in die Atmosphäre transportiert. **Wärmeleitung** ist die direkte Übertragung von Bewegungsenergie von einem Atom oder Molekül zu seinen direkten Nachbarn. **Konvektion** ist die Bewegung größerer Molekülverbünde in einem Gas oder einer Flüssigkeit. Der durch Konvektion verursachte Anteil am Fluss fühlbarer Wärme wie auch der Fluss latenter Wärme sind gleichzeitig auch Massenflüsse. An der Erdoberfläche erwärmte, eventuell mit Wasserdampf angereicherte Luft steigt auf und wird durch kühlere, absinkende Luft aus der Höhe kompensiert. Beim Transport von Wasserdampf in die Atmosphäre ist die Konvektion der wichtigste Prozess. Der zweite Prozess, der einen Fluss von Wasserdampf von der Erdoberfläche in die Atmosphäre hervorruft, die **Diffusion**, erfolgt nur sehr langsam und ist daher unbedeutend.

Der direkte Strahlungsverlust der Erdoberfläche an den Weltraum ist sehr gering (48 W/m², vgl. Abb. 5.12). Nahezu die gesamte langwellige Ausstrahlung der Erdoberfläche wird in der Atmosphäre absorbiert (342 W/m²). Im Vergleich der Einflüsse der Atmosphäre auf die kurzwellige Einstrahlung und auf die langwellige Ausstrahlung zeigt sich ein fundamentaler Unterschied. Denn im Gegensatz zur langwelligen Strahlung passiert ein erheblicher Teil der kurzwelligen Einstrahlung die Atmosphäre ungehindert. Aus dieser Diskrepanz ergibt sich die in Abschnitt 5.3 bereits angesprochene **Treibhauswirkung** der Atmosphäre. Als Folge daraus wird die eingestrahlte Energie an der Erdoberfläche und in der Atmosphäre mehrfach umgesetzt, was zu einer Erhöhung der Mitteltemperatur der Erdoberfläche führt. Die Hauptausgabe von langwelliger Strahlung an den Weltraum erfolgt über die Atmosphäre (192 W/m², das sind 80% der gesamten terrestrischen Emission). Die Atmosphäre kann daher als globale „Kühlfläche" bezeichnet werden.

Bisher wurde nur das globale Mittel der verschiedenen Energieflüsse betrachtet. Die globale Differenzierung der Klimate ist erst durch die ortstypischen Tages- und Jahresgänge erklärbar. Exemplarisch betrachten wir einen Tagesgang der **Strahlungsbilanz** Q^* der Erdoberfläche (Abb. 5.13):

$$Q^* = (I + H - R) - (E - A)$$

mit kurzwelligen und langwelligen Beiträgen

I = direkte Sonnenstrahlung

H = diffuses Himmelslicht

R = reflektierte Sonnenstrahlung

E = Ausstrahlung der Erdoberfläche

A = atmosphärische Gegenstrahlung

Die **Strahlungsbilanz** Q^* ist die Summe aller Strahlungsterme. Bei wolkenlosen Bedingungen ist die Strahlungsbilanz an einem Sommertag in Mitteleuropa am Tag positiv. Das heißt, in der Bilanz ergibt sich ein Energiefluss, der zur Erdoberfläche hin gerichtet ist. Dieser ist Folge der hohen Globalstrahlungswerte mit dem deutlich ausgeprägten mittäglichen Maximum. Durch den Strahlungsüberschuss wird die Erdoberfläche im Tagesverlauf erwärmt. Durch die steigende Temperatur nimmt auch die Eigenemission der Erdoberfläche E zu. Mit einer zeitlichen Verzögerung steigt die Gegenstrahlung der Atmosphäre A an, weil diese im Laufe des Tages ebenfalls etwas wärmer wird. Allerdings ist die Temperaturschwankung in der Atmosphäre geringer als an der Erdoberfläche. Die Gegenstrahlung A nimmt nicht so stark zu, wie die Emission der Erdoberfläche E. Da der Wert von E größer ist als der von A, ist die Strahlungsbilanz Q^* nachts (bei fehlender Globalstrahlung) negativ. Wenn Q^* einen positiven Wert hat, muss die überschüssige Energie abgeführt werden. Dies erfolgt zum einen durch einen Wärmetransport in den Boden (**Bodenwärmestrom** oder Speicherterm Q_S), zum anderen

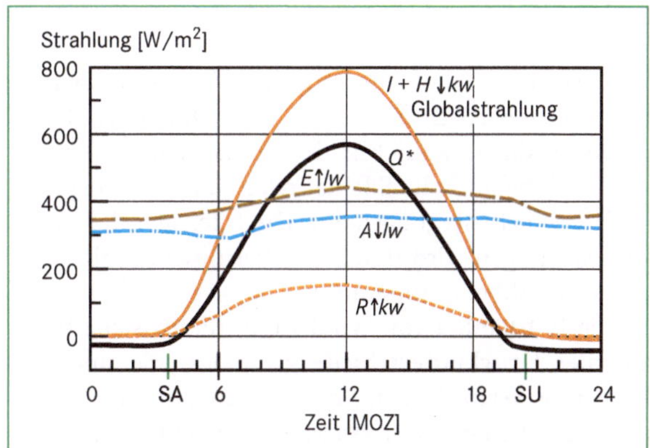

Abb. 5.13 Tagesgang der verschiedenen Strahlungsströme über einem Wiesenboden an einem wolkenlosen Sommertag in Hamburg. Q^* = Strahlungsbilanz, I = direkte Sonnenstrahlung, H = diffuses Himmelslicht, R = reflektierte Sonnenstrahlung, E = Ausstrahlung der Erdoberfläche, A = atmosphärische Gegenstrahlung; *kw* = kurzwellig, *lw* = langwellig (verändert nach Dirmhirn 1964, Kraus 2001).

durch den Transport fühlbarer und latenter Wärme (Q_H und Q_L) in die Atmosphäre. Dadurch steigt die Temperatur des Bodens wie auch der Luft im Tagesverlauf an. In der Nacht kehrt sich die Situation um. Der negative Strahlungshaushalt wird dadurch ausgeglichen, dass der Bodenwärmestrom und der fühlbare Wärmestrom zur Erdoberfläche gerichtet sind. Die Folge davon ist eine Abkühlung der Luft und eine Abkühlung des Bodens. Bei starker Abkühlung der Luft oder einer hohen Luftfeuchtigkeit schlägt sich Tau nieder (bei Temperaturen unter 0 °C Reif). In diesem Fall ist auch der latente Wärmestrom Q_L aus der Atmosphäre zur Erdoberfläche gerichtet. Die beschriebenen Verhältnisse werden durch die **Energiebilanzgleichung** oder **Wärmehaushaltsgleichung** ausgedrückt:

$$Q^* + Q_H + Q_L + Q_S = 0$$

Über einen Tag gemittelt, zeigt sich aufgrund des hohen täglichen Strahlungsüberschusses, dass fühlbarer und latenter Wärmestrom negative Werte haben, also von der Erdoberfläche in die Atmosphäre gerichtet sind.

5.6 Ursachen von Luftbewegungen

Wind ist bewegte Luft, die weitgehend horizontal (parallel zur Erdoberfläche) verlagert wird. Durch das Relief, unterschiedliche Rauigkeit der Erdoberfläche, thermische und dynamische Effekte treten in der Atmosphäre auch Vertikalbewegungen auf. Die Intensität der Vertikalbewegungen wird durch die thermische Schichtung der Atmosphäre mitbestimmt.

Die Entstehung von Wind ist an die Existenz **horizontaler Druckunterschiede** gebunden. Sie sind viel kleiner als vertikale Druckunterschiede, die sich durch das nach oben geringer werdende Gewicht der darüber lastenden Luftsäule ergeben (vgl. Abschnitt 5.3). Allerdings verursacht die vertikale Luftdruckabnahme keine Luftbewegung, da sie einer Gleichgewichtssituation entspricht: Die Auftriebskraft wird durch die Gewichtskraft kompensiert. Zur Erklärung der Entstehung von Wind ist es deshalb ausreichend, die horizontalen Luftdruckgradienten und deren Genese zu betrachten.

Horizontale Luftbewegungen

Ein horizontaler Luftdruckunterschied ist gleichbedeutend mit einer Kraftwirkung auf ein bestimmtes Luftvolumen. Diese Kraft wird als Gradientkraft bezeichnet. Sie bewirkt eine Bewegung der Luft in Richtung des geringeren Drucks. Idealerweise kommt es dadurch zu einem Ausgleich des Luftdruckunterschieds und zu einem Nachlassen des Windes. Aufgrund der Rotation der Erde kann der Druckausgleich auf größeren Distanzen von mehr als einhundert oder zweihundert Kilometern nicht ohne weiteres erfolgen. Durch die Erdrotation scheint auf die Luft eine ablenkende Kraft zu wirken, die nach dem französischen Physiker Gaspard de Coriolis benannt ist. Kennzeichnend für die **Corioliskraft** ist eine Zunahme mit der Windgeschwindigkeit. Im einfachen Fall geradliniger Isobaren wird die Luftbewegung deshalb nach einer gewissen Zeit parallel zu den Isobaren erfolgen (Abb. 5.14). Die beiden Kräfte sind vom Betrag her gleich aber entgegen gerichtet. Es ergibt sich kein Ausgleich des die Strömungen verursachenden Luftdruckunterschieds. Eine solche Strömung wird als **geostrophischer Wind** bezeichnet. Die Größe der Corioliskraft ist von der Breitenlage abhängig. Sie verschwindet am Äquator. An den Polen ist sie maximal. Demzufolge können Luftdruckunterschiede in den niederen Breiten leichter ausgeglichen werden als in höheren Breiten. Eine Luftströmung, in der die Bewegung senkrecht zu den Isobaren erfolgt, heißt **ageostrophischer Wind.**

Bei gekrümmten Isobaren, die sich um ein isoliertes Tiefdruckgebiet idealerweise konzentrisch anordnen, ist die Situation ähnlich. Allerdings muss neben Gradient- und Corioliskraft auch die Zentrifugalkraft einbezogen werden. In der Gleichgewichtssituation des sogenannten **geostrophisch-zyklostrophischen Windes** ergibt sich eine kreisförmige Luftströmung, die ebenfalls nicht zum Ausgleich des Luftdruckunterschieds führt.

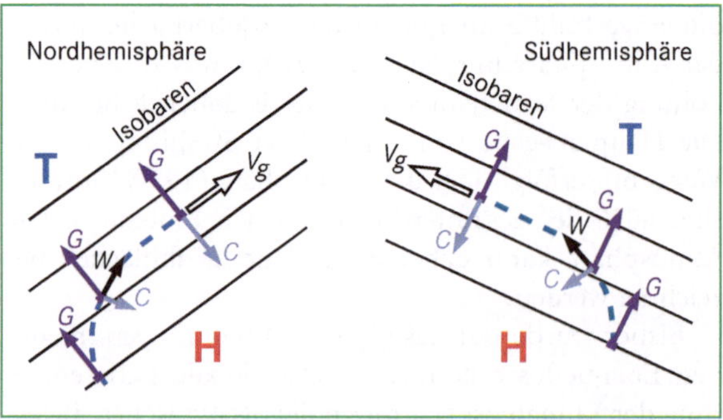

Abb. 5.14 Entstehung des geostrophischen Windes v_g auf der Nord- und Südhemisphäre: G = Gradientkraft, C = Corioliskraft, W = Windvektor, H = Hochdruckgebiet, T = Tiefdruckgebiet (aus Jacobeit 2007).

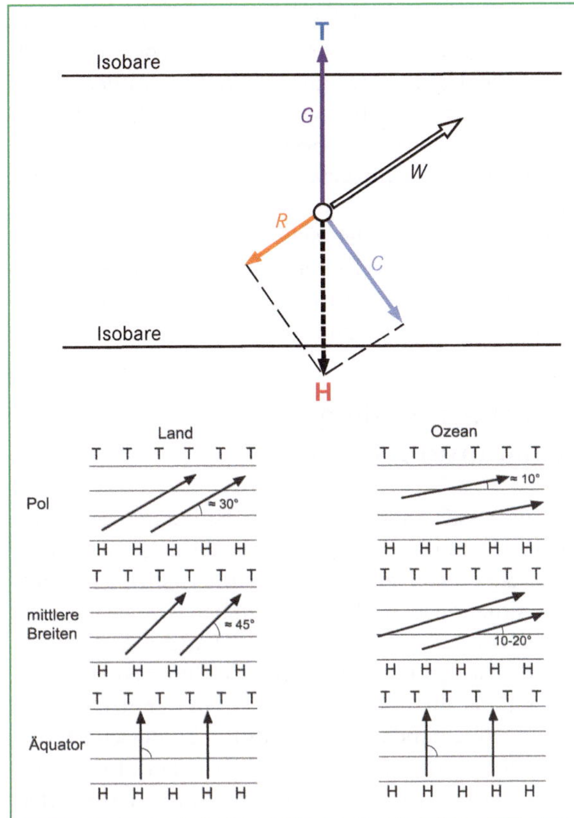

Abb. 5.15 Kräftegleichgewicht beim Reibungswind (geotriptischer Wind): *G* = Gradientkraft, *C* = Corioliskraft, *R* = Reibungskraft, *W* = Windvektor, *H* = Hochdruckgebiet, *T* = Tiefdruckgebiet. Es ergibt sich eine Strömung schräg zu den Isobaren, die von der Beschaffenheit der Erdoberfläche, der Höhe und der geographischen Breite abhängt (verändert und ergänzt nach Jacobeit 2007).

Die beiden beschriebenen Situationen gelten nur in einer reibungsfreien Strömung, diese ist in der Atmosphäre näherungsweise oberhalb der Peplopause gegeben (vgl. Abschnitt 5.3). In der Peplosphäre wirkt sich die Bodenreibung auf die Strömung aus. Daher ist die Reibungskraft in der Kräftekonstellation zu berücksichtigen (Abb. 5.15). Der **Reibungswind** weht im Allgemeinen schräg zu den Isobaren. Er hat daher immer eine **ageostrophische Komponente**.

Die Reibung ist abhängig von der Geschwindigkeit der Strömung und wirkt entgegen der Bewegungsrichtung. Dies führt dazu, dass die Windgeschwindigkeit in der Reibungsschicht geringer ist als in der freien Atmosphäre. Dementsprechend bleibt die Corioliskraft kleiner und es ergibt sich im Kräftegleichgewicht eine schräg zu den Isobaren gerichtete Luftströmung. Über die Strömung in der Reibungsschicht ist deshalb ein

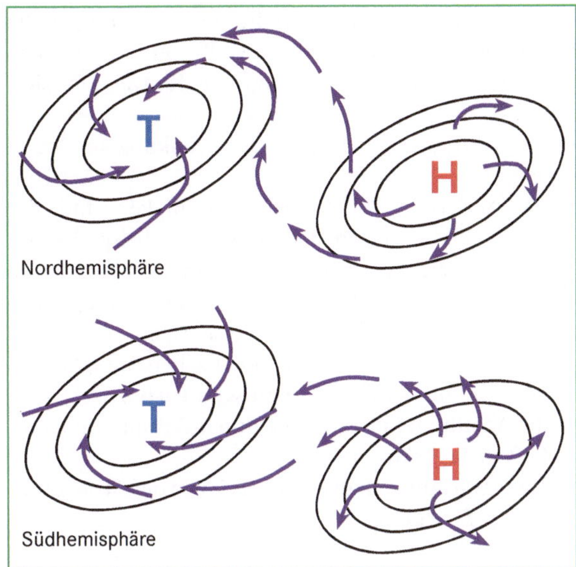

Abb. 5.16 Strömungsverhältnisse im bodennahen Luftdruckfeld (aus Jacobeit 2007).

Teilausgleich des Luftdruckunterschieds möglich. Von der Erdoberfläche bis zur Peplopause nimmt der Reibungseinfluss immer weiter ab. Das bedeutet, dass die Strömung in der Höhe einer immer stärkeren Ablenkung ausgesetzt ist. Bei einer Wettersituation, die durch unterschiedlich hohe Wolken geprägt ist, kann das Eindrehen der Luftströmung in die geostrophische Windrichtung durch die unterschiedliche Zugrichtung der Wolken gut beobachtet werden.

Wetterbeeinflussende Konsequenzen aus den vorangegangenen Überlegungen sind:

- Aus einem geschlossenen Hochdruckgebiet (**Antizyklone**) strömt Luft ausgehend vom Hochdruckzentrum bodennah in die Umgebung ab. Das Ausströmen (**Divergenz**) der Luft wird durch ein Nachströmen der Luft aus der Höhe kompensiert. Ein Hochdruckgebiet ist deshalb durch eine **absteigende Luftbewegung** und die **Tendenz zur Wolkenauflösung** gekennzeichnet.
- In ein Tiefdruckgebiet (**Zyklone**) strömt die Luft bodennah ein (**Konvergenz**) und weicht nach oben aus. Tiefdruckgebiete sind daher durch **aufsteigende Luftmassen** und die **Tendenz zur Wolkenbildung** charakterisiert.

Vertikale Luftbewegungen

Im vorherigen Abschnitt wurde gezeigt, dass horizontale Luftströmungen durch Konvergenz und Divergenz Vertikalbewegungen auslösen können. Die beiden Vorgänge verursachen äußere Kräfte auf die Luft und bedingen die **Konvektion** – einen vertikalen, stoffgebundenen Energietransport. Weitere Ursachen für Konvektion sind z. B.:

- die erzwungene Hebung oder Absenkung an Gebirgen,
- die Änderung der Oberflächenrauigkeit und der damit verbundenen Reibungskraft, beispielsweise beim Übertritt einer Strömung vom Meer zum Land,
- die vertikale Änderung von Windrichtung und Windgeschwindigkeit, die zusammen mit dem mikroskaligen Muster der Oberflächenrauigkeit zu Wirbelbildung führt (**dynamische Turbulenz**),
- die Abkühlung in der Höhe durch Zufuhr von kalter Luft in der Höhe,
- die Erwärmung an der Basis als Folge der Absorption solarer Strahlung.

Die beiden letztgenannten Prozesse führen zu einer **Labilisierung der Luft** und verstärken die konvektive Durchmischung (**thermische Turbulenz**) der Atmosphäre (Tab. 5.3). Ursache für die vertikale Ausgleichsbewegung sind Dichteunterschiede verschiedener Luftmassen, die diese sogenannte **freie Konvektion** auslösen. Bei den anderen genannten konvektionsauslösenden Vorgängen sind äußere Kräfte Auslöser der Bewegungen. Sie werden als **erzwungene Konvektion** bezeichnet. Konsequenzen vertikaler Luftbewegungen sind unter anderem Stauniederschläge, Föhn, Windböen und Gewitter.

Die Zufuhr von warmer Luft in der Höhe oder eine Kühlung von unten reduzieren oder verhindern vertikale Luftbewegungen. Sie bewirken eine Stabilisierung der Luft. Ein Beispiel für die Kühlung der Luft von unten und die Ausbildung einer stabilen Schichtung ist die Bildung von Passatwolken über kalten Meeresströmungen

der Subtropen. In Mitteleuropa ist die Ausbildung einer winterlichen Inversionswetterlage mit Nebel in den Tallagen und klaren Bedingungen in den mittleren und höheren Lagen der Mittelgebirge und der Alpen typisch für eine solche Situation. Bei einer Hochdruckwetterlage strömt Luft aus dem Bereich des Hochdruckzentrums aus, sinkt ab und erwärmt sich trockenadiabatisch, so dass sich im Bereich der Peplopause eine Inversion ausbildet. Bei einer solchen **austauscharmen Wetterlage** können sich unter der Inversion Schadstoffe anreichern, die für Mensch, Flora und Fauna schädigend sind.

Thermisch bedingte Druckunterschiede

In Luftmassen unterschiedlicher Temperatur haben die isobaren Flächen verschiedene Abstände zueinander (Abb. 5.5). Zwei grundsätzlich unterschiedliche Luftdrucksituationen sind dabei denkbar (Abb. 5.17). Das Höhenniveau, in dem gleicher Luftdruck herrscht, befindet sich in Erdbodennähe oder in einem gewissen Abstand darüber. Im ersten Fall ergibt sich dadurch ein in der Höhe zunehmender Luftdruckunterschied zwischen der wärmeren und der kühleren Luft. Im zweiten Fall ist der Luftdruck in der wärmeren Luftmasse unterhalb der Ausgleichsfläche geringer, oberhalb größer als in der kälteren Luft. Die Luftdruckgradienten sind in unterschiedlichen Höhen entgegen gerichtet. Beide Situationen treten auch in der Atmosphäre auf. In Bereichen, in denen ageostrophische Winde vorherrschen, beispielsweise in den inneren Tropen und in kleinräumigen Windsystemen, befindet sich das Ausgleichsniveau in wenigen Kilometern bzw. nur einigen Hundert Metern Höhe. Bei großräumigen Windsystemen bestehen in der Regel dagegen vertikal über große Bereiche

Tabelle 5.3 Labilisierende und stabilisierende Prozesse in der Atmosphäre.

Labilisierende Vorgänge		Stabilisierende Vorgänge	
1. Erzwungene Hebung an Gebirgen oder Küsten	• Auslösung von Labilität in feuchter Luft: Schönwetterthermik, Gewitter	1. Kühlung der Luft von unten	• Bodeninversion • Inversion des Polarwinters
2. Aufheizung von Landoberflächen durch Einstrahlung	• sommerliche Schönwetterthermik	2. Advektion von Warmluft	• über kühles Land/Meer • über kalter Luft (Aufgleitinversion)
3. Advektion von Kaltluft über warmer Luft oder warmem Wasser	• Kaltfrontgewitter • Tornados • geordnete Konvektion	3. großräumiges Absinken	• Föhn • Hochdruck
4. Konvergenz und großräumige Hebung	• Konvektion ITC • Auslösung latenter Labilität		

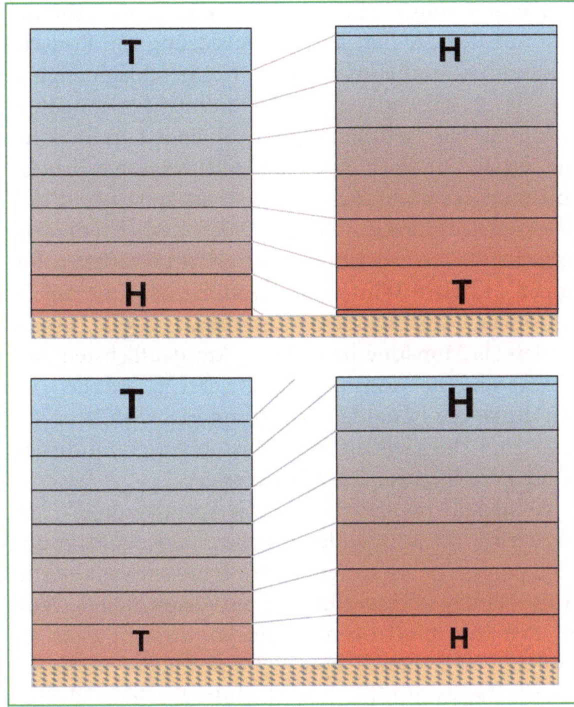

Abb. 5.17 Zwei Varianten der Luftdruckverteilung in unterschiedlich warmen Luftmassen: a) Ausgleichsniveau in der Höhe, b) Ausgleichsniveau an der Basis.

Luftdrucksituation einer Hemisphäre ist als Meridionalschnitt durch die Troposphäre in Abb. 5.17 unten illustriert. Zwischen der tropischen Warmluft mit weitständigen isobaren Flächen und der polaren Kaltluft mit entsprechend geringen vertikalen Abständen der Druckniveaus liegt eine Übergangszone, in der sich der Luftdruckgegensatz konzentriert. Sie wird als **planetarische Frontalzone** bezeichnet. In diesem Übergangsbereich herrscht auf beiden Hemisphären eine westliche Grundströmung vor. Sie wird daher auch **Westwindzone** genannt.

Die Westwindzone ist in der Darstellung der mittleren Bodenluftdruckverteilung (Abb. 5.18) im Bereich zwischen dem **randtropischen Hochdruckgürtel** und der **subpolaren Tiefdruckrinne** einzuordnen. Die anderen Druckgürtel, die im planetarischen Überblick des Bodenluftdrucks zu nennen sind, sind die **äquatoriale** oder **innertropische Tiefdruckrinne** und die in Abb. 5.18 nicht mehr dargestellten **polaren Hochdruckgebiete**. Das einfache Modell der hemisphärischen Druckverhältnisse mit der Abfolge tropischer Warmluft, Frontalzone und polare Kaltluft (Abb. 5.17 unten) ist offensichtlich nur für eine sehr grobe Übersicht der Zirkulationsgürtel geeignet. Es ist nachvollziehbar, dass es durch den Luftmassenabfluss aus den niederen Breiten unter Einfluss der Corioliskraft zur Ablenkung und

der Troposphäre einheitliche Richtungen des Druckgradienten. Dynamische und thermische Effekte der Land-Meer-Verteilung können dieses Grundmuster der Luftdruckverteilung in großräumigen Druck- und Windsystemen modifizieren.

⚡ Zum Weiterdenken

1. Welche Prozesse führen zur Labilisierung der Luft?

2. Ordnen Sie die Ursachen von Vertikalbewegungen der Luft den Kategorien erzwungene/freie Konvektion zu.

3. Kann in einem geostrophischen Windfeld ein Druckausgleich erfolgen? Begründen Sie Ihre Aussage.

4. Welche Auswirkungen haben zyklonale bzw. antizyklonale Strömungen auf die Bewölkung?

5.7 Planetarische Zirkulation

Als Folge der Erdrotation kann es in der Atmosphäre nicht zu einem einfachen Ausgleich der thermisch bedingten Unterschiede zwischen niederen und hohen Breiten kommen. Ein stark schematisiertes Modell der

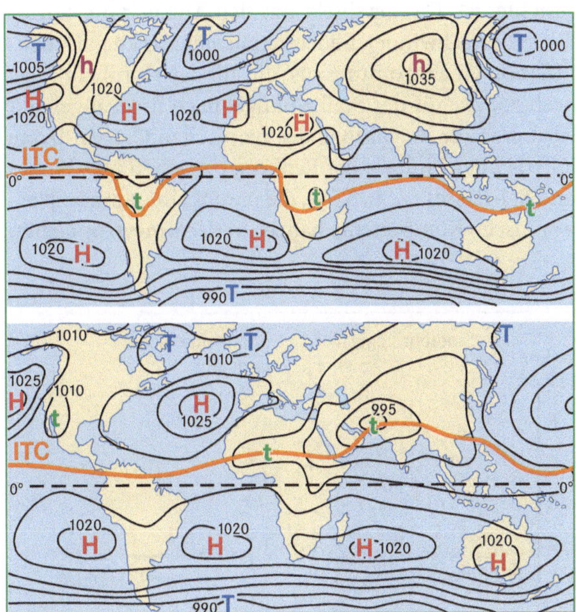

Abb. 5.18 Mittlere Bodenluftdruckverteilung im Januar (oben) und Juli (unten) sowie Lage der ITC und der wichtigsten thermischen (Kleinbuchstaben) und dynamischen (Großbuchstaben) Luftdruckzentren (verändert nach Malberg 2002, Weischet 2002).

damit zur Ausbildung einer westlichen Grundströmung in beiden Hemisphären kommt. Das Verständnis der innertropischen Tiefdruckrinne oder der polaren Hochdruckgebiete erfordert weitergehende Überlegungen.

Die tropische Zirkulation

Innerhalb der Tropen wirken großräumig zwei Effekte modifizierend auf die Temperatur- und Druckverhältnisse. Für eine meridionale Strömung in den Tropen ist der jahreszeitlich wandernde **thermische Äquator** mit der Ausbildung tiefen Bodenluftdrucks verantwortlich. Zonale Strömungsmuster innerhalb der Tropen ergeben sich über die Land-Meer-Verteilung und den daraus resultierenden Temperaturmustern.

Der thermische Äquator ist der Bereich, in dem sich die jeweils höchsten Temperaturen ausbilden. Über Landflächen wandert der thermische Äquator mit dem Zenitstand der Sonne teilweise bis in die Subtropen. Über dem Meer ist die jahreszeitliche Verlagerung deutlich geringer. Über weiten Teilen von Atlantik und Pazifik liegt der thermische Äquator sogar ganzjährig auf der Nordhalbkugel, die aufgrund der größeren Landmasse und dem Fehlen eines Kontinents in Pollage insgesamt wärmer ist als die Südhalbkugel der Erde.

Die innertropische Tiefdruckzone bewirkt eine Strömung, die von den Randtropen in die inneren Tropen gerichtet ist. Da nur direkt um den Äquator die Corioliskraft verschwindet, bildet sich in einer solchen Drucksituation eine Strömung aus, die auf der Nordhalbkugel nach rechts, auf der Südhalbkugel nach links abgelenkt wird, was zur Ausbildung der **tropischen Ostwindzone** führt. Unter Einfluss der Reibung entstehen **NO-Passat** und **SO-Passat** (Abb. 5.19), die jeweils eine starke ageostrophische Komponente haben. In der **innertropischen**

Konvergenzzone (ITCZ oder ITC) kommt es verbreitet zum Aufstieg der Luft und der Auslösung von Konvektion mit entsprechend intensiven Niederschlagsereignissen. Durch die Verlagerung des thermischen Äquators gelangt die zur Tiefdruckrinne strömende Luft im Sommer jeweils auf die andere Halbkugel, wodurch sich die Ablenkungsrichtung der Corioliskraft ändert und sich eine Westströmung durchsetzt. Daher wechseln die vorherrschenden Windrichtungen in den betroffenen Regionen zwischen Winter- und Sommerhalbjahr. Solche halbjährlich wechselnden Strömungen in den Tropen werden als **Monsune** bezeichnet. Am deutlichsten ausgeprägt sind die Monsune im Bereich von Südasien, wo sich durch die besondere topographische Situation die innertropische Tiefdruckrinne bis über den nördlichen Wendekreis hinaus nach Tibet verlagert.

Wenn Luft bodennah über die Passate zur ITC geführt wird, muss an anderer Stelle eine Rückströmung erfolgen. Das weit verbreitete Erklärungsmodell hierfür ist die **Hadley-Zirkulation**, die ein Abströmen der Luft aus den inneren Tropen in die Randtropen über die mittlere und höhere Troposphäre postuliert, wo sie im Bereich der randtropischen Hochdruckgebiete absinkt und damit wieder in die Wurzelbereiche der Passatströmung gelangt. Während die Passatströmung, das ist der bodennahe Ast der Hadley-Zelle, ein weit verbreitetes Phänomen ist, sind die Verhältnisse beim rückströmenden Ast wesentlich komplexer. Die über die Passate in den Bereich der ITC großflächig einströmende Luft wird dort mit der tropischen Ostströmung, dem **Urpassat**, nach Westen transportiert. Vor allem an den westlichen Rändern der subtropisch-randtropischen Hochdruckzellen wird sie dann wieder polwärts bewegt. Der rückströmende Ast der Hadley-Zelle ist daher nicht über den gesamten Bereich gleichmäßig ausgebildet, sondern weitgehend zwischen den einzelnen Zellen des Hochdruckgürtels kanalisiert.

Das zweite Hauptglied der tropischen Zirkulation wird über die Land-Meer-Verteilung und die Wassertemperaturen gesteuert. Über den wärmsten Bereichen der inneren Tropen kommt es analog zum thermischen Äquator zu einer Konvergenz und zu verstärkter Konvektion. In der Höhe herrscht hoher Luftdruck, die Luft strömt ab und es entsteht ein Bodentief. Über den nicht so warmen Bereichen ist die Drucksituation umgekehrt (Abb. 5.17. oben). Eine entsprechende zonal ausgerichtete Strömungszelle der Tropen heißt **Walker-Zelle** (Abb. 5.20). In den aufsteigenden Ästen der Walker-Zellen ergeben sich prinzipiell ähnliche Wetterabläufe wie in der ITC. Sie können daher innerhalb der ITC zu Bereichen mit verstärkter Konvektion führen. In den absteigenden Zweigen werden konvektive Vorgänge dagegen abgeschwächt oder unterdrückt.

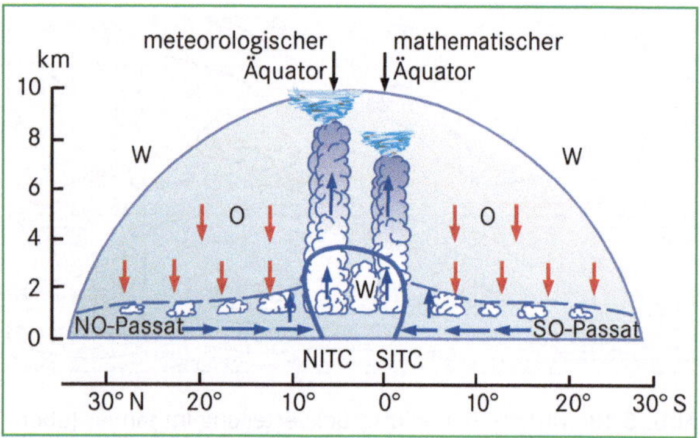

Abb. 5.19 Tropische Ostwindzone in kontinental geprägten Sektoren mit eingelagerter Westwindzone und zweigeteilter ITC (verändert nach Flohn 1960).

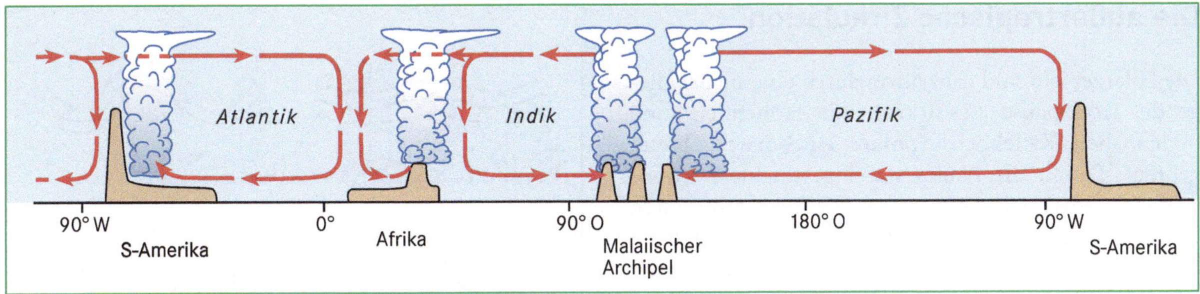

Abb. 5.20 Schema der mittleren zonalen Walker-Zirkulation in den Tropen (verändert nach Flohn 1975).

Eine besondere Wetterscheinung sind *Easterly Waves*. Das sind leicht mäandrierende Strömungsabschnitte des Urpassats, die in der östlichen Strömung westwärts wandern. Durch den geschwungenen Verlauf der Strömung entstehen bodennah Bereiche konvergenter Luftströmung, die eine verstärkte Konvektion nach sich ziehen und mit der Grundströmung wandern (Ryd-Scherhag-Effekt, vgl. Abschnitt Außertropische Zirkulation). Durch den hohen Gehalt an Wasserdampf bei hohen Lufttemperaturen wird in feuchtadiabatisch aufsteigender Luft sehr viel latente Energie frei. Dadurch ist die Luft der mittleren und höheren Troposphäre innerhalb einer solchen großen Konvektionszelle wärmer als in der Umgebung und in der Höhe fließt Luft ab (divergente Strömung). Im Bodenniveau sinkt daher der Luftdruck mit der Folge, dass dort Luft konvergent zusammenströmt. Beide Vorgänge (Konvergenz und Konvektion) verstärken sich demnach wechselseitig.

Der Eintrag latenter Energie spielt auch bei der Entstehung **tropischer Wirbelstürme** eine entscheidende Rolle. Ansatzpunkt für die Entstehung von Wirbelstürmen sind große Konvektionszellen, beispielsweise in der ITC oder im Bereich einer *Easterly Wave*. Aufgrund der wechselseitigen Verstärkung von Konvergenz und Konvektion vergrößert sich der Druckgegensatz zur Umgebung immer mehr und die Windgeschwindigkeit nimmt zu. In den inneren Tropen kann sich wegen der großen ageostrophischen Windkomponenten der Druckgegensatz nicht weiter aufbauen. Ab einer geographischen Breite von etwa 5° bis 8° beginnt sich jedoch die Corioliskraft auszuwirken. Die druckausgleichende Strömungskomponente nimmt ab. Wird durch warmes Meerwasser mit einer Temperatur von mehr als ca. 26 °C zusätzlich sehr viel latente Energie in die Atmosphäre gebracht, können sich großräumige Systeme von 500 bis 1 000 km Durchmesser ausbilden, in denen durch die Druckgegensätze lokal auch bodennah Windgeschwindigkeiten von deutlich über 200 km/h auftreten. Ergebnis ist ein tropischer Wirbelsturm, der regional unterschiedlich als **Hurrikan** (Karibik), **Zyklon** (Südasien und Ostafrika), **Taifun** (Ostasien) oder **Willy-Willy** (Nordaustralien) bezeichnet wird.

El-Niño-Southern-Oscillation

Kurz- und langfristige Wetterverläufe werden durch das Zusammenwirken vieler Einflussgrößen bestimmt, die ein komplexes zeitliches und räumliches Muster der Werte der Klimaelemente zur Folge haben. Operationelle Analysen der Wetter- und Klimaentwicklung können dieses komplexe Muster nicht berücksichtigen. Sie sind auf einfach zu berechnende Größen angewiesen, um den Rechenaufwand zu minimieren und Vergleichbarkeit zu gewährleisten. Da die Druckverhältnisse die Wetterabläufe wesentlich bestimmen, ist es naheliegend, diese in bestimmten Räumen zu beobachten, die eine Schlüsselstellung im globalen Zirkulationssystem haben. Die Analyse von Trends in der Häufigkeitsverteilung bestimmter Druckindizes kann damit Rückschlüsse auf die Klimaentwicklung erlauben. Für den tropischen Pazifik wird die Ausprägung der Walker-Zirkulation mit dem *Southern-Oscillation-Index (SOI)* gut beschrieben. Er wird über die Luftdruckdifferenzen zwischen Tahiti und Darwin in Nordaustralien bestimmt und ist damit ein Maß für Richtung und Stärke der Walker-Zirkulation im Pazifik, die das Auftreten von **El-Niño-** und **La-Niña**-Ereignissen bestimmt. Aufgrund dieses Zusammenhangs sind die entsprechenden Abläufe als **ENSO** (*El-Niño-Southern-Oscillation*) bekannt geworden. Die Auswirkungen von ENSO sind nicht nur auf den pazifischen Raum beschränkt, sondern beeinflussen auch den Witterungsverlauf in anderen Räumen der Erde.

Die außertropische Zirkulation

Die Polargebiete sind ganzjährig durch eine niedrig liegende Tropopause (7–10 km) mit Höhentiefs und bodennahen Kältehochs (**polare Hochdruckgebiete**) geprägt. Durch die häufig stabil geschichtete Atmosphäre können sich darin über lange Zeiträume durch Nebel und Hochnebel geprägte Wetterlagen ausbilden. Im jeweiligen Winter kühlen die Polargebiete wegen der fehlenden Einstrahlung besonders stark ab. Am Rand der Antarktis treten dabei **katabatische Winde** auf. Das sind flache Starkwindströmungen, deren Ursache sehr kalte und damit schwere Luft ist, die gravitativ abfließt und teilweise die küstennahe Meereisbildung verhindert. Diese eisfreien Flächen (**Polynien**) sind für die Bildung von kaltem Tiefenwasser von Bedeutung, das wiederum ein wesentliches Element der globalen Meereszirkulation mit ihren weltweiten Auswirkungen auf das Klima ist.

Mit abnehmender geographischer Breite gewinnen im Übergangsbereich zu den Mittelbreiten Zirkulationselemente der planetarischen Frontalzone an Bedeutung.

Die schematischen Verhältnisse auf einem Schnitt von den Tropen in die Polargebiete sind durch ein ausgeprägtes Druck- und Temperaturgefälle in der planetarischen Frontalzone der Mittelbreiten geprägt. Das entspricht der in Abb. 5.17 unten gezeigten Situation. In der reibungsfreien Schicht der Troposphäre entsteht dadurch auf jeder Hemisphäre ein Band geostrophischer Westwinde, man spricht daher von **außertropischer Westwinddrift** oder **Westwindzone**. Es ist offensichtlich, dass streng geostrophische Winde in der Westwindzone zu einem zunehmenden Temperaturgegensatz zwischen niederen und hohen Breiten führen würden. Eine Verschärfung des Temperaturgegensatzes bewirkt eine Erhöhung der Windgeschwindigkeit. In deren Folge beginnt das Westwindband zu mäandrieren. Die Strömung ist daher nicht breitenkreisparallel, sondern weist polwärtige wie äquatorwärtige Ausbuchtungen auf, die mit der westlichen Grundströmung verdriftet werden und damit den wechselnden Charakter der Wetterabläufe in den Mittelbreiten verursachen. Bedingt durch die unterschiedliche Reibung über Land und Meer prägen sich typischerweise drei bis fünf Mäanderbögen auf einer Hemisphäre aus. In der Nordhemisphäre liegen die entsprechenden **Höhentröge**, die Ausbuchtungen des Westwindbandes nach Süden entsprechen (Abb. 5.21c), bevorzugt über dem östlichen Nordamerika, über dem östlichen Mitteleuropa und in Nordostasien. In der Regel treten an den Höhentrögen in der mittleren und höheren Troposphäre die stärksten Druckgegensätze auf. Dadurch entsteht in diesen Bereichen des West-

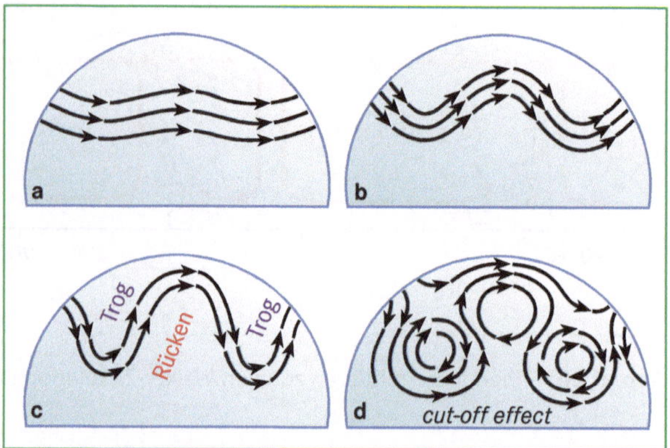

Abb. 5.21 Zirkulationsformen in der Höhenströmung der außertropischen Westwinddrift: a) Zonalzirkulation, b) gemischte Zirkulation, c) Meridionalzirkulation, d) zelluläre Zirkulation (verändert nach Barry und Chorley 2003).

windbandes eine Starkwindzone, die als **Jetstream** bekannt ist.

Da im Winter der Temperaturgegensatz zwischen niederen und hohen Breiten größer ist als im Sommer, intensiviert sich die Westwinddrift im Winterhalbjahr. Gleichzeitig verlagert sie sich etwas in Richtung Äquator. Teile der niederen Mittelbreiten gelangen dadurch jahreszeitlich bedingt in den Einfluss der Westwindzirkulation.

Durch den Einfluss der Antarktis ist in der Südhemisphäre der Temperaturgegensatz zwischen niederen und hohen Breiten generell stärker. Die Windgeschwindigkeiten sind entsprechend höher. Allerdings ist das Ausbuchten der Strömung auf der Südhalbkugel schwächer ausgeprägt als auf der Nordhalbkugel. Ursache ist die Land-Meer-Verteilung. Die Westwindzone der Südhalbkugel verläuft nahezu durchgängig über dem Meer. Lediglich Patagonien reicht als Landmasse ganzjährig in die südhemisphärische Westwinddrift hinein.

Die Mäander des Westwindbandes sind im Laufe von Tagen und Wochen unterschiedlich ausgeprägt (Abb. 5.21). In einer gedachten Ausgangssituation sind lediglich schwache Mäander zu beobachten (Abb. 5.21a), die kaum zum Ausgleich der energetischen Unterschiede beitragen. Durch die damit einhergehende Vergrößerung des Temperaturgegensatzes geht – bei ca. 6 °C Temperaturdifferenz auf 1 000 km im 500 hPa-Niveau (Weischet 2002) – die Strömung in eine deutliche Wellenzirkulation über (Abb. 5.21b). Dadurch wird auf der Westseite eines Höhenrückens Warmluft in die hohen Breiten und auf dessen Ostseite Kaltluft in die niederen Breiten transportiert (Abb. 5.21c). Der Druck- und Temperaturgegensatz nimmt dadurch ab; die Strömungsgeschwindigkeiten gehen zurück. In der weiteren

Entwicklung der Mäander kann es zum Abschnüren der Bögen (*Cut-Off*-Effekt) kommen, so dass sich isoliert liegende zyklonale Kaltluftbereiche und antizyklonale Warmluftinseln bilden, die nach und nach in die umgebende Luft eingemischt werden. Durch die isoliert liegenden Zellen wird die Zonalzirkulation der Westwinddrift über einige Tage bis Wochen blockiert und das System kehrt nach und nach wieder in den Ausgangszustand zurück.

An den äquatorwärtigen Mäanderbögen treten typischerweise die stärksten Druckgradienten auf. Die Zunahme des Druckgradienten bei Annäherung an eine entsprechende Einschnürung des Westwindbandes führt zu einer Störung des Kräftegleichgewichtes zwischen Gradientkraft und Corioliskraft. Zunächst steigt die Gradientkraft an, die Corioliskraft nimmt wegen der Trägheit der Luft erst verzögert zu. Dadurch kommt es in der mittleren und höheren Troposphäre zu einer seitlichen Verlagerung von Luft. Auf der Nordhalbkugel erfolgt die Verlagerung nach Norden. In der unteren Troposphäre wird dadurch der Luftdruck reduziert. Dort, wo Luft in der Höhe zuströmt, steigt der Druck in den darunter liegenden Luftschichten. Das bedeutet, dass im Bodendruckfeld die Luftdruckgegensätze quer zum Westwindband reduziert werden. Der umgekehrte Fall tritt auf der Rückseite des Mäanderbogens auf. Die Gradientkraft geht zurück, die Corioliskraft bleibt wegen der höheren Windgeschwindigkeit zunächst noch größer. Dadurch wird Luft in der Höhe entgegen dem allgemeinen Druckgefälle äquatorwärts verlagert. Die Luftdruckgegensätze am Boden werden verstärkt. Bei geeigneter Krümmung der Isobaren wird in einer solchen Situation aufgrund der Drehimpulserhaltung der zyklonale Drehsinn der Strömung auf der polwärtigen, der antizyklonale Drehsinn auf der äquatorwärtigen Seite der Strömung verstärkt und es entstehen **dynamische Tief-** und **Hochdruckgebiete**. Die Bezeichnung

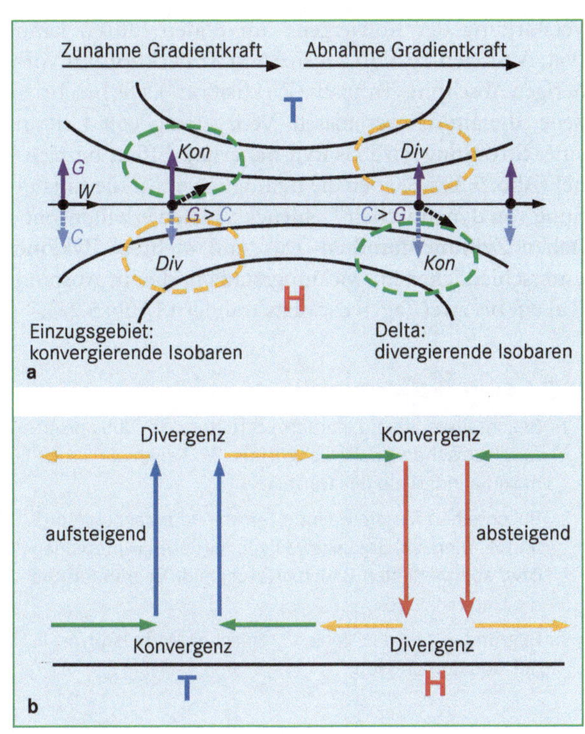

Abb. 5.22 Ryd-Scherhag-Effekt: a) Entstehung von Konvergenz- (Kon) und Divergenzgebieten (Div) im Höhenströmungsfeld eines Jetstreams bei variabler Gradientkraft und Windgeschwindigkeit (*G* = Gradientkraft, *C* = Corioliskraft, *W* = Windvektor); b) Zusammenhang von Massendivergenzen und -konvergenzen mit Bodenluftdruck und Vertikalbewegung (verändert nach Lauer und Bendix 2004).

„dynamisch" wird verwendet, weil die Strömung und nicht die thermische Situation für die Entstehung der Druckgebilde entscheidend ist. Eine weitere Bedingung für das Entstehen eines typischen Tiefdruckgebiets ist der Eintrag von latenter Energie, die ihrerseits zu einer

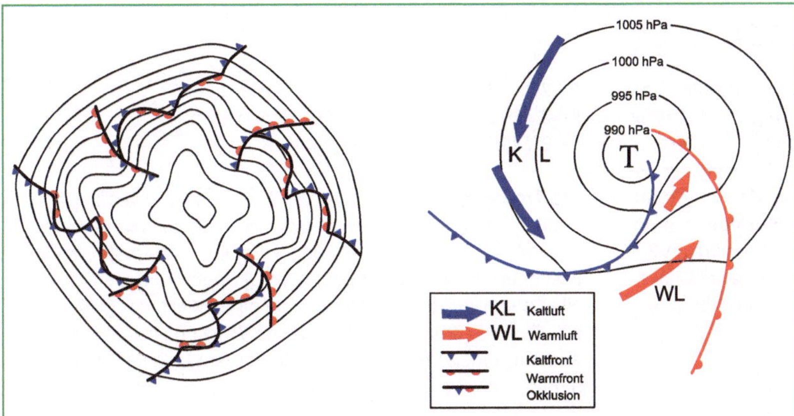

Abb. 5.23 Zyklonenfamilien und Idealzyklone: Das linke Teilbild zeigt in einer vereinfachten Kombination einer Höhen- und einer Bodenwetterkarte als geschlossene Linien die absolute Topographie einer isobaren Fläche der mittleren Troposphäre und die Lage der Luftmassengrenzen einer Zyklonenfamilie mit den unterschiedlichen Entwicklungsstadien der Polarfrontzyklonen, die nacheinander an den Mäandern des Westwindbandes entstehen. Im rechten Teilbild ist der mittlere Entwicklungsstand als Idealzyklone in einer schematischen Bodenwetterkarte dargestellt (aus Goßmann 1988).

Verstärkung der Konvergenz am Boden führen kann (vgl. Aussagen zu Konvergenz und Konvektion im vorherigen Abschnitt „Tropische Zirkulation"). Die beschriebene, dynamisch veranlasste Verlagerung von Luft in einer Strömung wird als **Ryd-Scherhag-Effekt** bezeichnet (Abb. 5.22). Bleiben die Bedingungen für die Entstehung von dynamischen Tiefdruckgebieten erhalten, entstehen **Zyklonenfamilien**. Das sind mehrere Zyklone unterschiedlicher Entwicklungsstadien, die im Abstand von ein bis zwei Tagen ostwärts wandern (Abb. 5.23).

> **Zum Weiterdenken**
>
> 1. Beschreiben Sie die (mittlere) Struktur des subtropisch-randtropischen Hochdruckgürtels. Wo liegen die Druckmaxima innerhalb des Gürtels?
>
> 2. Beschreiben Sie die Hauptunterschiede zwischen Nord- und Südhemisphäre im jeweiligen mittleren winterlichen bzw. sommerlichen Bodenluftdruckfeld. Begründen Sie die Unterschiede.
>
> 3. Begründen Sie das Fehlen tropischer Wirbelstürme in der Äquatorialregion.

5.8 Klimaklassifikationen

Die klimatischen Bedingungen hängen von einer Vielzahl von Größen ab, die Klimavergleiche verschiedener Orte oder eine kartographische Darstellung der klimatischen Raummuster schwer machen. Leichter wird dies, wenn die Vielfalt individueller Klimate in Klimaklassifikationen zusammengefasst wird. Grundsätzlich werden zwei Ansätze unterschieden. **Genetische Klassifikationen** gehen vom grundlegenden Verständnis der Zirkulationsmechanismen aus. In der praktischen Anwendung ist damit nur eine grobe Einteilung möglich, weshalb wir diesen Klassifikationstypus nicht weiter behandeln.

Für eine räumlich differenzierte Betrachtung sind **effektive Klassifikationen** besser geeignet. Diese orientieren sich an Grenz- oder Andauerwerten der Klimaelemente. Die Festlegung der Grenzwerte einzelner Klimaklassen richtet sich in der Regel an der Vegetation aus, weil diese als natürliches Maß für bestimmte Temperatur-, Feuchte- und Strahlungsverhältnisse angesehen werden kann. Von der Vielzahl der genetischen Klassifikationen haben nur wenige, darunter die „Klimate der Erde" nach Köppen und Geiger (1928, 1961), eine internationale Verbreitung gefunden.

In dieser Klassifikation werden die Verhältnisse durch eine **Klimaformel** aus drei, in einigen Fällen zwei Buchstaben beschrieben. Die großräumigen **Klimazonen** A, C, D und E werden thermisch, die Zone B hygrisch definiert. Durch Hinzufügen eines zweiten Buchstabens, der in den Zonen A, B, C und D die hygrischen und in E die thermischen Bedingungen näher kennzeichnet, ergeben sich **Klimatypen** (Tab. 5.4). Schließlich können die Klimatypen anhand zusätzlicher thermischer Grenzwerte weiter differenziert werden. Auf die Darstellung der weiteren Unterteilung gehen wir in dieser Übersicht nicht ein.

Die Trockengebiete der Erde (B-Klimate) ziehen als Gürtel von WSW nach NNO (Nordhalbkugel) bzw. WNW nach SSO (Südhemisphäre) von den Dornstrauch- und Sukkulentensavannen (BSh) sowie Wüsten (BWh) der Randtropen in die kontinentalen Steppen (BSk) und Wüsten (BWk) der Mittelbreiten. In Amerika ist die Ausdehnung dieser Klimate besonders stark durch die Lage der Gebirge bestimmt.

Die A-Klimate sind die tropischen Wald- und Savannenklimate. Der kälteste Monat hat eine Durchschnitts-

Aridität und Humidität

Aride Bedingungen herrschen, wenn die (potenzielle) Verdunstung größer ist als der Niederschlag. Umgekehrt gilt für humide Bedingungen, dass der Niederschlag die Verdunstung übersteigt. Die Bestimmung der Verdunstung ist jedoch sehr aufwendig. Daher wurden von vielen Autoren Überlegungen publiziert wie **Aridität** und **Humidität** möglichst einfach angenähert werden können. Köppen (1923) bestimmt einen Trockenheitsindex I aus den Jahresmitteltemperaturen T in Abhängigkeit von der Verteilung der Niederschläge als:

$I = 2\,T + 14$ bei Regen zu allen Jahreszeiten
$I = 2\,T + 28$ bei vorwiegend Sommerregen
$I = 2\,T$ bei vorwiegend Winterregen.

Die **Trockengrenze**, das ist der Übergang von humiden zu ariden Bedingungen, wird mit der Jahresniederschlagssumme R in cm bestimmt für $I = R$. Dieser Wert grenzt die B-Klimate in der Klassifikation von Köppen und Geiger von allen anderen Klimazonen ab. Hat I einen Wert, der größer ist als die Jahresniederschlagssumme R in cm, ist das Klima arid. Für einen Wert von I, der kleiner ist als R, ist das Klima humid.

Tabelle 5.4 Abgrenzung von Klimazonen und Klimatypen in der Klimaklassifikation nach Köppen (1936).

	Klimazone		Klimatypen	
A	tropische Regenklimate $Tm_{min} \geq 18\,°C$	**Af**	feuchtheiße Urwaldklimate	$Rm_{min} \geq 6\,cm/mon$
		Aw	periodisch trockene Savannenklimate	$Rm_{min} < 6\,cm/mon$
B	Trockenklimate $R < RD$	**BS**	Steppenklimate	$R \geq RD/2$
		BW	Wüstenklimate	$R < RD/2$
C	warmgemäßigte Regenklimate $-3\,°C < Tm_{min} < 18\,°C$	**Cs**	warme, sommertrockene Klimate	$Rw_{max} \geq 3\,Rs_{min}$
		Cf	feuchttemperierte Klimate	$Rw_{max} < 3\,Rs_{min}$ und $Rs_{max} < 10\,Rw_{min}$
		Cw	warme, wintertrockene Klimate	$Rs_{max} \geq 10\,Rw_{min}$
D	boreale subarktische Klimate $Tm_{min} \leq -3\,°C,\ Tm_{max} > 10\,°C$	**Df**	winterfeucht-kalte Klimate	$Rs_{max} < 10\,Rw_{min}$
		Dw	wintertrocken-kalte Klimate	$Rs_{max} \geq 10\,Rw_{min}$
E	Schneeklimate $Tm_{max} < 10\,°C$	**ET**	Tundrenklimate	$0\,°C \leq Tm_{max} < 10\,°C$
		EF	Klimate des ewigen Frostes	$Tm_{max} < 0\,°C$

Erläuterungen zur Tabelle:

Tm_{min} = Temperatur-Monatsmittel des kältesten Monats
Tm_{max} = Temperatur-Monatsmittel des wärmsten Monats
T = Temperatur-Jahresmittel (in °C)
R = jährliche Niederschlagssumme (in cm)
Rm_{min} = Niederschlagssumme des niederschlagsärmsten Monats (in cm)
RD = 2T + 28 (bei Sommerregen)
RD = 2T +14 (ohne deutliche jahreszeitliche Differenzierung)
RD = 2T (bei Winterregen)
Rw_{max} = Niederschlagssumme des niederschlagsreichsten Wintermonats (in cm)
Rw_{min} = Niederschlagssumme des niederschlagsärmsten Wintermonats (in cm)
Rs_{max} = Niederschlagssumme des niederschlagsreichsten Sommermonats (in cm)
Rs_{min} = Niederschlagssumme des niederschlagsärmsten Sommermonats (in cm)

Bemerkung: RD entspricht dem von Köppen (1923) mit / bezeichneten Trockenheitsindex (vgl. Exkurs „Aridität und Humidität")

temperatur von mindestens 18 °C. Die Spanne der Pflanzenformationen erstreckt sich von den immerfeuchten tropischen Regenwäldern (Af) über die Feuchtsavanne bis in die feuchteren Bereiche der Trockensavanne.

Auf den Westseiten der Kontinente schließen sich polwärts an die Trockengebiete die ozeanischen C-Klimate der Mittelbreiten an. Auf den Ostseiten ist die Situation anders. Dort liegen die C-Klimate weiter südlich und grenzen direkt an die tropische Klimazone. Die Ursachen für die unterschiedliche Breitenlage der C-Klimate auf den Ost- bzw. Westseiten liegen in atmosphärischen und ozeanischen Strömungsmustern (Bsp. Golfstrom), die auf den Westseiten vor allem im Winter fühlbare Wärme weit in die Mittelbreiten führen.

Die D-Klimate ziehen sich in einem zunächst schmalen Band von den Westseiten der Nordkontinente, dann breiter werdend und weit nach Süden reichend über die zentralen Kontinentalbereiche bis zu den Ostküsten. Entsprechend der teilweise großen Nord-Süd-Ausdehnung haben die Sommer- und Wintertemperaturen in den D-Klimaten eine große Spanne. Die kontinentale Prägung führt zu geringen Wintertemperaturen. Der

kälteste Monat hat Mitteltemperaturen, die unter −3 °C liegen. Dieses Kriterium grenzt die D-Klimate gegen die C-Klimate ab. In den hohen Breiten wird die Zone durch die 10 °C-Isotherme des wärmsten Monats begrenzt. Sie fällt etwa mit der polaren Wald- und Baumgrenze zusammen. In Richtung Pol schließen sich an die D-Klimate zunächst Tundren- (ET) dann Eisklimate (EF) an. In der Südhemisphäre fehlen die D-Klimate, weil in der entsprechenden Breitenlage keine größeren Landmassen existieren.

In den meisten klassischen Ansätzen effektiver Klimaklassifikationen, wie etwa bei Köppen und Geiger, werden anhand der Verbreitung von Vegetationsformationen oder anderer Kriterien Klimatypen festgelegt. In einem zweiten Schritt werden zur Abgrenzung der Klimazonen und Klimatypen Schwellen- oder Andauerwerte der Klimaelemente bestimmt. Entsprechende Klassifikationsansätze werden daher als **subjektive Verfahren** bezeichnet. In modernen rechnergestützten Verfahren bilden statistische Verfahren die Grundlage zur Festlegung der Klassengrenzen. Bei solchen Verfahren spricht man von **objektiven Klassifikationen**. Gerstengarbe und Werner (2003, 2007) leiten für Deutschland

Exkurs

Klimadiagramme

Der Ansatz von Köppen wurde von Walter (1955) weiterentwickelt. Die Betrachtung von Monatswerten statt Jahreswerten erlaubt eine stärkere Differenzierung, die sich nach der Anzahl der humiden und ariden Monate richtet:

humides Klima	10–12 humide Monate
semi-humides Klima	6–9 humide Monate
semi-arides Klima	3–5 humide Monate
arides Klima	0–2 humide Monate

Die Festlegung, ob ein Monat humid oder arid ist, erfolgt wie bei Köppen (s. Exkurs „Aridität und Humidität") über Niederschlagssumme und Temperatur. Der Grenzwert liegt bei

$n = 2\,t$, wobei n der mittlere Monatsniederschlag in mm und t die mittlere Monatstemperatur in °C ist. Eine graphische Umsetzung dieser Beziehung erfolgt in den häufig verwendeten Klimadiagrammen (Abb. 5.24) nach Walter und Lieth (1967). In ihnen werden die Achsen für Temperatur und Niederschlag im Verhältnis 1:2 skaliert. Liegt die Temperaturkurve oberhalb der Niederschlagskurve, ist der Monat arid, liegt sie darunter, ist der Monat humid. Damit auch Standorte darstellbar sind, die sehr hohe Niederschlagswerte aufweisen, wird bei 100 mm Monatsniederschlag ein Skalenwechsel eingeführt. Monate mit entsprechend hohen Niederschlägen werden als **perhumid** bezeichnet.

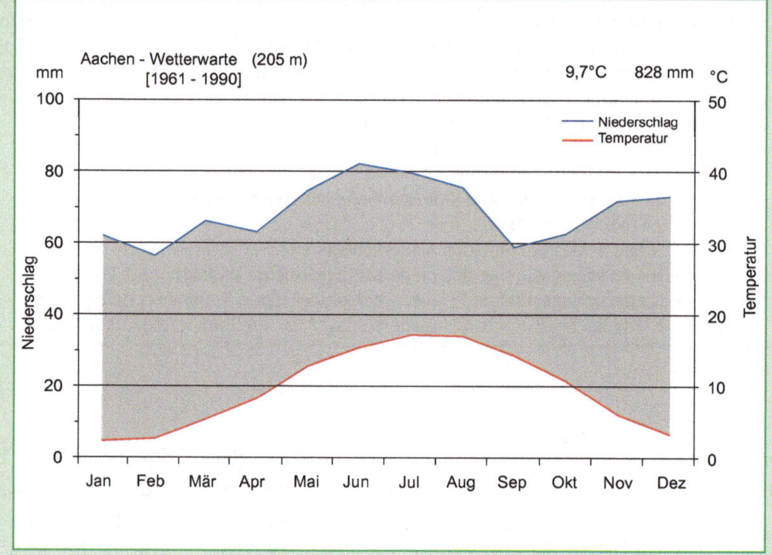

Abb. 5.24 Klimadiagramm von Aachen für die Klimanormalperiode 1961 bis 1990. Die Niederschlagskurve liegt ganzjährig über der Temperaturkurve. Es handelt sich um ein vollhumides Klima. Rechts oben sind die langjährigen Mittelwerte der Lufttemperatur und der Jahresniederschlagshöhe angegeben (Datenquelle: DWD).

dreizehn Klimatypen durch Anwendung einer Clusteranalyse auf Temperaturwerte und Niederschlagssummen ab. Anschließend werden die Werte von 100 Temperatur- und 800 Niederschlagsstationen räumlich interpoliert und in einem Gitter von 0,25° mal 0,25° Maschenweite einer der dreizehn Klassen zugeordnet, wodurch sich die auffällige Rasterstruktur der Daten ergibt (Abb. 5.25). Anordnung und Ausdehnung der Klimazonen sind im Laufe der Zeit nicht konstant. Für Deutschland ist die Veränderung zwischen den Zeiträumen 1901–1915 und 1986–2000 am deutlichsten erkennbar durch die Vergrößerung der Flächenanteile in Nordwestdeutschland, die als sehr warm und trocken charakterisiert werden. Die Bezeichnung „trocken" darf

nicht mit dem bei Köppen & Geiger (1961) oder Walter & Lieth (1967) verwendeten Begriff „arid" verwechselt werden. Sie ist eine Klassenbezeichnung, die sich aus der Verteilung der Niederschlagssummen in Deutschland ergibt. In allen Teilräumen Mitteleuropas übersteigt die Niederschlagshöhe die potenzielle Verdunstung. Eine Ausnahme bilden einzelne Sommermonate besonders trockener Jahre in den nordöstlichen Landesteilen.

Die Heterogenität der Klimatypen im mittleren und südlichen Deutschland ist auf die Reliefstruktur zurückzuführen. Im Detail treten dort kleinräumig eine Vielzahl von Veränderungen zwischen Anfang und Ende des 20. Jahrhunderts auf.

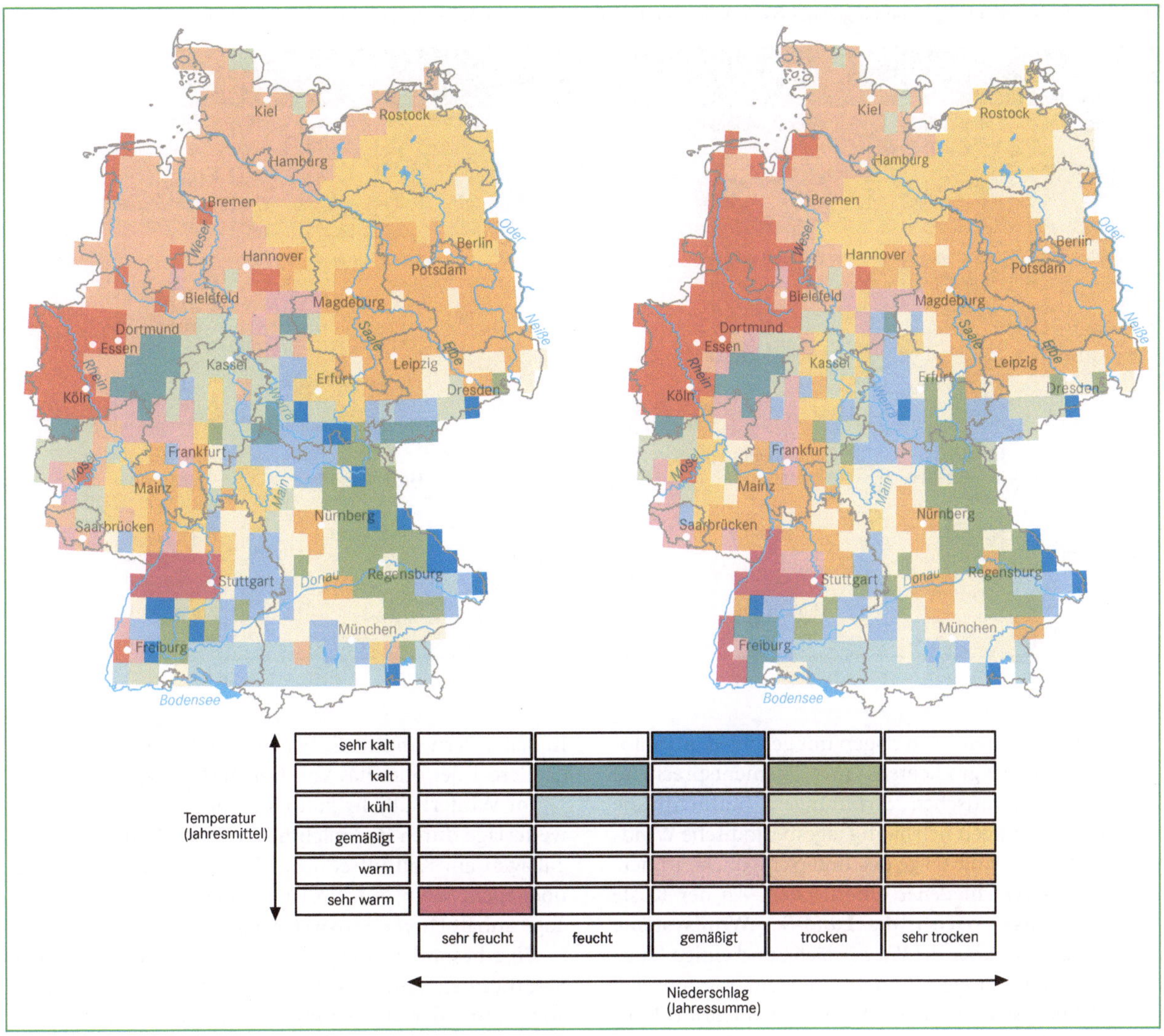

Abb. 5.25 Objektiv ermittelte regionale Klimatypen für Deutschland in den Zeitabschnitten 1901 bis 1915 (links) und 1986 bis 2000 (rechts) (verändert nach Gerstengarbe & Werner 2003).

Zum Weiterdenken

1. Welcher grundsätzliche Unterschied besteht zwischen objektiven und subjektiven Klassifikationsansätzen?
2. Leiten Sie aus der Definition der A-Klimate bei Köppen/Geiger eine mögliche Definition der Tropen ab.
3. Bestimmen Sie die Klimazonen nach Köppen/Geiger für verschiedene Gebiete Ihres Interesses. Verwenden Sie dazu eine Atlaskarte oder eine Darstellung im Internet (z. B: http://koeppen-geiger.vu-wien.ac.at).
4. Welche Klimatypen nach Gerstengarbe & Werner treten in Deutschland außerhalb des Alpenraums nicht auf (siehe Abb. 5.25)? Erklären Sie den Sachverhalt.
5. Ist das Klima nach Köppen als arid zu bezeichnen, wenn die Jahresniederschlagssumme bei 440 mm und die Jahresdurchschnittstemperatur bei 14 °C liegen?

5.9 Regional- und Stadtklima

Kleinräumige topographische Einflüsse durch Höhe und Exposition sowie die Oberflächenbedeckung können auf kurzen Distanzen Unterschiede der Klima- und Wetterbedingungen bewirken. Diese Besonderheiten werden als **Lokalklima** oder **Regionalklima** bezeichnet (Tab. 5.5).

Tabelle 5.5 Bezeichnung klimatologischer Skalenbereiche bei verschiedenen Autoren (verändert nach Hupfer 1989).

Maßstab räumlich	zeitlich		Hupfer (1989)	Kraus (1983)	Mörikhofer (1948)	Beispiele
mm bis cm	Sekunden bis Minuten	MIKRO	Grenzflächenklima			Blatt, Einzelpflanze
m bis 10^2 m	Minuten bis Stunden	MIKRO	Kleinklima	Topobereich		Feld, Baumgruppe, Ufer
10^2 m bis km	Stunden bis Tage	MESO	Standortklima	Mikrobereich	Lokalklima	Insel, Waldgebiet, Dorf, Flugplatz
km bis 10^2 km	Tage bis Monate	MESO	Landschaftsklima	Mesobereich	Regionalklima / Landschaftsklima	Großstadt, Küstengebiet, Mittelgebirge, Thüringer Becken
10^2 km bis 10^3 km	Monate, Jahreszeiten, Jahre	MAKRO	Klimahaupttyp Klimatyp	synoptischer Bereich	Großraumklima	Mittelmeerklima, Passatwechselklima, feucht-gemäßigtes Klima
10^3 km bis 10^4 km	Jahrzehnt und länger	MAKRO	Zonenklima	Makrobereich	Zonenklima	Polarklima, Tropenklima, Trockenklima
hemisphärisch, global		MAKRO	Globalklima			Klima der Erde

Bei wolkenarmen Wetterlagen mit geringen großräumigen Luftdruckgradienten und dementsprechend schwachen synoptischen Strömungen (**autochthone Wetterlagen**) prägen sich häufig tagesperiodische Windsysteme aus. Sie sind Folge des unterschiedlichen Energiehaushalts verschiedener Oberflächen. An der Küste großer Gewässer reichen die **Land-See-Windsysteme** einige Kilometer über die Wasserfläche und einige Hundert Meter bis wenige Kilometer ins Landesinnere. Bei diesen Windsystemen tritt die Wirkung der Corioliskraft nicht auf. Die Drucksituation entspricht dem in Abb. 5.17 (oben) gezeigten Schema. Dabei wechseln die Verhältnisse im Tag-Nacht-Rhythmus.

Hangwinde und **Berg-Tal-Windsysteme** können auch bei einheitlicher Untergrundbedeckung entstehen. Sie ergeben sich aus den Unterschieden im Energiehaushalt von verschieden hoch gelegenen und exponierten Flächen. Tagsüber erwärmt sich die Luft über den sonnenexponierten Hängen. Diese Luft steigt auf und wird durch Luft aus dem Tal oder beschatteter Hangbereiche ersetzt. Außerdem wird die Luft in den Hochlagen an der Landoberfläche erwärmt. Die Luft in der freien Atmosphäre (über den Tälern und den Gebirgsvorländern) hat dagegen nahezu keinen Tagesgang der Temperatur. Die Folge ist ein Abfluss der Luft über den Hochlagen in die Umgebung. Die abfließende Luft wird durch Luft kompensiert, die tal- und hangaufwärts strömt (Talwind). In der Nacht fließt die abgekühlte und damit dichtere und schwerere Luft hangabwärts, sammelt sich

in den Tälern und fließt bei entsprechender Neigung in größere Täler oder das Vorland ab (Bergwind).

Im Winterhalbjahr kann sich bei einer Hochdruckwetterlage durch den nächtlichen Kaltluftabfluss in den Tallagen ein Kaltluftsee mit Nebel ausbilden, der tagsüber nicht mehr aufgelöst wird und zum Teil mehrere Tage anhält (**Inversionswetterlage**).

Eine besondere Ausprägung des Lokalklimas tritt in Stadträumen auf. Das **Stadtklima** hebt sich deutlich vom Klima der Umgebung ab. Neben der zusätzlichen Energiefreisetzung durch Hausbrand, Industrie und Gewerbe (**anthropogener Wärmestrom**), reduziert die dichte Bebauung den latenten Wärmestrom. Die absorbierte Sonnenenergie wird fast vollständig in fühlbare Wärme umgesetzt. Ein Teil der Wärme wird in den Baumaterialien gespeichert. Der andere Teil führt zur Erhöhung der Lufttemperatur. In der Nacht wird die Wärme aus dem Wärmespeicher wieder an die Luft abgegeben. Dadurch ist die Lufttemperatur über Stadträumen gegenüber der Umgebung teilweise ganztägig erhöht (**städtische Wärmeinsel,** *urban heat island*).

Im Detail zeigen einzelne Messungen der Klimaverhältnisse in einer Stadt Widersprüche zum Konzept der städtischen Wärmeinsel. Ein großer Teil des Strahlungsbilanzüberschusses am Tag wird in den „Bodenspeicher" (Gebäude, asphaltierte Flächen etc.) geführt. Der Speicherterm macht mindestens 30% der Strahlungsbilanz aus, während er in ruralen Systemen im Bereich von 10% liegt (Parlow 2007). Dadurch ist die Erwärmung der Luft am Tage geringer als in der ländlichen Umgebung (Abb. 5.26) und man kann zumindest tagsüber eher von einer **städtischen Kühleinsel** (*urban cooling island*) sprechen. Dieser Effekt tritt nicht überall auf und hängt stark von Bebauungsdichte, Abschattung und der im Umland zur Verfügung stehenden Feuchte ab. Das Beispiel zeigt aber, dass die städtische Wärmeinsel vor allem ein Nachtphänomen ist.

Eine weitere Besonderheit des Stadtklimas ist die Schadstoffbelastung der Luft. Eine wichtige Aufgabe der Stadtklimaforschung ist, Maßnahmen zur Reduktion der Belastungsfaktoren abzuleiten. Eine planerische Umsetzung entsprechender Empfehlungen erfolgt über die Freihaltung von Luftleitbahnen sowie durch Baustrukturen, welche die Turbulenz der Luft und den Luftaustausch erhöhen.

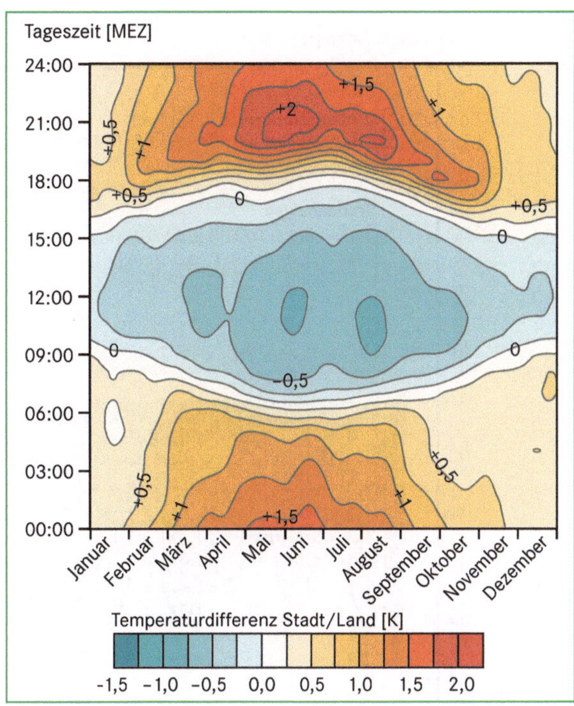

Abb. 5.26 Mittelwerte der Lufttemperaturdifferenzen zwischen Basel-Innenstadt (Spalenring) und ländlicher Umgebung (Basel Lange Erlen) für den Zeitraum 1994 bis 2002 (aus Parlow 2007).

⎔ Zum Weiterdenken

1. Nennen Sie Ursachen, die im Vergleich zum Umland zu einer geringeren Erhöhung der innerstädtischen Lufttemperatur am Tage führen können.

2. Bestimmen Sie aus Abbildung 5.26 Maximum und Minimum der mittleren Temperaturdifferenz zwischen Basel Innenstadt und Basel Lange Erlen Anfang Juni. Weshalb sind die Effekte im Winter geringer?

5.10 Klimawandel

In der Erdgeschichte hat sich das Klima oft verändert. Weit verbreitete tropische Bedingungen in Phasen des Tertiärs sowie Kaltphasen mit großflächigen Inlandvereisungen in den Mittelbreiten im Pleistozän sind markante Folgen globaler Klimaschwankungen. Aber auch in kürzeren Zeiträumen sind die klimatischen Bedingungen variabel (Abb. 5.27). Die Rekonstruktion vergangener Klimate trägt dazu bei, die natürliche Schwankungsbreite des Klimas zu erfassen. Dies ist eine Voraussetzung, um den anthropogenen Klimawandel im 21. Jahrhundert von natürlichen Prozessen zu trennen.

Klimaschwankungen lassen sich anhand von Messdaten und **Proxydaten** – Informationen, die indirekt auf das Klima schließen lassen – rekonstruieren. Der Zeitraum der Instrumentenmessperiode reicht etwa 200, in Einzelfällen über 300 Jahre zurück (Schönwiese 2007). Für die davor liegenden Zeiträume rekonstruiert die **historische Klimatologie** die Klimasituation aus direkten oder indirekten Hinweisen auf Wetterverläufe in historischen Quellen. Für Mitteleuropa ist auf dieser Basis eine zeitlich hoch aufgelöste Rekonstruktion bis etwa 800 n. Chr. möglich (Glaser 2008). Bei der Interpretation der Quellen müssen Motivation und Zeitgeist berücksichtigt werden, um Fehlschlüsse zu vermeiden (Abb. 5.28). Für frühere Zeitabschnitte sind natürliche Klimaarchive (Eis, Sedimente, Baumringe, Böden etc.) wichtig, die von der **Paläoklimatologie** analysiert werden.

Klimaszenarien

Die künftige, anthropogen gesteuerte Klimaentwicklung hängt davon ab, wie sich Bevölkerung und Weltwirtschaft entwickeln. Für Klimasimulationen müssen deswegen die Eckpunkte der künftigen wirtschaftlichen und bevölkerungsgeographischen Situation abgeschätzt werden. Da die Entwicklung nicht vorhersehbar ist, werden verschiedene Szenarien entwickelt, die zu unterschiedlichen Mengen an emittierten Treibhausgasen führen (**Emissionsszenarien**). Entsprechend spricht man in der Klimaforschung nicht von einer Vorhersage der Klimaentwicklung (Klimaprognose), sondern von **Klimaszenarien**. Dabei wird der Wetterablauf über lange Zeiträume berechnet, um Mittel- und Extremwerte, Häufigkeiten bestimmter Ereignisse etc. abzuleiten.

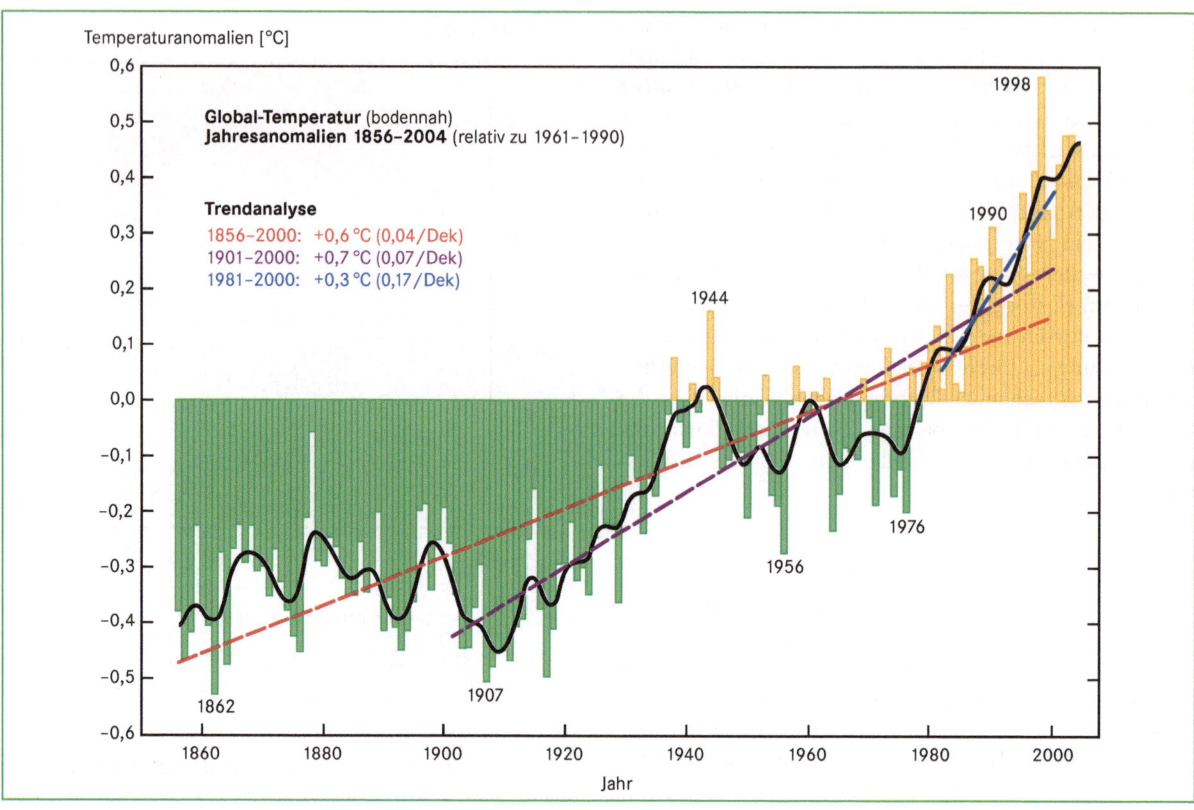

Abb. 5.27 Jährliche Anomalien (Abweichungen vom Referenzmittelwert 1961 bis 1990) der bodennahen Lufttemperatur in globaler Mittelung mit linearen Trends für die angegebenen Zeitintervalle (verändert nach Jones et al. 1999/2005).

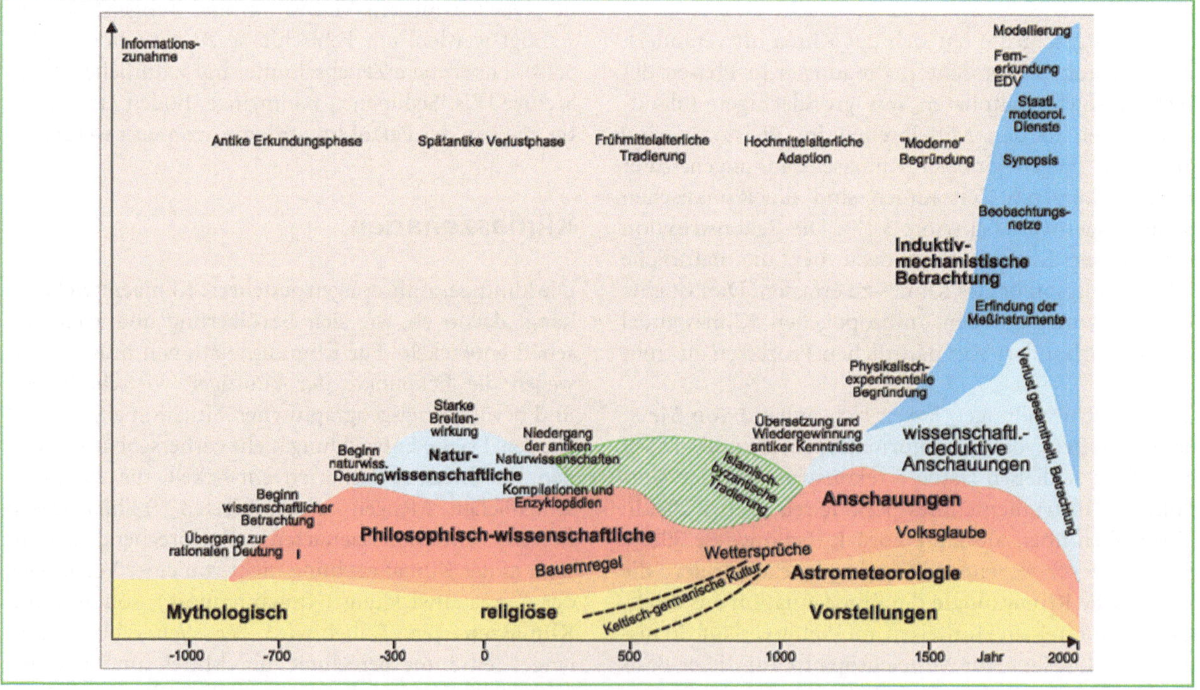

Abb. 5.28 Informationsdichte zum Klima in den vergangenen 2000 Jahren (aus Glaser 2008).

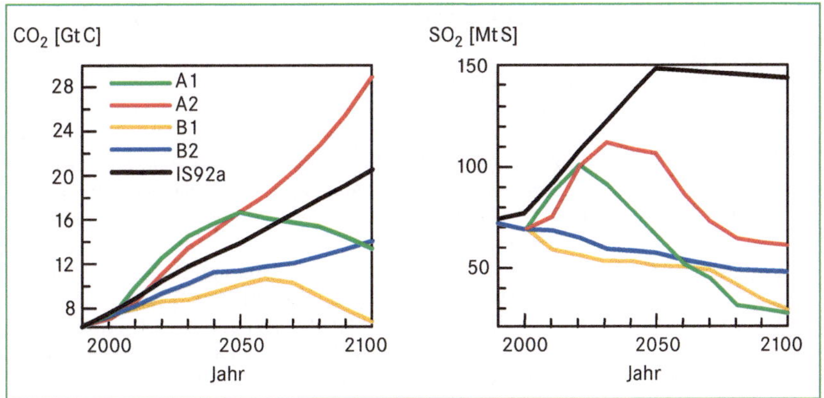

Abb. 5.29 Emissionsszenarien für Kohlendoxid als Beispiel für Treibhausgase (Angaben in Gigatonnen pro Jahr) und Schwefeldioxid (repräsentativ für industrielle Aerosole; Angaben in Megatonnen pro Jahr). A1, A2, B1 und B2 sind SRES-Szenarien. IS92a ist ein früheres IPCC-Szenario (aus von Storch 2007).

Im *IPCC Special Report on Emissions Scenarios* (SRES, http://www.grida.no/climate/ipcc/emission) bilden 40 Szenarien die Grundlage für Klimaszenarien. Sie lassen sich vier Gruppen zuordnen (Abb. 5.29):

- A1 geht von einem weltweit schnellen Wirtschaftswachstum mit kurzen Marktzyklen und der raschen Einführung neuer, ressourcenschonender Technologien aus.
- A2 ist durch eine heterogene Welt mit einer kulturell bedingten, differenzierteren Wirtschaftsentwicklung, anhaltendem Bevölkerungswachstum und langsam einsetzender Nutzung neuer Technologien geprägt.
- B1 ist ähnlich wie A1 global orientiert, geht jedoch von einem schnellen Wandel zu einer Dienstleistungs- und Informationsgesellschaft aus, die einen deutlich reduzierten Ressourcenverbrauch hat.
- B2 stellt lokale Lösungen der Nachhaltigkeitsproblematik in den Vordergrund. Es wird ein anhaltendes Wachstum der Erdbevölkerung erwartet, allerdings in geringerem Maße als in A2.

Die für die Klimaszenarien verwendeten Modelle basieren auf einem dreidimensionalen Gitterpunktsystem. Für jeden Gitterpunkt werden in bestimmten zeitlichen Abständen die meteorologischen Werte ermittelt. Je feiner man die Gitter wählt, desto genauer wird die Simulation. Allerdings wächst auch der Anspruch an die Rechnerleistung. Bei den derzeitigen Rechnerleistungen und Rastergrößen können kleinräumige und kurzfristig ablaufende Prozesse nicht simuliert werden. Die Lösung besteht in der **Parametrisierung** dieser Prozesse. Das heißt, dass eine statistische Beschreibung und Berücksichtigung der entsprechenden Parameter auf empirischer Basis erfolgt.

Die Ergebnisse der Klimaszenarien sind gemäß der Vielfalt der Emissionsszenarien sehr unterschiedlich. Die globalen Mittelwerte können jeweils gut geschätzt werden; die Voraussagen für bestimmte Regionen sind jedoch unter Umständen weniger genau. Beispielsweise zeigt der Vergleich modellierter und gemessener Temperaturen aus den letzten 20 Jahren, dass die berechneten Werte für Asien zu niedrig, für Südamerika zu hoch liegen. Szenarien werden dementsprechende Fehler beinhalten.

Bezogen auf die Temperaturentwicklung zeigen die aktuellen Szenarien, dass sich die globale Mitteltemperatur bis 2100 voraussichtlich um 2 bis 3,5 °C gegenüber der Referenzperiode 1980 bis 1999 erhöhen wird. Die Zunahme wird regional sehr unterschiedlich ausfallen. Die deutlichste Erhöhung wird in den hohen Mittelbreiten und den Subpolargebieten der Nordhemisphäre erfolgen. Über dem Meer steigen Meeresoberflächen- und damit Lufttemperaturen wegen der thermischen Trägheit der Ozeane verzögert an. Im 21. Jahrhundert ist die Lufttemperaturzunahme über dem Meer im Vergleich zu den Landflächen deshalb deutlich geringer. In einzelnen ozeanischen Bereichen der Südhemisphäre wird keine Änderung oder sogar ein geringer Rückgang der Lufttemperatur erwartet.

Für regionale Simulationen werden die Ergebnisse globaler Modelle verwendet, um die Randbedingungen höher aufgelöster Modelle zu bilden. Diese Kopplung von Modellen wird als ***Nesting***, der Vorgang der Verknüpfung verschiedener räumlicher Skalen als ***Upscaling*** (Verkleinerung der Auflösung) beziehungsweise ***Downscaling*** (Vergrößerung der Auflösung) bezeichnet. Das *Downscaling* berücksichtigt, dass die Wetterdynamik auf der regionalen Skala variabler ist als im Falle großräumig gemittelter Größen (von Storch 2007) und erlaubt eine bessere räumliche Differenzierung. Abb. 5.30 zeigt exemplarisch die Veränderungen der sommerlichen Starkniederschlagsereignisse auf Basis eines A2-Szenarios für Europa. In großen Teilen Südosteuropas wird ein deutlicher Rückgang von mittleren Starkniederschlagssummen erwartet. An der Ostküste der Iberischen Halbinsel sowie in Ostdeutschland und Westpolen

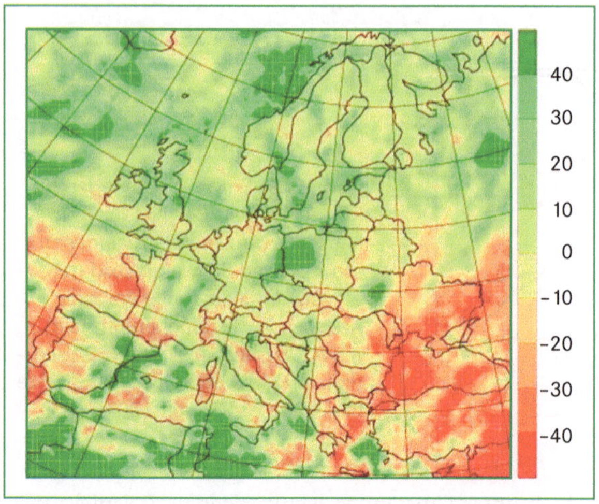

Abb. 5.30 Relative Änderung des sommerlichen Starkniederschlags (Juli bis September) im Szenario A2 zum Ende des 21. Jahrhunderts (2070 bis 2100) gegenüber 1960 bis 1990 auf Basis der mittleren fünftägigen Niederschlagssummen von den über der 99-Perzentile liegenden Niederschlagsereignissen (verändert nach Christensen & Christensen 2003 und Woth el al. 2005).

wäre nach diesem Szenario mit einem Anstieg der mittleren Niederschlagssummen von Starkniederschlagsereignissen zu rechnen. Bei der Abschätzung möglicher Schäden, ist zusätzlich die Häufigkeit von entsprechenden Ereignissen zu berücksichtigen. Vergegenwärtigen wir uns, dass die Änderungen der Starkniederschläge (Summen und Häufigkeiten) bei anderen Szenarien unterschiedlich ausfallen, dann verdeutlicht dieses Beispiel, dass Aussagen über regionale Auswirkungen des globalen Klimawandels bis zum Ende des 21. Jahrhunderts auf der Basis heutiger Erkenntnisse mit großen Unsicherheiten behaftet sind und noch ein erheblicher Forschungsbedarf besteht.

Zum Weiterdenken

1. Überlegen Sie, welche Ursachen der in allen Emissionsszenarien auftretende Rückgang der Schwefeldioxidemissionen ab Anfang/Mitte des 21. Jahrhunderts haben kann.

2. Welche Annahme im A2-Szenario sehen Sie als Hauptursache für den stetigen Anstieg der Kohlendioxidemissionen im 21. Jahrhundert an?

3. Überlegen Sie sich mögliche Konsequenzen aus dem starken Temperaturanstieg im 21. Jahrhundert für die Arktis.

Weiterführende Literatur

Bendix J (2004) Geländeklimatologie. Borntraeger, Stuttgart.
Häckel H (1999) Meteorologie. 4. Aufl., Ulmer, Stuttgart.
Heyer E (2005) Witterung und Klima. 11. Aufl. Teubner, Leipzig.
Kraus H (2004) Die Atmosphäre der Erde. Eine Einführung in die Meteorologie. 3. Aufl., Springer, Berlin, Heidelberg.
Oke TR (2006) Boundary layer climates. 2. Aufl., Routledge, London.
Saurer H (2009) Klimatologie. In: Glawion R, Glaser R, Saurer H: Physische Geographie. Westermann, Braunschweig.
Schönwiese CD (2003) Klimatologie. 2. Aufl., UTB, Stuttgart.
Weischet W, Endlicher W (2008) Einführung in die Allgemeine Klimatologie. 7. Aufl., Borntraeger, Stuttgart.

Zitierte Literatur

Barry RG, Chorley RJ (2003) Atmosphere, Weather and Climate. 8. Aufl., Routledge, London.
Baumgartner A, Liebscher HJ (1996) Allgemeine Hydrologie – Quantitative Hydrologie. 2. Aufl., Borntraeger, Stuttgart.
Beck C (2007a) Klimaklassifikationen. In: Gebhardt H et al. (Hrsg.) Geographie – Physische Geographie und Humangeographie. Spektrum Akademischer Verlag, Heidelberg, 224–229.
Beck C (2007b) Regional- und lokalklimatische Besonderheiten. In: Gebhardt H et al. (Hrsg.) Geographie – Physische Geographie und Humangeographie. Spektrum Akademischer Verlag, Heidelberg, 229–233.
Christensen JH, Christensen OB (2003) Climate modelling: Severe summertime flooding in Europe. Nature 421, 805–806.
Dirmhirn I (1964) Das Strahlungsfeld im Lebensraum. Akademische Verlagsgesellschaft, Frankfurt.
DWD (1987): Allgemeine Meteorologie. 3 Aufl., Selbstverlag des DWD, Offenbach.
DWD (1990) Internationaler Wolkenatlas: Vorschriften und Betriebsunterlagen Nr. 12, Teil 1. 2. Aufl., Selbstverlag des DWD, Offenbach.
Endlicher W (2007a) Zusammensetzung und Aufbau der Atmosphäre. In: Gebhardt H et al. (Hrsg.) Geographie – Physische Geographie und Humangeographie. Spektrum Akademischer Verlag, Heidelberg, 194–198.
Endlicher W (2007b) Strahlungs- und Wärmehaushalt der Erde. In: Gebhardt H et al. (Hrsg.) Geographie – Physische Geographie und Humangeographie. Spektrum Akademischer Verlag, Heidelberg, 198–206.
Endlicher W (2007c) Klimaelemente. In: Gebhardt H et al. (Hrsg.) Geographie – Physische Geographie und Humangeographie. Spektrum Akademischer Verlag, Heidelberg, 206–213.
Endlicher W (2007d) Atmosphärische Gefahren. In: Gebhardt H et al. (Hrsg.) Geographie – Physische Geographie und Humangeographie. Spektrum Akademischer Verlag, Heidelberg, 233–242.
Flohn H (1960) Zur Didaktik der allgemeinen Zirkulation der Atmosphäre. Geographische Rundschau 12, 129–142, 189–196.

Flohn H (1975) Tropische Zirkulationsformen im Lichte der Satellitenaufnahmen. Forschungsberichte des Landes Nordrhein-Westfalen 2448, Westdeutscher Verlag, Opladen, 1–82.

Gerstengarbe FW, Werner PC (2003) Klimaänderungen zwischen 1901 und 2000. In: Deutsches Institut für Länderkunde (Hrsg.) Nationalatlas Bundesrepublik Deutschland, Bd. 3, Klima, Pflanzen- und Tiewelt. Spektrum Akademischer Verlag, Heidelberg.

Gerstengarbe FW, Werner PC (2007) Der rezente Klimawandel. In: Endlicher W, Gerstengarbe FW (Hrsg.) Der Klimawandel – Einblicke, Rückblicke und Ausblicke. Deutsche Gesellschaft für Geographie, Berlin, Potsdam.

Glaser R (2008) Klimageschichte Mitteleuropas. 1200 Jahre Wetter, Klima, Katastrophen. 2. Aufl., Primus-Verlag, Darmstadt.

Goßmann H (1988) Die Atmosphäre (Physikalische Grundlagen, Wetterabläufe und planetarische Zirkulation). In: Nolzen H (Hrsg.) Handbuch des Geographieunterrichts, Bd. 10/I: Physische Geofaktoren.

Houghton JT et al. (Hrsg.) (1996) The science of climate change. Contribution of Working Group I to the Second Assessment of the Intergovernmental Panel on Climate Change. Cambridge University Press, Cambridge.

Houghton JT et al. (Hrsg.) (2001) The scientific basis. Contribution of Working Group I to the Third Assessment Report of the Intergovernmental Panel on Climate Change (IPCC). Cambridge University Press, Cambridge.

Hupfer P (1989) Klima im mesoräumigen Bereich. Abh. Meteor. Dienst d. DDR Nr. 141, 181–192

Hupfer P, Kuttler W (2006) Witterung und Klima – Eine Einführung in die Meteorologie und Klimatologie. 12. Aufl., Teubner, Stuttgart.

Jacobeit J (2007a) Thermische Schichtung der Atmosphäre, Luftbewegungen und Drucksymbole. In: Gebhardt H et al. (Hrsg.) Geographie – Physische Geographie und Humangeographie. Spektrum Akademischer Verlag, Heidelberg, 213–217.

Jacobeit J (2007b) Planetarische Zirkulation. In: Gebhardt H et al. (Hrsg.) Geographie – Physische Geographie und Humangeographie. Spektrum Akademischer Verlag, Heidelberg, 217–224.

Jones PD, New M, Parker DE, Martin S, Rigor IG (1999) Surface air temperature and its changes over the past 150 years. Reviews of Geophysics 37(2), 173–199.

Jones PD et al. (2005): http://www.cru.uea.ac.uk/cru/data/temperature/. Stand 2005.

Köppen W (1923): Die Klimate der Erde. Walter de Gruyter, Berlin.

Köppen W (1936) Das geographische System der Klimate. In: Köppen W, Geiger R (Hrsg.) Handbuch der Klimatologie, Bd. 1, Teil C. Borntraeger, Berlin.

Köppen W, Geiger R (1961) Überarbeitete Neuausgabe der Karte „Klima der Erde" (Wandkarte 1:16 Mill.). Erstausgabe 1928, Überarbeitung durch Rudolf Geiger.

Kraus H (2004) Die Atmosphäre der Erde. 3. Aufl., Springer, Berlin.

Lauer W, Bendix J (2004) Klimatologie. 2. Aufl., Westermann, Braunschweig.

Liljequist G, Cehak K (1984) Allgemeine Meteorologie. 3. Aufl., Vieweg, Braunschweig.

Malberg H (2007) Meteorologie und Klimatologie – eine Einführung. 5. Aufl., Springer, Berlin.

Parlow E (2007) Besonderheiten des Stadtklimas. In: Gebhardt H et al. (Hrsg.): Geographie – Physische Geographie und Humangeographie. Spektrum Akademischer Verlag, Heidelberg, 242–246.

Schönwiese CD (2003) Klimatologie. 2. Aufl., UTB, Stuttgart.

Schönwiese CD (2007) Klimaänderungen. In: Gebhardt H et al. (Hrsg.) Geographie – Physische Geographie und Humangeographie. Spektrum Akademischer Verlag, Heidelberg, 246–252.

Storch H von (2007) Klimaszenarien. In: Gebhardt H et al. (Hrsg.) Geographie – Physische Geographie und Humangeographie. Spektrum Akademischer Verlag, Heidelberg, 252–257.

Troll C (1943) Thermische Klimatypen der Erde. Petermanns Geographische Mitteilungen 89, 81–89.

Walter H (1955) Klima-Diagramme der Türkei. Ulmer, Stuttgart.

Walter H, Lieth H (1967) Klimadiagramm-Weltatlas. Fischer, Jena.

Wanner H et al. (2000) Klimawandel im Schweizer Alpenraum. VDF Hochschulverlag, Zürich.

Weischet W, Endlicher W (2008) Einführung in die allgemeine Klimatologie. 7. Aufl., Teubner, Stuttgart.

Woth K, Weisse R, Storch H von (2005) Climate change and North Sea storm surge extremes: An ensemble study of storm surge extremes expected in a changed climate projected by four different Regional Climate Models. Ocean Dynamics 56, 3–15.

Vegetation – Lebensgrundlage für Mensch und Tier

6

Die Zerstörung der Tropenwälder, die Trockenlegung der Feuchtgebiete der Erde, der Verlust der natürlichen Vegetation durch Nutzungsintensivierung und der globale Klimawandel sind Prozesse, die seit 1970 einen dramatischen Rückgang der Bestände wild lebender Tierarten weltweit um mehr als ein Drittel zur Folge hatten (WWF Living Planet Report 2004). Gefährdet oder vom Aussterben bedroht sind 21% aller auf der Erde bekannten Säugetierarten, 30% aller Amphibien, 28% aller Reptilien, 37% der Süßwasserfische und 12% der Vogelarten (IUCN 2009). Um bei diesen täglich in den Medien und in der Umweltpolitik thematisierten Problemfeldern sachgerecht diskutieren zu können, wird biogeographisches Fachwissen vorausgesetzt.

Das Arbeitsfeld der **Vegetations-** oder **Pflanzengeographie** als Teilgebiet der **Biogeographie** umfasst nicht nur die Verbreitung der Pflanzenarten und -gesellschaften, sondern auch die Wechselwirkungen der Vegetation mit den Umweltfaktoren Mensch, Tierwelt, Boden, Klima, Relief und Gestein. Diese ökologischen Standortfaktoren wirken einerseits auf das Pflanzenleben ein, andererseits schafft die Vegetation im Zusammenspiel mit Boden- und Klimaprozessen, mit Wasser- und Energiehaushalt sowie als Nahrungsquelle die notwendigen Lebensgrundlagen für Menschen und Tiere (vgl. Abb. 6.4). Die Pflanzengeographie versteht die Vegetation als Umweltbereich der Ökosysteme, als Ausstattungsmerkmal der Landschaften und als Bioindikator zur Kennzeichnung der Erdräume und der dort auftretenden Veränderungen.

6.1 Biodiversität – Vielfalt der Lebensformen

Die Arten- und Formenvielfalt der Lebewesen auf der Erde erscheint unüberschaubar. Eine wichtige Aufgabe der Pflanzengeographie besteht darin, die Vielfalt der Pflanzen zu ordnen, zu systematisieren und zu klassifizieren, um die Erdräume vegetationsgeographisch zu beschreiben.

Was haben Menschen mit Gänseblümchen gemeinsam?

Was unterscheidet Lebewesen von leblosen Systemen oder Gebilden? Die klassischen **Lebensmerkmale**, die allen Tieren, Pflanzen, Mikroorganismen und dem Menschen eigen sind und in ihrer Summe die Abgrenzung zu leblosen Systemen ermöglichen, sind:

- **Stoffliche Zusammensetzung:** In der Trockenmasse aller Lebewesen dominieren organische Moleküle (Proteine, Nucleinsäuren, Polysaccharide, Lipide), die ausschließlich von Lebewesen synthetisiert werden (Biosynthese).
- **Bewegung:** Jeder aktiv lebende Organismus und jede Zelle lassen Bewegungen erkennen (Motilität).
- **Reizaufnahme und -beantwortung:** Alle Organismen und Zellen empfangen Umweltsignale mit Rezeptoren (Perzeption) und setzen sie in geeignete Reaktionen um.
- **Ernährung und Stoffwechsel:** Lebewesen müssen zur Aufrechterhaltung ihrer hohen strukturellen und funktionellen Ordnung Energie zuführen. Sie nehmen energiereiche Stoffe bzw. – bei grünen Pflanzen – Photonen auf und geben energiearme Stoffe ab (Stoffwechsel).
- **Wachstum und Entwicklung:** Vielzellige Organismen beginnen ihre Individualentwicklung meist mit einer einzigen Zelle. Sie wachsen unter Zellvermehrung zu ihrer Endgröße heran. Im Gegensatz zu wachsenden Kristallen verändert sich dabei ihre Gestalt. Gleichzeitig differenzieren sich die zunächst ähnlichen Zellen des Keims.
- **Fortpflanzung:** Die Generationenfolge besteht aus zeitlich aneinander gereihten Lebens- oder Fort-

pflanzungszyklen. Dadurch wird das Leben einer Sippe fortgesetzt.

- **Vermehrung:** Fortpflanzung ist normalerweise mit Vermehrung verbunden, um den Fortbestand einer Sippe trotz Verlusten durch äußere Einflüsse zu sichern. Eine Bakterienzelle teilt sich unter Optimalbedingungen alle 20 Minuten. Bei ungehemmter Vermehrung würde die Zellmasse ihrer Nachkommen schon in knapp zwei Tagen das Volumen der Erde ausfüllen.
- **Vererbung:** Durch Vervielfältigung und Weitergabe einer genetischen Information verläuft die Individualentwicklung in aufeinander folgenden Generationen im Wesentlichen gleich.
- **Evolution:** Bei längeren Generationenfolgen kommt es in der genetischen Information zu Veränderungen, die vererbt werden (Mutationen). Unter dem Selektionsdruck der Umwelteinflüsse etablieren sich neue Arten, die an die Umweltbedingungen besser angepasst sind.

Das übergeordnete Lebenskriterium aller Lebewesen ist ihre Fortpflanzungsfähigkeit. Bei allen Organismen enthält die genetische Information den Entwicklungsplan für eine komplexe molekulare Maschinerie, deren Hauptfunktion ihre eigene Reproduktion ist (Strasburger et al. 2002).

Wettlauf gegen die Zeit – wie viele Arten werden wir vor dem großen Artensterben noch finden?

Bis heute sind weltweit etwa 1,7 Millionen lebende Organismenarten beschrieben. Drei Viertel gehören dem Reich der Tiere an (1 275 000 Arten) und rund ein Sechstel dem Pflanzenreich (275 000 Arten). Die verbleibenden 150 000 Arten werden anderen Reichen zugeordnet, zu denen auch die Algen und Pilze zählen.

Von den 275 000 lebenden Pflanzenarten gehören rund 240 000 zu den **Samenpflanzen** (Spermatophyta). Bis auf etwa 800 Nacktsamer (Gymnospermae), zu denen unsere Nadelgehölze zählen, werden sie der Gruppe der bedecktsamigen Blütenpflanzen (Angiospermae) zugeordnet. Hierzu gehören unter anderem unsere Laubgehölze, krautigen Pflanzen und Gräser. Die **Farnpflanzen** werden auf etwa 10 000 Arten und die **Moose** auf rund 24 000 Arten geschätzt (Klink 1998).

Das Tierreich wird von den Insekten dominiert, die mit rund 850 000 Arten zwei Drittel aller Tierarten bzw. die Hälfte aller Organismenarten der Erde stellen. Dagegen sind die Wirbeltiere nur mit etwa 50 000 Arten vertreten (3 % aller Organismenarten).

Die tatsächliche Anzahl der auf der Erde lebenden Tier- und Pflanzenarten wird um ein Vielfaches höher geschätzt (bis zu 20 Millionen Arten). Allerdings zerstört der Mensch die Lebensräume heute weltweit mit so großer Geschwindigkeit, dass der anthropogen bedingte Artenschwund auf rund 100 Arten pro Tag geschätzt wird. Somit werden jährlich 30 000 bis 40 000 Arten ausgerottet, von denen die meisten nicht bekannt sind und deren potenzieller Wert für die Ernährung oder die Medizin niemals erfasst werden konnte.

Das Gänseblümchen und seine Familie – Sippensystematik der Pflanzen

Um die Vielfalt der Arten überschaubarer zu machen, wurde ein hierarchisch-taxonomisches System entwickelt, das den natürlichen phylogenetischen Verwandtschaftsbeziehungen folgt. Eine **Sippe** (Taxon, Plural: Taxa) bezeichnet eine Individuengruppe gleicher Abstammung innerhalb einer beliebigen systematischen Kategorie dieses Systems. Sippen niederen Ranges setzen sich zu umfassenderen Sippen höheren Ranges zusammen. Sämtliche systematischen Einheiten werden mit lateinischen Namen belegt, um die internationale Verständlichkeit zu erleichtern. Die **Art** (Spezies) ist die Grundeinheit im System der Pflanzen und Tiere. Sie umfasst die Gesamtheit der Individuen, die sich auf natürliche Weise untereinander uneingeschränkt fortpflanzen und in allen typischen Merkmalen untereinander und mit ihren Nachkommen übereinstimmen. Arten, die bestimmte gemeinsame Merkmale besitzen und sich durch diese von anderen unterscheiden, werden zu einer **Gattung** zusammengefasst. Mehrere verwandtschaftlich ähnliche Gattungen bilden eine Familie, mehrere Familien werden zu Ordnungen zusammengefasst usw. (Tab. 6.1).

Die Arten werden nach der **binären Nomenklatur** von Carl von Linné (1753) benannt. Der Artname besteht aus einem Substantiv, das die Zugehörigkeit zur Gattung, beispielsweise *Bellis* angibt, und einem nachgestellten Substantiv oder Adjektiv, dem Artepithet (z. B. *perennis*). Es folgt der Name des Erstbeschreibers, der abgekürzt werden kann (z. B. L. für Carl von Linné). Der vollständige Artname für das Gänseblümchen in diesem Beispiel lautet also *Bellis perennis* L. (Tab. 6.1).

Die **Flora** umfasst die Gesamtheit der auf der Erde oder in einem Teilgebiet vorkommenden Pflanzensippen (z. B. umfasst die Flora Deutschlands alle in Deutschland vorkommenden Pflanzenarten). Dagegen wird als **Vegetation** die gesamte Pflanzendecke eines Raumes, die aus den Individuen aller darin vorkommenden Pflanzenarten aufgebaut ist, bezeichnet (z. B.

Tabelle 6.1 Sippensystematik der Pflanzen am Beispiel des Gänseblümchens (*Bellis perennis*) (nach Glawion 2007a).

taxonomische Kategorien	taxonomische Einheiten (Beispiel)
Reich	Pflanzen
Unterreich	*Cormobionta* = Gefäßpflanzen
Abteilung	*Spermatophyta* = Samenpflanzen
Unterabteilung	*Angiospermae* = Bedecktsamer
Klasse	*Dicotyledonae* = Zweikeimblättrige
Ordnung	*Asterales*
Familie	*Asteraceae* = Korbblütler
Gattung	*Bellis*
Art (species, spec.)	*Bellis perennis* = **Gänseblümchen**
Unterart (subspecies, ssp.)	
Varietät (varietas, var.)	
Form (forma, f.)	*hortensis* (gefüllt)

besteht die natürliche Vegetation von Deutschland überwiegend aus Laub- und Mischwäldern).

6.2 Arealsysteme – jeder stößt irgendwann an seine Grenzen!

Pflanzenarten sowie höhere Einheiten der Sippensystematik (Gattungen, Familien usw., Tab. 6.1) sind nicht gleichmäßig auf der Erde verteilt, sondern zeigen spezifische Verbreitungsgebiete, ihr **Areal**. Rezente Umweltfaktoren und verbreitungsgeschichtliche Vorgänge bestimmen das heutige Verbreitungsgebiet von Lebewesen und Lebensgemeinschaften. Arten besiedeln ihr Areal mithilfe unterschiedlicher verbreitungsökologischer Mechanismen und in zahlreichen Ausbreitungsschritten. Die Ausbreitung erfolgt entweder aktiv aus eigener Kraft wie bei vielen Tierarten (**Autochorie***)* oder wie bei den meisten Pflanzenarten passiv (**Allochorie**) mithilfe von Ausbreitungsmedien etwa durch Wind (Anemochorie), Wasser (Hydrochorie), Tiere (Zoochorie) oder durch den Menschen (Anthropochorie). Die theoretisch erreichbare äußerste Ausbreitungsgrenze und damit die **potenzielle Arealgröße** hängt in der Regel von der ökologischen Valenz, konkurrierenden Sippen und der Ausbreitungsfähigkeit ab. Die meisten Arten erreichen nicht überall die Grenzen ihres potenziellen Areals, da sich der Ausbreitung immer wieder sogenannte Ausbreitungsbarrieren – das sind für die jeweilige Art unbesiedelbare Räume – entgegenstellen können. Dabei kann die Barrierefunktion dieser Räume klimatischen Ursprungs (z. B. kühles Höhenklima für eine Wärme liebende Flachlandart) oder geomorphologischer Art (z. B. Gebirge, Meere) sein. Aufgrund solcher

Ausbreitungs- und Ansiedlungshindernisse schrumpft das potenzielle Areal einer Art auf das in der Regel eine deutlich kleinere Fläche umfassende **reale Areal** zusammen. So wird beispielsweise das reale Areal der Rotbuche (*Fagus sylvatica*) in Europa nach Norden durch zu kalte Winter, nach Osten durch zu geringe Niederschläge, in Südeuropa durch Sommerdürre in den Tieflagen und auf den britischen Inseln durch eine unvollständige Einwanderung begrenzt (Abb. 6.1). Aber selbst in ihrem Hauptverbreitungsgebiet Mitteleuropa gibt es Standorte wie Moore oder Felshänge, die aufgrund der edaphischen Bedingungen nicht besiedelt werden können (Schmitt und Schmitt 2007a).

Die Darstellung der Verbreitungsmuster von Pflanzen- und Tierarten erfolgt in **Arealkarten**. Grundlage hierfür sind topographische Karten, in die jeder Fundort der jeweiligen Art mit einem Punkt eingetragen wird (Punktkarte). Die Verbindung aller Fundorte mit einer Linie ergibt eine Umrisskarte als Abgrenzung des Areals (Abb. 6.2). Die Ermittlung von Artarealen und die Erstellung von Arealkarten erfolgt auf der Basis umfangreicher Literatur- und Herbarauswertungen sowie sehr zeitaufwendiger Geländekartierungen. Fortgeführt im Rahmen eines Biomonitoring über mehrere Jahre liefern Arealkarten wichtige Informationen über einen eventuellen Artenverlust und geeignete Maßnahmen zum Artenschutz (Schmitt und Schmitt 2007a).

Entsteht bei der Anfertigung einer Umrisskarte aufgrund der Anordnung der Fundorte eine einzige Fläche, spricht man von einem **geschlossenen Areal**. Bei einer Zersplitterung des Areals in mehrere gleich große oder häufiger ungleich große Teilareale handelt es sich um ein **disjunktes Areal** (Abb. 6.2). Eine Arealdisjunktion liegt dann vor, wenn zwischen den Teilgebieten ein natürlicher Genaustausch ausgeschlossen ist. Disjunktionen lassen sich vielfach durch die Veränderung von Umweltbedingungen (z. B. Klimaänderung) erklären, wenn physiologische Kälte- oder Hitzegrenzen erreicht werden oder konkurrenzstärkere Arten einen Verdrängungsprozess verursachen. Auf diese Weise kann ein geschlossenes Areal in Teilareale zerfallen, und isolierte Vorkommen abseits des Hauptareals bilden Reliktstandorte. Dies zeigt, dass Areale keine statischen Gebilde sind, sondern ständigen Änderungen unterliegen.

Generell sind zwei Richtungen der Arealveränderung denkbar: eine Arealverkleinerung (**regressives Areal**) wie bei Glazialrelikten oder Baumarten, die im Tertiär über die gesamte Nordhemisphäre verbreitet waren und sich heute auf kleine Areale in Ostasien (z. B. Ginkgobaum *Ginkgo biloba*) oder Nordamerika (z. B. Küsten-Mammutbaum *Sequoia sempervirens*) beschränken, oder eine Arealausweitung (**progressives Areal**) in bislang unbesiedeltes Gebiet aufgrund veränderter Um-

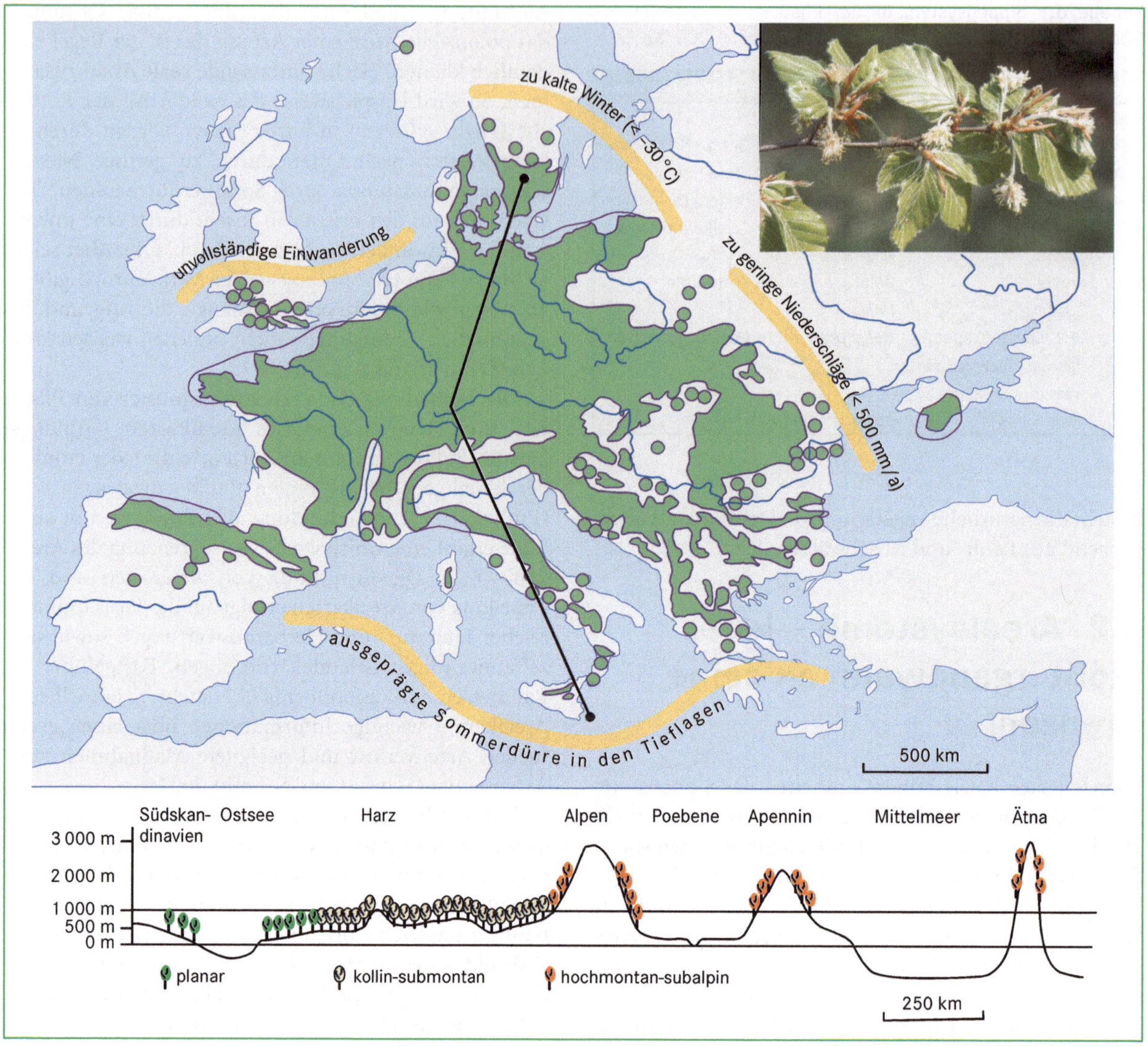

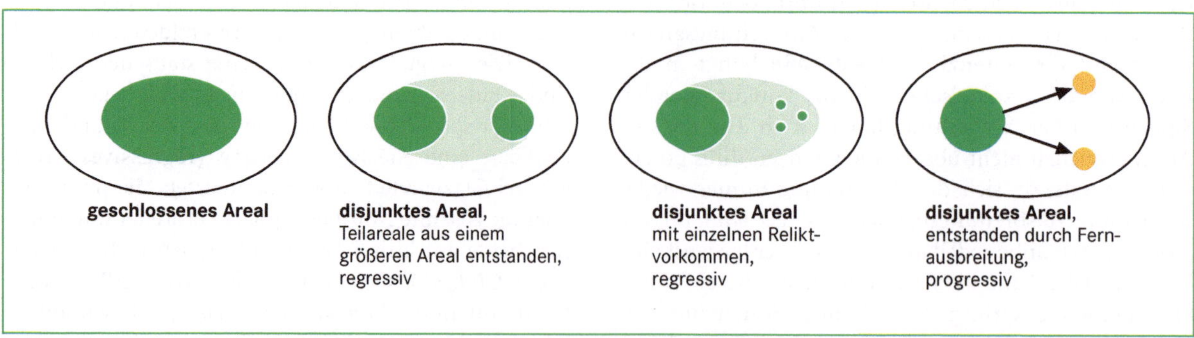

Abb. 6.1 Areal der Rotbuche (*Fagus sylvatica*) in Europa (verändert nach Schroeder 1998, Foto: T. Schmitt).

Abb. 6.2 Geschlossene und disjunkte Areale (Schmitt und Schmitt 2007a).

welt- und Lebensbedingungen bzw. durch die Überwindung bestehender Ausbreitungsbarrieren mithilfe des Menschen (z. B. Neophyten). Gerade Sippen, deren Vorkommen stark an menschliche Einflüsse gebunden sind, treten weltweit, auf fast allen Kontinenten auf. Sie zählen zur Gruppe der **Kosmopoliten**. Neben der engen Bindung an den Menschen (z. B. Löwenzahn, Brennnessel) sind eine breite ökologische Toleranz und effiziente Ausbreitungsfähigkeiten (z. B. Adlerfarn) wichtige Voraussetzungen für ein globales Areal. Im Gegensatz zu den Kosmopoliten stehen Sippen, deren Verbreitung auf ein räumlich eng begrenztes Gebiet beschränkt ist. Diese sogenannten **Endemiten** sind bevorzugt auf Inseln oder in Gebirgen zu finden, also in isolierten Lebensräumen, in denen ein Austausch mit Nachbargebieten weitgehend fehlt und sich so eine eigenständige evolutionäre Entwicklung vollzieht. Man unterscheidet **Paläoendemiten** (Reliktendemiten) und **Neoendemiten**. Bei den **Paläoendemiten** handelt es sich um Sippen, die ehemals weiter verbreitet waren und sich über geologische Zeiträume hinweg in isolierten Lebensräumen erhalten konnten, während sie in Regionen mit floristischem Austausch aufgrund von Konkurrenzdruck und evolutionären Prozessen ausgestorben sind. **Neoendemiten** zeichnen sich dagegen durch eine intensive Artbildung in isolierten Räumen aus. Auf der Zeitskala der Evolution „gerade" neu entstanden, fehlen ihnen geeignete Ausbreitungsmechanismen, um die Isolation ihrer Lebensräume zu überwinden. (z. B. Steinbrech- und Pri-

melarten in den West- und Südalpen) (Schmitt und Schmitt 2007a).

Vergleicht man die Areale zweier Sippen miteinander, so werden diese nicht völlig identisch sein, da der gegenseitige Konkurrenz- und Selektionsdruck zu groß wäre. In Lage, Größe und Form lassen sich aber oft Übereinstimmungen erkennen, die beispielsweise auf vergleichbaren ökologischen Ansprüchen oder ähnlicher Ausbreitungsgeschichte beruhen. Gruppen von Pflanzensippen mit annähernder Gleichheit ihrer Areale werden zu **Arealtypen** zusammengefasst, die eine biotische Gliederung und ökologische Bewertung eines Raumes erlauben (Meusel et al. 1965, Walter und Straka 1970).

6.3 Florenreiche – Monarchien der Pflanzenwelt?

Die Zusammenfassung von Sippen mit einer ähnlichen Verbreitung zu Arealtypen ist die Basis für eine hierarchische pflanzengeographische Ordnung der Erde. Als ranghöchste Einheiten werden in diesem Ordnungssystem sogenannte **Florenreiche** ausgegliedert. Die Einteilung und Abgrenzung der einzelnen Florenreiche beruht auf empirischen Werten zur Ähnlichkeit der Flora bzw. zu ihrem Wandel im Raum. Mit dieser Vorgehensweise lässt sich die Erde in sechs Florenreiche gliedern (Abb. 6.3).

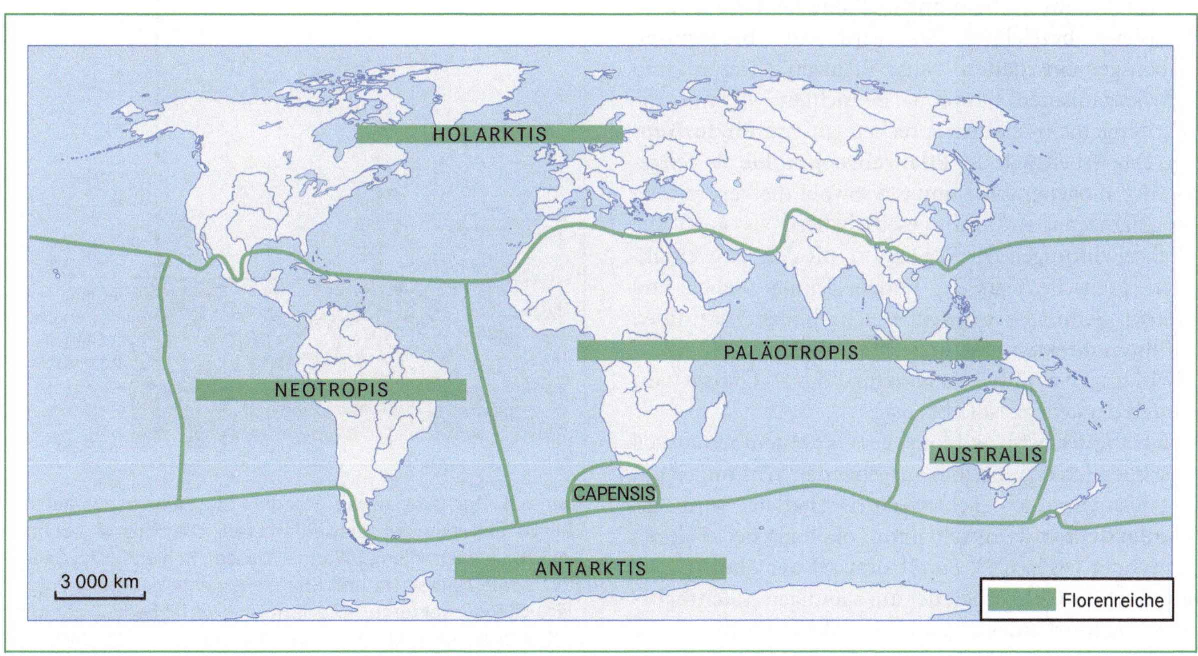

Abb. 6.3 Florenreiche der Erde (verändert nach Schroeder 1998).

Das **holarktische Florenreich** erstreckt sich über die gesamte Nordhalbkugel. Aufgrund der späten endgültigen Trennung von Nordamerika und Eurasien im Paläogen (Alttertiär) ist der Florenunterschied relativ gering. Die vorhandenen Gegensätze sind vornehmlich durch die pleistozänen Kaltzeiten bedingt. Zwischen Südamerika (**Neotropis**) und Afrika (**Paläotropis**), die sich bereits in der älteren Kreide trennten, bestehen weitaus geringere pflanzengeographische Bezüge. So sind nur 13% der tropischen Blütenpflanzengattungen in beiden tropischen Florenreichen vertreten. Die **Australis** unterlag durch die frühe Abtrennung vom südlichen Großkontinent Gondwana einer langen Eigenentwicklung. Mit 86% endemischen Blütenpflanzen besitzt sie unter den Florenreichen eine isolierte Stellung. An der Südspitze Afrikas hat sich ein eigenes Florenreich ausdifferenziert (**Capensis**), das mit über 6 000 Blütenpflanzen einen großen Artenreichtum besitzt. Neben der Fülle an Endemiten, in denen sich die eigenständige Entwicklung widerspiegelt, zeigen mehrere Pflanzenfamilien (z. B. *Proteaceae, Restionaceae*) Beziehungen zum australischen und **antarktischen Florenreich** (Schmitt und Schmitt 2007a).

6.4 Besteht ein Wald nur aus Bäumen? – Ökologie der Pflanzen

Der von Lebewesen bewohnbare Raum der Erde wird als **Biosphäre** bezeichnet. Sie wird von **Biozönosen** (Lebensgemeinschaften) aus Pflanzen, Tieren und Mikroorganismen bewohnt. Betrachten wir nur die Pflanzengemeinschaften, sprechen wir von **Phytozönosen**. Das Arbeitsfeld der **Pflanzengeographie** als Teilgebiet der Biogeographie umfasst sowohl die Verbreitung der Pflanzenarten und -gesellschaften, als auch die Wechselwirkungen der Vegetation mit den Umweltfaktoren Mensch, Tierwelt, Boden, Klima, Relief und Gestein. Sämtliche Umweltbereiche bilden zusammen mit ihren direkten bzw. indirekten ökologischen Wechselwirkungen ein Beziehungsgefüge, das als **Ökosystemmodell** darstellbar ist (Abb. 6.4).

Ein abiotischer bzw. biotischer Ökosystembestandteil einschließlich der von ihm ausgehenden Wirkungen auf Organismen oder Lebensgemeinschaften wird als **Standortfaktor** (Umweltfaktor, ökologischer Faktor) bezeichnet (Abb. 6.5). Somit umfasst der **ökologische Standort** die Gesamtheit der am ständigen Aufenthalts- oder Wuchsort eines Organismus oder einer Biozönose auf diese einwirkenden physikalischen und chemischen Bedingungen (reale Lebensstätte). Einige Autoren (Pfa-

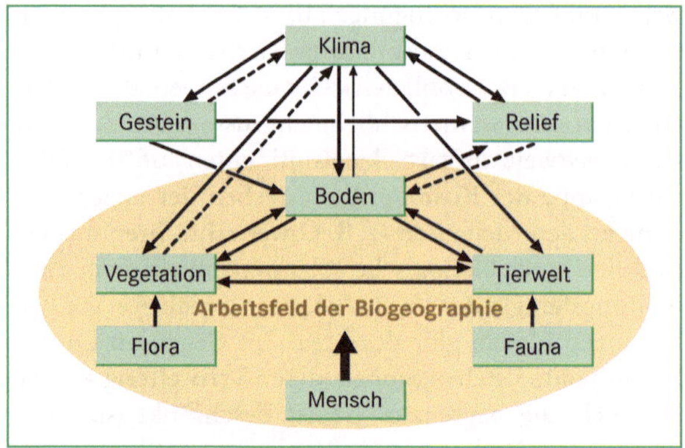

Abb. 6.4 Beziehungsgefüge der Umweltbereiche, dargestellt als einfaches Ökosystemmodell. Das Arbeitsfeld der Pflanzengeographie bildet ein Teilgebiet der Biogeographie, die zusätzlich noch die Tierwelt berücksichtigt (Glawion 2007a).

denhauer 1997, Schmithüsen 1968) betrachten den Standort unabhängig von den ihn aktuell besiedelnden Lebewesen als Gesamtheit aller naturgegebenen, für das Leben wichtigen Eigenschaften einer bestimmten Stelle im Gelände (Raumqualität, potenzielle Lebensstätte). Dieser Standort drückt einen bestimmten agrar- oder forstwirtschaftlichen Produktionswert aus.

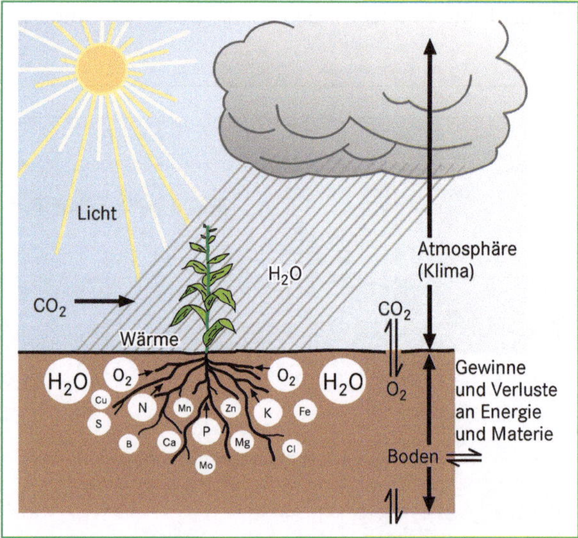

Abb. 6.5 Der ökologische Standort als Summe der auf die Pflanze einwirkenden Umweltfaktoren. Die Pflanze benötigt Licht (Sonnenstrahlung), Wärme, Wasser, Kohlendioxid, Sauerstoff sowie Nährstoffe und Spurenelemente des Bodens (primäre Standortfaktoren). Die jeweilige Verfügbarkeit der Umweltfaktoren charakterisiert den individuellen Standort. Zur Wirkung der Umweltfaktoren auf die Pflanze siehe Abb. 6.6 (verändert nach Klink 1998, Schroeder & Blum 1992).

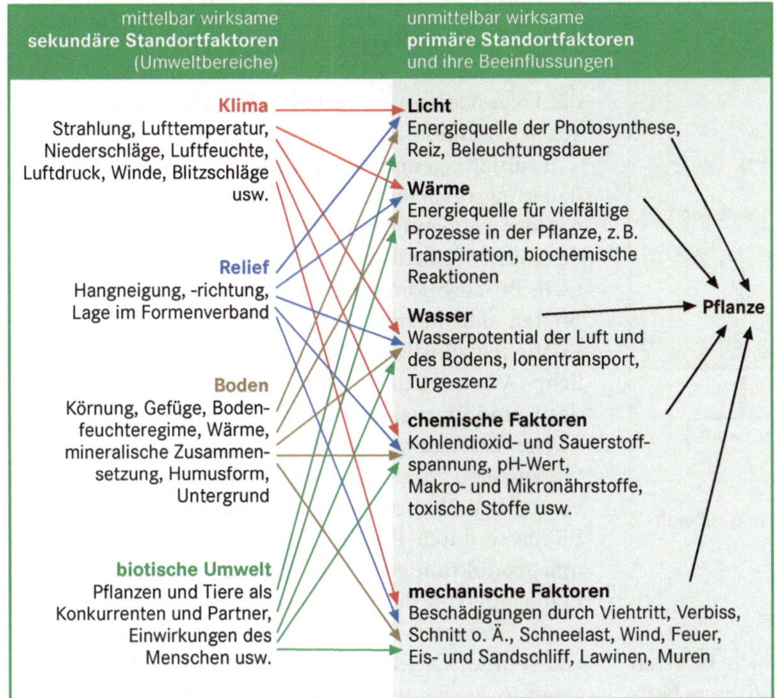

Abb. 6.6 Beziehung zwischen den mittelbar wirksamen Gegebenheiten des Gelän-des (sekundäre Standortfaktoren) und den unmittelbar auf die grüne Pflanze einwir-kenden Umweltfaktoren (primäre Standort-faktoren) (verändert nach Klink 1998).

Teilsysteme eines Ökosystems wie Klima, Relief, Boden und die biotische Umwelt (Mitbewerber um Raum, Licht, Wasser, Nährstoffe) sind im Hinblick auf den einzelnen Organismus ökologisch nur indirekt wirksam und wer-den als **sekundäre Standortfaktoren** bezeichnet (Abb. 6.6). Sie steuern oder beeinflussen die Ausprägung der ökophysiologisch direkt wirksamen **primären Standort-faktoren** Licht, Wärme, Wasser, chemische Faktoren (ins-besondere Nährstoffe) und mechanische Einwirkungen (Tierfraß, Wind, Feuer usw.), die die Lebensprozesse der Pflanzen und Tiere bestimmen. So beeinflusst das Relief die Ausbildung des Geländeklimas und damit die Licht-, Wärme- und Wasserverhältnisse am Standort.

> ⚛ **Zum Weiterdenken**
>
> 1. Nennen Sie unterschiedliche Ursachen, die zu Arealdis-junktionen führen können (Abb. 6.2).
>
> 2. Geben Sie konkrete Beispiele für wechselseitige Bezie-hungen zwischen Ökosystemkompartimenten, die im Ökosystemmodell dargestellt sind, und diskutieren Sie die Rolle des Menschen (Abb. 6.4).
>
> 3. Was ist der Unterschied zwischen primären und sekun-dären Standortfaktoren in der ökologischen Pflanzen-geographie? Erläutern Sie für das Beispiel „Relief" die Wirkung eines sekundären Standortfaktors auf die pri-mären Standortfaktoren der Pflanze (Abb. 6.6).

6.5 Die Wirkung der primären Standortfaktoren auf die Pflanzen

Wo Licht ist, ist auch Schatten – die Sonnenstrahlung als Motor der Ökosysteme

Die kurzwellige Einstrahlung der Sonne ist der primäre Energielieferant des globalen Wärme-, Wasser- und Bio-massenhaushalts und schafft damit die Voraussetzungen für eine belebte Umwelt (Abb. 6.7). Die **Photosynthese**, ein biochemisch-physiologischer Prozess, bei dem aus anorganischen Stoffen unter katalytischer Mitwirkung des Blattgrüns (Chlorophyll) und unter Ausnutzung der Sonnenenergie Kohlenhydrate aufgebaut werden, ermöglicht primär das Leben der autotrophen Pflanzen und sekundär das aller heterotrophen Organismen (z. B. Tiere).

Da das zur Photosynthese benötigte Licht beim Durchdringen von Pflanzenbeständen zunehmend reflektiert und absorbiert wird, haben die Pflanzen mor-phologische und physiologische Anpassungsformen an die unterschiedlichen Beleuchtungsverhältnisse entwi-ckelt. Die **Sonnenpflanzen** der Offenlandstandorte (z. B. Ruderal- und Schlagfluren) und die Sonnenblätter

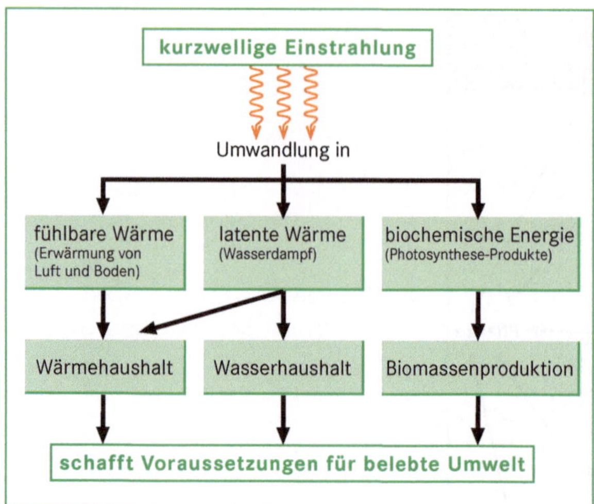

Abb. 6.7 Funktion des Sonnenlichts für Leben und Umwelt (Glawion 2007b).

von Laubbäumen im oberen Kronenbereich besitzen einen größeren Blattquerschnitt zur effektiveren Nutzung des Lichtes und eine verstärkte Cuticula (Schutzschicht) zur Verminderung der cuticulären Transpiration als die **Schattenpflanzen** bzw. Schattenblätter, die in den unteren Vegetationsschichten mit teilweise weniger als 2 % des Sonnenlichts auskommen müssen. Einige Baumarten zeigen eine unterschiedliche **Schattentoleranz** in ihren Entwicklungsstadien. So sind z. B. die Keimlinge der Rotbuche schattentolerant (Keimung auf dem dunklen Waldboden), während die adulten Bäume

Sonnenblätter im oberen Kronenbereich entwickeln. **Pflanzensukzessionen** beginnen meist mit einem Pionierstadium aus Lichthölzern (z. B. Birken), während die Folgestadien und insbesondere das Schlussstadium aus Schattenholzarten aufgebaut sind.

Frühjahrsgeophyten sind Wuchsformen mit Überdauerungsorganen im Boden, die im zeitigen Frühjahr vor der Laubentfaltung der Bäume unter Ausnutzung des vollen Sonnenlichts austreiben, blühen und fruchten (z. B. Buschwindröschen, Waldmeister, Bärlauch). **Epiphyten** sind nichtparasitäre Aufsitzerpflanzen, die zur Erlangung günstiger Lichtverhältnisse auf ihrem pflanzlichen Wirt siedeln (z. B. zahlreiche Moosarten, Orchideen- und Bromelienarten).

Die Erzeugung und Umformung von Biomasse in Organismen und Biozönosen wird als Produktion bezeichnet. Während die autotrophe Erzeugung von Biomasse durch Photo- oder Chemosynthese zur **Primärproduktion** gerechnet wird, zählt die heterotrophe Erzeugung von Biomasse durch Assimilation von autotroph erzeugter Biomasse zur **Sekundärproduktion**. Dabei unterscheidet man die **Bruttoproduktion** als die gesamte Erzeugung von der **Nettoproduktion** als ihr vom Produzenten nicht verbrauchter Anteil. Die höchste Nettoprimärproduktion (PP_N) und der maximale Biomassenzuwachs (ΔB) bei der Bestandsentwicklung eines gleichaltrigen Waldes wird beim Übergang von der Aufbau- zur Reifephase erreicht (Abb. 6.8). Danach nimmt die Atmung zu und somit die Nettoprimärproduktion wieder ab. In der Altersphase schrumpft die Phytomasse, weil die Abfallrate die Nettoproduktionsrate übersteigt. Eine einheitliche Bestandesalterung

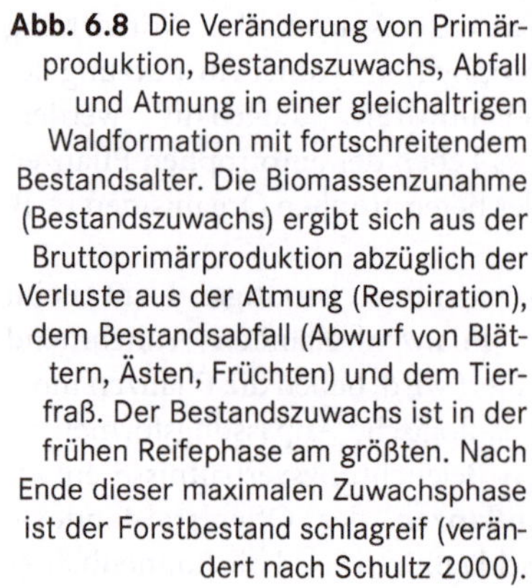

Abb. 6.8 Die Veränderung von Primärproduktion, Bestandszuwachs, Abfall und Atmung in einer gleichaltrigen Waldformation mit fortschreitendem Bestandsalter. Die Biomassenzunahme (Bestandszuwachs) ergibt sich aus der Bruttoprimärproduktion abzüglich der Verluste aus der Atmung (Respiration), dem Bestandsabfall (Abwurf von Blättern, Ästen, Früchten) und dem Tierfraß. Der Bestandszuwachs ist in der frühen Reifephase am größten. Nach Ende dieser maximalen Zuwachsphase ist der Forstbestand schlagreif (verändert nach Schultz 2000).

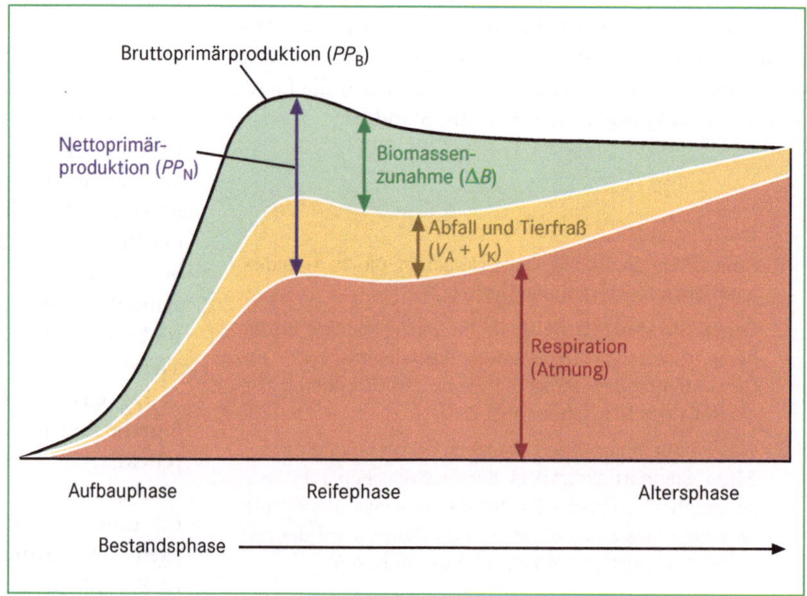

kann vermieden werden, wenn durch moderne forstliche Bewirtschaftung (z. B. durch Plenterschlag) parallel zur Alterung eine kontinuierliche Verjüngung vor sich geht.

Mangel und Überfluss sind gleichermaßen schädlich – auch bei der Wärmeversorgung!

Die Wärmeversorgung terrestrischer Ökosysteme erfolgt durch die Umwandlung kurzwelliger Einstrahlungsenergie am Boden oder in der Pflanzendecke in langwellige Wärmestrahlung (fühlbare Wärme) und in latente Wärme (Wasserdampf) (Abb. 6.7). In Wüsten oder Halbwüsten findet der gesamte Strahlungsumsatz am Erdboden statt, so dass hier durch hohe Tageserwärmung und starke nächtliche Abkühlung maximale Temperaturamplituden zu verzeichnen sind, die zu Hitze- und Kältestress für Pflanzen führen können.

Hitzestress kann Membranschädigung und Eiweiß-Denaturierung bewirken, was schon bei Temperaturen >40 °C zum Hitzetod führen kann. Pflanzen der Trockengebiete schützen sich durch ein isolierendes Abschlussgewebe oder eine Ummantelung mit isolierenden Luftpolstern (Behaarung, Korkschicht, abgestorbene Teile). Eine Transpirationskühlung der Blätter ist nur bei ständigem Wasserzustrom aus dem Boden möglich.

Auf **Kältestress** reagieren die Pflanzen je nach Wuchsgebiet und physiologischer Konstitution unterschiedlich. Während **erkältungsempfindliche Pflanzen** der Tropen schon bei niederen Temperaturen über dem Gefrierpunkt geschädigt werden, können viele **gefrierempfindliche** Pflanzen der Subtropen kurzzeitige episodische Fröste bei Temperaturen knapp unter dem Gefrierpunkt aushalten. Dagegen überleben **gefrierbeständige Pflanzen** (arktische und viele temperate Pflanzen sowie Pflanzen der Hochgebirge) das extrazelluläre Ausfrieren und die damit verbundene Dehydratation des Protoplasmas bei strengen, anhaltenden Frösten. Der Abhärtungsvorgang der gefrierbeständigen Pflanzen wird durch die ersten frühherbstlichen Frostereignisse ausgelöst (Abb. 6.9). Während die Frosthärte der Zirbelkiefer an der alpinen Waldgrenze im Winter bei −40 °C liegt, erreicht sie im Sommer nur −7 °C (Abb. 6.9). Bei großer Kälte kann die **Frosttrocknis** zum Tod führen, wenn die Pflanze bei gefrorenem Boden kein Wasser für die Transpiration mehr aufnehmen kann. Bei Tauwetter verlieren die Pflanzen schnell ihre winterliche Frosthärte.

Da bei Hitze, Kälte und Trockenheit stets Gewebeschäden durch Wasserverlust drohen, schützen Pflanzen sich gegen diese Stressfaktoren durch ähnliche morphologische und physiologische Anpassungsmerkmale. Hierzu gehören die Isolation der Oberfläche gegen das Eindringen von Hitze und Frost sowie gegen Wassserverlust (dichter Haarfilz, dicke Borke etc.), die Ausbildung konvergenter Gestalttypen (Sukkulenz und Polsterwuchs bei Wüsten- und Hochgebirgspflanzen, Hartlaubigkeit und Skleromorphie bei Mediterran- und Borealklimaten) und der Rückzug der Überdauerungsorgane unter schützende Oberflächen (Schneedecke, Boden, Wasser, vgl. Exkurs „Lebensformen nach Raunkiaer" in Abschn. 6.6).

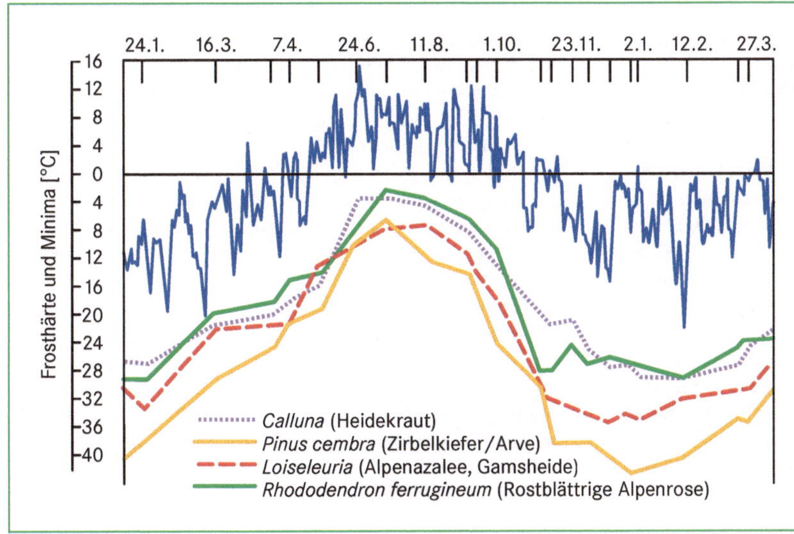

Abb. 6.9 Jahresgang der Temperaturminima (obere Kurve) und Jahresgang der Frosthärte alpiner Pflanzen. Der Abhärtungsvorgang wird durch die ersten frühherbstlichen Frostereignisse ausgelöst. Als Frosthärte wird die Temperatur bezeichnet, bei der nach zweistündiger Behandlung 50% der Pflanzen absterben (verändert nach Schmidt 1969).

Von Transpiration und Potenzial-gefälle – wie Pflanzen sich Wasser beschaffen

Die höheren Pflanzen können Wasser nur durch die Wurzel aus dem Boden bzw. einem wässrigen Medium aufnehmen. Nur bei einigen niederen Pflanzen ist eine direkte Aufnahme von Feuchtigkeit aus der Luft durch die Oberfläche der oberirdischen Organe möglich.

Der **Wasserhaushalt** der Landpflanzen hängt vom Wasserpotenzialgefälle ab, in das die Pflanze zwischen Boden und Atmosphäre eingebunden ist (Abb. 6.10). Das **Wasserpotenzial** (Wasserspannung) eines Körpers (gemessen in Druckeinheiten, 1 Mpa = 10 bar) ist sein Saugvermögen, Wasser aus der Umgebung bis zur Sättigung aufzunehmen (Lerch 1991). Landpflanzen müssen mit ihren Saugkräften die Wasserspannung des Bodens überwinden. Während die Wasserspannung bei wassergesättigtem Boden nur 0,3 bar beträgt, müssen Salzpflanzen und Wüstensträucher zur Überwindung des hohen Wasserpotenzials in versalzten oder trockenen Böden eine Saugspannung von 30 bis 90 bar aufwenden.

Das Wasser und die darin gelösten Nährsalze werden mittels eines Transpirationsstroms, der durch das Wasserpotenzialgefälle zwischen Boden und Atmosphäre entsteht, von der Wurzel durch die Sprossachse in die Blätter transportiert (Abb. 6.10). Bei der Wasserabgabe der Pflanze an die Atmosphäre (Transpiration) wird zwischen **cuticulärer** und **stomatärer Transpiration**

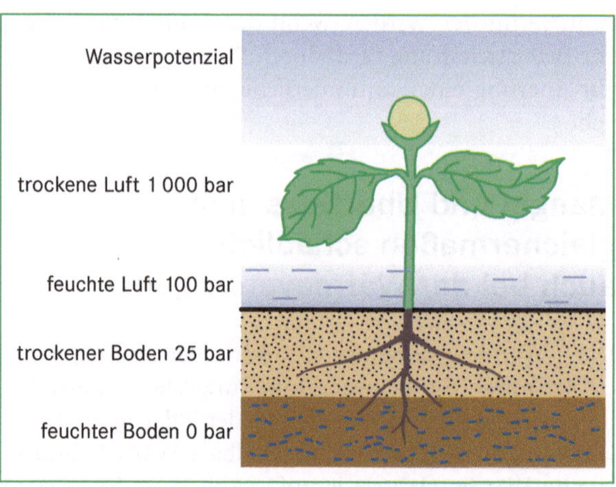

Abb. 6.10 Wasserpotenzialgefälle, in das eine Pflanze zwischen Boden und Atmosphäre eingebunden ist (verändert nach Larcher 1984).

unterschieden. Erstere erfolgt unfreiwillig durch die Cuticula von Blättern oder Sprossen und wird durch passive Schutzeinrichtungen (Behaarung, Wachsschichten usw.) weitgehend unterdrückt. Dagegen erfolgt Letztere durch Spaltöffnungen (Stomata) der Blätter und kann durch aktive Regulation der Stomata von der Pflanze kontrolliert werden. Viele Wüstenpflanzen haben eingesenkte Spaltöffnungen, um die Transpiration einzuschränken. Im Gegensatz dazu besitzen Pflanzen feuchter Standorte ausgestülpte Stomata, um den

Transpirationsstrom zu fördern. Auf der Grundlage von morphologischen und funktionellen Anpassungsmerkmalen lassen sich bestimmte **Wasserhaushaltstypen** von Pflanzen unterscheiden (Exkurs „Wasserhaushaltstypen der Pflanzen").

Gibst du mir, gebe ich dir – der Trick mit der Nährstoffaufnahme

Nährelemente werden durch die Verwitterung der Minerale und Gesteine bzw. die Verwesung der abgestorbenen organischen Substanz (Humus) freigesetzt. Enthält der Boden genügend Bodenkolloide (Tonminerale, Huminstoffe), wie dies bei tonigen, lehmigen und humusreichen Böden der Fall ist, werden die freigesetzten Nährstoffionen nicht direkt mit dem Bodenwasserstrom ausgewaschen, sondern reversibel an die Bodenkolloide gebunden, die als Ionenaustauscher fungieren. Die Pflanzenwurzel gibt nun Säuren (H^+- und HCO_3^--Ionen) und niedermolekulare organische Verbindungen in die Bodenlösung ab, wodurch die als basische Kationen gebundenen mineralischen Nährstoffe von den Austauschern freigesetzt und über die Bodenlösung von den Pflanzenwurzeln aufgenommen werden (Abb. 6.11).

Die im Bodenwasser gelösten Nährelemente, die teils als Kationen (z.B. Kalium, Calcium, Magnesium) und teils als Anionen (z.B. Stickstoff, Phosphor, Schwefel) vorliegen (Abb. 6.5), werden von den Pflanzen in unterschiedlichen Mengen aufgenommen. Zu den **Hauptnährelementen** gehören z.B. Stickstoff, Phosphor und Kalium, zu den **Spurenelementen** Eisen, Mangan und Zink. Nur Kohlendioxid wird aus der Luft aufgenommen (bei einigen Pflanzen erfolgt jedoch eine mikrobielle Stickstoffbindung aus der Luft). Ist ein Nährelement in zu geringen Mengen vorhanden, treten Mangelsymptome auf (z.B. Nekrosen, Chlorosen), in zu hoher Konzentration kann es toxisch wirken.

Mit Feuer und Eis – mechanische Einflüsse schaffen Lebensräume

Natürliche und anthropogene mechanische Einflüsse wie Wind, Eisschliff, Schneebruch, Blitzschlag und Feuer, Steinschlag, Tierverbiss und -tritt, Holzeinschlag und Mahd wirken hauptsächlich verformend oder zerstörend auf den pflanzlichen Organismus ein. Bei anhaltender gleichförmiger Beanspruchung rufen sie bestimmte Wuchsformen hervor und führen zu einer Auslese, bei der nur die am besten angepassten Pflanzen eine Überlebenschance haben.

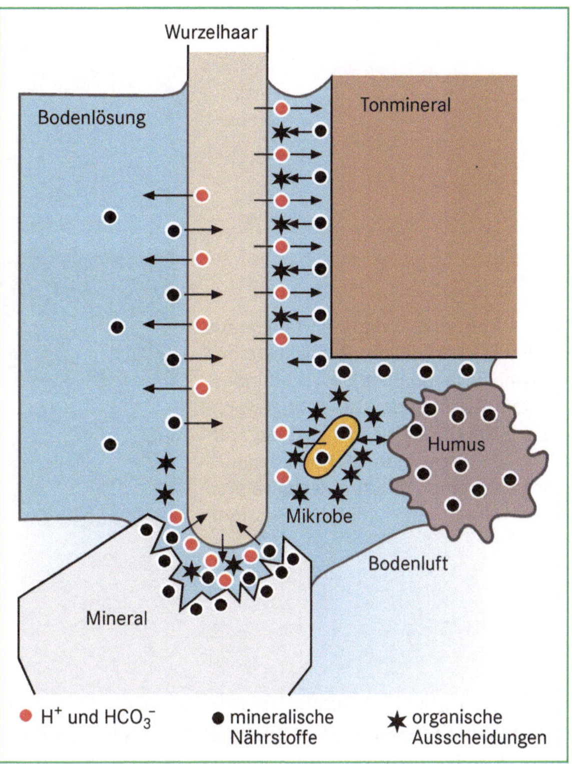

Abb. 6.11 Mobilisierung mineralischer Nährstoffe im Boden und Mineralstoffaufnahme durch die Wurzel. Mineralische Nährstoffe werden durch die Verwitterung der Minerale und Gesteine (Reserve-Fraktion) langsam freigesetzt und an den Bodenkolloiden (Tonminerale, Huminstoffe) zwischengespeichert (als austauschbare Fraktion). Geben die Wurzelhaare Säuren und organische Ausscheidungen in die Bodenlösung ab, werden die mineralischen Nährstoffe von den Bodenkolloiden verdrängt und über die Bodenlösung (als lösliche Fraktion) von den Pflanzenwurzeln aufgenommen (verändert nach Larcher 1994).

Die Einwirkung sehr beständiger Winde aus einer vorherrschenden Richtung führt an Meeresküsten, im Hochgebirge und in Gebirgstälern zu Bäumen und Sträuchern mit winddeformierten Kronen (**Windschurformen**). Die luvseitigen Zweige bleiben dabei im Wachstum zurück oder sterben ab, so dass die Kronen der Holzgewächse in Leerichtung verformt erscheinen. Waldränder an Küsten mit beständigem Seewind erscheinen als Folge der dauernden Windschur rampenförmig aufgebaut (Abb. 6.12). Die windzugewandte Seite solch windgeschorener Gehölze besteht aus sehr dichtem, undurchdringlichem Geäst, das den Wind nach oben ablenkt.

Das **Eisgebläse** im Hochgebirge wirkt besonders zerstörend auf die waldgrenznahe Vegetation. Hierbei treibt der Wind Eiskristalle über eine Schneeoberfläche,

Abb. 6.12 Windschurrampe aus Sitkafichten an der Pazifikküste des Olympic National Park im US-Bundesstaat Washington. Die dicht gewachsene Gehölzoberfläche lenkt die starken Westwinde über den dahinter liegenden temperierten Regenwald ab (Foto: R. Glawion).

die aus dem Schnee herausragende luvseitige Pflanzenteile abschleifen. Gelingt es einzelnen Sprossen dennoch, über den Hauptwirkungsbereich des Eisgebläses nahe der Schneedeckenoberfläche hinauszuwachsen, kann der Baum oberhalb davon seine Entwicklung weitgehend ungestört fortsetzen. Auf diese Weise entstehen die charakteristischen Wipfeltisch- und Fahnenformen im alpinen und polaren Waldgrenzbereich (Abb. 6.13).

In Hartlaubformationen der Winterregengebiete, in semiariden Graslandschaften der Tropen (Savanne) und der gemäßigten Breiten (Steppe), aber auch in borealen Nadelwäldern mit sommerlichen Trockenperioden ist **Feuer** durch Blitzschlag ein natürlicher Standortfaktor. Die meisten Waldbrände sind heute jedoch anthropogenen Ursprungs. In den Savannen der Randtropen wird das trockene Gras regelmäßig abgebrannt, um den als Weidegras benötigten Jungwuchs zu fördern und eine Verbuschung zu verhindern. Einige Gehölzarten (z. B. die nordamerikanische Drehkiefer oder australische Eukalyptusarten) verdanken dem Feuer ihre weite Verbreitung, da sich ihre Zapfen erst nach starker Hitzeeinwirkung öffnen (**Pyrophyten**).

Der mechanische Einfluss von Hufen und Beweidung, d. h. von **Tritt und Verbiss** durch Tiere, veränderten die Vegetationsdecke weltweit schon vor der Domestikation von Wildtieren durch den Menschen. Herbivore Großwildherden in den Wäldern Mitteleuropas und den Savannenlandschaften Afrikas oder Bisonherden in den Prärien Nordamerikas schufen charakteristische **Biome** (Pflanzenformationen mit den darin lebenden Tiergemeinschaften), die ohne natürliche Beweidung nicht

Abb. 6.13 Wipfeltischform und vorherrschende Umwelteinflüsse am Beispiel einer drei Meter hohen Fichte auf dem Feldberg im Schwarzwald (1493 m üNN) (Foto: R. Glawion).

entstanden wären. Beispielsweise waren die Wälder Mitteleuropas bis zur Jungsteinzeit stärker aufgelichtet als heute. In jüngerer Zeit waren es hauptsächlich die Weidetiere des Menschen, die das Vegetationsbild der Erde zusätzlich stark veränderten. Waldvernichtung, Bodenerosion und Verdrängung von Pflanzenarten durch selektive Beweidung und Trittschädigung sind einige Merkmale von Vegetations- und Standortveränderungen, die weltweit durch Überweidung auftreten.

Von Konkurrenten, Strategen und Parasiten – biotische Einflüsse

Außer von der artspezifischen Anpassung von Tieren und Pflanzen an abiotische Umweltbedingungen (Licht, Wärme, Wasser, Nährstoffe usw.) hängt ihr Vorkommen und Überleben im Raum von einer Vielzahl biotischer Einflüsse und Wechselwirkungen ab, unter denen die **inner- und zwischenartliche Konkurrenz** um begrenzte Ressourcen die entscheidende Größe darstellt. Jede Art besitzt genetisch festgelegt einen optimalen Lebensbereich (**physiologisches Optimum**, Potenzoptimum) gegenüber exogenen Faktoren. Dies bedeutet in der freien Natur aber in der Regel nicht, dass eine Art hier zwangsläufig auch ihr Existenzoptimum (**ökologisches Optimum**) hat, da die Konkurrenz von anderen Arten mit ähnlichem physiologischem Optimum außer Acht bleibt. So besitzen die meisten mitteleuropäischen Baumarten bezogen auf Bodenfeuchte oder -reaktion ein ähnliches physiologisches Optimum, unterscheiden sich aber sehr stark in ihrem ökologischen Optimum (Abb. 6.14). Nur bei der Rotbuche (*Fagus sylvatica*) sind aufgrund ihrer hohen Konkurrenzkraft beide Optima identisch. Sie drängt andere, weniger konkurrenzstarke Arten (z. B. Waldkiefer *Pinus sylvestris*, Stieleiche *Quercus robur*) in die Randbereiche ihrer ökophysiologischen Amplitude (Potenzbereich). Dort sind die Wachstumsbedingungen zwar nur noch suboptimal, dafür kommt die Rotbuche aber nicht mehr vor. Am Beispiel der Waldkiefer wird deutlich, dass mit zunehmender Konkurrenzschwäche einer Art ihr Existenzoptimum mehr und mehr vom Potenzoptimum abweicht.

Arten mit einem sehr breiten Potenzbereich werden als **euryök** (Generalisten), solche mit einer engen Amplitude idealer Bedingungen als **stenök** (Spezialisten) bezeichnet. Generalisten fügen sich mühelos in ein breites Spektrum von Umweltbedingungen ein und haben in der Regel eine weite Verbreitung (z. B. die Rotbuche). Spezialisten sind dagegen eng an eine spezielle Ausprägung und Kombination von Umweltfaktoren gebunden, wie dies beispielsweise bei Arten von Hoch

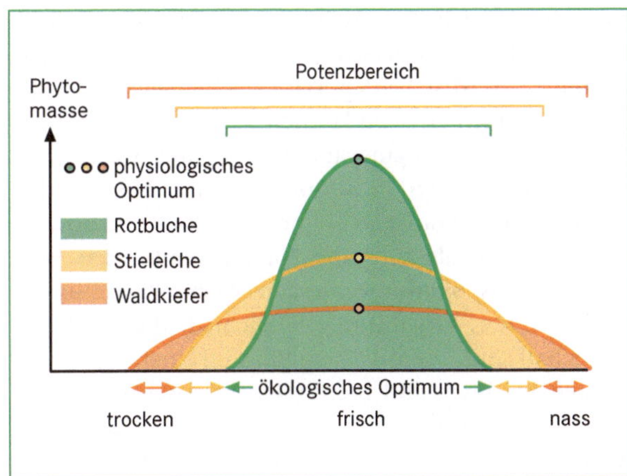

Abb. 6.14 Physiologisches und ökologisches Optimum von Rotbuche, Stieleiche und Waldkiefer in Mitteleuropa (verändert nach Pfadenhauer 1997).

mooren oder Trockenrasen der Fall ist, und sind in ihrer Verbreitung stark eingeschränkt (Schmitt 2007).

Bezogen auf die verschiedenen Konkurrenzmechanismen haben sich in der Pflanzen- und Tierwelt reproduktionsbiologische Strategietypen herausgebildet, die sich in der Zahl der Verbreitungseinheiten und der Länge des Lebenszyklus unterscheiden. Gleichzeitig stellen diese Typen eine Anpassung an Umweltstress und -störungen dar. Man unterscheidet zwischen **Konkurrenz-(K-)Strategen** und **Ruderal-(r-)Strategen**: Die langlebigen K-Strategen (z. B. Baumarten) besitzen eine geringe Reproduktionsrate und besiedeln stabile Lebensräume, die kaum Störungen erfahren. Dort entwickeln sie mit ihrer Fähigkeit, das Ressourcenangebot gleichmäßig und intensiv zu nutzen, eine starke Konkurrenzkraft, maximale Populationsgrößen und eine hohe Überlebensdauer in Raum und Zeit. Die r-Strategen (z. B. Ackerwild- und Ruderalpflanzen) hingegen sind in der Lage, mit ihrer sehr hohen Reproduktionsrate neu entstehende oder gestörte, instabile Lebensräume rasch, aber mit geringer Konkurrenzkraft zu besiedeln. Aufgrund ihrer hohen Reproduktionsrate und Kurzlebigkeit ertragen sie Störungen ihrer Standorte nicht nur, sondern ihr Überdauern ist vielfach an solche gebunden, da diese sie vor der übermächtigen verdrängenden Konkurrenz der K-Strategen schützen (Schmitt 2007).

Parasiten sind Organismen, die in den Stoffkreislauf von Wirtsindividuen eindringen und von diesen Nährstoffe für ihr eigenes Wachstum beziehen. Dies ist meist mit einer Schädigung des Wirts verbunden, führt aber nicht zu dessen unmittelbarem Tod. Unter den Parasiten sind Bakterien und Pilze die häufigsten, aber es existie ren weltweit auch rund 3 000 parasitische höhere Pflanzen. Bei Letzteren unterscheidet man zwischen **Hemiparasiten** (z. B. Mistel, Klappertopf, Wachtelweizen), die Photosynthese betreiben können und daher nur für die Nährelementeversorgung auf den Wirt angewiesen sind, und **Holoparasiten** (z. B. Sommerwurz, Nesselseide), die nicht zur Photosynthese befähigt sind und sowohl die Assimilate als auch die Nährelemente vom Wirt beziehen. Als **Symbiose** werden Wechselbeziehungen zwischen zwei Organismen bezeichnet, die für beide vorteilhaft sind. Die aus einem Pilz und einer Alge bestehenden Flechten sind hierfür ein klassisches Beispiel. Der Pilz profitiert von der Kohlenhydratproduktion der Alge, verbessert aber gleichzeitig deren Wasser- und Nährstoffversorgung und dient ihr als Stützgerüst. Weitere Beispiele sind die bei der Mehrzahl der Landpflanzen zu findende Symbiose aus Pilzen und Wurzeln (**Mykorrhiza**) oder Luftstickstoff fixierende **Knöllchenbakterien** bei den Leguminosen (Schmitt 2007).

💡 Zum Weiterdenken

1. Welche morphologischen und physiologischen Anpassungsformen an die unterschiedlichen Beleuchtungsverhältnisse haben die Pflanzen entwickelt?

2. Erstellen Sie unter Verwendung der Terme in Abb. 6.8 Gleichungen für a) die Nettoprimärproduktion PP_N und b) die Biomassenzunahme ΔB.

3. Durch welche vergleichbaren morphologischen und physiologischen Anpassungsmerkmale schützen sich Pflanzen gegen Hitze, Kälte und Trockenheit?

4. Erläutern Sie Abb. 6.10 im Zusammenhang mit dem Wassertransport in der Pflanze.

5. Beschreiben Sie die Mineralstoffaufnahme der Pflanze (Abb. 6.11). Welche Rolle spielen dabei die Bodenkolloide?

6. Beschreiben Sie die Entstehung der Wipfeltischform im Waldgrenzbereich (Abb. 6.13).

7. Erläutern Sie, in welchen Bereichen des Feuchtegradienten sich die ökologischen Optima bei Rotbuche, Stieleiche und Waldkiefer befinden und warum sie voneinander abweichen (Abb. 6.14).

8. Was ist der Unterschied zwischen K- und r-Strategen?

9. Welche Formen zwischenartlicher Beziehungen gibt es bei Lebewesen?

6.6 Wiese ist nicht gleich Wiese – Methoden der Vegetationsklassifikation

Bei der Klassifikation und räumlichen Analyse von **Phytozönosen** (Pflanzengemeinschaften) werden in Abhängigkeit vom Maßstab grundsätzlich zwei unterschiedliche Ansätze verfolgt. Auf kleiner Maßstabsebene erfolgt eine Gliederung und Typisierung nach physiognomisch-ökologischen Kriterien, auf großer Maßstabsebene stehen floristisch-ökologische Verfahren im Vordergrund. Der **physiognomisch-ökologische Ansatz** der Vegetationsklassifikation geht in seinen Ursprüngen auf Alexander von Humboldt mit seinen „Ideen zu einer Physiognomik der Gewächse" (1807) zurück und versucht, die Vegetation eines Raumausschnittes über die **Wuchs- oder Lebensformen** der dominanten Sippen zu deuten. Grundgedanke ist, dass das äußere Erscheinungsbild der Pflanzen (Physiognomie) wie Wuchshöhe, Blattbau oder -ausdauer eine Anpassung an die vorherrschenden, insbesondere großklimatischen Umweltbedingungen ist. Physiognomisch einheitliche Pflanzenbestände sind somit der Ausdruck bestimmter ökologischer Bedingungen und lassen unter weitgehender Vernachlässigung des taxonomischen Systems eine Typisierung in unterschiedliche Pflanzenformationen zu. Vor allem bei geographischen Fragestellungen hat das **Lebensformen-System nach Raunkiaer** (s. Exkurs „Lebensformen nach Raunkiaer") große Akzeptanz gefunden, da hier leicht zu erkennende und mit dem Makroklima in Verbindung stehende Kriterien Anwendung finden. Dementsprechend weisen die Klimazonen der Erde, teilweise aber auch kleinere Raumeinheiten, wesentliche Unterschiede im Anteil der einzelnen Lebensformen an der Flora auf, was in **Lebensformenspektren** dokumentiert werden kann. Dominieren aufgrund der günstigen klimatischen Bedingungen in den immerfeuchten Tropen die Phanerophyten, so treten diese in allen anderen Zonen mengenmäßig zurück. An Trockenheit sind Therophyten am besten angepasst, wogegen in kühleren Regionen Hemikryptophyten und Chamaephyten durch den Kälteschutz, den abgeworfenes Laub oder Schnee bieten, Vorteile haben. Der Zusammenhang zwischen pflanzlichen Lebensformen und Klima kommt auch darin zum Ausdruck, dass sich in unterschiedlichen Erdteilen unter vergleichbaren klimatischen Bedingungen in taxonomisch nicht verwandten Sippen häufig analoge Lebensformen ausgebildet haben (**Konvergenz**). Beispiele hierfür finden sich in den Trockengebieten der Erde mit den stammsukkulenten Kakteen

Exkurs

Lebensformen nach Raunkiaer

Dem ursprünglich für Gebiete mit Kälteruhe entwickelten Lebensformen-System nach Raunkiaer liegen Anpassungsmerkmale von Pflanzen an ungünstige Jahreszeiten (Winterkälte, Trockenzeit) zugrunde, die durch eine jahreszeitliche Dynamik der Umweltfaktoren Licht, Temperatur und Feuchtigkeit bestimmt werden. Auf die zentrale Frage, wie Pflanzen die ungünstige Jahreszeit überdauern, bietet die Lage der Erneuerungsknospen (Überdauerungsorgane) eine Antwort. Auf dieser Basis unterschied Raunkiaer fünf Hauptgruppen an Lebensformen:

- **Phanerophyten**: Knospen befinden sich in beträchtlicher Höhe über dem Erdboden an langlebigen, häufig verholzten Sprossachsen (Bäume, Sträucher); je nach Höhe wird zwischen Makro- (über 2 m) und Nanophanerophyten (bis 2 m) unterschieden

- **Chamaephyten**: Zwergsträucher oder krautige Pflanzen, deren Knospen nur wenig über dem Erdboden angeordnet sind (25 cm)
- **Hemikryptophyten**: krautige Pflanzen (z. B. Gräser, Rosettenpflanzen) mit eng dem Erdboden anliegenden Knospen und einem weitgehenden Absterben der oberirdischen Teile in der ungünstigen Jahreszeit
- **Kryptophyten**: Pflanzen, deren Teile periodisch völlig absterben und deren Überdauerungsorgane sich im Boden (Geophyten) oder Wasser (Hydrophyten) befinden
- **Therophyten**: einjährige Pflanzen, deren Überdauerung in Form von Samen erfolgt

(Schmitt und Schmitt 2007b)

(*Cactaceen*) der Neotropis und den sehr ähnlich aussehenden Wolfsmilchgewächsen (*Euphorbiaceen*) der Paläotropis oder in den tropischen Hochgebirgen mit den weltweit dort beheimateten Schopfblattgewächsen. Andererseits kann es bei verwandten Sippen durch veränderte Umweltbedingungen zur Ausbildung unterschiedlicher Lebensformen kommen. So sind die Arten der Gattung Weiden (*Salix*) in der gemäßigten Zone überwiegend den Phanerophyten zuzurechnen, während es sich in der Arktis um niedrige Chamaephyten handelt (Schmitt und Schmitt 2007b).

Bei der Vegetationsanalyse auf einer größeren Maßstabsebene gelangt das System der Lebensformen relativ schnell an seine Grenzen. Der Versuch, in einem mitteleuropäischen Waldgebiet (z. B. Schwarzwald, Eifel, Taunus) die einzelnen standortökologisch unterschiedlichen Waldbestände mithilfe des Systems Raunkiaers zu typisieren, wird aufgrund des vielfach identischen Lebensformenspektrums weitgehend scheitern. In diesem Fall helfen nur **floristisch-ökologische Klassifikationsverfahren** der Vegetation weiter. Sie basieren auf dem taxonomischen System und typisieren Pflanzenbestände anhand ihres Arteninventars. Wesentliche Voraussetzungen für die Anwendung dieser artgebunden Klassifizierungen sind daher sehr gute Artenkenntnisse. Die entscheidende Grundlage dieser Verfahren ist die Annahme, dass die Artenzusammensetzung an einem Standort nur selten zufällig besteht, sondern bestimmte Artenkombinationen sich unter vergleichbaren Standortbedingungen wiederholen. Phytozönosen, die eine ähnliche Artenkombination und vergleichbare Standortbedingungen besitzen, können so zu einem Typus zu-

sammengefasst werden (**Pflanzengesellschaft**) (Schmitt und Schmitt 2007b).

6.7 Wo führt das alles nur hin? – zonale Vegetationsgliederung

Auf der globalen Maßstabsebene bietet sich aus Gründen der Übersicht und der Praktikabilität eine Gliederung der Vegetation nach dem äußeren Erscheinungsbild der Pflanzen und der von ihnen gebildeten Bestände an. Dabei orientiert sich die Einteilung an den optisch vorherrschenden Wuchs- und Lebensformen, die sich in physiognomisch unterschiedliche **Pflanzenformationen** gliedern lassen. Der Begriff „Formation" wurde bereits 1838 von August Grisebach eingeführt und als eine Gruppe von Pflanzen mit einheitlichem physiognomischem Charakter definiert. Entscheidend für die Ausweisung von Pflanzenformationen sind gleiche Lebensformengemeinschaften in größeren Landschaftsräumen. In der ökologischen Aussagekraft von Lebensformen und ihrer raschen und leichten Erfassbarkeit, vor allem in Gebieten, in denen der Artenbestand nur sehr schwer und mit hohem Aufwand zu ermitteln wäre (z. B. tropischer Regenwald), liegt der Vorteil solcher physiognomisch-ökologischen Vegetationseinheiten. Das System der physiognomisch-ökologischen Klassifizierung der Pflanzenformationen der Erde haben Ellenberg und Mueller-Dombois (1967) als Grundlage für eine welt-

Tabelle 6.2 Klassifikation der Pflanzenformationen (verändert nach Ellenberg und Mueller-Dombois 1967).

Formationsklasse I	geschlossene Wälder
Formationsunterklasse 12	Laub werfende Wälder
Formationsgruppe 121	winterkahle Wälder
Formation 1211	temperierte winterkahle Wälder
Formationsklasse II	offene Wälder
Formationsklasse III	Gebüsch-Formationen
Formationsklasse IV	Zwergstrauch-Formationen
Formationsklasse V	Kräuter- und grasreiche Fluren
Formationsklasse VI	Wüsten und edaphische Trockenstandorte
Formationsklasse VII	Wasserpflanzenformationen

weite Vegetationskartierung im Maßstab 1:10 000 000 entwickelt. In diesem hierarchischen System werden als ranghöchste Kategorie sieben Formationsklassen unterschieden, die in Formationsgruppen, Formationen im eigentlichen Sinne und Subformationen unterteilt sind (Tab. 6.2).

Da Pflanzenformationen in der Regel in Beziehung zu großklimatischen Faktoren stehen, zeigen sie eine globale, annähernd breitenkreisparallele Zonierung, die mit den Klimazonen der Erde übereinstimmt. Sie formen also Vegetationszonen (Abb. 6.15), die durch ein eigenes Spektrum an Vegetationstypen gekennzeichnet sind (Schmitt und Schmitt 2007b).

Zu beachten ist, dass die Karten der Vegetationszonen der Erde (Abb. 6.15) in der Regel die Formationen der potenziellen natürlichen Vegetation darstellen. Der Begriff der **potenziellen natürlichen Vegetation** (pnV) bezeichnet den (gedachten) Vegetationszustand, der sich „schlagartig" unter den heutigen Standortbedingungen einstellen würde, wenn die anthropogenen Eingriffe in die Natur aufhören würden. Diese Vegetationskarten reflektieren nicht nur die großklimatischen Bedingungen, sondern lassen Aussagen über das ökologische Standortpotential der Räume zu.

Die auf mittleren Standorten charakteristischen und flächenmäßig dominierenden Vegetationstypen einer Vegetationszone stehen mit dem dort herrschenden Makroklima in Einklang und bilden die **zonale Vegetation**. Ihre floristische Zusammensetzung wandelt sich nur über große Distanzen und geht meist mit der Änderung des Klimas einher. Beispiele für zonale Pflanzenformationen sind die sommergrünen Laub- und Mischwälder der feuchten Mittelbreiten (z. B. Mitteleuropa), die Nadelwälder der borealen Zone (z. B. Sibirien) oder die Hartlaubvegetation der winterfeuchten Subtro-

pen (z. B. Mittelmeerregion). Unter natürlichen Bedingungen wird die zonale Vegetation nur an Sonderstandorten mit edaphischen oder mikroklimatischen Extrembedingungen verdrängt. An edaphischen Sonderstandorten wird sie von Vegetationstypen ersetzt, deren Vorkommen nicht an eine bestimmte Vegetationszone gebunden ist, sondern allein von einer besonderen bodenkundlich-morphologischen Faktorenkonstellation bedingt wird (**azonale Vegetation**). Diese spezifische standörtliche Merkmalskombination, bestimmt die Artenzusammensetzung der azonalen Vegetationstypen, weshalb sie über die Grenzen von Vegetationszonen hinweg floristisch viele Gemeinsamkeiten und große Ähnlichkeit haben. Charakteristische Beispiele für azonale Vegetation in Mitteleuropa sind Vegetationstypen auf nassen Standorten (Hochmoorgesellschaften, Auenwälder) oder salzhaltigen Substraten (Salzwiesen). Bei starker, meist reliefbedingter Abweichung der mikroklimatischen Bedingungen von den durchschnittlichen klimatischen Verhältnissen treten anstelle der zonalen Vegetation sogenannte extrazonale Vegetationstypen auf. Ihr eigentliches Verbreitungsgebiet liegt – wie der Name bereits andeutet – in einer Vegetationszone, deren großklimatische Verhältnisse den mikroklimatischen Bedingungen der Sonderstandorte entsprechen. Typische Beispiele für **extrazonale Vegetation** in Mitteleuropa sind subkontinentale Steppenrasen oder submediterrane Flaumeichenwälder an trocken-warmen Südhängen (Schmitt und Schmitt 2007b).

Für weitergehende Ausführungen zur zonalen Vegetationsgliederung sei auf folgende Literatur verwiesen: Richter (2001), Schroeder (1998), Schultz (2000), Walter und Breckle (1983).

☀ Zum Weiterdenken

1. Unter welchen Voraussetzungen würde man den floristisch-ökologischen Weg und wann den physiognomisch-ökologischen Weg zur Erfassung der vegetationsräumlichen Ordnung einschlagen?

2. Was versteht man unter dem Lebensformentyp einer Pflanze, was versteht man unter einer Pflanzenformation?

3. Warum wird in Karten der Vegetationszonen der Erde in der Regel die potenzielle natürliche Vegetation dargestellt (Abb. 6.15)?

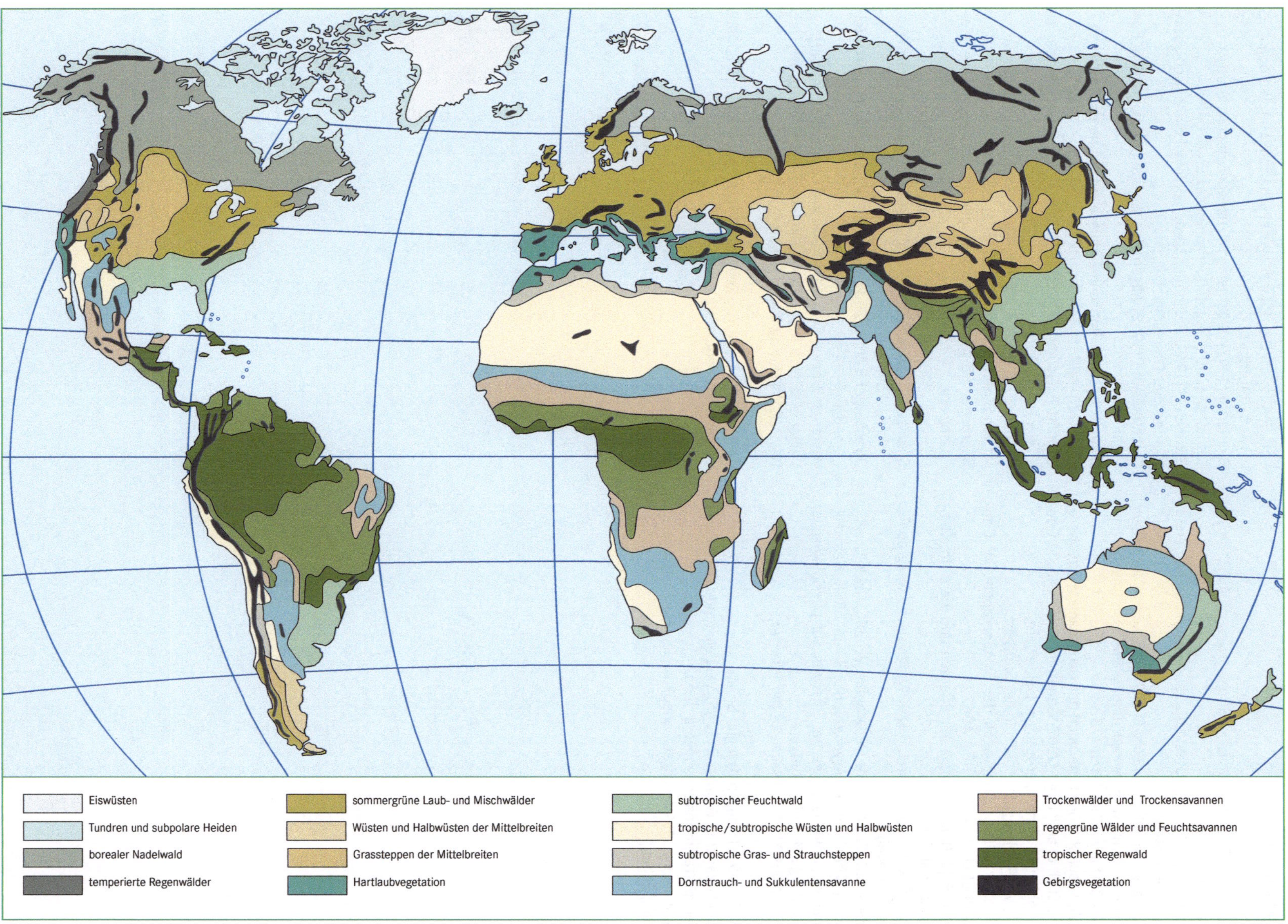

Abb. 6.15 Vegetationszonen der Erde (verändert nach Goudie 2002).

Literatur

Blum W (2007) Bodenkunde in Stichworten. 6. Aufl., Berlin, Stuttgart.

Ellenberg H (1996) Vegetation Mitteleuropas mit den Alpen. 4. Aufl., Stuttgart.

Ellenberg H, Mueller-Dombois D (1967) A key to Raunkiaer plant life forms with revised subdivisions. Ber. Geobot. Inst. ETH Stiftung Rübel 37: 56–73.

Frey W, Lösch R (2004) Lehrbuch der Geobotanik. Heidelberg.

Gebhardt H. et al. (Hrsg.) (2007) Geographie – Physische Geographie und Humangeographie. Heidelberg.

Glavac V (1996) Vegetationsökologie. Stuttgart.

Glawion, R (2007a) Grundlagen der Biogeographie. In: Gebhardt et al. (Hrsg.), S. 404–406.

Glawion R (2007b) Ökologie der Pflanzen und Tiere. In: Gebhardt et al. (Hrsg.), S. 415–425.

Glawion R, Glaser, R, Saurer, H (2009): Physische Geographie. Braunschweig.

Goudie A (2002) Physische Geographie. 4. Aufl., Heidelberg.

Klink HJ (1998) Vegetationsgeographie. 3. Aufl., Braunschweig.

Larcher W (1984) Ökologie der Pflanzen auf physiologischer Grundlage. 4. Aufl., Stuttgart.

Larcher W (1994) Ökophysiologie der Pflanzen. 5. Aufl., Stuttgart.

Lerch G (1991) Pflanzenökologie. Berlin.

Meusel H, Jäger E, Weinert E (1965) Vergleichende Chorologie der zentraleuropäischen Flora. Jena.

Pfadenhauer J (1997) Vegetationsökologie. Ein Skriptum. 2. Aufl., Eching.

Pott R (1995) Die Pflanzengesellschaften Mitteleuropas. 2. Aufl., Stuttgart.

Richter M (1997) Allgemeine Pflanzengeographie. Stuttgart.

Richter M (2001) Vegetationszonen der Erde. Gotha.

Schmidt G (1969) Vegetationsgeographie auf ökologisch-soziologischer Grundlage. Leipzig.

Schmithüsen J (1968) Allgemeine Vegetationsgeographie. Berlin.

Schmitt T (2007) Biotische Einflüsse. In: Gebhardt et al. (Hrsg.), S. 425–427.

Schmitt E, Schmitt T (2007a) Arealkunde. In: Gebhardt et al. (Hrsg.), S. 406–414.

Schmitt E, Schmitt T (2007b) Klassifikation und Raummuster von Biozönosen. In: Gebhardt et al. (Hrsg.), S. 434–446.

Schroeder FG (1998) Lehrbuch der Pflanzengeographie. Heidelberg.

Schultz J (2000) Handbuch der Ökozonen. Stuttgart.

Schulze ED, Beck E, Müller-Hohenstein K (2002) Pflanzenökologie. Heidelberg, Berlin.

Strasburger E et al. (2002) Lehrbuch der Botanik. 35. Aufl., Heidelberg.

Walter H, Breckle SW (1983ff) Ökologie der Erde. Stuttgart.

Walter H, Straka H (1970) Arealkunde. 2. Aufl., Stuttgart.

WWF (2004) Living Planet Report 2004. Gland.

IUCN (2009) The IUCN Red List of Threatened Species 2009.2 www.iucnredlist.org

Boden – eine endliche Ressource

7

Böden überziehen nahezu flächendeckend die Landoberfläche und stellen die wichtigste Energieumsatzfläche der Erde dar. Für den Begriff Boden gibt es mehrere Definitionen, meist in Abhängigkeit seiner Funktion, die er für die unterschiedlichen Arbeitsrichtungen besitzt. Aus geographischer Sicht ist der Boden der extrem dünne, oberste belebte Bereich der Erdoberfläche von der Streu bis zum unverwitterten Ausgangsmaterial. Grundsätzlich besteht ein Boden aus etwa 50% Poren, 45% mineralischer Substanz sowie etwa 5% organischer Substanz.

Die Bodenbildung geht mit einer Nährstofffreisetzung und einer Nährstoffspeicherung für die Pflanzendecke einher. Böden bilden damit die Grundlage für die Ernährungssicherung der Menschen und nehmen eine zentrale Stellung im Landschaftsökosystem ein.

Die Böden der Erde sind äußerst vielfältig. Sie spiegeln nicht nur die aktuellen landschaftsökosystemaren Zusammenhänge wider, sondern sind über Jahrtausende gewachsene Phänomene, die als Archive der Erd- und Landschaftsgeschichte ein historisches Erbe in sich tragen. Zur Rekonstruktion des Umwelt- und Klimawandels eignen sich daher Sediment-Bodensequenzen mit unterschiedlich entwickelten Paläoböden (Abb. 7.1).

Neben starker Bodendegradation beeinträchtigen auch neue Belastungen durch Industrie- und Verkehrsemissionen unsere Böden negativ. Das Bewusstsein von den Böden als endliche Ressource hat inzwischen den Gesetzgeber veranlasst, die Nutzung der Böden zu steuern und Böden als solche zu schützen.

7.1 Bodenbildungsfaktoren

Vielfältige Wechselwirkungen zwischen Organismen, Wasser und Luft im dynamischen System Boden führen mit der Zeit zu Abbau, Umbau und Verlagerung von organischen und anorganischen Stoffen im Boden. Grundsätzlich entstehen Böden nach folgendem Ablauf: Das Zusammenwirken bodenbildender Faktoren löst

Abb. 7.1 In Dünensanden wechseln Bodenbildungsphasen und Sedimentationsphasen ab und deuten stark wechselnde Umweltbedingungen an. Profil der Düne Mala auf Lanzarote (Foto: H. v. Suchodoletz).

bodenbildende Prozesse aus, die im Boden Merkmale hervorrufen, nach denen die Böden differenziert werden können.

Welcher Boden bzw. welche Bodenmerkmale entstehen, hängt von dem Produkt der Faktoren der Bodenbildung ab, die in ihrer Stärke variieren. Unter Berücksichtigung der Faktoren kann folgende Gleichung aufgestellt werden:

$$B = f(K, G, R, W, FF, M, Z \dots)$$

Hierbei steht K für Klima, G für Gestein, R für Relief, W für Zuschusswasser, FF für Flora und Fauna, M für menschliche Wirtschaftsweise und Z für die Zeit. Für die Pünktchen können unspezifierte Faktoren eingesetzt werden, die lokal oder regional von besonderem Interesse sind wie beispielsweise Meerwassersalze.

Das Klima wird häufig als die stärkste Kraft der Bodenentwicklung angesehen. Temperatur, Niederschlag und Wind sowie die daraus resultierende Verdunstung sind die wichtigsten Klimagrößen. Ihre Intensität und jahreszeitliche Verteilung beeinflussen alle bodenbildenden Prozesse. Chemische Verwitterungsprozesse werden durch steigende Temperaturen im Boden erheblich intensiviert. Weniger die absolute Menge des Niederschlags, als der Anteil, der tatsächlich als Sickerwasser in den Boden eindringt und ihn passiert, ist ausschlaggebend für die Stoffverlagerung im Boden. Ein Vergleich der Karte der Klimazonen mit der Weltbodenkarte zeigt auffällige Übereinstimmung zwischen Klima und Bodentyp.

Das **Gestein** ist der bodenbildende Faktor, der die Bodenart (Korngrößenzusammensetzung), den Mineralbestand und damit den Bodenchemismus, das Bodengefüge und die Bodenfarbe maßgeblich beeinflusst. Für physikalische und chemische Verwitterungsprozesse ist die Beschaffenheit des Gesteins von besonderer Bedeutung. Grundsätzlich entstehen Böden jedoch in bereits vorverwitterten Lockermaterialdecken unterschiedlicher mineralischer Zusammensetzung, die das Festgestein als oberflächennaher Untergrund überziehen. In Mitteleuropa sind es vor allem die mehrfach geschichteten periglazialen Umlagerungsdecken, die weit verbreitet als Ausgangsmaterial der Bodenbildung anzusehen sind.

Das **Relief** ist insofern ein wichtiger bodenbildender Faktor, als es durch seine Lage die Beschaffenheit des oberflächennahen Untergrundes, die kleinklimatischen Verhältnisse und damit die Lebewelt sowie die Bewegungsrichtung des Wassers vorzeichnet. Die absolute Höhenlage im Relief gibt die klimatischen Bedingungen vor (Höhenstufen). Kleinklimatische Verhältnisse werden durch die Berg-Tal-Verteilung und die Hangexposition (Sonneneinstrahlung, Luv-Lee-Lage) bedingt. Die Geländegeometrie wirkt auf die Bewegungsrichtung des Wassers. Der Hang ist im konvexen Oberhangbereich durch Oberflächenabfluss und Bodenerosion gekennzeichnet, im gestreckten Mittelhang durch Transport und laterale Stoffverlagerung, während der konkave Unterhang bereits als Akkumulations- bzw. Anreicherungsbereich mit vermehrt vertikaler Wasserbewegung im Boden anzusehen ist. Konvergente und divergente Wasserbewegungen sind an komplexe Formen (z.B. Hangmulden oder Sporne) gebunden. In tiefer gelegenen Talpositionen spielt stagnierendes Grundwasser eine wichtige Rolle.

Das **Wasser im Boden** kann in Sickerwasser, Haftwasser, Kapillarwasser, Stauwasser und Grundwasser unterschieden werden. An den meisten Bodenbildungsvorgängen ist Sickerwasser, Haftwasser und Kapillarwasser beteiligt. Im Gegensatz zu Sickerwasser, das ausschlaggebend für die Stoffverlagerung und Horizontdifferenzierung im Boden ist, wird das Haft- und Kapillarwasser gegen die Schwerkraft im Boden gehalten. Wird Wasser zum bestimmenden Faktor, dann stellen sich im Boden hydromorphe Merkmale ein, die in einer besonderen Bodenbleichung (Reduktionsmerkmal) und Rostfleckung (Oxidationsmerkmal) erkennbar werden. Dies ist vor allem der Fall, wenn das Wasser im Überangebot vorhanden ist, sei es als Stauwasser über einem dichten, tonreichen Bodenhorizont oder als Grundwasser.

Flora und Fauna eines Bodens bestimmen die Art und Geschwindigkeit der Zersetzung des Bestandsabfalls bzw. der Pflanzenrückstände (Streu), die dem Boden aufliegen. Dieses organische Ausgangsmaterial wird von Bodentieren und Mikroorganismen in Huminstoffe umgewandelt und in mineralische Ausgangsstoffe abgebaut. Die Geschwindigkeit des Abbaus und Umbaus der organischen Substanz hängt maßgeblich von der Zusammensetzung und der Quantität und Aktivität der Bodenorganismen ab. Zusammensetzung, Quantität und Aktivität der Bodenfauna und Bodenflora (Edaphon) variieren raum- und zeitbezogen in Abhängigkeit von der Bodentiefe, der Reliefsituation, der Jahreszeit, vom Geländeklima und der Vegetationsdecke. Außerdem schützt die Vegetation den Boden vor Abtragung und beeinflusst den Bodenwasserhaushalt, sie entzieht dem Boden Nährstoffe, schafft Wurzelbahnen und trägt mit den Wurzelsäuren zur Verwitterung bei. Die Wurzelteller in Fichtenforsten können zur Verdichtung der Böden beitragen. Wenn starker Wind die Baumkronen bewegt, überträgt sich dies auf den Wurzelteller, der dadurch eine stampfende Wirkung ausübt. Bodentiere und Mikroorganismen haben bei der Bodenbildung wichtige Funktionen. Einerseits wirken sie bei der Schaffung stabiler Bodengefügeformen mit (z. B. Wurmlosungen), andererseits mischen sie durch ihre wühlende Tätigkeit organisches Material in den Boden ein.

Der **Mensch** rodet Vegetation, pflügt Böden um, bearbeitet sie, düngt sie und be- oder entwässert landwirtschaftliche Nutzflächen. Er trägt Bodenmaterial und Streu auf und entnimmt sie an anderer Stelle. Damit greift er in die natürlich ablaufenden Bodenprozesse ein. Die negativen Folgen dieser direkten Eingriffe zeigen sich in **Degradationserscheinungen** wie Bodenerosion und Nährstoffverlust. Besorgnis erregend ist die Geschwindigkeit und die Radikalität, mit der der Mensch in die Pedosphäre eingegriffen hat. Im gesamten Mittelmeergebiet sind die Böden degradiert und abgetragen bzw. umgelagert. In Mitteleuropa hat die Bodenerosion seit Beginn der landwirtschaftlichen Inwertsetzung nicht nur die Tragfähigkeit der Ackerflächen reduziert, sondern auch zu beschleunigter Auensedimentation geführt. Heute verändern Emissionen den natürlichen Zustand des Bodens und tragen zu seiner Kontaminierung bei.

Mit **Zeit** ist die Dauer der Bodenbildung gemeint. Sie übt als solche keine energetische Wirkung auf den Boden aus. Dennoch können die bodenbildenden Prozesse in schnell verlaufende (Horizontdifferenzierung, Humifizierung) und langsam verlaufende (Mineralneubildung) untergliedert werden. Da sich im Laufe der Zeit die Bedingungen und damit die Faktoren der Bodenbildung oft verändert haben, finden wir vielfach Böden vor, die unterschiedliche Entwicklungsphasen durchlaufen haben und als polygenetische Bildungen anzusehen sind. Grundsätzlich entwickelt sich ein Boden bis zu einem gewissen „Reifezustand" erst langsam, dann beschleunigt und zum Ende hin wieder verlangsamt (Abb. 7.2). Dieser Verlauf kann für viele bodenbildende Prozesse angenommen werden.

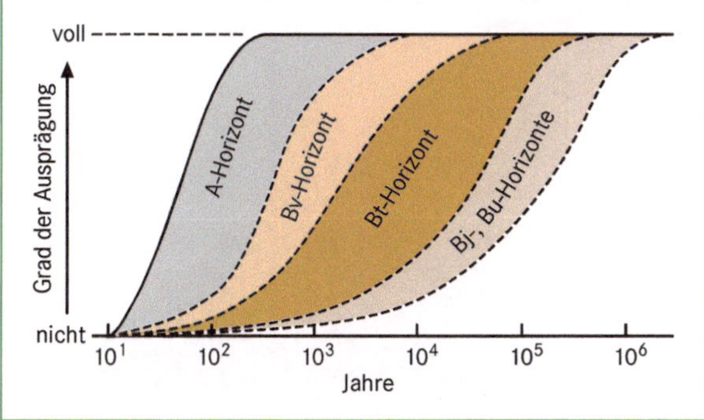

Abb. 7.2 Geschätzte Zeitdauer für die Ausprägung charakteristischer Bodenhorizonte (verändert nach Birkeland 1999).

7.2 Bodenbestandteile

Durch physikalische Verwitterungsprozesse werden die Gesteine in Bruchstücke unterschiedlicher Korngröße zerlegt. Durch biochemische Prozesse wird das zerkleinerte Gestein stofflich verändert und in Tonminerale umgewandelt. Auch das abgestorbene Pflanzenmaterial unterliegt einer mechanischen und biochemischen Zerkleinerung. Die Lagerung der einzelnen Körner im Boden lässt Hohlräume und Poren, aber auch größere Zwischenräume entstehen. Sie sind mit Wasser und Luft gefüllt oder werden von Bodentieren und Wurzeln eingenommen.

Mineralische Bodenbestandteile und Verwitterungsintensität

Mineralische Bodenbestandteile ergeben sich aus der Art und Zusammensetzung des oberflächennahen Untergrundes und den herrschenden Verwitterungsbedingungen. Bei geringer Verwitterung und Bodenbildung spiegelt der Mineralbestand des Bodens den des Untergrundes wider, während Mineralneubildungen, die aus der Bodenentwicklung entstehen, um so mehr in Böden angetroffen werden, je intensiver und länger sie Verwitterungsvorgängen ausgesetzt waren. Die Sand- und Schlufffraktion eines Bodens besteht daher überwiegend aus stabileren Mineralen (einige Feldspäte, Quarz und Schwerminerale). Die aus der Verwitterung und Bodenbildung entstandenen Tonminerale und Oxide haben sich oft aus den leichter verwitterbaren Mineralen und Schwermineralen (z. B. einige Plagioklase, Amphibole, Olivin, Pyroxene) gebildet.

Innerhalb der Familie der Tonminerale gibt es unterschiedliche Spektren, die auf den Verwitterungsgrad im Boden hinweisen. Eine genaue Tonmineralanalyse lässt eine Unterscheidung zwischen Tonmineralen aus geringerer Verwitterungsintensität (Wechsellagerungsminerale, Smectit, Vermiculit und Illit) und Tonmineralen wie Kaolinit sowie dem Al-Hydroxid Gibbsit zu, die auf intensive Verwitterungsvorgänge schließen lassen, sofern sie nicht primär aus dem Lockergestein stammen.

Im Hinblick auf die Bodenfruchtbarkeit kommt der Korngrößenzusammensetzung eines Bodens eine wichtige Rolle zu. Einerseits fungiert im Wesentlichen die Schlufffraktion im Verlauf des Verwitterungsprozesses als „Nährstoffpool", andererseits bestimmt die Zusammensetzung der Tonfraktion das Sorptionsvermögen und die Nährstoffverfügbarkeit eines Bodens entscheidend mit.

Körnung und Bodenart und Gefüge

Normalerweise sind die Körner (Primärteilchen) eines Bodens durch Humus, Carbonate, Fe- und Al-Oxide und durch Tonsubstanz zu Aggregaten verkittet. Die Zerlegung der Aggregate in einzelne Kornfraktionen (Dispergierung) ist der erste Schritt für die Ermittlung der **Korngrößenverteilung** im Boden. Die Primärteilchen des Bodens haben aufgrund spezifischer Verwitterungsvorgänge unterschiedliche Durchmesser, die als Maß für die Korngröße betrachtet werden. Die Körnung oder Korngrößenverteilung eines Bodens erfolgt durch eine Korngrößenanalyse.

Die mineralischen Bestandteile eines Bodens setzen sich aus Körnern unterschiedlicher Größe zusammen und bilden somit ein Gemisch. Für diese Körnungsmischung des Feinbodens hat sich der Begriff **Bodenart** durchgesetzt. Die Hauptbodenarten sind **Sand**, **Schluff**, **Ton** und **Lehm**, wobei Lehm ein Dreikorngemisch ist, bei dem die Fraktionen Sand, Schluff und Ton in erkennbaren Gemengeanteilen auftreten. Aus den Ergebnissen einer Korngrößenanalyse kann mithilfe eines Dreieckdiagramms (Abb. 7.3) direkt die Bodenart ermittelt werden.

Unter **Bodengefüge** versteht man die besondere Anordnung fester Bodenbestandteile zu einem charakteristischen Muster. Das Bodengefüge beeinflusst die Festigkeit, die Dichte und die Wasserspeicherung im Boden. Man unterscheidet zwischen Makro- und Mikrogefüge. Die wichtigsten Bodengefügeformen lassen sich in Einzelkorn-, Kohärent- und Aggregatgefüge unterscheiden.

Organische Bodenbestandteile

Die organischen Bodenbestandteile eines Bodens setzen sich in ihrer Gesamtheit aus der abgestorbenen organischen Substanz (Humus), dem Bodenleben (Edaphon) sowie aus lebenden Pflanzenwurzeln zusammen. Davon entfallen auf die organische Substanz etwa 80 bis 85%. Organische Bodenbestandteile sind im oberen Bodenprofilbereich angereichert und für eine charakteristische Dunkelfärbung des obersten Bodenhorizontes (Ah-Horizont) verantwortlich (Abb. 7.4)

Die lebenden pflanzlichen und tierischen Bodenorganismen bilden eine Lebensgemeinschaft und werden als **Edaphon** bezeichnet. Das Edaphon bewirkt bodenbiologische Umsetzungsprozesse und ist daher direkt an der Bodenentwicklung beteiligt. Die Bodenfauna wird anhand ihrer unterschiedlichen Körpergröße in Megafauna (z. B. Regenwurm, Maulwurf), Makrofauna (z. B. Käferlarven, Asseln), Mesofauna (z. B. Springschwanz) und Mikrofauna (z. B. Flagellaten, Amöben) eingeteilt.

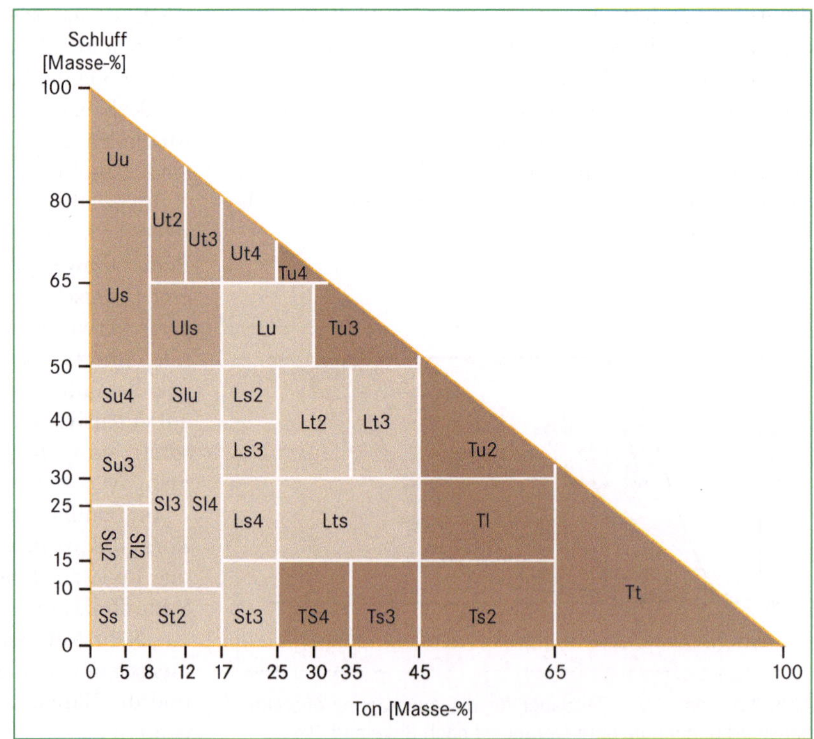

Abb. 7.3 Bodenartendiagramm der 31 Bodenartenuntergruppen des Feinbodens (U = Schluff, S = Sand, T = Ton, L = Lehm, Us = sandiger Schluff usw.). Der Sandanteil errechnet sich wie folgt: x% S = 100% − (y% U + z% T) (verändert nach AG Boden 2005).

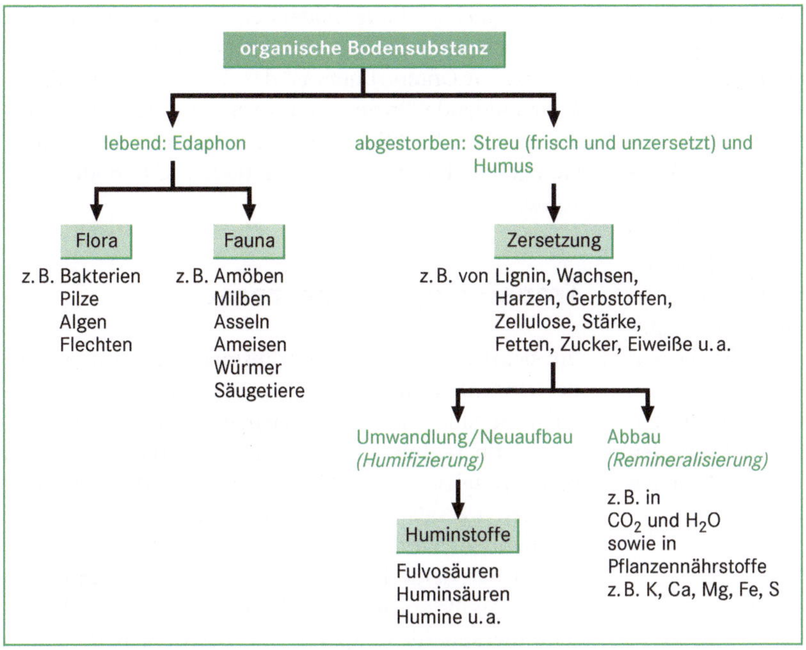

Abb. 7.4 Zusammenstellung und Unterscheidung der wichtigsten organischen Substanzen im Boden (verändert nach Eitel 2001).

Die Mikrofauna zählt hierbei schon zu der Gemeinschaft der Mikroorganismen, die durch die Bodenflora (z. B. Bakterien, Pilze, Algen) komplettiert wird.

Bodenwasser

Niederschläge und Tau führen dem Boden Wasser zu. Dieses Wasser kann auf und im Boden sehr unterschiedliche Funktionen wahrnehmen. Als **Oberflächenwasser** wird das an der Oberfläche abfließende Wasser bezeichnet, das nicht vom Boden aufgenommen werden kann. Sein Anteil ist umso höher, je intensiver die Niederschläge fallen. Auch Verdichtungen an der Bodenoberfläche verhindern das Eindringen von Niederschlagswasser in den Boden. Nach lang anhaltenden Niederschlägen kann ein Boden bereits mit Wasser gesättigt sein. Er ist dann nicht mehr in der Lage, weiteres Niederschlagswasser aufzunehmen. Das Oberflächenwasser ist wesentlich verantwortlich für Bodenerosionsvorgänge. Da es nicht in den Boden eindringt, gehört es streng genommen nicht zum Bodenwasser.

Das in den Boden eindringende Wasser hat als Nährstoffverteiler eine für den Pflanzenwuchs herausragende ökologische Funktion. Je nach der Art, wie sich das Wasser im Boden bewegt und wie es den Bodenzustand beeinflusst, ist eine Unterteilung des Bodenwassers möglich. Das Wasser, das sich unter der Schwerkraft in den größeren Hohlräumen im Boden abwärts bewegt, wird als **Sickerwasser** bezeichnet. Es ist im Boden frei beweglich und wird bei ausreichender Menge dem **Grundwasser** zugeführt. Mit dem Sickerwasserstrom werden Stoffe innerhalb des Bodenprofils transportiert. Bei geringen Niederschlägen kann die Sickerwasserfront bereits vor Erreichen des Grundwasserspiegels zum Erliegen kommen oder kann von einem wasserundurchlässigen Bodenhorizont gestaut werden (**Stauwasser**).

Der überwiegende Teil des Bodenwassers ist nicht frei beweglich und wird als **Haftwasser** gegen die Schwerkraft im Boden festgehalten. Die Wassermenge, die ein wassergesättigter Boden gegen die Schwerkraft festhalten kann, wird als **Feldkapazität** bezeichnet. Die Wasserbindung beruht auf der Wirkung verschiedener Kräfte zwischen den festen Bodenpartikeln und den Wassermolekülen (Adhäsionskräfte) sowie zwischen den Wassermolekülen untereinander (Kohäsionskräfte). Das Haftwasser wird je nach Art der Bindung daher in **Adsorptionswasser** und **Kapillarwasser** unterteilt.

Das Adsorptionswasser umhüllt die festen Bodenpartikel in mehreren Schichten. Die dem Bodenteilchen am nächsten liegende Schicht wird mit der höchsten Wasserspannung an die Teilchenoberfläche gebunden. Je höher die spezifische Oberfläche der Bodenpartikel ist, desto höher ist die Spannung. Die Wasserbindung steigt demnach mit abnehmender Korngröße. Adsorptionskräfte sind Van-der-Waal'sche Kräfte und elektrostatische Anziehungskräfte, denn feste Bodenpartikel besitzen an ihren Oberflächen elektrische Ladungen, welche die dipolaren Wassermoleküle an die feste Bodensubstanz binden.

Das Kapillarwasser wird im Boden über Menisken gehalten. Menisken entstehen an der Berührungsstelle zwischen Wasser und Feststoff (Eitel 2001) und werden durch das Zusammenwirken von Adhäsionskräften und Kohäsionskräften gebildet. In Klimaten mit hohen Verdunstungsraten kann das in Kapillaren gebundene Wasser im Boden aufsteigen. Die Wasserbindung steigt mit der Feinkörnigkeit des Bodens an, denn damit ist eine Abnahme des Porendurchmessers verbunden. Je feiner die Poren, desto schwieriger wird die Verfügbarkeit des Wassers für die Pflanzen. Die Beweglichkeit des Kapillarwassers steigt somit mit der Zunahme der Porendurchmesser.

Als **Totwasser** wird der Anteil des Haftwassers bezeichnet, der die feinsten Bodenporen ausfüllt und den die Pflanzenwurzeln mit der Saugkraft ihrer Wurzeln nicht mehr erschließen können.

Bodenluft

Etwa 50% des Bodenkörpers werden durch Poren gebildet. Unter feuchten Bedingungen sind die meisten Bodenporen mit Wasser gefüllt. Der Luftgehalt des Bodens steigt mit Zunahme des Anteils an Grobporen. Der Sauerstoff der Bodenluft setzt in erster Linie Oxidationsprozesse in Gang, die im Boden durch Eisenoxide und -hydroxide eine charakteristische Rot- und Braunfärbung verursachen. Die gleichmäßige Brauntönung bei der Braunerde weist auf eine gleichmäßige, immer während Belüftung des Bodens hin. Ausreichende Luftversorgung zeigt sich auch in reger Edaphontätigkeit und raschem Ab- und Umbau des organischen Bestandsabfalls. Luftmangel führt dagegen zu Reduktion und anaeroben Bedingungen im Boden, wodurch hydromorphe Merkmale in den Böden entstehen. Die Bodenluft enthält aufgrund der Atmung der Organismen und Pflanzenwurzeln wesentlich mehr CO_2 als die Luft der Atmosphäre. Mit zunehmender Bodentiefe steigt der CO_2-Gehalt des Bodens relativ an, da CO_2 schwerer ist als Luft. Durch Diffusion findet ein regelmäßiger Austausch zwischen der Bodenluft und der Luft der freien Atmosphäre statt.

7.3 Bodenbildende Prozesse

Im Kontaktbereich mit Atmosphäre, Hydrosphäre und Biosphäre verändert sich der oberflächennahe Untergrund und die in ihm enthaltenen Minerale und Gesteine. Der Vorgang wird Verwitterung genannt und ist neben der Humifizierung der wichtigste Transformationsprozess im Boden. Die Verwitterung ist ein Prozess, der den meisten bodenbildenden Prozessen vorausgeht. Die Lockermaterialdecke des vorverwitterten oberflächennahen Untergrundes ist der Bereich, in dem durch bodenbildende Prozesse eine vertikale Abfolge unterschiedlicher Reaktionsbereiche mit charakteristischen Gefügestrukturen entsteht. Es bilden sich Bodenhorizonte.

Transformationsprozesse

Ein sichtbarer Vorgang der Transformationsprozesse bei der Bodenbildung ist die Verwitterung der mineralischen Bestandteile des oberflächennahen Untergrundes. Die Aufbereitung dieser Lockermaterialdecke muss nicht zeitgleich mit der eigentlichen Bodenbildung erfolgen (Völkel 2007). In Mitteleuropa erfolgten die mechanische Gesteinsaufbereitung und die Bildung der Lockermaterialdecke im Wechsel der Warm- und Kaltzeiten. Als Beispiele seien hier die periglazialen Hangschuttdecken, die Flugsand- und Lössdecken, die Flussschotterakkumulationen sowie die unterschiedlichen Moränenablagerungen genannt. Lockermaterialdecken, in denen die wichtigsten bodenbildenden Prozesse stattfinden, sind das Ergebnis intensiver physikalischer und chemischer Verwitterungsvorgänge.

Die **physikalisch gesteuerte Gesteinsaufbereitung** vollzieht sich vor allem durch mechanischen Stress entlang innerer Unstetigkeitsflächen im Material. Dieser kann durch gegenseitige mechanische Beanspruchung der Gesteine, durch Druckentlastung und direkte Temperaturwechsel im Gesteinsverband, durch das Eindringen wässriger Lösungen und nachfolgender Eis- und Salzsprengung sowie durch Wurzeldruck insbesondere in Form des Dickenwachstums von Haltewurzeln hervorgerufen werden (Völkel 2007).

Die **chemische Verwitterung** beinhaltet die Prozesse der Hydratation, der Hydrolyse bzw. Protolyse sowie der Oxidation und Komplexierung. Ein wesentlicher Vorgang chemischer Gesteinsaufbereitung ist die **Carbonatverwitterung**. Schwer löslicher Dolomit wird durch schwache Kohlensäure zu leicht löslichen Hydrogencarbonaten des Ca und Mg verändert (Abb. 7.5).

Im Gegensatz dazu steigt die **Silikatverwitterung** sowohl zum sauren als auch zum alkalischen Bereich hin an. Dies ist eine wesentliche Voraussetzung für **Verlehmung** und **Verbraunung** (Völkel 2007). Im Zuge der Protolyse freigesetzte Metalle werden oxidiert. Auch das in primären Mineralen zumeist in zweiwertiger, reduzierter Form enthaltene Fe und Mn wird bereits im Kontakt mit der Atmosphäre zu Oxiden und Hydroxiden umgesetzt. Die gebildeten Fe(III)-Oxide sind meist braun, gelb oder rot. Sie stehen für die Verbraunung im

$$(1) \quad H_2O + CO_2 \rightleftharpoons H_2CO_3 \rightleftharpoons H^+ + HCO_3^- \rightleftharpoons 2H^+ + CO_3^{2-}$$

$$(2) \quad CaCO_3 + H_2CO_3 \rightleftharpoons Ca(HCO_3)_2$$

$$(3) \quad CaMg(CO_3)_2 + 2H_2CO_3 \rightleftharpoons Ca(HCO_3)_2 + Mg(HCO_3)_2$$

Abb. 7.5 Kohlendioxid der Bodenluft verbindet sich mit Wasser zur leicht flüchtigen Kohlensäure (1). Kohlensäure überführt schwerer lösliches Calciumcarbonat in leichter lösliches Calciumhydrogencarbonat (2). Auch Dolomit, ein Calcium-Magnesium-(Bi)Carbonat, unterliegt der Carbonatverwitterung (3) (Völkel 2007).

Zuge der Verwitterung und Bodenbildung (Völkel 2007). Verlehmung und Verbraunung sind die wesentlichen Transformationsprozesse im Rahmen der Bodenentwicklung. Freigesetztes Si kann mit H_2O wässrige Lösungen eingehen. Diese so genannten Kieselgele sind Grundbausteine für den Aufbau bodeneigener Minerale. Mit der Hydrolyse verbunden ist der Umbau primärer Minerale zu sekundären (Ton-)Mineralen, die je nach Ausprägung bedeutende Sorptionsfunktionen für Nährstoffe erfüllen können.

Humifizierung

An der Gesamtheit der **organischen Substanz** eines Bodens, die als **Humus** bezeichnet wird, sind alle abgestorbenen pflanzlichen und tierischen Stoffe und deren Umwandlungsprodukte beteiligt. Humus setzt sich stofflich aus (Hemi-)Cellulose, Lignin, Stärke, Fetten, Wachsen, Harzen und Eiweißen zusammen. Kohlenstoff ist hieran mit etwa 50% beteiligt, außerdem N, H, O, S, P und weitere Nähr- und Spurenelemente. Der Abbau oder die Zersetzung der organischen Substanz wird durch lebende Organismen im Boden bewerkstelligt und vollzieht sich in unterschiedlichen Schritten. Der Zersetzungsprozess beginnt meist mit einer mechanischen Zerkleinerung des Bestandsabfalls. Bei der nachfolgenden Mineralisierung und Humifizierung vollziehen sich enzymatische Reaktionen zur Zerlegung hoch polymerer Verbindungen in Einzelbausteine bis hin zur stofflichen Umsetzung und Oxidation durch Pilze und Bakterien. Den Abbau des Großteils der organischen Ausgangsstoffe durch Mikroben (mikrobiell) nennt man **Mineralisierung**. Endprodukte der Mineralisierung sind Wasser, CO_2 und Pflanzennährstoffe. Der geringere Teil der organischen Substanz wird während des Zersetzungsprozesses humifiziert. Bei der **Humifizierung** handelt es sich um einen Umbau bzw. Neuaufbau, bei dem Huminstoffe mit unterschiedlichen ökolo-

gischen Eigenschaften entstehen. Die verschiedenen Abbaubedingungen der organischen Substanz sind standortabhängig und zeigen sich in der Ausbildung bestimmter **Humusformen** mit unterschiedlichen charakteristischen Merkmalen.

Translokationsprozesse

Unter Translokationsprozessen versteht man alle bodenbildenden Vorgänge, mit deren Hilfe Stoffe vertikal oder lateral im Boden verlagert werden. Derartige Stoffverlagerungen sind entscheidend für die Ausbildung von Bodenhorizonten und diagnostischen Merkmalen, die für die Bodentypisierung bzw. die Bodenansprache eine große Rolle spielen (Völkel 2007).

Entbasung ist der Verlust des Bodens an basisch wirkenden Kationen wie Ca, K, Mg und Na, wie er im Zuge der natürlichen Bodenversauerung bei abwärts gerichteter Bodenwasserbewegung entsteht. Die Bodenversauerung wird durch die Ermittlung des pH-Werts erfasst. Jeweils abgestufte Aziditätsmilieus werden Pufferbereiche genannt. Auf carbonathaltigen Gesteinen wie Löss, Mergeln, Kalksandsteinen und Massenkalken setzen Verlehmung und Verbraunung als wesentliche Ergebnisse der Silikatverwitterung erst nach der Entbasung ein. Alle nachfolgenden Translokationsprozesse in Böden, die sich unter Bedingungen freier Dränage bei abwärtsgerichteter Wasserbewegung vollziehen, setzen in jeweils unterschiedlichem Maße den natürlichen Verlust basisch wirkender Kationen im pedochemischen Milieu des jeweiligen Horizontes voraus.

Die **Tonverlagerung** (Lessivierung) umschreibt den komplexen Prozess der vertikalen Verlagerung von Bestandteilen der Tonfraktion. Verlagert werden grundsätzlich alle mineralischen und organo-mineralischen Komponenten.

Der Prozess der Tonverlagerung (Abb. 7.6) setzt sich aus drei Teilprozessen zusammen: Der Dispergierung der Tonteilchen, d. h. der Loslösung aus dem Aggregatgefüge (erster Teilprozess), folgt die Verlagerung mit dem Bodenwasser (zweiter Teilprozess). In tieferen Bodenhorizonten wird der Ton abgesetzt (dritter Teilprozess). Für den ersten Teilprozess der Dispergierung ist ein bodenchemisches Milieu mit einem pH-Bereich etwa zwischen 6,5 und 4,5 erforderlich. Über diesem Wert fördert eine hohe Ca-Konzentration die Aggregierungsneigung. Unter pH 4,5 können Al-Ionen eine ähnliche Wirkung im Boden erzeugen, die mit dem Begriff der Koagulation beschrieben ist. Zur Dispergierung der Tonteilchen ist aus diesem Grund ein entsprechendes pH-Fenster erforderlich. Die Verlagerung der Tonteilchen erfolgt im gleichen Milieu unter Beteiligung eines

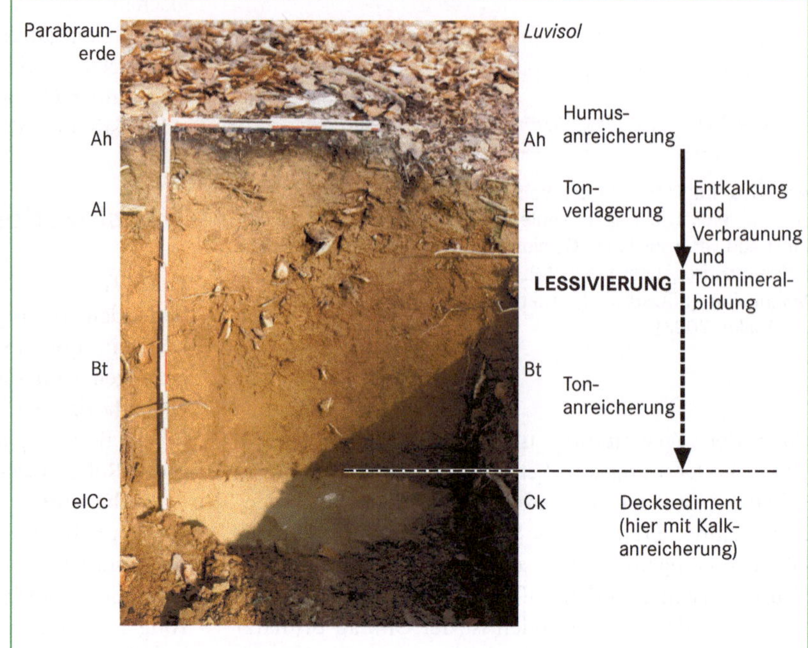

Abb. 7.6 Parabraunerde (WRB: *Luvisol*) im Kraichgau/Südwestdeutschland mit waldwirtschaftlich degardiertem humosen Oberboden (Foto: B. Eitel).

elektrolytarmen Wassers, das durch seinen geringen Salzanteil günstige hydrophile Eigenschaften besitzt. Das Sickerwasser bewegt sich günstiger in Grobporenbereichen sowie entlang feiner Schrumpf- und Trockenrisse und auch an den Grenzflächen des Bodengefüges. Der Lessivierungsprozess schließt mit der Absetzung der Tonteilchen. Dies kann unterschiedliche Ursachen haben. Einerseits kann der Sickerwasserstrom versiegen, weiterhin kann bereits abgesetztes Tonmaterial die Räume verengen. Mit zunehmender Bodentiefe erhöht sich die Ca-Sättigung, wodurch die Aggregatbildung stark gefördert wird. Außerdem geht das Sickerwasser bei der Bodenpassage Verbindungen ein (Elektrolytzufuhr), wodurch seine hydrophilen Eigenschaften verloren gehen und der Transport der Tonteilchen kaum mehr bewerkstelligt werden kann.

Unter **Podsolierung** versteht man die abwärts gerichtete Verlagerung organischer Stoffe aus dem Oberboden in den Unterboden, meist zusammen mit Al und Fe. Begünstigt wird sie durch ein saures Bodenmilieu (pH <4), kühlfeuchtes Klima, nährstoffarme, schwer zersetzbare Streu und wasserdurchlässiges quarzreiches Ausgangsgestein. Während des Verlagerungsvorgangs reduzieren organische Säuren Fe und Al und gehen mit ihnen Verbindungen ein. Es entstehen metallorganische Komplexe, so genannte **Chelate**, die insbesondere bei hohen Kohlenstoffgehalten wasserlöslich und verlagerungsfähig sind (Völkel 2007). Der obere Bodenbereich verarmt dadurch an diesen Substanzen und bildet eine aschgraue Farbe aus. Mit zunehmender Bodentiefe nimmt die Bodenazidität leicht ab, was als Voraussetzung ausreicht, um die metallorganischen Komplexe in ihre Einzelbestandteile zerfallen zu lassen. Es entstehen im Unterboden humose (schwärzlich) und oxidische (leuchtend gelbrötliche) Anreicherungen, die charakteristische Illuvialhorizonte erkennen lassen.

Hydromorphierung

Bei übermäßigem Angebot von Wasser im Boden, sei es durch Grund- oder Quellwasser, durch Stau- oder überschüssiges Regenwasser, wird der Luftsauerstoff verdrängt. Die Wassersättigung des Porenraums führt zu Reduktionsvorgängen, die durch Sauerstoff verbrauchende Organismen im Boden verstärkt werden. Leicht lösliche Metalloxide und -hydroxide sind von diesem Vorgang besonders betroffen. Die mobilen zweiwertigen Metallionen des Fe und Mn werden bei neuerlichem Luftzutritt zu höherwertigen Ionen oxidiert. Bei geringer Sauerstoffzufuhr, wie es in lehmigen Böden oft der Fall ist, entstehen Eisen- und Manganflecken. Bei starker Sauerstoffzufuhr (z. B. in sandigen Böden) kommt es zur Bildung stabiler Eisen- und Mangankonkretionen. Die Stärke, mit denen die Reduktions- und Oxidationsvorgänge ablaufen, ist messbar (Redoxpotenzial). Gemessen wird das Verhältnis der Konzentration der oxidierten zu den reduzierten Metallen. Je mehr oxidierte Verbindungen vorliegen, desto höher ist das Redoxpotenzial. Reduzierende Bedingungen verringern dagegen das Redoxpotenzial.

Bodendurchmischung

Zu den wichtigsten an der Pedogenese beteiligten Durchmischungsprozessen gehören die Kryoturbation, die Bioturbation und die Peloturbation. Als **Kryoturbation** wird der Prozess des Gefrierens und Wiederauftauens der oberen Bodenbereiche verstanden, ergänzt durch Frostverwitterung und Gesteinsaufbereitung (Kryoklastik). Die Kryoturbation ist neben der Solifluktion der dominante Prozess der periglazialen Verwitterungsdynamik, wobei die Kryoturbation hauptsächlich durch vertikale Bewegungsabläufe und -richtungen des Boden- und Gesteinsmaterials gekennzeichnet ist. Allerdings ist die Kryoturbation in Mitteleuropa ein Relikt ehemals periglazialer Bedingungen und somit v. a. ein Prozess der Substrataufbereitung, demnach ein Vorlaufprozess, der zu Verwitterungsdecken führte, in denen die Bodenbildung erst später einsetzte.

Bei der **Bioturbation** spielen die Bodenwühler der Makrofauna eine wichtige Rolle. Sie durchmischen Bodenmaterial aus dem oberen humosen Horizont in tiefere Bodenhorizonte. Bei Steppenschwarzerden erkennt man häufig diese Wühlspuren (Krotowinen) bis in den anstehenden Löss hinein. Ameisen sind ebenfalls wichtige Bodendurchmischer. Sie sind in der Lage, in relativ kurzer Zeit Feinmaterial aus tief reichenden Gesteinszwischenräumen in den Oberboden einzumischen und damit die Struktur im Oberboden zu verbessern. Da einige Ameisenarten (z. B. Termiten) häufig eine Kornfraktion besonders bevorzugen, kann es zur selektiven Anreicherung einer Korngröße kommen, was eher einer Entmischung gleichkommt. Regenwürmer vermischen in ihrem Darmtrakt Bodenbestandteile zu komplexen Bildungen und erzeugen damit ein besonderes Bodengefüge.

Peloturbation beschreibt eine Art der Bodendurchmischung, die durch Quellen und Schrumpfen stark tonhaltiger Böden unter Beteiligung gut quellfähiger Tonminerale (z. B. Smectit, Vermiculit) erzeugt wird. Während trockener Phasen entstehen tiefreichende Bodenrisse, in die organische Reste und Bodenmaterial hineinfallen. Bei einsetzenden Niederschlägen und Durchfeuchtung des Bodens quellen die Tonminerale auf und die Trockenrisse schließen sich, wobei das Material in den Boden eingemulcht wird (Selbstmulcheffekt). Aufgrund der Quellung entsteht ein auffällig welliges Oberflächenrelief von kleinen Kuppen und zwischengeschalteten Vertiefungen (Gilgai-Relief). Im Unterboden erzeugt der Quellungsdruck starke Verpressungen der Bodenaggregate, die durch Bewegung bei geringer Ausweichmöglichkeit sehr gut erkennbare Stressspuren in Form von Scherflächen entwickeln. Diese Merkmale kennzeichnen v. a. die Vertisole (*vertere* = lat. drehen).

Außerdem kommt es durch umstürzende Bäume und dem Herausreißen großer Wurzelmassen zur Bodendurchmischung. Der Mensch trägt durch vielfältige Wirtschaftsweisen und Bodenbearbeitungstechniken ebenfalls zur Durchmischung des Bodens bei.

Krustenbildung

Bodenkrusten entstehen durch Verlagerung löslicher Stoffe, die bei Übersättigung der Bodenlösung ausfallen und sich anreichern. Hierunter fallen Salz- und Gipskrusten der Trockenklimate (meist aszendente Wasserbewegung bei Grundwassernähe) sowie $CaCO_3$-Krusten, die sich überwiegend unter feuchteren Bedingungen bei deszendenter Wasserbewegung entwickeln. In den wechselfeuchten und feuchten Tropen sind Eisenkrusten weit verbreitet. Sie sind das Produkt einer sehr lang anhaltenden Bodenbildung unter gleichbleibenden klimatischen Voraussetzungen. Einerseits werden Eisenkrusten in den Tropen als hydromorphe Bildungen angesehen (absolute Akkumulation), andererseits entstanden sie im Zuge der Desilifizierung, wobei der hohe Eisengehalt des Bodens mit seiner charakteristischen Rotfärbung als residuale (relative) Anreicherung gedeutet wird. Diese stark eisenreichen Horizonte unterschiedlicher Entstehung (absolut vs. relativ) härten bei Austrocknung aus (Laterit). Siliciumkrusten entstehen durch Desilifizierung stark kieselsäurehaltiger Ausgangsmaterialien (z. B. Quarzsand) als sekundäre Anreicherung der Si-Oxide, indem durch Alterung und/oder Entwässerung der Si-Polymere eine Verhärtung erfolgt.

Ferrallitisierung

Hält die Verwitterung bei feuchten und warmen Bedingungen über Jahrmillionen an, wie dies in weiten Bereichen der feuchten Tropen anzunehmen ist, dann erreicht die Desilifizierung ein hohes Maß. Zum einen wird das Ausgangsmaterial tiefgründig (mehrere Dezimeter) verwittert, zum anderen besitzt die obere Verwitterungsrinde durch die Abfuhr der Alkali- und Erdalkali-Ionen sowie der Kieselsäure hohe Gehalte an Fe- und Al-Verbindungen. Die Böden sind durch eine starke Rotfärbung (Rubefizierung) gekennzeichnet. Durch Ferrallitisierung entstehen überwiegend Roterden beziehungsweise Ferralsole (Völkel 2007).

7.4 Bodenbildungsmerkmale (Bodenhorizonte)

Durch das Zusammenwirken bodenbildender Faktoren laufen bodenbildende Prozesse ab, die sich in entsprechenden Merkmalen äußern. Diese Merkmale lassen sich grundsätzlich so unterteilen, dass jeweils die Dominanz der Faktoren und Prozesse deutlich wird, die zu ihnen führten. **Lithogene Merkmale** äußern sich in der Bodenart, im Mineralbestand, im Bodengefüge und in der Eigenfarbe des Bodens, sofern diese nicht durch humose schwärzliche Einfärbungen überprägt ist. Die meisten gut entwickelten terrestrischen Böden (Braunerden, Parabraunerden) sind durch lithogene Merkmale geprägt. **Phytogene Merkmale** erkennt man v. a. in der Ausprägung der Humusform. Sind die Rahmenbedingungen für mikrobielle Aktivität günstig, vollzieht sich der Abbau und Umbau der organischen Substanz rasch und es bildet sich die bodenökologisch günstige Humusform **Mull** aus, bei der der Streufall in der folgenden Vegetationsperiode nahezu völlig umgesetzt wird. Eine Humusauflage fehlt weitgehend (Völkel 2007). Bei stark gehemmtem Abbau entwickelt sich in der Regel ein **Rohhumus,** der durch eine hohe Anreicherung organischen Materials und der Bildung von drei Auflagehorizonten gekennzeichnet ist. Die Humusform Moder nimmt eine Zwischenstellung ein (Abb. 7.7).

Die organische Substanz prägt den Ah-Horizont und färbt diesen je nach Humusgehalt dunkel bis schwarz.

Hochpolymere Huminsäuren besitzen eine hohe Nährstoffsorptionskapazität und sind aus diesem Grunde für die Bodenfruchtbarkeit von besonderer Bedeutung. Die **klimatogenen Merkmale** pausen sich insbesondere bei extremer Klimaausprägung durch. So sind zum Beispiel gering entwickelte Aridisols das Kennzeichen der Trockenklimate. **Hydrogene Merkmale** zeigen sich in unterschiedlichen Reduktions- und Oxidationsausprägungen. Unter Grundwassereinfluss entstehen Gleye, in denen der wassergesättigte Reduktionshorizont charakteristisch grau gefärbt und gebleicht ist (Gr-Horizont). Mit einem Übergang (Grundwasserschwankungsbereich) geht dieser Reduktionshorizont in einen Oxidationshorizont (Go-Horizont) über, in dem oxidierte Eisen- und Manganverbindungen eine Fleckung und Marmorierung erzeugen. Oftmals sind auch Eisen- und Mangankonkretionen enthalten. Der Pseudogley entsteht unter Stauwassereinfluss und ist durch den scharfen Wechsel zwischen Durchfeuchtung und Austrocknung gekennzeichnet. Im unterlagernden stauenden Horizont (Sd) sind ehemalige Wurzelbahnen oft dauerhaft mit Wasser gefüllt, so dass diese Bereiche ständig reduzierende Bedingungen aufweisen und durch Bleichbahnen gekennzeichnet sind. Im wasserleitenden Sw-Horizont entstehen ähnlich wie im Go-Horizont des Gleys Fleckungen und Konkretionen. **Anthropogene Merkmale** zeigen sich u. a. in Pflughorizonten (Ap), unter denen sich oftmals eine Pflugsohle entwickelt. Durch die mechanische Beanspruchung kann es zu einer Bodengefügeveränderung kommen (Plattengefüge). Die Entnahme von Streu aus den Wäldern zur Verbesserung der Bodenfruchtbarkeit nährstoffarmer Böden in Norddeutschland hat zu einer mächtigen Humusakkumulation geführt (Plaggenesch). Gartenböden (Hortisole) und tief umgepflügte Weinbergsböden (Rigosole) weisen einen extrem hohen Grad anthropogener Beeinflussung auf. Letztlich sind Kolluvien und Auenlehme, in denen sich neue Böden gerade entwickeln, als korrelate Sedimente der anthropogen induzierten Bodenerosion anzusprechen. Echte Anthrosole entwickeln sich in Materialien, die der Mensch direkt abgelagert hat (Halden, Schutt aber auch technogene Substrate). **Topogene Merkmale** zeigen sich in der Gründigkeit und Entwicklungstiefe der Böden. So sind Böden an Steilhängen oft von Bodenerosion betroffen und kommen über ein gewisses Entwicklungsstadium nicht hinaus. Typische Ausprägungen sind die A-C-Böden (Ranker, Rendzinen). In der großmaßstäblichen Bodenkartierung nimmt das Relief eine dominante Stellung ein. Auf kleinem Raum lassen sich Böden meist nur durch ihre Reliefposition differenzieren. Eine charakteristische Bodenabfolge wird hierbei als **Catena** bezeichnet.

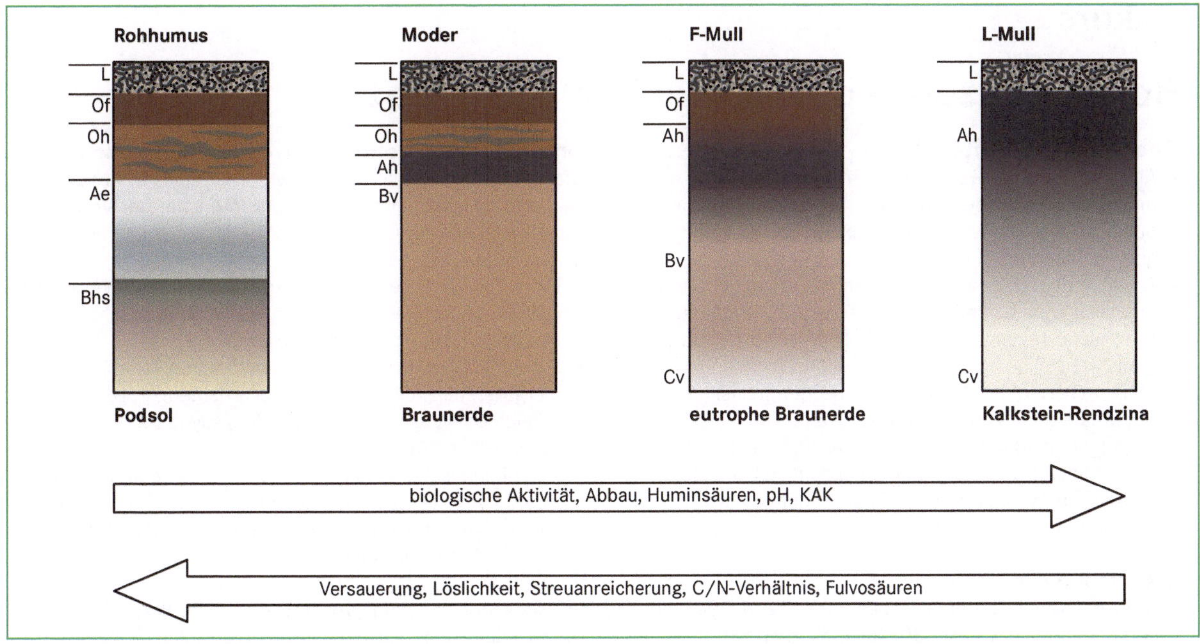

Abb. 7.7 Wichtige Merkmale der Humusformen und entsprechende charakteristische Bodenhorizontierungen (verändert nach AG Boden 2005).

Horizontbezeichnungen (Horizontsymbole) der Böden geben bestimmte Merkmale wieder, wobei durch Kombination der Symbole mehrere Merkmale angezeigt werden können, die ein Bodenhorizont in sich tragen kann. Die Gesamtheit der Horizontsymbole eines Bodens ergibt den Bodentyp. Die Böden lassen sich nach ihren pedogenen Merkmalen differenzieren und ordnen. Daraus entstanden die unterschiedlichen Bodenklassifikationssysteme. Neben der stark an den Merkmalen orientierten Bodenklassifikation der FAO (*World Reference Base for Soil Resources*, WRB) hat sich in Deutschland eine an der Bodenentwicklung orientierte genetische Bodenklassifikation durchgesetzt.

7.5 Bodenfunktionen

Böden erfüllen vielfältige Funktionen und dienen als Träger unterschiedlicher Substanzen, die sie speichern und bei Bedarf abgeben (**Filterfunktion**). Im Zuge der Verwitterung und Bodenbildung werden bodeneigene Stoffe, aber auch zugeführte Stoffe, umgewandelt und verändert (**Transformatorfunktion**). Die stoffliche Zusammensetzung und die Körnung eines Bodens entscheiden über dessen Reaktions- und Transformationsfähigkeit. Sie beeinflussen auch den Anteil der im Bodenwasser gelösten Ionen. Die **Bodenreaktion** (basisch, neutral, sauer) spiegelt sich im pH-Wert der

Bodenlösung wider. Der pH-Wert kann demnach als ein Indikator des biochemischen Reaktionsmilieus, der stofflichen Verlagerungsfähigkeit zum Grundwasser und zu den Pflanzenwurzeln und damit für die Pflanzenverfügbarkeit von Nähr- und Schadstoffen verstanden werden (Opp 2007). Bestimmte Tonminerale und Huminstoffe sind aufgrund ihres negativen Ladungsüberschusses in der Lage, Kationen in hohem Maße auszutauschen. Der Gehalt an Tonmineralen, Huminstoffen sowie die Größe der zugänglichen Austauscheroberflächen und deren Ladung bestimmen daher die Größenordnung des Kationenaustauschs (**Kationenaustauschkapazität**) und damit die **Nährstoffversorgung** (Opp 2007). Die Nährstoffversorgung steuert indirekt die **Produktionsfunktion** des Bodens. Als ein Maß der Nährstoffaustauschkapazität gilt die Basensättigung, die den prozentualen Anteil der Summe der austauschbaren Ca^{2+}-, Mg^{2+}-, Na^+- und K^+-Ionen an der Kationenaustauschkapazität beschreibt (Abb. 7.8).

Je höher der pH-Wert, desto größer in der Regel die Basensättigung. Die Bindung der Kationen an die Austauscheroberflächen hängt grundsätzlich von deren Wertigkeit ab und nimmt nach folgender Reihe ab:

$$Al^{3+} > Ca^{2+} > Mg^{2+} > NH_4^+ > K^+ > H_3O^+ > Na^+$$

Eine wesentlich geringere Rolle spielt der Anionenaustausch.

Des Weiteren erfüllt der Boden eine **Pufferfunktion**. Darunter ist das Bestreben des Bodensystems zu verste-

Bodenhorizonte der deutschen Systematik

Oberbodenhorizonte (A)

- Ai = mineralischer Oberbodenhorizont mit geringer Akkumulation organischer Substanz und initialer Bodenbildung, charakterisiert durch lückige Entwicklung und geringe Mächtigkeit (< 2 cm)
- Ah/Ap = mineralischer Oberbodenhorizont mit bis zu 30 % organischer Substanz und mindestens 2 cm Mächtigkeit (Ah); wenn regelmäßig bearbeitet, dann Ap (p von pflügen)
- Axh = mineralischer Oberbodenhorizont mit ausgeprägter Bioturbation (Regenwurmtätigkeit) und stabilem Aggregatgefüge, > 10 cm mächtig und Basensättigung ≥ 50 %
- Aa = mineralischer Oberbodenhorizont mit 15 bis 30 % organischer Substanz, unter Grund- oder Stauwassereinfluss entstanden

organische Horizonte

Beträgt der Gehalt an organischer Substanz in Ober- oder Unterbodenhorizonten über 30 Masse-%, so spricht man von organischen Horizonten (H- oder O-Horizonte), wobei die O-Horizonte immer an der Bodenoberfläche auftreten. Beispiele hierfür sind:

- hH = H-Horizont, der ausschließlich aus Resten von Hochmoorpflanzen unter Wasserüberschuss entstand
- nH = H-Horizont, der vorwiegend aus Resten von Niedermoortorf bildenden Pflanzen unter Wasserüberschuss entstand
- O = organischer Horizont über dem Mineralboden

Unterbodenhorizonte in terrestrischen Böden B

Die chemisch-physikalische Verwitterung führt in Abhängigkeit vom Ausgangsmaterial und der Intensität der Verwitterung zur Ausbildung von unterschiedlichen mineralischen Unterbodenhorizonten:

- Bv = mineralischer Unterbodenhorizont durch Verwitterung verbraunt (Eisenoxidation) und verlehmt (Tonbildung bzw. Bildung eines Lösungsrückstandes)
- P = mineralischer Unterbodenhorizont aus Ton- oder Tonmergelgestein mit Polyeder oder Prismengefüge, ausgeprägter Quellungs- und Schrumpfungsdynamik und einem Tongehalt von über 45 Masse-%
- T = mineralischer Unterbodenhorizont aus dem Lösungsrückstand von Karbonatgesteinen entstanden mit mindestens 65 Masse-% Ton, ausgeprägtem Polyedergefüge und frei von Primärkarbonaten

Vertikale Translokationsprozesse führen im Boden zu einer Umverteilung mineralischer oder organischer Substanzen, die im Bodenprofil in Verarmungs- bzw. Anreicherungshorizonten ihren Ausdruck finden:

- Al/Bt = Ober-/Unterbodenhorizonte, die durch Verarmung/Anreicherung an Tonpartikeln entstanden sind (Tonverlagerung)
- Ae/Bhs = Ober-/Unterbodenhorizonte, die durch Verarmung/Anreicherung an Huminstoffen (Bh) und Sesquioxiden (Bs) entstanden sind („Podsolierung" oder „Sauerbleichung")
- Ael/Bt = Ober-/Unterbodenhorizonte, die durch Verarmung/Anreicherung an Tonpartikeln und gleichzeitiger starker Bodenversauerung entstanden sind („Tonverlagerung" und „Sauerbleichung")

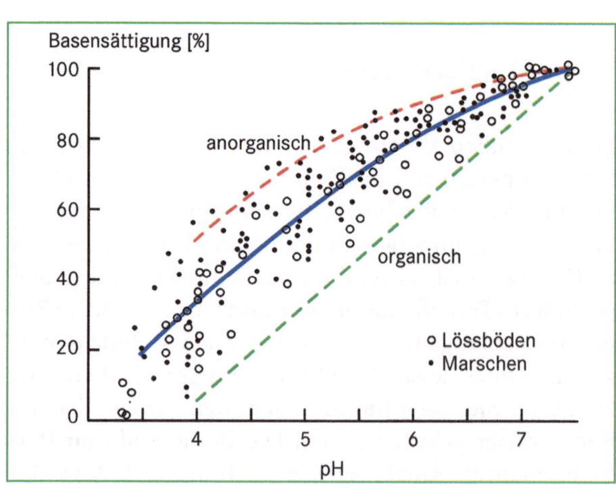

Abb. 7.8 Beziehung zwischen der Summe an austauschbarem Ca, Mg, K und Na in Prozent der KAK$_{pot}$ und dem pH-Wert von Lössböden und Marschen. Der Anteil der einzelnen Kationen am Ionenaustausch kann sehr unterschiedlich sein. Er ist vor allem pH-abhängig. Mit sinkendem pH-Wert nimmt der Ca-, Mg-, K- und Na-Anteil an der Kationenbelegung der Austauscherfläche ab. Effektive Düngung und Beregnung erfordern Kenntnisse über pH-Wert und die Kationenaustauschkapazität der Böden (verändert nach Scheffer 2002).

Mineralbodenhorizonte, die durch spezielle anthropogene Eingriffe entstanden sind:

- R = durch regelmäßiges Tiefpflügen oder Rigolen entstandener mineralischer Mischhorizont mit über 40 cm Mächtigkeit
- E(x) = durch Auftragen großer Mengen an Plaggen- oder Kompostmaterial entstandener Mineralbodenhorizont, in der Regel mit Kulturresten und/oder stark erhöhtem Phosphatgehalt
- Y = durch die Anwesenheit von Reduktgasen (CH_4, CO_2, H_2S) charakterisierter Horizont, die durch anthropogene Einflüsse (Gasleckagen, künstliche Böden bzw. Abfallaufträge) oder natürlicherweise in vulkanischen Mofetten in höheren Konzentrationen (> 10 Volumen-%) in der Bodenluft auftreten; typisch für die Reduktosole.

Eine besondere Stellung nehmen Unterbodenhorizonte ein, die unter paläoklimatischen Verhältnissen entstanden sind, und die trotz veränderter Klimabedingungen ihre Eigenschaften erhalten haben (reliktische Bodenhorizonte) bzw. die sich dem Einfluss der Bodenbildung durch Verschüttung entzogen (fossile Bodenhorizonte):

- Bj = weitgehend kaolinitisierter fersiallitischer Unterbodenhorizont
- Bu = ferrallitischer Unterbodenhorizont mit extrem geringen Gehalten an verwitterbaren Mineralen, einer potenziellen Kationenaustauschkapazität der Tonfraktion unter 16 cmol$_c$/kg und einer effektiven Kationenaustauschkapazität der Tonfraktion unter 10 cmol$_c$/kg

Unterbodenhorizonte, die durch eine schlechte interne Dränage des Bodens mehr oder weniger häufig unter dem Einfluss von Stauwasser stehen, erhalten folgende Bezeichnungen:

- Sw = Stauwasser leitender Horizont, mit höherer Wasserleitfähigkeit als der darunter liegende Stauhorizont, daher nur zeitweise wassergesättigt
- Srw = Sw-Horizont mit lang anhaltender Vernässung und deutlichen Reduktionsmerkmalen

- Sd = Wasser stauender Horizont mit geringerer Wasserleitfähigkeit als der darüber liegende Horizont, in der Regel 50 bis 70 Flächen-% Rost- und Bleichflecken („Marmorierung")
- Sg = Unterbodenhorizont mit > 80 Flächen-% Nassbleichungs- und Oxidationsmerkmalen sowie Sd-Merkmalen, Luftmangel bereits bei Feldkapazität wegen geringer Luftkapazität und wegen hohem Anteil an haftwassererfüllten Mittelporen („haftnass")

Unterbodenhorizonte in semiterrestrischen Böden

Bei den Unterbodenhorizonten, die unter dem Einfluss von Grundwasser stehen, werden unter anderem folgende Horizonte unterschieden:

- Go = oxidierter Horizont im Grundwasserschwankungsbereich mit >10 Flächen-% Rost- und Carbonatflecken
- Gr = Unterbodenhorizont, der an über 300 Tagen im Jahr wassergesättigt ist und daher ein vorwiegend reduzierendes Milieu darstellt, morphologisch ist der Reduktionszustand an gräulichen bis schwarzen Farben der Bodenmatrix zu erkennen

Untergrundhorizonte zur Charakterisierung des Ausgangsmaterials C

Mineralische Untergrundhorizonte, die bei ungeschichteten Böden dem Ausgangsgestein entsprechen, werden nach der Art des Substrates unterschieden:

- mC = Untergrundhorizont, im feuchten Zustand mit dem Spaten nicht grabbares Material
- lC = Lockermaterial, mit dem Spaten grabbar
- aC = Lockermaterial aus Fluss- oder Bachablagerungen
- Cv = angewittertes bis verwittertes Ausgangsmaterial meist im Übergang zum frischen Gestein

Daneben werden Horizonte, die durch kolluvialen oder fluviatilen Auftrag von Oberbodenmaterial gekennzeichnet sind als M-Horizonte bezeichnet, wobei sie in Auenlagen (Alluvium) als aM-Horizonte ausgewiesen werden.

hen, den pH-Wert konstant zu halten. Die im Boden enthaltenen Puffersubstanzen sind in der Lage, eindringende Säuren abzupuffern (Hintermayer und Zech 1997). Von Bedeutung sind hierbei die Reaktionen basisch wirkender Stoffe auf Säuren. Sie wirken der Bodenversauerung entgegen. Für Flora und Fauna, aber auch für den Menschen, erfüllt der Boden wichtige **Lebensraumfunktionen**. Die Genese der Böden zeigt sich in den ausgebildeten Horizontmerkmalen, über die auf die Faktoren und Prozesse der Bodenbildung geschlossen werden kann. Oft überlagern sich Prozesse oder sie verändern sich im Zuge sich wandelnder Umweltbedingungen. Darüber hinaus sind Böden häufig mehrphasig entstanden. Komplex aufgebaute Böden

sind daher Träger wichtiger Umweltinformationen und erfüllen eine **Archivfunktion**.

7.6 Bodenverbreitung

Bodengeographische Forschung widmet sich überwiegend der Entstehung und Verbreitung verschiedener Bodentypen und Bodengesellschaften auf der Erde. In der FAO-UNESCO-Weltbodenkarte wurde der Versuch unternommen die wichtigsten Bodengruppen weltweit kartographisch darzustellen (Abb. 7.9)

Die Karte illustriert v. a. die Abhängigkeit der Bodenbildung vom geoökozonalen Wandel mit der Breitenlage

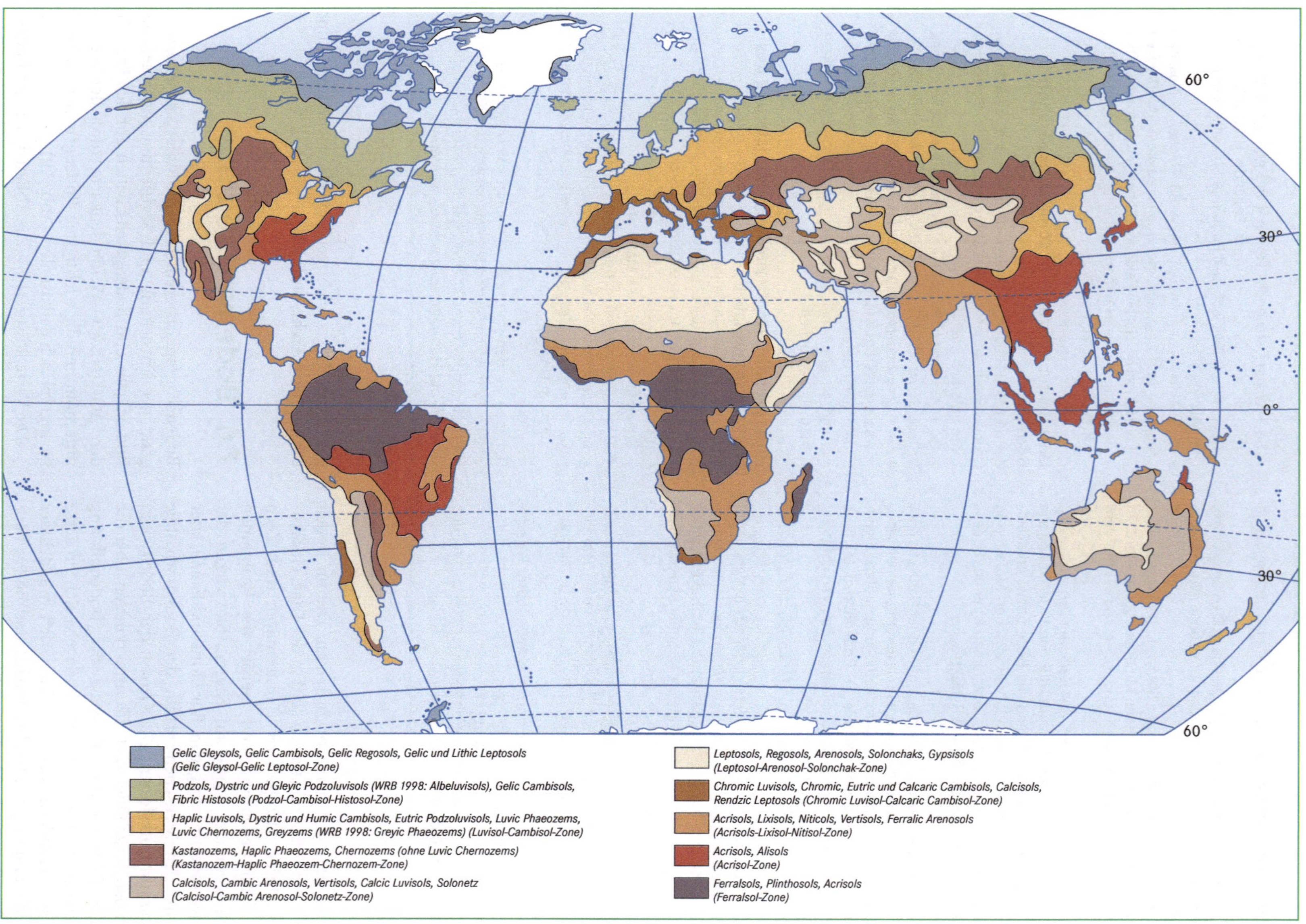

Abb. 7.9 Bodenhorizontkarte der Erde (verändert nach Eitel 2001).

(Strahlungszone) sowie von der Maritimität bzw. Kontinentalität (Eitel 2007). Global lassen sich Böden folgendermaßen untergliedern:

- Böden der feuchten Mittelbreiten (dominante Böden sind Parabraunerden, Braunerden, Podsole und hydromorphe Böden wie Gleye und Pseudogleye).
- Böden der feuchten Subtropen und Tropen (dominante Böden sind durch Rubefizierung gekennzeichnete Böden wie rötliche Braunerden und Parabraunerden, als Weiterbildung dieser Gruppen fersiallitische Böden bis hin zu roten desilifizierten ferallitischen Böden. Auch in dieser Zone besitzen hydromorphe Böden einen gewissen Flächenanteil).
- Die Böden der Trockengebiete sind durch Humusarmut und geringe Verwitterungsintensität gekennzeichnet; dominante Böden sind steinige Rohböden, Sandböden und Salzböden; in Steppengebieten bilden sich braune Kastanozeme aus (Kurzgrassteppe), bei höherem Feuchteangebot schwarzgefärbte Tschernoseme (Eitel 2007).

Innerhalb der Bodengroßregionen werden Böden je nach darzustellendem Maßstab in unterschiedliche Einheiten zusammengefasst. Hierbei ist die wichtigste Darstellungsform die Bodengesellschaft, die ein komplexes Mosaik aus Bodenformen beschreibt und auf größeren zusammenhängenden Flächen angetroffen wird. Eine typische Abfolge von Leitböden in einem Landschaftsquerschnitt wird als Bodentoposequenz bezeichnet (Eitel 2007).

⌖ Zum Weiterdenken

1. Benennen Sie die wichtigsten Merkmalsausprägungen der Böden und geben Sie jeweils ein Beispiel, wodurch sich das entsprechende Merkmal äußert.

2. Beschreiben Sie die Unterschiede zwischen Mull, Moder und Rohhumus.

3. Erläutern Sie den Begriff Kationenaustauschkapazität.

4. Was versteht man unter „Archivfunktion des Bodens"?

5. Beschreiben Sie die wichtigsten Bodentypen der feuchten Mittelbreiten mit jeweiligen Horizontbezeichnungen.

6. Was versteht man unter dem Begriff „Catena"?

7. Diskutieren Sie die Stellung des Bodens im Landschaftsökosystem und begründen Sie Ihre Aussagen.

Weiterführende Literatur

AG Boden (2005) Bodenkundliche Kartieranleitung. 5. Aufl. Schweizerbart, Stuttgart.

Blume H-P (Hrsg.) (1990) Handbuch des Bodenschutzes: Bodenökologie und -belastung. Vorbeugende und abwehrende Schutzmaßnahmen. Ecomed Verlag, Landsberg/Lech.

Blume HP, Felix-Henningsen P, Fischer RW, Frede HG, Horn, Stahr R, Stahr K (2004) Handbuch der Bodenkunde. Ecomed-Verlag, Landsberg/Lech (Losebl.-Ausg.).

Driessen J, Nachtergaele F, Spaargaren O (1991) World Reference base for Soil Resources – introduction. Acco, Leuven.

Eitel B (2001) Bodengeographie. 2. Aufl., Das Geographische Seminar, Westermann, Braunschweig.

Hartge KH und Horn R (1992) Die physikalische Untersuchung von Böden. 3. Aufl., Enke, Stuttgart

Hintermayer-Erhard G, Zech W (1997) Wörterbuch der Bodenkunde. Enke, Stuttgart.

Scheffer/Schachtschabel (2010) Lehrbuch der Bodenkunde. 16. Aufl., Spektrum Akademischer Verlag, Heidelberg.

Semmel A (1993) Grundzüge der Bodengeographie. 3. Aufl. Teuber, Stuttgart.

Sumner ME (1999) (Hrsg) Handbook of Soil Science. CRC Press LLC, Florida.

Zitierte Literatur

AG Boden (2005) Bodenkundliche Kartieranleitung. 5. Aufl., Schweizerbart, Stuttgart.

Birkeland PW (1999) Soils and Geomorphology. 3. Aufl., Oxford University Press, New York, Oxford.

Eitel B (2001) Bodengeographie. 2. Aufl., Westermann, Braunschweig.

FAO-UNESCO (1994) Soil map of the world (überarb. Legende). ISRIC, Wageningen.

FAO (1974) Soil map of the world. FAO, Rom.

Gebhardt H et al. (Hrsg) (2007) Geographie – Physische Geographie und Humangeographie. Spektrum Akademischer Verlag, Heidelberg.

Hintermayer-Erhard G, Zech W (1997) Wörterbuch der Bodenkunde. Enke, Stuttgart.

Opp C (2007) Bodenkörper. In: Gebhardt H et al. (Hrsg.) Geographie – Physische Geographie und Humangeographie. Spektrum Akademischer Verlag, Heidelberg, 369–374.

Scheffer/Schachtschabel (2010) Lehrbuch der Bodenkunde. 16. Aufl., Spektrum Akademischer Verlag, Heidelberg.

Völkel J (2007) Bodenentwicklung. In: Gebhardt H et al. (Hrsg.) Geographie – Physische Geographie und Humangeographie. Spektrum Akademischer Verlag, Heidelberg, 374–380.

Rund ums Wasser – Hydrogeographie   8

Wasser – ein unbegrenztes Gut?

Wasser steht uns immer zur Verfügung! In diesem Luxus leben wir Mitteleuropäer und die Menschen in anderen Regionen gemäßigter Klimate. Trotzdem streben wir an, mit der Ressource Trinkwasser sehr sparsam umzugehen, so verbrauchen wir in Deutschland pro Tag und Person 127 Liter Trinkwasser und erreichen damit gemeinsam mit Belgien den geringsten Verbrauch in der EU (www.umweltlexikon-online.de: Trinkwasserverbrauch, Februar 2009). In einigen Regionen (z. B. Brandenburg) wurde die Grenze von 100 Litern pro Person und Tag schon deutlich unterschritten. Die deutsche Industrie trägt ebenfalls zu einer verbesserten Nutzung bei, u. a. dadurch, dass die Wiederverwendungsrate von bereits genuztem Wasser in den letzten Jahrzehnten um ein Vielfaches erhöht werden konnte. Hier sind besonders die chemische Industrie und die Öl- und Kohleindustrie zu nennen (Mauser 2007 nach WBGU 1997).

Diese zwei positiven Aspekte mögen den Leser motivieren, sich mit dem Themenfeld „Wasser" näher zu beschäftigen, denn auch in Mitteleuropa ist die Wasserversorgung nicht überall und immer unproblematisch. In Baden-Württemberg beispielsweise werden große Gebiete über die Bodensee-Wasserversorgung und andere Zweckverbände (Landeswasserversorgung, Nordostwürttemberg, Kleine Kinzig) mit Trinkwasser versorgt, das über hunderte von Kilometern mit Rohrleitungen die Regionen bedient, deren lokale Ressourcen die Nachfrage nicht decken können. Zusätzlich ist in trockenen Regionen Deutschlands die landwirtschaftliche Produktion auf künstliche Bewässerung angewiesen, um das sommerliche Defizit in der Wasserbilanz auszugleichen. In südeuropäischen Ländern spitzt sich dieses Problem weiter zu – die Landwirtschaft verbraucht dort wesentlich mehr Wasser als die Bereiche Haushalt und Industrie. Die griechische Landwirtschaft verbraucht 88% und die spanische 72% der nationalen Süßwasserressourcen.

Beziehen wir in den Komplex **Wasserverbrauch** in anderen Lebensbereichen mit ein, d. h. auch die Produktion unserer Nahrungsmittel und Textilien, ist eine globale Betrachtungsweise unumgänglich. Trinken wir eine Tasse Kaffee, verbrauchen wir damit 140 Liter Wasser. Kaufen wir ein T-Shirt aus Baumwolle, sind zur Produktion 2 000 Liter Wasser nötig gewesen, auch in Folge der ineffizienten Bewässerungstechniken in vielen Anbaugebieten. Sind wir uns bewusst, dass wir 14 000 Liter Wasser „verbrauchen", wenn wir ein Kilo Steakfleisch verzehren?

Als global denkende Menschen sollten wir den Verbrauch dieses virtuellen Wassers mit einbeziehen. Damit steigt die tatsächlich benötigte Wassermenge auf rund 4 000 Liter pro Kopf und Tag, unabhängig von Art und Ort der Verwendung. Das entspricht dem 30-fachen des reinen Trinkwasserverbrauchs in Deutschland! Neue Studien zeigen, dass wir mit unserem Wasserverbrauch einen **ökologischen Fußabdruck** hinterlassen, der in der Regel deutlich größer ist, als die zur Verfügung stehende Fläche. Für das Einzugsgebiet der Ostsee beispielsweise führen Berechnungen zu dem erstaunlichen Ergebnis, dass die zur Verfügung stehenden Fläche gerade ausreichen würde, um die Hälfte (!) der 85 Millionen dort lebenden Menschen mit wassertragenden Dienstleistungen zu versorgen. Die auf der Fläche des Landes zur Verfügung stehenden Wasserressourcen reichen also bei weitem nicht aus und erfordern den Import von virtuellem Wasser (Jansson et al. 1999, Mauser 2007).

An diesen Beispielen wird deutlich, dass sich die Hydrogeographie mit spannenden und zukunftsweisenden Fragestellungen beschäftigt. In diesem Kapitel wird auf diese Fragen eingegangen, aber vorher sind einige Grundlagen zu betrachten, die für eine fundierte Beschäftigung mit dem Thema erforderlich sind.

8.1 Hydrologie und Hydrogeographie – Ingenieure und Naturwissenschaftler gemeinsam

Unter **Hydrologie** verstehen wir die „Lehre von den physikalisch, chemisch und biologisch bedingten Erscheinungsformen des Wassers über, auf und unter der Erdoberfläche, speziell seiner Verteilung nach Raum und Zeit sowie seiner Wirkungen einschließlich der anthropogenen Einflüsse" (Wilhelm 1997, DIN 4049, de Haar 1974). Die **Hydrogeographie** beschäftigt sich speziell mit dem Wasserhaushalt, den räumlichen und zeitlichen Veränderungen der Speicherinhalte (z. B. Oberflächen- oder Grundwasser) und dem Abflussverhalten hinsichtlich Quantität, z. B. Niedrig- und Hochwasserabfluss, und Qualität, z. B. Gewässergüte (Wilhelm 1997).

Aus diesen Definitionen ergibt sich eine deutliche Unterscheidung in quantitative Hydrologie (Untersuchung von Wassermengen) und qualitative Hydrologie (Untersuchung der Inhaltsstoffe im Wasser, in fester und gelöster Form) (Baumgartner und Liebscher 1996). Im Rahmen der interdisziplinären Untersuchung wasserwirtschaftlicher Probleme bedient sich die Hydrogeographie zunehmend Verfahren, die bislang vornehmlich von Hydrologen aus den Ingenieurwissenschaften verwendet wurden wie beispielsweise die Niederschlag-Abfluss-Modellierung.

8.2 Wasserhaushalt – Input und Output sind entscheidend

Die Bilanzierung des Wasserhaushalts kann für zwei verschiedene Arten von Gebieten vorgenommen werden, entweder für eine politische Raumeinheit, beispielsweise das Staatsgebiet der Bundesrepublik Deutschland, oder für ein natürlich abgegrenztes Gebiet, in der Regel das Einzugsgebiet eines Flusses. Es wird durch die Wasserscheide abgegrenzt, wobei man zwischen dem oberirdischen Einzugsgebiet (durch Relief abgegrenzt) und dem unterirdischen Einzugsgebiet (durch das Einfallen geologischer Schichten im Untergrund abgegrenzt) unterscheidet. Im Einzugsgebiet strömt alles Oberflächen- und Grundwasser an dem Punkt zusammen, wo das Wasser das Flussgebiet verlässt.

Wird stattdessen ein politisch abgegrenztes Gebiet betrachtet, so muss berücksichtigt werden, dass als Input-Größe nicht nur der Niederschlag, sondern auch der ober- und unterirdische Zu- und Abstrom aus bzw. in benachbarte Staaten in die Bilanzierung einbezogen wird. Im Falle eines natürlichen Einzugsgebietes ist dies normalerweise nicht nötig, sofern das unterirdische Einzugsgebiet mit dem oberirdischen Einzugsgebiet identisch ist. Ist dies nicht der Fall, wie etwa in Karstlandschaften, so muss ein unterirdischer Zustrom in den Input und ein unterirdischer Abstrom in den Output eingerechnet werden.

Für die Bilanzierung in einem natürlichen Einzugsgebiet werden die Input-Größen den Output-Größen gegenübergestellt. Ein einfaches Modell berücksichtigt als einzige Inputgröße den Niederschlag (N) und als Output-Größen die Verdunstung (V) und den Abfluss (Q). Die **Wasserhaushaltsgleichung** hierfür lautet:

$$N = V + Q$$

Ein etwas komplexeres Modell berücksichtigt zusätzlich die Quantifizierung der Speicher (S) bzw. die Änderung der Speicher (ΔS). Speicher können natürliche oder künstliche Seen, Boden- und Grundwasservorräte, Schneedecken oder Gletscher sein. Die Wasserhaushaltsgleichung lautet dann:

$$N = V + Q + \Delta S$$

Als Beispiel kann die in Abb. 8.1 gezeigte Wasserbilanz der Bundesrepublik Deutschland auf Jahresbasis herangezogen werden, bei der der Oberflächen- (Z) und Grundwasserzustrom (GwZ) von den Oberliegern einbezogen wird:

$$N + Z + GwZ = V + Q + \Delta S + GwA$$

Die **Input-Größen** der jährlichen Wasserhaushaltsrechnung für Deutschland sind:
- Niederschlag: 859 mm
- Zufluss von den Oberliegern, (u. a. die Elbe aus Tschechien, die Oder aus Polen, der Rhein aus der Schweiz): 199 mm
- Grundwasserzustrom: 1 mm

Die **Output-Größen** sind:
- Verdunstung aus Niederschlag: 532 mm
- Verdunstung aus oberirdischen Speichern (Flüsse, Seen, Talsperren): 11 mm
- Verdunstung aus Speichern der Wassernutzung (Industrie, Landwirtschaft, Gewerbe, Haushalte): 11 mm
- Oberirdischer Abfluss zum Meer (Nordsee und Ostsee) und oberirdischer Abfluss zu den Unterliegern (u. a. über den Rhein in die Niederlande): 495 mm
- Grundwasserabstrom zum Meer: 10 mm

In der Summe stehen damit aus Niederschlag, Zustrom von Oberliegern und Grundwasser 1 059 mm zur Verfü-

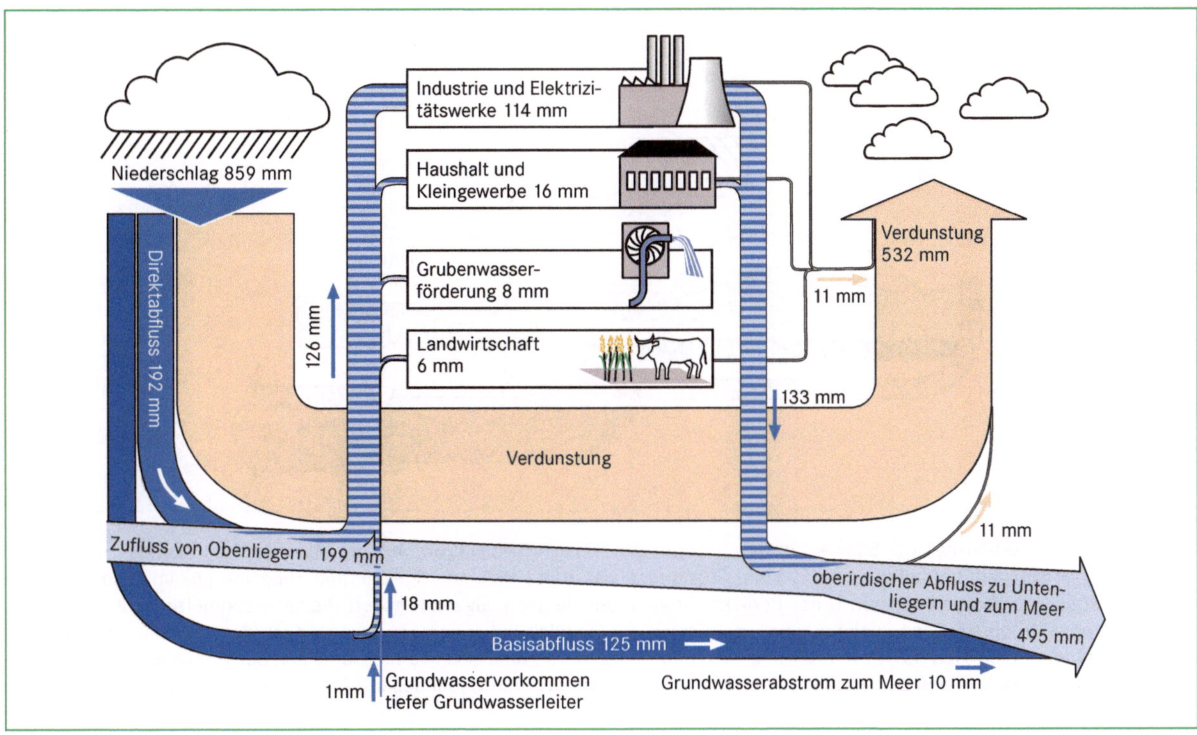

Abb. 8.1 Langjährige Wasserbilanz der Bundesrepublik Deutschland. Input = 859 mm Niederschlag + 199 mm Zufluss von Oberliegern + 1 mm tiefes Grundwasser = 1 059 mm, Output = 532 mm Verdunstung + 11 mm aus Industrie etc. + 11 mm aus oberirdi-
schem Abfluss + 495 mm oberirdischer Abfluss + 10 mm Grundwasserabstrom = 1 059 mm (Wasserbilanz ausgeglichen) (verändert
nach Jankiewicz & Krahe 2003).

gung. Die Summe der Output-Größen Verdunstung, oberirdischer (Q) und unterirdischer Abstrom (GwA) ergibt ebenfalls 1 059 mm. Deutschland verfügt demnach über eine ausgeglichene Wasserbilanz. Die berechneten Werte gelten streng genommen nur für längere Zeiträume, d. h. ohne die Veränderung interner Speichergrößen. Vergleicht man kürzere Zeiträume miteinander, beispielsweise Monate, Jahre oder einzelne Jahreszeiten, so spielt die Änderung von Speichern eine größere Rolle. Im Winter wird der Niederschlag oft in einer Schneedecke zwischengespeichert. Ein Skigebiet hätte daher im Winter eine negative, im Sommer eine positive Wasserbilanz.

Aber auch über längere Zeiträume können die Speichergrößen die Wasserbilanz beeinflussen, wie es die Wasserbilanz der Schweiz sehr eindrücklich zeigt (Abb. 8.2). Die langjährige Zunahme der Lufttemperatur bzw. verminderte Schneeniederschläge haben zur Folge, dass sich die Grenze zwischen Nähr- und Zehrgebiet nach oben verschiebt und die Gletscher auf Dauer zurückschmelzen. Die Bilanz der Eismassen ist demzufolge negativ, was sich auf den Wasserhaushalt der Schweiz so auswirkt, dass es ein Massenverlust von 6 mm pro Jahr

gibt. Dieses Beispiel zeigt eindrucksvoll, in welchem Zustand sich der Wasserhaushalt einer Region grundsätzlich befindet. Auch in Gebieten, in denen die landwirtschaftliche Produktivität mithilfe künstlicher Bewässerung erhöht werden soll, sind Wasserhaushaltsuntersuchungen eine wesentliche Basisinformation, ohne die das Wassermanagement nicht auskommt.

8.3 Niederschlag – allein in Deutschland als Input sehr variabel

Die wichtigste Input-Größe der Wasserbilanz ist der Niederschlag, der aus Wasser in flüssigem oder festem Aggregatszustand besteht, das der Schwerkraft folgend zur Erdoberfläche fällt. Die Prozesse, die zum Übergang des Wasserdampfes in der Atmosphäre zu flüssigem Wasser oder festem Eis führen, werden unter dem Begriff **Niederschlagsbildung** zusammengefasst. Wasserdampf, der sich an den bodennahen Oberflächen (Vegetation, Häuser u. a.) als Tau oder Reif absetzt, ist

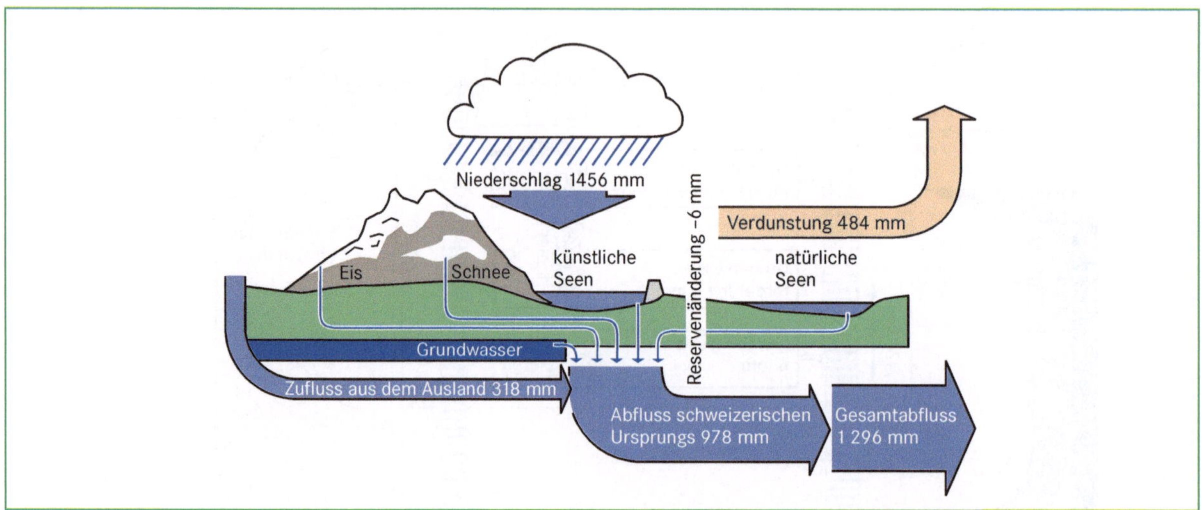

Abb. 8.2 Der Wasserhaushalt der Schweiz im Durchschnitt der Jahre 1901 bis 1980. Aus der Bilanz (318 mm Zufluss + 1456 mm Niederschlag) – (484 mm Verdunstung + 1296 mm Gesamtabfluss) ergibt sich eine Speicheränderung von –6 mm, also ein etwas höherer Output von Wasser als Input. Unter Berücksichtigung der deutlich zugenommenen Gletscherschmelze in den Sommer- und Herbstmonaten dürfte diese Speicheränderung gegenwärtig deutlich höher sein. Zu ergänzen ist, dass es auch Phasen positiver Vorratsänderungen gibt, so 1961–1980 mit + 7,5 mm/a, die durch eine positive Massenbilanz der Gletscher und zu einem kleinen Teil durch das Auffüllen neu erstellter Speicherbecken begründet waren (Bundesamt für Wasser und Geologie der Schweiz 2001).

von so geringer Menge (0,2 bis 0,3 mm pro Nacht), dass er von den Messinstrumenten in der Regel nicht erfasst wird. In den Trockengebieten bildet er allerdings häufig die einzige Quelle der Wasserversorgung (Baumgartner und Liebscher 1996).

Nicht der gesamte, aus einer Wolke fallende Niederschlag erreicht die Erdoberfläche (Abb. 8.3). Ein Teil des Niederschlags verdunstet bereits im Fallen, ein anderer Teil bleibt im Blätterdach der Vegetation (Interzeption) oder auf der am Boden liegenden Streu hängen und verdunstet ebenfalls (E_P = Interzeptionsevaporation von Pflanzen, E_L = Interzeptionsevaporation von Streu). Ein anderer Teil der Interzeption tropft zu Boden oder fließt am Stamm ab. Dieser Teil bildet zusammen mit dem Niederschlag, der direkt durch das Kronendach der Bäume fällt, den Bestandsniederschlag (N_B).

Generell wird die Verdunstung vom Boden, von der Pflanzenoberfläche und von offenen Wasserflächen als Evaporation bezeichnet *(E)*. Das Wasser, das von Organismen über ihren Stoffwechsel ausgeschieden wird und von deren Oberfläche verdunstet, wird der Transpiration zugeordnet *(T)*. Beide Größen werden als Evapotranspiration zusammengefasst.

Neben der jahreszeitlichen Niederschlagsverteilung (in Mitteleuropa: Maximum im Sommer) spielt die **Niederschlagsintensität** eine große Rolle für die Abflussbildung. Sie wird als Quotient aus Niederschlagsmenge und betrachteter Zeiteinheit angegeben (z. B.

mm/Stunde). Konvektive Niederschläge sind kurz, haben große Tropfen, eine hohe Intensität (z. B. 100 mm/h) und beregnen eine kleine Fläche (z. B. sommerliches Gewitter). Advektive Niederschläge weisen geringe Tropfengrößen und Intensitäten auf (z. B. 0,5 mm/h) und sind von langer Dauer (Landregen, Dauerregen) (Auerswald 1998).

8.4 Abfluss oder Durchfluss – ganz einfach: Flussquerschnitt mal Fließgeschwindigkeit

Die angeführten Komponenten Oberflächen-, Zwischen- und Grundwasserabfluss (A_O, A_I, A_G in Abb. 8.3) bilden den **Abfluss** in einem Gerinne (auch **Durchfluss** genannt). Quantitativ ist darunter das Wasservolumen zu verstehen, das in einer bestimmten Zeiteinheit einen definierten, oberirdischen Fließquerschnitt durchfließt und einem Einzugsgebiet zugeordnet werden kann (DIN 4049 1992). Er wird mit dem Großbuchstaben Q abgekürzt und in m³/s oder l/s angegeben. Bezieht man die Abflussmenge auf die Fläche des Einzugsgebiets, wird sie entweder als Abflussspende (l/s · km²) oder als Abflusshöhe h_A (mm/Zeiteinheit) angegeben (Baumgartner und Liebscher 1996). Die Abflussspende (Quotient aus Abfluss und Fläche des zugehörigen Einzugsge-

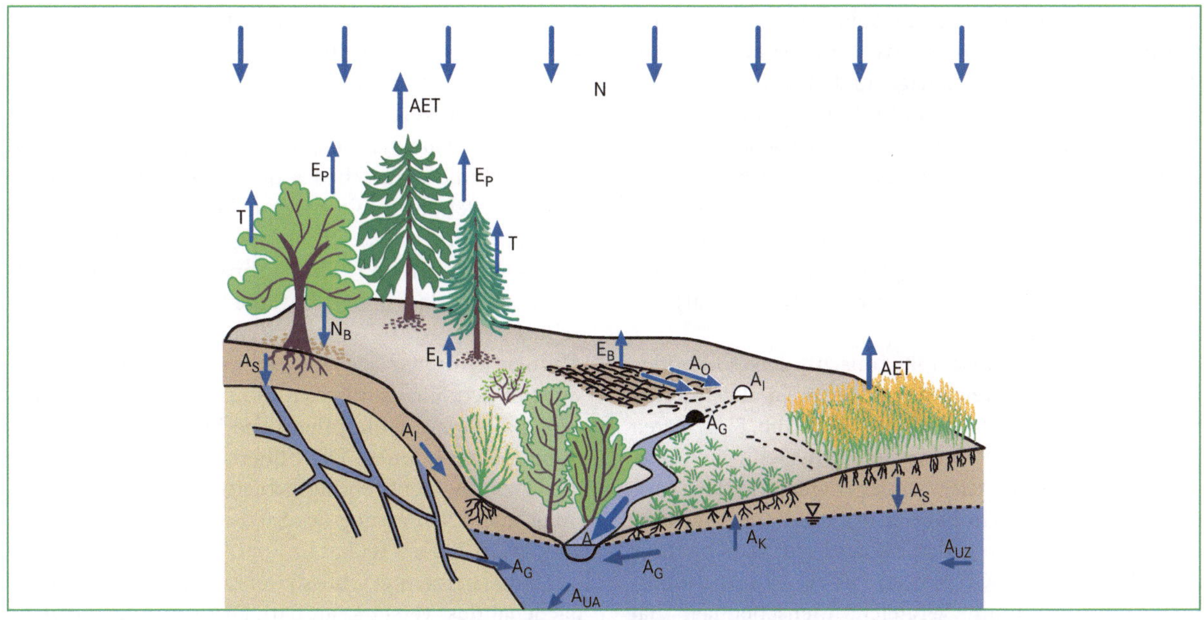

Abb. 8.3 Der räumliche Zusammenhang zwischen den einzelnen Komponenten des Wasserkreislaufs eines Einzugsgebietes, das von der schwarzen Linie als oberirdische Wasserscheide abgegrenzt wird. N = Niederschlag, AET = Aktuelle Evapotranspiration (tatsächliche Verdunstungshöhe), E_P = Pflanzeninterzeptionsevaporation (Verdunstung von Pflanzenoberflächen), T = Transpiration (Verdunstung aus Spaltöffnungen der Pflanzen), N_B = Bestandsniederschlag (Teil des Freilandniederschlags, der durch die Vegetation auf die Bodenoberfläche gelangt, inklusive Stammablauf), E_L = Streuinterzeptionsevaporation (Verdunstung von der Streuoberfläche), E_B = Bodenevaporation (Verdunstung von der Bodenoberfläche), A = Abfluss, A_O = Oberflächenabfluss, A_I = Zwischenabfluss, A_G = Grundwasserabfluss, A_S = Sickerwasserabfluss, A_K = Kapillarer Wasseraufstieg, A_{UZ} = Unterirdischer Zustrom, A_{UA} = Unterirdischer Abstrom (verändert nach Wohlrab et al. 1992).

bietes) ist ein häufig verwendeter Parameter, wenn es darum geht, die Abflusswirksamkeit von unterschiedlichen Einzugsgebieten oder deren Teilflächen unmittelbar zu vergleichen.

Die Prozesse der **Abflussbildung** und **Abflusskonzentration** sind von außerordentlicher Bedeutung, da sie den Abflussverlauf (Hoch-, Mittel- und Niedrigwasser) in den Bächen und Flüssen (Vorflutern) steuern. Das abfließende Wasser transportiert zudem Sedimente und formt so die Gewässerlandschaft. Auch die Grundwasserneubildung hängt unmittelbar von der Abflussbildung bzw. Versickerung auf den Flächen des Einzugsgebietes ab (Abb. 8.3). Für hydrologische Fragestellungen ist bedeutsam, wie viel Niederschlag direkt an der Bodenoberfläche abfließt, also ohne vorher in den Boden und eventuell weiter bis zum Grundwasser zu versickern. Dieser sogenannte **effektive Niederschlag** ($N_{\text{eff.}}$) entspricht dem Direktabfluss, bestimmt also in kleinen Einzugsgebieten die Höhe einer Hochwasserwelle, da das Wasser besonders von versiegelten Flächen (Straßen, Dächer) bzw. von verdichteten, gefrorenen oder mit Wasser gesättigten Böden schnell in das Gewässernetz abfließt. In großen Einzugsgebieten spielen zusätzliche Faktoren eine Rolle, beispielsweise die

Überlagerung von Hochwasserwellen verschiedener Zuflüsse.

Entscheidend für den Weg des Regenwassers ist dessen Intensität (s. o.). Ist die Regenintensität gering, verdunstet das Wasser an der Oberfläche oder infiltriert in den Boden. Ob Wasser in den Boden infiltriert, hängt zusätzlich von anderen Faktoren ab, wie beispielsweise Hangneigung, Substrat und Bedeckung bzw. Bewuchs (Wald, Wiese, Acker). Im Verlauf des Regens nähert sich **die Infiltrationsrate** einem konstanten Wert, der für verschiedene Substrate unterschiedlich ist. Auf ebenen Flächen infiltriert Wasser in Ton mit einer Geschwindigkeit von 0 bis 4 mm/h, in Schluff mit 2 bis 8 mm/h und Sand mit 3 bis 12 mm/h (Kirkby 1969). Bei gleichem Substrat erhöht sich der Einfluss der Hangneigung, denn mit steigendem Gefälle nimmt auch der Anteil des Niederschlags zu, der oberflächlich abfließt (Hendrichson et al. 1963 in Wilhelm 1997).

Während auf versiegelten Flächen (z. B. asphaltierte Straßen) kein Wasser infiltriert, haben Siedlungsflächen einen Versiegelungsgrad von durchschnittlich 30%. Auf landwirtschaftlichen Brachflächen versickert weniger Wasser als in einen bewachsenen Boden. Für Maispflanzen auf schluffig-lehmigem Substrat werden 3,2 mm/h, für Grasflächen auf gleichem Substrat 11,0 mm/h angegeben (Holtan und Musgrave 1964). Waldboden hat durch die organische Auflage und den Humus- und Porenreichtum die besten Infiltrationseigenschaften. Im Durchschnitt können auf einer Weidefläche nur circa 20 mm/h, auf ebenem Waldboden 60 bis 75 mm/h versickern, ohne dass es zu Oberflächenabfluss kommt (VDG 2003). Die genannten Werte sind als externe Schwellenwerte (Niederschlagsintensität) oder interne, standortspezifische Schwellenwerte (z. B. Substrat) anzusehen (Schulte 2005).

Das infiltrierte Wasser füllt zunächst den Oberboden auf, sickert bei ausreichender Menge in die unteren Bodenhorizonte oder -schichten (A_S in Abb. 8.3). Deren Wasserleitfähigkeiten können sehr unterschiedlich sein, abhängig unter anderem von der Dichte und der Porosität. Durch weite Grobporen mit einem Äquivalenzdurchmesser $> 50\,\mu m$ perkoliert das Sickerwasser relativ schnell, durch enge Grobporen (50 bis $10\,\mu m$) wesentlich langsamer (zum Vergleich: Menschenhaar hat einen mittleren Durchmesser von etwa 40 bis $60\,\mu m$). Mittel- und Feinporen ($< 10\,\mu m$) sind nicht am drainierenden Prozess beteiligt (AG Boden 1994, Wohlrab et al. 1992).

Dort, wo das Regenwasser in den Boden infiltriert, erfolgt der weitere Transport des Wassers in den Untergrund nicht ungehindert. Natürlicherweise gibt es Bodenhorizonte oder Bodenschichten, die unterschiedliche Lagerungsdichte oder Porosität aufweisen, beispielsweise der Bt-Horizont bei der Parabraunerde oder der Sd-Horizont beim Pseudogley. Dadurch wird das von oben einsickernde Wasser gestaut. Ein Teil des Sickerwassers fließt dann parallel zur Bodenoberfläche auf dem „Stauer" ab und wird als Zwischenabfluss bezeichnet (*interflow*, A_I in Abb. 8.3). Dieser wird in einen schnellen und langsamen Zwischenabfluss unterschieden, der auch wieder an die Bodenoberfläche treten kann (*return flow*). Entsprechend tragen diese Komponenten unterschiedlich schnell zur Entstehung einer Hochwasserwelle bei. Den größten Fließweg legt das Sickerwasser durch den tiefer liegenden Grundwasserkörper zurück (A_G in Abb. 8.3), bevor es mit der größten Zeitverzögerung als Basisabfluss den Vorfluter erreicht.

Im Einzugsgebiet eines Flusses variieren die genannten Abflussarten Oberflächen-, Zwischen- und Basisabfluss räumlich und zeitlich stark, je nach Großwetterlage, Jahreszeit und anderen relevanten Faktoren. Dennoch lassen sich in einem Einzugsgebiet abflusswirksame Flächen erkennen, die überproportional zum Oberflächenabfluss beitragen. Sie vernässen gegenüber anderen Flächen relativ schnell und zeigen damit an, dass kein weiteres Niederschlagswasser infiltrieren kann. International bezeichnet man diese Flächen gegenwärtig

als *variable source areas*, worin sehr gut zum Ausdruck kommt, dass ihre Abflusswirksamkeit räumlich und zeitlich variabel ist (Symader 2004).

Bemerkenswert ist, dass unter dem Eindruck der **Hochwasserkatastrophen** der letzten Jahre (Oder 1997, Elbe 2002) die sächsische Landesregierung diesen Hochwasserentstehungsgebieten eine besondere Bedeutung beimisst: „Hochwasserentstehungsgebiete sind Gebiete, insbesondere in den Mittelgebirgs- und Hügellandschaften, in denen bei Starkniederschlägen oder bei Schneeschmelze in kurzer Zeit starke oberirdische Abflüsse eintreten können, die zu einer Hochwasserwelle in den Fließgewässern und damit zu einer erheblichen Gefahr für die öffentliche Sicherheit und Ordnung führen können. Die höhere Wasserbehörde setzt die Hochwasserentstehungsgebiete durch Rechtsverordnung fest" (Neufassung des Sächsischen Wassergesetzes vom 18.10.2004, § 100b, 1).

Global betrachtet gibt es zwei Zonen, in denen Oberflächenabfluss verstärkt auftritt. Dies sind zum einen die polaren und subpolaren Bereiche, in denen das Schneeschmelzwasser nicht in den Untergrund versickern kann, da dieser durch ständige Bodengefrornis (Permafrost) nicht in der Lage ist, das Wasser aufzunehmen. Zum anderen handelt es sich um die wechselfeuchten Tropen. Hier fällt der Regen mit hoher Intensität direkt auf feinkörniges Bodensubstrat, da die Bodenbedeckung nicht geschlossen ist (Trockensavanne). Der Aufprall der Regentropfen führt dazu, dass die Bodenpartikel aus ihrem Aggregatverband gelöst werden, kleine Vertiefungen auffüllen und so die Bodenoberfläche verschlämmen. Das hat zur Folge, dass die Infiltration in den Boden gehemmt wird und die Infiltrationsrate wesentlich kleiner wird als die Niederschlagsintensität (Wilhelm 1997). Die knappe Ressource Wasser fließt dann zu großen Teilen oberflächlich ab und verdunstet häufig aus versalzenden Endseen.

8.5 Grundwasser – diese Ressource muss immer wieder erneuert werden

Niederschlagswasser, das in den Boden infiltriert, kann kapillar wieder aufsteigen und an der Erdoberfläche verdunsten (Evaporation, A_k in Abb. 8.3), von den Pflanzen verdampft werden (Transpiration), über den Bodenwasserstrom dem Vorfluter zugeführt werden (Zwischenabfluss) oder bis zum Grundwasser perkolieren und den Grundwasserspeicher auffüllen (Grundwasserneubildung). Für die Grundwasserneubildung sind zwei Faktoren entscheidend: Sie ist am effektivsten, wenn zum einen Niederschlag mit so einer geringen Intensität fällt, dass kein Wasser durch Oberflächenabfluss verloren geht, und zum anderen die Evapotranspiration eingeschränkt ist, d. h. im Herbst und Winter. Im Frühjahr und Sommer findet durch die hohen Evapotranspirationsraten keine Grundwasserneubildung statt, im Gegenteil wird das Defizit durch die Wasserentnahme aus dem Grundwasserkörper zumindest teilweise ausgeglichen.

Die **Grundwasserneubildung** ist hinsichtlich ökologischer und ökonomischer Aspekte von außerordentlicher Bedeutung. Der Grundwasserspeicher sorgt für den Basisabfluss der Vorfluter, so dass auch in trockenen Zeiträumen einen Mindestabfluss gewährleistet ist und die Lebensbedingungen für Pflanzen und Tiere im Ökosystem Bach bzw. Fluss aufrecht erhalten bleiben. Die ökonomische Komponente der Grundwasserneubildung liegt in der Trinkwassergewinnung. In den Bundesländern, die sich über die Region des norddeutschen Tieflandes erstrecken, liegt der Anteil der Grundwasserförderung für die Trinkwassergewinnung zwischen 35,8 % in Nordrhein-Westfalen und 100 % in Schleswig-Holstein, Hamburg und Berlin (Busskamp 2003). Auch in den Flächenländern Brandenburg und Mecklenburg-Vorpommern werden mehr als drei Viertel des Trinkwassers aus den Grundwasservorräten gewonnen.

Die mittlere Grundwasserneubildung liegt in Deutschland bei etwa 135 mm pro Jahr (Neumann und Wycisk 2003). Vom mittleren Niederschlag in Höhe von 859 mm erreichen also nur 16 % das Grundwasser und tragen zur Auffüllung des Speichers bei. Die regionale Differenzierung zeigt jedoch, dass die Mittelgebirge, das Alpenvorland sowie der nordwestliche Teil des norddeutschen Tieflandes eine jährliche Grundwasserneubildung aufweisen, die über dem Mittelwert liegt. Ungunsträume befinden sich dagegen in den Leelagen der Mittelgebirge, insbesondere in den Bördelandschaften vom Rheinland bis Sachsen-Anhalt, im Thüringer Becken und im Osten Deutschlands (Neumann und Wycisk 2003). Die Ursache für die geringere Grundwasserneubildung in diesen Regionen ist zum einen im geringeren Jahresniederschlag zu sehen. Zum anderen nimmt die Kontinentalität in Richtung Osten zu, mit einem größeren Anteil sommerlicher Konvektionsniederschläge und gleichzeitig hoher Evapotranspiration. Das hat zur Folge, dass in der Vegetationsperiode im Allgemeinen kein Niederschlagswasser bis zum Grundwasser versickern kann. Die Trinkwasserversorgung der Gemeinden Nordostdeutschlands, die zu mehr als 75 % auf Grundwasserförderung angewiesen sind, muss die minimale Grundwasserneubildung berücksichtigen, um diese Ressource vor übermäßiger Nutzung zu schützen.

8.6 Abflussganglinie, Abflussregime und Flusstypen – variabel in Raum und Zeit

Die an einem Punkt des Flusses kontinuierlich erfassten Abflusswerte werden über die Zeit in Form einer Abflussganglinie dargestellt. Abbildung 8.4 zeigt beispielhaft die **Abflussganglinie** der Flöha im Erzgebirge am Pegel „Pockau 1" im hydrologischen Jahr 2006 mit dem Hochwasser im April. Im hydrologischen Winterhalbjahr (01.11. bis 30.04. des Folgejahres) herrscht grundsätzlich ein höherer Basisabfluss, während im hydrologischen Sommerhalbjahr (01.05. bis 31.10.) der Basisabfluss geringer ist. Das **hydrologische Jahr** weicht deshalb vom Kalenderjahr ab, da ab Anfang November die Winterniederschläge einsetzen, die zur Grundwasserneubildung beitragen oder als Schnee im Einzugsgebiet gespeichert werden.

In der Hydrologie und Hydrogeographie werden **Abflusszeitreihen** auch dazu verwendet, um mittlere Zustände über eine Saison oder ein oder mehrere Jahre wiederzugeben. Der „verregnete" Sommer mit hohen Abflusswerten in 2002 (mit Extremhochwasser im August 2002 an der Elbe) und der trockene, heiße Sommer 2003 mit entsprechend geringen Abflusswerten (Presse-Schlagzeile: „Spree – Fluss auf dem Trockenen") sind Perioden mit außergewöhnlichen Abflusswerten.

Entsprechend der Milieufaktoren Klima, Relief, Vegetation, Geologie usw. lässt sich für jeden Fluss ein charakteristischer jährlicher Abflussgang beschreiben. Hierbei kommen nicht einzelne Hochwasserereignisse oder kurzzeitige Trockenphasen zum Ausdruck, wie in der Abflussganglinie, sondern mittlere Abflusszustände im Verlauf eines Jahres. Nach den grundlegenden Arbeiten von Pardé (1947, 1960) bezeichnet man sie als **Abflussregime** (später auch Keller 1968, Grimm 1966, 1968, Nippes 1970). Dabei wird der Quotient aus den langjährigen Monatsmitteln (MQ_{Monat}) und dem Jahresmittel (MQ_{Jahr}) gebildet. Diese Art der Darstellung hat wesentliche Vorteile:

- Der so ermittelte monatliche Abflusskoeffizient ist dimensionslos und ermöglicht, das charakteristische Abflussverhalten unterschiedlich großer Flussgebiete oder solche unterschiedlicher naturräumlicher Ausstattung miteinander zu vergleichen.
- Das Abflussjahr kann in abflusswirksame Niederschlagszeiten und abflussreduzierende Verdunstungszeiten unterschieden werden, was besonders für die Planung der Wassernutzung in wechselfeuchten Klimaten von außerordentlicher Bedeutung ist.

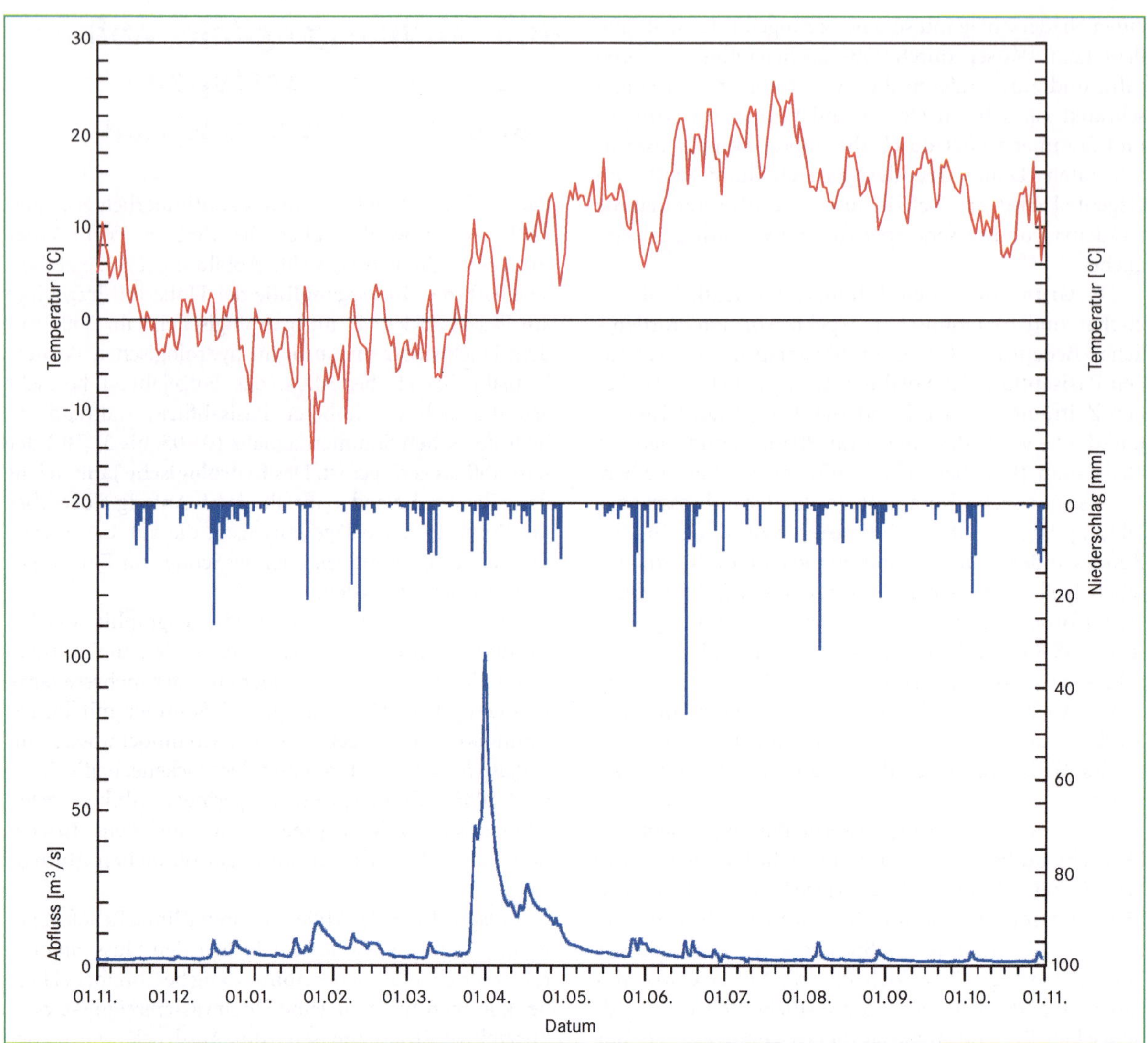

Abb. 8.4 Lufttemperatur, Niederschlag und Abfluss an der Flöha im Erzgebrige im Hydrologischen Jahr 2006 (Einzugsgebiet 385 km²). Während der Minustemperaturen Januar bis März fällt der Niederschlag als Schnee und kommt nicht unmittelbar zum Abfluss. Der Übergang zu positiven Lufttemperaturen Anfang April führt zur Schneeschmelze, die in Verbindung mit Regen das größte Hochwasser des Jahres erzeugt. Demgegenüber ist im Sommer und Herbst der Zusammenhang zwischen Regen und Hochwasser zeitlich unmittelbar, dann allerdings abgemildert aufgrund kleinräumiger, konvektiver Niederschläge und der verstärkten Evapotranspiration (Datenquellen: Lufttemperatur als Tagesmittel und Niederschlag als Tagessummen der privaten Wetterstation D. Christoph, Olbernhau; Abfluss der Flöha bei Pockau 1 als 15-Minuten-Werte (LfULG Sachsen), über 24 Stunden geglättet).

- Große Grundwasservorkommen oder Seeflächen (ebenfalls für die Nutzung von großer Bedeutung) dämpfen wegen der Speicherwirkung die Amplitude.

Folgende **Abflussregime** werden unterschieden:
Einfache Regime: Der Abflussgang wird durch einen variablen Faktor (z. B. Niederschlag oder Verdunstung) gesteuert. Entsprechend der jahreszeitlichen Ausprägung ist die Kurve eingipfelig. In den Tropen kann der Verlauf auch zweigipfelig sein, wenn es zwei ausgeprägte Regenzeiten gibt. Einfache Regime werden für einen definierten Abflussmesspunkt am Fluss angegeben. Sie können durch Gletscherschmelze (glazial), Schneeschmelze (nival) oder Regenniederschlag (pluvial) gesteuert sein. Glaziale Regime treten in den Polargebieten und Hochgebirgen auf, wo Einzugsgebiete ganzjährig mindestens zu 15 bis 20% mit Schnee oder Eis bedeckt sind. Das Abflussmaximum liegt in der warmen

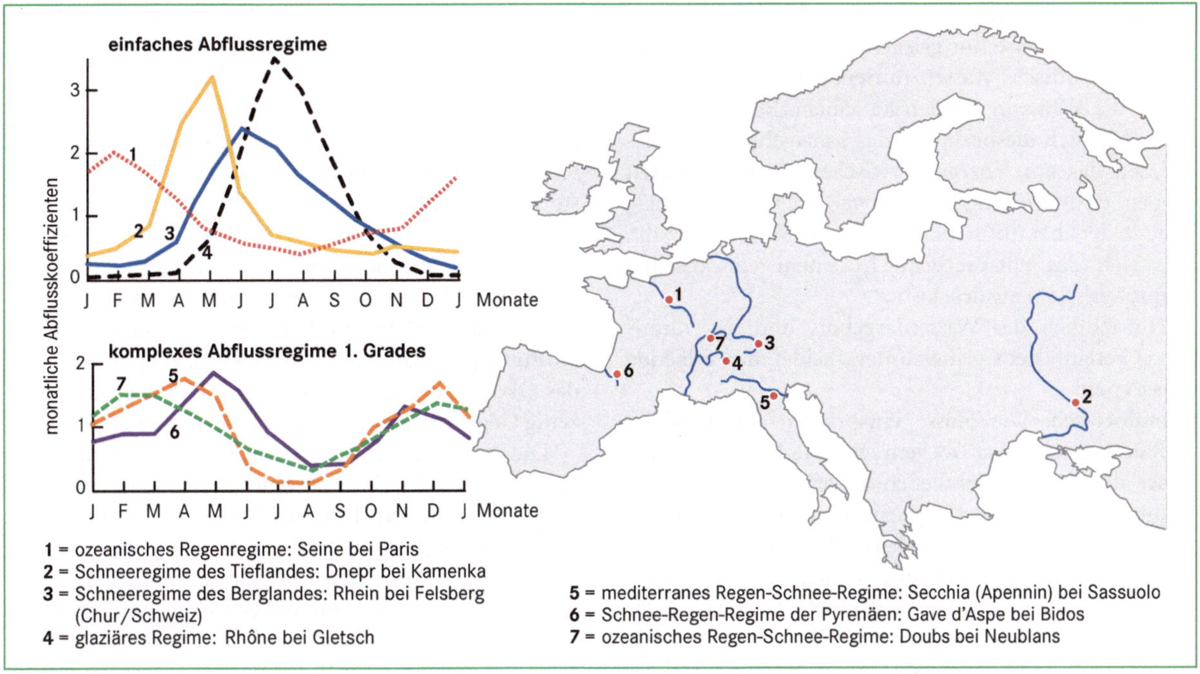

Abb. 8.5 Abflussregime verschiedener europäischer Flüsse (verändert nach Baumgartner & Liebscher 1996).

Jahreszeit, die übrigen Niederschläge über das Jahr kommen ebenso wenig zur Geltung wie die Verdunstung in den Sommermonaten. Nivale Regime treten in den winterkalten Bergregionen und Tiefländern auf. Gelegentlich wird das nivale Regime des Berglandes von dem des Tieflandes unterschieden, da im Tiefland die Schneeschmelze früher und ausgeprägter auftritt, was in starken Hochwassern des Tieflandes zum Ausdruck kommt (z. B. Wolga, Ob). Das pluviale oder ozeanische Regime spiegelt die winterlichen Regenniederschläge wieder, was beispielsweise das Regime der Seine prägt (Abb. 8.5).

Komplexe Regime 1. Grades: Folgen zwei abflusswirksame Prozesse im Verlauf des Abflussjahrs aufeinander, wie zum Beispiel Schneeschmelze im Frühjahr und Regen im Herbst, kann es zwei Abflussmaxima geben. Auch komplexe Regime 1. Grades werden für einen definierten Abflussmesspunkt am Fluss angegeben. Derartige Regime sind beispielsweise die nivo-pluvialen Regime, die durch die zeitliche Aufeinanderfolge von Schneeschmelze und Regen zwei Maxima im Jahr zeigen (Abb. 8.5). Das Maximum durch die Schneeschmelze ist höher, weshalb das „nivo" vorangestellt wird. Das pluvio-nivale Regime hat entsprechend ein höheres Maximum durch Regenniederschlag.

Komplexe Regime 2. Grades: Auch sie sind durch zwei Abflussmaxima pro Jahr gekennzeichnet, allerdings verändern sich die Amplituden der beiden Maxima im Verlauf des Flusses. Sie wechseln also auf ihrer Laufstrecke den Regimetyp. Ein schönes Beispiel für ein komplexes Regime 2. Grades ist der Rhein. Vor der Mündung in den Bodensee hat der Alpenrhein ein einfaches nivales Regime. Das bleibt auch am Hochrhein bis Basel bestehen, da die Zuflüsse (z. B. Aare) ebenfalls nivale Regime haben. Bis Mainz münden zahlreiche Flüsse, deren Ablussmaxima durch winterlichen Regen gekennzeichnet sind. Dadurch entwickelt sich beim Rhein im Februar ein zweites Maximum, was schon etwa ab Maxau deutlich zu erkennen ist. Bei Mainz hat der Rhein dann ein deutlich ausgeprägtes nivo-pluviales Regime. Der Winterregen gewinnt flussabwärts immer mehr an Bedeutung und übertrifft bei Köln das nivale Maximum, ab hier herrscht also ein pluvio-nivales Regime.

Aus dem Abflussregime folgt eine weitere Unterteilung der Vorfluter. Gewässer mit einem ganzjährigen Abfluss werden als **perennierend** bezeichnet. Ihr Hauptverbreitungsgebiet sind die immerfeuchten Tropen (Tageszeitenklima) und humiden Außertropen. Einen Fluss, der mindestens einen Monat im Jahr trocken fällt, bezeichnet man als **periodisch** Wasser führenden Fluss (in wechselfeuchten Klimaten Nordamerikas und

Australiens). In extremen Trockengebieten, in denen über mehrere Jahre nur gelegentlich Niederschlag fällt, treten **episodisch** Wasser führende Gerinne auf, zu denen die Wadis in Nordafrika zählen. Besonders kritisch stellt sich diesbezüglich das Sahelgebiet Nordafrikas dar, das am Übergang zwischen wechselfeuchten Tropen und Wüstengebieten zwar über Niederschlag verfügt, der aber mit so hoher zeitlicher Variabilität fällt, dass sich das entsprechend in einem episodischen Abflussverhalten ausdrückt.

Hinsichtlich des Wasserdargebots und des räumlichen Verlaufs der Gerinne unterscheidet man folgende **Flusstypen**:

- **endoreïsch**: Die Flüsse entspringen im humiden Randbereich einer Trockenregion, verlieren das Wasser aber beim Durchfließen der ariden Region (Verdunstung > Niederschlag). Sie münden in einen Endsee, aus dem das verbleibende Wasser gänzlich verdunstet. Die im Wasser enthaltenen Salze bleiben zurück und bilden landwirtschaftlich schwer oder nicht nutzbare Salzkrusten (z. B. Wolga, Amur, viele Flüsse am Rand der Wüste Gobi in N-China und der Mongolei).
- **areïsch**: Diese Flüsse entspringen und enden in ariden Gebieten (z. B. Wadis in Nordafrika, Humboldt-Fluss im Großen Becken der USA).
- **diareïsch**: Diese Flüsse haben ihr Quell- und Mündungsgebiet in humiden Regionen (Niederschlag > Verdunstung), durchfließen aber unter erheblichem Wasserverlust aride Gebiete (z. B. Nil, Niger). Sie werden auch als Fremdlingsflüsse oder allochthone Flüsse bezeichnet, da ihre Wasserführung in der ariden Region nicht den dortigen klimatischen Bedingungen entspricht.

8.7 Inhaltsstoffe im Wasser – unsichtbar gelöst, sichtbar schwebend und verborgen rollend

Das in Bächen und Flüssen abfließende Wasser enthält immer Inhaltsstoffe, was an der Farbe bzw. der Trübe des Wassers gut zu erkennen ist. Auch klares Flusswasser enthält gelöste Stoffe, die nur über eine chemische Analyse zu bestimmen sind. Die sichtbaren und unsichtbaren Stoffe können sehr unterschiedliche Quellen haben: Landoberflächen, auf denen sich durch trockenen und feuchte Depositionen Stoffe abgelagert haben; Ackerflächen, von denen bei Oberflächenabfluss Schwebstoffe und Agrochemikalien erodiert werden; der durch-

strömte Boden- und Gesteinskörper, aus dem Ionen durch den natürlichen Verwitterungsprozess gelöst und, für uns nicht sichtbar, über den Grundwasserstrom in die Flüsse eingetragen werden; der Ablauf von Kläranlagen, in dem sich, ohne entsprechende Reinigungsstufe, viele Nährstoffe befinden und im Fluss landen; Schadstoffquellen unterschiedlicher Art, die zu lokalisieren sind (punkthafter Eintrag) oder deren Quelle räumlich nicht genau festgelegt werden kann (diffuser Eintrag z. B. aus der Düngung von Feldern). Besonders im Hinblick auf die gelösten Stoffe bietet die Untersuchung der Stofftransporte die Möglichkeit, Gefahrenpotenziale für das Ökosystem Gewässer besser abschätzen und rechtzeitig Gegenmaßnahmen ergreifen zu können.

Die im Wasser gelösten Stoffe werden von den schwebend oder an der Gerinnesohle rollend oder springend transportierten Partikeln bzw. Steinen unterschieden. **Schwebstoffe** sind mineralische oder organische Stoffe, die nicht in Lösung gehen. Beide Komponenten stammen in erster Linie von Ackerflächen, wo sie durch Bodenerosion mobilisiert und durch Oberflächenabfluss dem nächsten Vorfluter zugeführt werden (Waldflächen zeigen nur in sehr eingeschränktem Maße Oberflächenabfluss). Dementsprechend werden Schwebstoffe in erster Linie während Hochwasserereignissen transportiert und in Bächen und Flüssen aus dem Einzugsgebiet ausgetragen (Nippes 1986 bis 1989, Schulte 1995). Im Abwasser bestehen die Schwebstoffe meist aus kleinen Schlammflocken, deren Entfernung aus dem Abwasser in Kläranlagen durch unterschiedliche Maßnahmen erreicht wird: Absetzbecken (Absetzen von Feststoffteilchen aufgrund von Schwer- oder Zentrifugalkraft), chemische Flockung, Flotation (Trennen von Stoffen durch die selektive Anlagerung feiner Luftblasen, die künstlich eingeblasen werden) oder Filterung. Der Wirkungsgrad dieser Maßnahmen erreicht 95%.

Die im Wasser **gelösten Stoffe** können natürlichen oder anthropogenen Ursprungs sein. Die atmosphärischen Stoffeinträge setzen sich auf Pflanzenoberflächen ab, auf unbewachsenem Boden oder werden direkt in die Gewässer eingetragen. Sie sind in drei Gruppen zu unterscheiden: Neutralstoffe bzw. Nährstoffe, Säuren und potenzielle Giftstoffe. Dem atmosphärischen Stoffeintrag steht der anthropogene Stoffeintrag in Form von Düngung gegenüber. Neben einem Ausgleich des Nährstoffentzugs durch die Bewirtschaftung verfolgt insbesondere die Forstwirtschaft mit der Düngung eine Pufferung des atmosphärischen Säureeintrags (Rehfuess 1990). In einem Flusseinzugsgebiet werden Stoffe beim Zersatz organischer Substanz bzw. bei der chemischen Verwitterung von mineralischen Feststoffen gelöst. In beiden Fällen ist Wasser das Lösungsmittel. Während der Zersatz organischer Substanz vornehmlich durch bakterielle Tätigkeit gesteuert wird (Humifizierung), führen in Abhängigkeit von Umgebungstemperatur und Milieu die chemischen Verwitterungsprozesse der Hydratation, Hydrolyse und Oxidation (siehe Kapitel 3, S. 28f.) im Boden und Untergrund (vadose Zone, phreatische Zone) zu einer Aufbereitung des mineralischen Materials.

Das **Bodenwasser** ist sowohl „Reaktionsmedium" für chemische Umwandlungsprozesse im Boden, als auch Transportmedium, das die gelösten Stoffe aus dem System entfernt und den Vorflutern zuführt. Die physikalischen Bedingungen für den Transport gelöster Stoffe im Boden ergeben sich aus den Eigenschaften des fließenden Mediums (z. B. Dichte und Viskosität) und der Permeabilität des Bodens. Diese Eigenschaften werden im Durchlässigkeitsbeiwert ausgedrückt (DIN 4049). Im Boden wird zwischen immobilem und mobilem Bodenwasser unterschieden. Das immobile Bodenwasser setzt sich aus dem Adsorptionswasser und dem Kapillarwasser der Mikroporen zusammen. Es enthält die aus der Bodenmatrix gelösten Ionen und entspricht dem Reaktionsmedium Bodenwasser. Das Transportmedium Bodenwasser (mobiles Wasser) liegt überwiegend als Kapillarwasser in den Makroporen vor. Bei relativ geringen Kohäsions- und Adhäsionskräften geht es in der Regel als Sickerwasser ins Grundwasser über oder fließt bei höherem Wasserangebot als Zwischenabfluss (*Interflow*) in den Vorfluter.

8.8 Freisetzung und Transport gelöster Stoffe im Boden – organische und anorganische Quellen

Der Lösungsaustausch zwischen verschiedenen Bodenwasserphasen lässt sich mit drei Mechanismen beschreiben. Die **Diffusion** beschreibt den Ausgleich des Konzentrationsgefälles zwischen zwei Wasserkörpern mit unterschiedlicher Ionen-Konzentration in Form von ungerichteten Molekular-Bewegungen. Die **Konvektion** beschreibt den Prozess, wenn gelöste Stoffe aufgenommen und mit dem Bodenwasser durch den Boden transportiert werden, ohne dass es zu Vermischungseffekten kommt. Die **hydrodynamische Dispersion** beinhaltet beide zuvor genannten Prozesse: Infolge von Reibung an den Porenwandungen und der Ausrichtung des Wasserstroms entstehen entlang der Kapillaren Unterschiede in der Fortbewegungsgeschwindigkeit der Wasserteilchen. Durch konvektiv mitgeführte Stoffe entstehen lokale

Konzentrationsunterschiede, die über die Molekular-Diffusion ausgeglichen werden.

Das Regenwasser gelangt zunächst als Sickerwasser in den **organischen Bodenspeicher**, wo die Humifizierung zur Zersetzung ober- und unterirdischer Streu führt. Hierbei bauen Mikroorganismen Cellulose, Hemicellulose und Lignin ab. Degradationsprodukte neben Humus sind Huminstoffe (u. a. Polysaccharide, Alkylverbindungen), insgesamt also kohlenstoffreiche Verbindungen. Im Wasser organischer Böden und organischer Bodenauflagen ist somit gelöster organischer Kohlenstoff in hohen Konzentrationen vorhanden. Jedoch wird im Sickerwasser gelöster organischer Kohlenstoff mit zunehmender Bodentiefe mikrobiell abgebaut (Albertsen et al. 1980), so dass bei Erreichen der wassergesättigten Zone kaum noch gelöster organischer Kohlenstoff enthalten ist. Auch das Bodenwasser, das dem Vorfluter lateral aus dem an organischer Substanz reichen Oberboden direkt zufließt, weist im Allgemeinen nur noch geringe Konzentrationen an gelöstem organischem Kohlenstoff auf.

Im **mineralischen Bodenspeicher** erfolgen, abhängig von Ausgangsgestein, Temperatur, Wasserverfügbarkeit und pH-Wert des Sickerwassers, chemische Verwitterungsprozesse und Pufferreaktionen, so dass aus dem mineralischen Boden- und Gesteinskörper Stoffe freigesetzt werden und in gelöster Phase vom Sickerwasser mitgeführt werden können. Hohe Konzentrationen an Huminstoffen im Sickerwasser führen zu einem stark sauren Milieu (niedriger pH-Wert), in dem der Aluminium-, Eisen- und Manganpufferbereich aktiv wird (Ziechmann und Müller-Wegener 1990). Alle drei Metalle werden bevorzugt in metallorganischen Komplexverbindungen (Chelate) gebunden und verlagert (Priezel et al. 1989). Im Bodenwasser gelöstes und an metallorganische Komplexe gebundenes Aluminium, Eisen und Mangan werden durch mikrobiellen Abbau der Huminstoffe und damit bei Zerstörung der Chelate immobil und in Folge ausgefällt. Unter anderem sind bei der Bodenbildung des Podsols diese Prozesse von entscheidender Bedeutung (siehe Kapitel 7, S. 124).

Die Konzentrationen gelösten **Siliciums** nehmen im mineralischen Bodenkörper mit zunehmender Tiefe zu. Die Mobilisierung von Silicium ist abhängig von der Intensität der Hydrolyse der Silikate. Je höher die Temperaturen und Niederschlagsmengen sind, desto intensiver läuft die Hydrolyse ab. In Mitteleuropa reichen die vorherrschenden Temperatur- und Niederschlagsbedingungen jedoch nur für einen eingeschränkten Ablauf dieser Art der Verwitterung aus. **Alkalimetalle** (z. B. Na, K) und **Erdalkalimetalle** (z. B. Mg, Ca) können in allen Profiltiefen freigesetzt werden. Bei den in verschiedenen Milieus aktiven Verwitterungsprozessen und Pufferreaktionen werden Alkali- und Erdalkalimetalle mobilisiert und sowohl durch laterale Bodenwasserbewegungen als auch mit dem Sickerwasser ausgetragen.

Diese Vorstellungen zu Ausmaß und Art der Freisetzung und des Transportes gelöster Stoffe im Boden sind jedoch nur eingeschränkt gültig, wenn anthropogene Eingriffe in den Stoffhaushalt vorliegen. Beispielsweise werden mit der Fäkaliendüngung in landwirtschaftlich genutzten Gebieten dem Boden hohe Konzentrationen an Phosphor- und Stickstoffverbindungen zugeführt, die außerdem in leicht auswaschbarer Form vorliegen und unsere Gewässer belasten, wenn sie nicht von den Pflanzen verbraucht werden (Aigner 1983).

8.9 Chemismus von Fließgewässern – alles landet schließlich im Fluss

Der Chemismus eines Fließgewässers ist zunächst Ausdruck der chemischen Beschaffenheit des Ausgangsgesteins in seinem Einzugsgebiet und der Intensität, mit der Prozesse der chemischen Gesteinsaufbereitung ablaufen. Darüber hinaus sind Relief und Boden steuernde Faktoren des natürlichen Gewässerchemismus, da die Verweil- bzw. Reaktionszeit des infiltrierten Wassers in Boden oder Gestein durch das hydraulische Gefälle, die Fließstrecke und die Porosität des durchflossenen Mediums bestimmt werden. In landwirtschaftlich genutzten und besiedelten Gebieten ist der anthropogene Einfluss auf den Gewässerchemismus dominierend. So stammen nur etwa 6,5% der Stickstoffverbindungen und nur 2% der Phosphorverbindungen in den Gewässern aus natürlichen Quellen (Hamm et al. 1991), der überwiegende Betrag kommt aus anthropogenen diffusen oder punktförmigen Quellen.

Die Lösungskonzentration ebenso wie die chemische Zusammensetzung der Lösung während eines Abflussereignisses ist unmittelbarer Ausdruck der einzelnen Abflusskomponenten, die den Abfluss zusammensetzen. Der überwiegend aus dem Grundwasser gespeiste **Basisabfluss** weist in der Regel die höchsten Lösungskonzentrationen auf, wobei sich die absoluten Werte ebenso wie die chemische Zusammensetzung in Abhängigkeit von der Art des Ausgangsgesteins im Einzugsgebiet verändern. Mit ansteigender Hochwasserwelle kommt es zur Verdünnung des Flusswassers dadurch, dass zunächst hauptsächlich **Oberflächenabfluss** in den Vorfluter gelangt, der vornehmlich detritische Stoffe (Gesteinsschutt oder zerriebene Organismenreste) mit sich führt, aufgrund der kurzen Reaktionszeit bei hohen Fließgeschwindigkeiten jedoch nur vergleichsweise geringe

Konzentrationen gelöster Stoffe. Mit dem zeitlich verzögerten Zufluss des *Interflows* aus dem Boden steigt dann die Gesamtlösungskonzentration im Abfluss wieder an. In Abhängigkeit von dessen Herkunft tragen gelöste organische Stoffe (organischer Bodenspeicher) und gelöste anorganische Stoffe (mineralischer Bodenspeicher) zur Erhöhung der Lösungskonzentration bei, besonders dann, wenn durch Druckfließen im wassergesättigten Boden „altes" Vorereigniswasser aus dem Untergrund herausgedrückt wird (*subsurface stormflow*; Beven 2003). Mit Auslaufen der Hochwasserwelle nimmt zunächst der Anteil des Oberflächenabflusses und dann der des *Interflows* ab. Dadurch kommt es bis zum Erreichen des Basisabflusses wieder zu einer sukzessiven Zunahme der Lösungskonzentration, die im Laufe des Trockenwetterabflusses erneut maximale Werte erreicht.

8.10 EU-Wasserrahmenrichtlinie – auf zu neuen Ufern

Im Dezember 2000 verabschiedeten die Mitgliedsstaaten der Europäischen Union eine einheitliche EU-Wasserrahmenrichtlinie (EU-WRRL). Ziel dieser Richtlinie ist die Einführung europaweiter Standards in der Flussgebietsbewirtschaftung im Hinblick auf eine ganzheitliche Betrachtung der Gewässer, vor allem aus ökologischer Sicht. Bislang wurden die Wassergesetze von den einzelnen Mitgliedsstaaten erlassen und waren auf die Bewirtschaftung politisch-administrativer Einheiten ausgerichtet. Mit der ganzheitlichen Bewirtschaftung eines Flusseinzugsgebietes von den Quellen bis zur Mündung besteht die Chance, einheitlich definierte ökonomische und ökologische Rahmenbedingungen unabhängig von Staats- oder Verwaltungsgrenzen zu schaffen und umzusetzen.

Mithilfe der Richtlinie soll für Oberflächengewässer und Grundwasser ein sogenannter „guter ökologischer Zustand" erreicht werden. Für Oberflächengewässer wird dieser gute Zustand über chemische, biologische und morphologische Parameter definiert, für Grundwasser gelten chemische und mengenmäßige Parameter. Um den ökologischen Zustand eines Oberflächengewässers zu bewerten, werden Referenzgewässer ausgewählt, die als Leitbilder eines natürlichen Gewässerzustandes ohne menschlichen Einfluss dienen und das Prädikat „sehr guter Zustand" erhalten. Für die Beurteilung des chemischen Gewässerzustandes wurden einerseits die Grenzwerte der europaweiten oder nationalen Rechtsnormen herangezogen, andererseits wurden 33 prioritäre Gefahrenstoffe benannt, deren Einleitung in die

Eutrophierung des Bodensees durch Lösungseintrag

Der Bodensee ist ein sehr eindrucksvolles Beispiel für den zunehmenden Nährstoffeintrag ab den 1960er Jahren und deren deutliche Verbesserung ab den 1980er Jahren (Abb. 8.6). Grundsätzlich ist in Mitteleuropa der Nährstoffreichtum von Seen vielfach eine Folge menschlichen Eingriffs. So zeigte auch der Bodensee in den 1960er Jahren starke Anzeichen der Eutrophierung (Nährstoffanreicherung) und konnte erst durch aufwendige Sanierungsmaßnahmen heute wieder in einen quasi natürlichen Zustand zurückgeführt werden. Worin der menschliche Einfluss besteht und welche negativen Rückwirkungen hierdurch wiederum für den Menschen entstehen können, soll für den Bodensee an einigen Rückkopplungsmechanismen gezeigt werden:

In mitteleuropäischen Seen ist der als Phosphat gelöste Phosphor Minimumfaktor für das Wachstum von Algen und Wasserpflanzen (Primärproduktion). Wird dem See durch einmündende Flüsse in erhöhtem Maße Phosphor zugeführt (aus menschlichen und tierischen Fäkalien, Bestandteil von Waschmitteln), kommt es zu verstärkter Primärproduktion im See. Während sich an der Oberfläche durch die Aktivität der Algen Sauerstoff ansammelt (Nährzone), fehlt der Sauerstoff in der Tiefe des Sees (Zehrzone). Vielmehr sinkt die abgestorbene Biomasse ab und wird während des Absinkprozesses ebenso wie im Sedimentkörper mikrobiell abgebaut. Dieser Abbauprozess geht mit einem Verbrauch von Sauerstoff einher. Fällt mehr tote, abzubauende organische Substanz an, als über den verfügbaren Sauerstoff im Wasser durch aerobe Bakterien abgebaut werden kann, werden nach vollständiger Aufzehrung des Sauerstoffs anaerobe Bakterien aktiv. Hierdurch entsteht in den obersten Zentimetern des Seebodens ein sauerstoffarmes, lebensfeindliches Milieu, das zweierlei gravierende Folgen für das Ökosystem hat. Zum einen wird der Fischlaich unter anaeroben Bedingungen nicht überleben, womit die Fischbestände sukzessive dezimiert werden. Zum anderen bedeuten anaerobe Bedingungen eine erhöhte Mobilität und mögliche Remobilisierung von organischen und anorganischen Schadstoffen (z. B. *persistant organic pollutants*, Schwermetalle), die bisher im Sediment adsorbiert waren.

Da der Bodensee aber nicht nur ein wichtiger Fischereistandort ist (ca. 170 Berufsfischer im Jahr 2005), sondern auch über die Bodenseewasserversorgung in Sipplingen einer der wichtigsten Trinkwasserspeicher Südwestdeutschlands ist, haben beide Faktoren Auswirkungen auf die Qualität des menschlichen Lebensraumes und besonders seiner Nahrungsmittel zur Folge gehabt. Zur Bewältigung der Eutrophierung des Bodensees wurde in den Kläranlagen des gesamten Bodensee-Einzugsgebiets die Phosphorfällung in die sogenannte 3. Klärstufe integriert (1. Klärstufe: mechanische Reinigungsverfahren für Schwebstoffe, Sinkstoffe und Schwimmstoffe; 2. Klärstufe: biologische bzw. mikrobielle Abwasserreinigung für Kohlehydrate, Eiweiß und Fette; 3. Klärstufe: Eliminierung der Pflanzennährstoffe, d. h. chemische Phosphorfällung, mikrobielle Denitrifikation, Abbau von Nitrat zu Stickstoff und Sauerstoff durch bestimmte Mikroorganismen). Die Koordinierung dieser Maßnahmen ebenso wie die Koordinierung des Monitorings der Gewässerqualität obliegt bis heute der 1959 gegründeten Internationalen Gewässerschutzkommission für den Bodensee (IGKB).

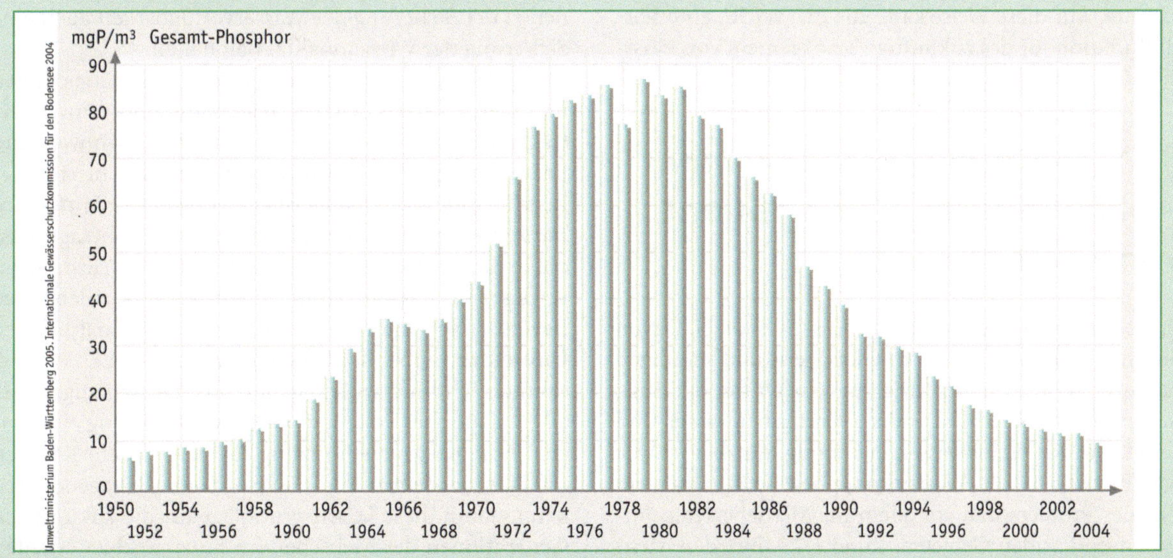

Abb. 8.6 Gesamtphosphorwerte des Bodenseewassers von 1950 bis 2004. Die Zunahme ist durch die Einleitung belasteter Abwässer zu erklären und die Abnahme auf die zunehmende Abwasserklärung zurückzuführen (Umweltministerium Baden-Württemberg 2005, Int. Gewässerschutzkommission für den Bodensee 2004; aus Glaser/Gebhardt/Schenk 2007).

Gewässer begrenzt oder komplett unterbunden werden soll. Zu diesen prioritären Stoffen gehören unter anderem die Schwermetalle Quecksilber, Nickel, Blei und Cadmium. Da sie auch in der natürlichen Umwelt vorkommen, beschränkt sich die Umsetzung der Wasserrahmenrichtlinie darauf, das Vorkommen dieser Stoffe im Oberflächen- und Grundwasser auf die natürlich bedingte Hintergrundkonzentration zu begrenzen.

Das Novum dieser Wasserrahmenrichtlinie ist der Wechsel von einer administrativen Bewirtschaftungsebene auf die Ebene der Flussgebiete, die mit den Einzugsgebieten identisch sind. Die für Deutschland relevanten Flussgebiete sind Eider, Schlei/Treene, Warnow/Peene, Ems, Weser, Elbe, Oder, Maas, Rhein und Donau. Die Aufstellung der Bewirtschaftungspläne für grenzüberschreitende Flussgebiete geschieht in Kooperation mit den jeweiligen Anrainerstaaten, wie z. B. Polen und Tschechien für das Flussgebiet der Oder. Spätestens im Jahr 2015 soll der „gute Zustand" in allen Flussgebieten erreicht sein, was jedoch für zahlreiche Flüsse oder Flussabschnitte nicht zu realisieren sein wird. Zu unterschiedlich sind die Interessen, die verschiedene Gruppen an die Gewässer haben. Permanent schiffbare Gewässer beispielsweise können nicht in einen guten ökologischen Zustand versetzt werden, weil der natürliche Verlauf durch erhebliche Baumaßnahmen verändert werden musste (Gerinneausbau, Staustufen etc.). Dennoch werden große Anstrengungen unternommen, die durch die EU-WRRL gesteckten Ziele zu erreichen, z. B. durch Rampenbau zur Förderung der Durchgängigkeit des Gewässers oder durch Offenlegung verrohrter Bachabschnitte. Auf diese Weise kann die EU-WRRL eine Vorbildfunktion für das zukünftige Management von Flussgebieten in Entwicklungsländern haben.

8.11 *Watershed Management* – nachhaltiges Management von Flussgebieten

Nur 2,5% des Wassers auf der Erde ist Süßwasser. Davon sind mehr als zwei Drittel in Gletschern und ständigen Schneedecken gebunden und nur ein Drittel der Süßwasservorräte ist Grund- oder Oberflächenwasser und damit für die Trinkwassergewinnung nutzbar (Dyck und Peschke 1995). **Wasserknappheit** stellt daher ein globales Problem dar, vor allem für Menschen in semiariden und ariden Gebieten. Rund 1,2 Milliarden Menschen haben heute keinen Zugang zu sauberem Trinkwasser und 2,4 Milliarden Menschen geben ihr Abwasser ungeklärt in die Flüsse. In den Industrieländern herrscht zwar ein hoher Pro-Kopf-Wasserverbrauch, jedoch ist er

in den letzten Jahren nur noch gering angestiegen (Stiftung Entwicklung und Frieden 1999) und in Deutschland sogar von durchschnittlich knapp 140 Litern pro Einwohner und Tag zu Beginn der 1990er Jahre auf etwa 127 Liter pro Einwohner und Tag im Jahr 2003 gesunken. Der Pro-Kopf-**Wasserverbrauch** wird in den Ländern der Dritten Welt, in denen ein starker Bevölkerungszuwachs zu verzeichnen ist, in den kommenden Jahren und Jahrzehnten stetig zunehmen. Nicht allein die wachsende Bevölkerungszahl vergrößert den Wasserbedarf, auch steigender Wohlstand geht mit einem zunehmenden Wasserverbrauch einher. Dabei stellt weniger der Trinkwasserverbrauch, der technisch leicht kontrolliert werden kann, ein Problem dar, sondern vielmehr die Landwirtschaft, die global den größten Wasserverbrauch hat.

Im Jahr 2025 werden viele Länder der Dritten Welt infolge der angestiegenen Bevölkerungszahlen unter ökonomischer Wasserknappheit leiden (Abb. 8.7). Für das Jahr 2050 besagen Schätzungen, dass ungefähr vier Milliarden Menschen unter irgendeiner Form der Wasserknappheit leiden werden (Lal 2000). In vielen Regionen Afrikas und Asiens wird das Problem der begrenzten Wasservorräte zusätzlich durch deren Verschmutzung verschärft und mit Beeinträchtigungen der Gesundheit, Lebensbedingungen und Artenvielfalt einhergehen (Heathcote 1998). Nach Schätzungen der WHO sterben jährlich etwa 3,3 Millionen Menschen an Durchfallerkrankungen, die häufig auf den Genuss von unsauberem Trinkwasser zurückgehen (FAO 2003). Ein Schutz der natürlichen Ressource Wasser muss daher neben der Sicherung der Wasserverfügbarkeit auch eine Sicherung der Wasserqualität beinhalten.

Die Nutzung der Ressource Wasser soll nach heutigen internationalen Maßstäben nachhaltig und umweltverträglich erfolgen. Seit der Konferenz für Umwelt und Entwicklung 1992 in Rio de Janeiro wird hierfür der Begriff *watershed management* verwendet. ***Watershed management*** als Entwicklungsinstrument besagt, dass die in einem definierten Flusseinzugsgebiet *(watershed)* verfügbaren Ressourcen im Interesse der dort lebenden Bevölkerung und im Einklang mit der natürlichen Umwelt zu nutzen sind. Ähnlich wie in der EU-Wasserrahmenrichtlinie wird das gesamte Flusseinzugsgebiet als ökologisches System in die Bewirtschaftung einbezogen. Eine Ressourcennutzung soll nur in dem Rahmen erfolgen, in dem sich die Ressource auch regenerieren kann, damit diese Lebensgrundlage für die zukünftigen Generationen der Menschen im Einzugsgebiet erhalten bleibt.

Nach den Grundsätzen des *watershed management* soll die Produktivität der Ressourcennutzung auf eine Art und Weise vergrößert werden, dass sie ökologisch,

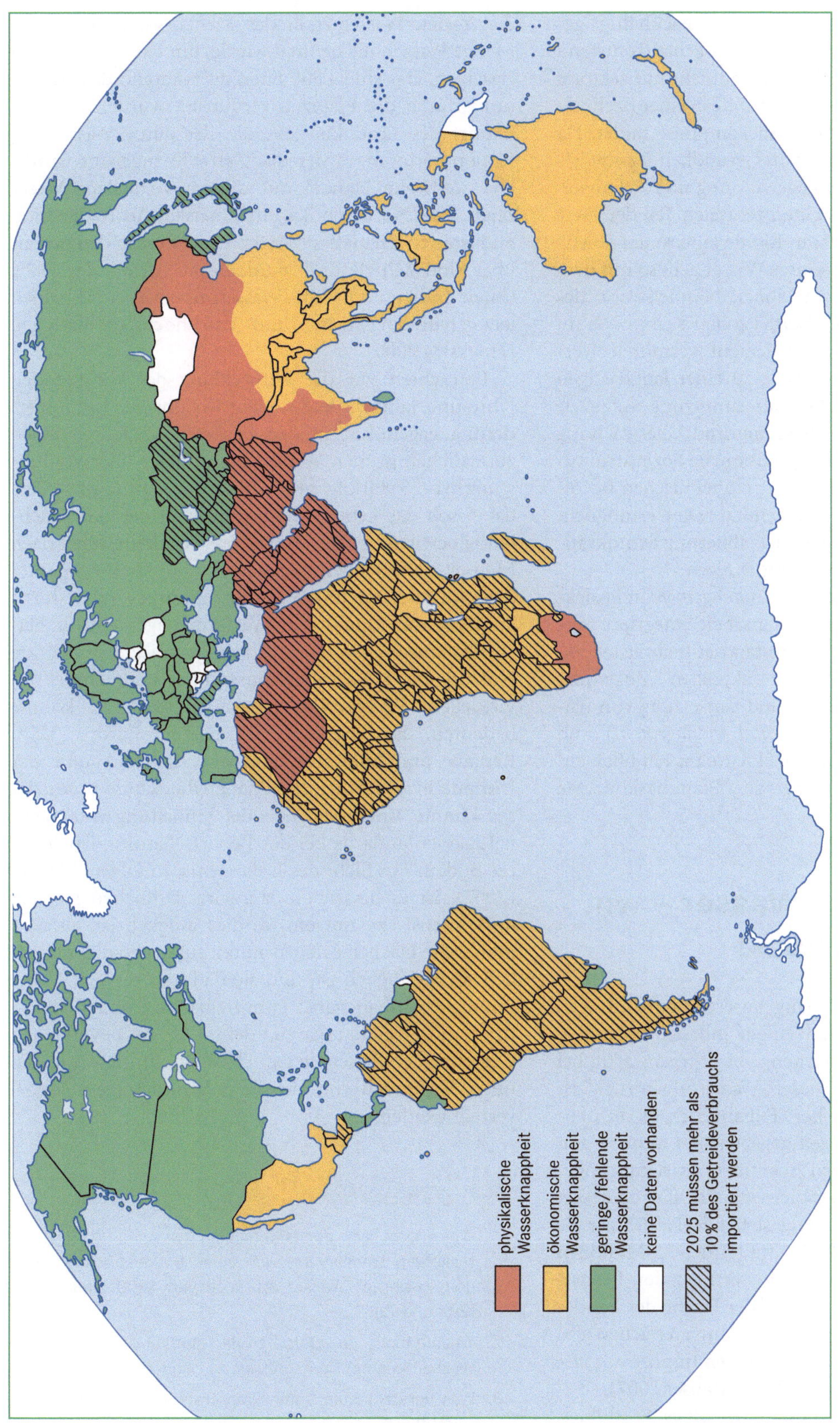

Abb. 8.7 Länder, die 2025 unter physikalischer und ökonomischer Wasserknappheit leiden werden (verändert nach IWMI 2000).

ökonomisch und auch institutionell nachhaltig geschieht (Farrington et al. 1999). Dieses Prinzip entstand aus der Erkenntnis, dass Wasser nicht mehr nur sektoral betrachtet werden soll, sondern den Kern einer nachhaltigen Entwicklung und Armutsbekämpfung bildet. Da Wasser auch mit den Fragen von Gesundheit, Landwirtschaft, Bodenschutz, Energiegewinnung und Artenvielfalt verknüpft ist, stellt es einen zentralen Teil der Ziele der Umweltkonferenz 1992 in Rio de Janeiro dar (BMU 2003). Der Schutz der Ressource Wasser geht so mit dem Schutz anderer Ressourcen einher, beispielsweise des Bodens oder der Wälder. Hierbei sollen Kenntnisse im nachhaltigen Ressourcenmanagement vermittelt werden, um der Bevölkerung Wege zu einer langfristigen und umweltschonenden Ressourcennutzung aufzuzeigen. Sie soll an Planung, Nutzung und Überwachung partizipieren. Dabei werden traditionelle Sozialstrukturen und traditionelles Wissen der einheimischen Bevölkerung für die Entwicklung genutzt. Dies ermöglicht zusätzlich einen Aufbau und die Etablierung demokratischer Strukturen in Entwicklungsländern.

Die Umsetzung des *watershed management* in Projekten der Technischen Zusammenarbeit integriert verschiedene Arbeitsschritte: die Bestandsaufnahme (*monitoring*), die Bewertung des aktuellen Zustandes (*assessment*), die Entwicklung und Umsetzung von Planungsmaßnahmen (*environmental management*) und die Ausbildung der regionalen Akteure im Hinblick auf eine nachhaltige Umsetzung der Planungskonzepte (*capacity building*).

8.12 Virtuelles Wasser – wir leben im Überfluss!

Wir kommen an den Ausgang unserer Betrachtungen zurück. Die insgesamt von einem mitteleuropäischen Bürger verbrauchte Wassermenge liegt gegenwärtig bei etwa 4 000 Liter pro Tag. Dieser „Wasserfußabdruck" ist gleichzeitig ein „ökologischer" Fußabdruck, da die ökologischen Randbedingungen gegeben sein müssen, um in diesem „Überfluss" leben zu können. Es ist kurz angesprochen worden, dass beispielsweise im Einzugsgebiet der Ostsee die zur Verfügung stehende Fläche gerade ausreichen würde, um die Hälfte (!) der 85 Millionen dort lebenden Menschen mit wassertragenden Dienstleistungen zu versorgen. Die auf der Fläche des Landes zur Verfügung stehenden Wasserressourcen reichen also bei weitem nicht aus und erfordern den Import von virtuellem Wasser (Jansson et al. 1999, Mauser 2007).

Virtuelles Wasser ist Bestandteil eines Produktes. Betrachten wir 1 kg Mehl, dann geht es dabei nicht um den realen Wassergehalt des Mehls, sondern um die Menge Wasser, die benutzt wurde, um das Kilo Mehl zu erzeugen. Das sind 1 500 Liter, die während des Wachstums durch die Pflanzen verdunstet wurde. Mit dem Export des Produkts geht die Ressource Wasser der Region verloren, in der das Getreide angebaut wurde. Der weltweite Handel mit diesem virtuellen Wasser zeigt, dass Nordamerika, Südamerika, Australien und Südostasien virtuelles Wasser exportieren, demgegenüber sind Mittel- und Nordeuropa, Afrika, der Nahe Osten, Indien und China Wasserimporteure, die beiden letztgenannten Staaten mit den höchsten Beträgen (Hoekstra 2000).

Betrachten wir die Entwicklung der kommenden Jahre und Jahrzehnte, so sehen wir uns der Herausforderung gegenüber, in den nächsten 45 Jahren einen zusätzlichen grünen Wasserfluss (Wasser über Verdunstung) von 3 900 km^3 pro Jahr zur Verfügung zu stellen, dabei soll das Lebenserhaltungssystem der Erde nachhaltig bewirtschaftet werden. Der Weg dahin führt nach Mauser (2007) über folgende Punkte: 1. Intelligentes Sparen unter Nutzung von Integrationsgewinnen durch kombiniertes Land- und Wassermanagement; 2. Flächenexpansion, wo dies noch möglich ist; 3. Verstärkte Nutzung der Wasserüberschussgebiete und Handel mit virtuellem Wasser. Der letztgenannte Punkt könnte bedeuten, dass die Landwirtschaft in Europa, USA, Kanada und zukünftig auch in Russland und der Ukraine in zunehmendem Maße Überschuss produzieren könnte, unter weitgehender Einhaltung von Nachhaltigkeitsstandards bei der Bewirtschaftung fruchtbarer Böden. Aus Sicht des Erdsystems, so folgert Mauser (2007), ist es besser, die landwirtschaftlichen Flächen dort intensiv zu nutzen, wo dies möglich ist, als dass man weite Flächen extensiv nutzt, auf denen dies eigentlich nicht möglich ist, und sie dadurch zerstört. Diese Strategie beinhaltet aber unmittelbar eine höhere Belastung mit Treibhausgasen, denn die in bevorzugten Gebieten erwirtschafteten Nahrungsmittel müssen unter Verbrauch von (fossilen) Energieträgern global verteilt werden.

💡 Zum Weiterdenken

1. Wie erklärt sich der Unterschied zwischen 127 Litern täglichem Wasserverbrauch eines Bundesbürgers und dem „wahren" Wasserverbrauch von 4000 Litern pro Kopf und Tag?

2. Welche Input- und Outputgrößen sind für den jährlichen Wasserhaushalt Deutschlands zu nennen?

3. Was versteht man unter Evapotranspiration und unter Durchfluss?

4. Was bedeutet Abflussregime und welche Typen gibt es?

5. Die im Flusswasser transportierten Stoffe werden in schwimmende, gelöste, schwebende und rollende Bestandteile unterschieden. Geben Sie Beispiele und erläutern Sie, warum es mitunter Übergänge gibt (z. B. schwebend-rollend).

6. Erläutern Sie den Begriff der Eutrophierung. Welches Problem zeigte diesbezüglich der Bodensee in den 1960er und 1970er Jahren?

7. Was versteht man unter grünem und blauem Wasserfluss sowie unter virtuellem Wasser?

8. Durch welche Maßnahmen könnte die weltweite landwirtschaftliche Produktion in Zukunft verändert werden, wenn wir das Lebenserhaltungssystem der Erde nachhaltiger bewirtschaften wollen?

Weiterführende Literatur

Bick H (1998) Grundzüge der Ökologie. Stuttgart, Jena.

Böhm HR, Deneke M (Hrsg.) (1992) Wasser. Eine Einführung in die Umweltwissenschaften. Darmstadt.

Büdel J (1981) Klima-Geomorphologie. 2. Aufl., Berlin u. a.

Heiden S, Erb R, Sieker F (Hrsg.) (2001) Hochwasserschutz heute. Nachhaltiges Wassermanagement. Initiativen zum Umweltschutz 31. Berlin.

Immendorf R (Hrsg.) (1997) Hochwasser. Natur im Überfluß? Heidelberg.

Institut für Länderkunde (Hrsg.) Nationalatlas Bundesrepublik Deutschland. Relief, Boden und Wasser. Heidelberg, Berlin.

Liedtke H, Marcinek J (Hrsg.) (2002) Physische Geographie Deutschlands. 3. Aufl., Gotha, Stuttgart.

Mendel HG (2000) Elemente des Wasserkreislaufs. Eine kommentierte Bibliographie zur Abflußbildung. Berlin.

Parde M (1960) Les facteurs des regimes fluviaux. Norris Poitiers, 7.

Richter G (Hrsg.) (1998) Bodenerosion – Analyse und Bilanz eines Umweltproblems. Darmstadt.

Schwoerbel J (1984) Einführung in die Limnologie. Stuttgart.

van Dam J C (2005) Impacts of climate change and climate variability on hydrological regimes. Cambridge.

Zitierte Literatur

AG Boden (1994) Bodenkundliche Kartieranleitung. Stuttgart.

Aigner H (1983) Organische Düngung. In: Ruhr-Stickstoff AG (Hrsg.) Faustzahlen für die Landwirtschaft. 10. Aufl., Bochum. S. 207–221.

Albertsen M, Matthes G, Pekdeger A, Schulz HD (1980) Quantifizierung von Verwitterungsvorgängen. Geologische Rundschau 69/2. S. 532–545.

Auerswald K (1998) Bodenerosion durch Wasser. In: Richter G (Hrsg.) Bodenerosion – Analyse und Bilanz eines Umweltproblems. Darmstadt. S. 33–42.

Baumgartner A, Liebscher HJ (1996) Allgemeine Hydrologie. Quantitative Hydrologie. (Lehrbuch der Hydrologie, Band 1). 2. Aufl., Berlin, Stuttgart.

Beven KJ (2001): Rainfall-Runoff Modelling. Chichester.

BMU (2003) Das Internationale Jahr des Süsswassers. Herausforderung und Chance für einen bewussteren nachhaltigen Umgang mit Wasser.

Busskamp R (2003) Unsere Wasserversorgung. In: Institut für Länderkunde (Hrsg.) Nationalatlas Bundesrepublik Deutschland. Relief, Boden und Wasser. Heidelberg, Berlin. S. 150–151.

Deutsches Institut für Normung (1994) DIN 4049 – Hydrologie. Berlin.

DIN 4049-1 (1992): Hydrologie – Teil 3: Grundbegriffe.

DIN 4049-3 (1994): Hydrologie – Teil 3: Begriffe zur quantitativen Hydrologie.

Dyck S, Peschke G (1995) Grundlagen der Hydrologie. 3. Aufl., Berlin.

FAO (Hrsg.) (2003) Water and people: whose right is it?

Farrington J, Turton C, James AJ (1999) Participatory watershed development. Oxford.

Glaser R, Gebhardt H, Schenk W (2007) Geographie Deutschlands, WBG, Darmstadt.

Grimm FD (1968): Zur Typisierung des mittleren Abflussganges (Abflussregime) in Europa. – Freiburger Geographische Hefte 6. 51–64.

Haar U de (1974) Beitrag zur Frage der wissenschaftssystematischen Einordnung und Gliederung der Wasserforschung. Beiträge zur Hydrologie 2. S. 85–100.

Hamm A, Gleisberg D, Hegemann W, Krauth KH, Metzner G, Sarfert F, Schleypen P (1991) Stickstoff- und Phosphoreintrag aus punktförmigen Quellen. In: Hamm A (Hrsg.) Studie über Wirkung und Qualitätsziele von Nährstoffen in Fließgewässern. St. Augustin. S. 765–805

Heathcote IW (1998) Integrated watershed management. New York et al.

Hendrichson BH, Barnet AP (1963): Runoff and erosion control studies on Cecil Soil in the Southern Piedmont. USA Technical Bull. 1281. Washington DC.

Hoekstra AY (2000) Integrated water modelling. Nachhaltige Wasserbewirtschaftung und Landnutzung: Methoden und Instrumente der Entscheidungsfinding und -umsetzung. UFZ-Bericht Nr.24/2000, UFZ Centre for Environmental Research Leipzig-Halle. Leipzig.

Hoekstra AY (2005) Globalization of water. In: Lehr JH, Keeley J (Hrsg.) Water Encyclopedia, Volume 2: Water Quality and Resource Development.

Musgrave GW, Holtan HN (1964) Infiltration. In: Chow VT (Hrsg.) Handbook of applied hydrology. A compendium of water-resources technology. New York.

IWMI - International Water Management Institute (2000): Water Issues for 2025: A research perspective. The contribution of the International Water Management Institute to the World Water Vision for food and rural development. IWMI, Colombo, Sri Lanka.

Jankiewicz P, Krahe P (2003) Abflussbilanz und Bilanzierung der Wasserströme. In: Institut für Länderkunde (Hrsg.) Nationalatlas Bundesrepublik Deutschland. Relief, Boden und Wasser. Leipzig. S. 148–149.

Jansson Å, Folke C, Rockström J, Gordon L (1999): Linking freshwater flows and ecosystem services appropriates by people: The case of the Baltic Sea drainage basin. Ecosystems 2: 351-366.

Keller R (Hrsg, 1968) Flußregime und Wasserhaushalt. 1. Bericht der IGU – Commission on the International Hydrological Decade. Freiburger Geographische Hefte 6.

Kirkby MJ (1969) Infiltration, throughflow, and overlandflow. In: Chorley RJ (1969) Water, Earth and Man. London. S. 215-229.

Lal R (2000) Integrated watershed management in the global ecosystem. Boca Raton et al.

Mauser W (2007): Wie lange reicht die Ressource Wasser? Vom Umgang mit dem blauen Gold. Forum für Verantwortung. Frankfurt a. M.

Neumann J, Wycisk P (2003) Mittlere jährliche Grundwasserneubildung. In: Institut für Länderkunde (Hrsg.) Nationalatlas Bundesrepublik Deutschland. Relief, Boden und Wasser. Heidelberg, Berlin. S. 144-145.

Nippes KR (1970) Die Abflussverhältnisse Spaniens unter besonderer Berücksichtigung des Duerogebietes. Geographisches Taschenbuch 1970/1972, S. 31-44.

Nippes KR (1986-1989) Dynamik der Schwebstoffführung im Schwarzwald. In: Beiträge zur Hydrologie 11/1. S. 39-49.

Prietzel J, Baur S, Feger KH (1989) Al-Speziierung im Sickerwasser von Schwarzwaldböden – Berechnung von Löslichkeitsgleichgewichten. Mitt. Dtsch. Bodenkundl. Gesellsch. 59/I. S. 453-458.

Rehfuess KE (1990) Waldböden. Entwicklung, Eigenschaften und Nutzung. Pareys Studientexte 29. Hamburg. Berlin.

Schmidt KH (1981) Der Sedimenthaushalt der Ruhr. Zeitschrift für Geomorphologie N.F. Suppl.-Bd. 39. S. 59-70.

Schulte A (1995) Hochwasserabfluß, Sedimenttransport und Gerinnebettgestaltung an der Elsenz im Kraichgau. Heidelberger Geographische Arbeiten 98. Heidelberg.

Schulte A (2006): Schwellenwerte in der Geomorphologie. In: Deutscher Arbeitskreis für Geomorphologie (Hrsg.): Die Erdoberfläche – Lebens- und Gestaltungsraum der Menschen. Forschungsstrategische und programmatische Leitlinien zukünftiger geomorphologischer Forschung. Zeitschrift für Geomorphologie N.F. Suppl.-Bd. 148. S. 71-78.

Stiftung Entwicklung und Frieden (Hrsg.) (1999) Globale Trends 2000. Fakten, Analysen, Prognosen. Frankfurt a.M.

Symader W (2004) Was passiert, wenn der Regen fällt? Eine Einführung in die Hydrologie. Stuttgart.

VDG – Vereinigung Deutscher Gewässerschutz e.V. (VDG) (2003) Hochwasser. Naturereignis oder Menschenwerk? Schriftenreihe der Vereinigung Deutscher Gewässerschutz 66. Bonn, Kassel.

Wilhelm F (1997) Hydrogeographie. (Das Geographische Seminar). 3. Aufl., Braunschweig.

Wohlrab B, Ernstberger H, Meuser A, Sokollek V (1992) Landschaftswasserhaushalt. Hamburg, Berlin.

Ziechmann W, Müller-Wegener U (1990) Bodenchemie. Mannheim, Wien, Zürich.

Kreisläufe – als Betrachtungsdimension in der Geographie

9

Viele geographische Sachverhalte und Prozesse unterliegen einem zeitlichen Wandel – und ändern sich dabei in Intensität und Ausprägung. Während einige Prozesse einen definierten Anfangs- und Endpunkt besitzen, scheinen andere eher regelhaften und zyklischen Veränderungen zu unterliegen – beispielsweise das Auftreten von Sonnenflecken. Anfang der 1960er Jahre begann man im Rahmen der Geosystemlehre, mehr oder weniger in sich geschlossene Kreisläufe zu identifizieren, die sogenannten Stoffkreisläufe. Das Hauptaugenmerk konzentrierte sich dabei auf die Quantifizierung von Stoff- und Energieflüssen. Darauf soll am Beispiel des Wasser-, Kohlenstoff- und Stickstoffkreislaufes eingegangen werden. Auch der Mensch wird mittlerweile als wichtiger Faktor innerhalb dieser Stoffkreisläufe betrachtet. Er schaltet sich in zunehmendem Maße in die Stoffflüsse ein und verändert diese z. T. massiv, wie beim Kohlenstoffkreislauf durch die Freisetzung von CO_2.

9.1 Wasserkreislauf

Der Kreislauf des Wassers mit Niederschlag, Verdunstung und Abfluss ist uns seit dem Kindesalter bekannt.

Unter Verwendung erheblicher Energiemengen verdunstet das Wasser über Land- und Meeresflächen. Der Wasserdampf in der Luft speichert diese enorme Energiemenge als latente Wärme. Diese wird wieder freigesetzt, wenn die Luft aufsteigt, sich dabei abkühlt und das in ihr enthaltene Wasser kondensiert (und die enthaltene Energie wieder an die Luft abgibt). Die Wassertropfen bzw. Eiskristalle wachsen und fallen schließlich als Niederschlag in unterschiedlicher Form (z. B. Regen, Schnee, Hagel) auf Meeres- und Landflächen. Wenn der Niederschlag die Erdoberfläche erreicht, kann er dort unterschiedlich lange verweilen (in Vegetation, Boden, Grundwasser, Fluss, See, Gletscher) – man spricht in diesem Zusammenhang von **Speichern** –, bis er schließlich durch Verdunstung wieder in die Atmosphäre

gelangt oder in Flüssen dem Meer zufließt und dort verdunstet. Art und Zustand der Bodenoberfläche ist schließlich dafür verantwortlich, ob Regen- oder Schmelzwasser oberflächlich abfließt und Hochwasser entstehen kann oder ob das Wasser in den Untergrund sickert, und somit als Speicher den Pflanzen zur Verfügung steht oder in den tieferen Untergrund perkoliert, um dort als Grundwasser den Basisabfluss unserer ganzjährig fließenden Gewässer zu garantieren.

Die genannten Speicher können ober- oder unterirdisch lokalisiert sein. Gletscher, Flüsse, Seen und Meere bilden oberirdische Speicher, Boden und Gestein stellen unterirdische Speicher dar. Im Meer schließt sich der Kreislauf endgültig. Derjenige Teil des Wasserkreislaufs, der ausschließlich Festlandsflächen umfasst, wird als „kleiner Wasserkreislauf" bezeichnet. Es handelt sich um ein offenes System mit Input- und Outputgrößen, die die Systemgrenzen überschreiten. Werden sowohl das Festland als auch das Meer in die Betrachtung einbezogen, spricht man vom „großen Wasserkreislauf". Bei globaler Betrachtung läuft der Wasserkreislauf in einem „geschlossenen System".

Den globalen Wasserkreislauf stellt Abb. 9.1 in Form von Werten dar, die der Höhe einer Wassersäule in mm entsprechen. Die Angabe 1 mm entspricht – auf eine Fläche bezogen – einem Liter pro Quadratmeter. Da die Meeresflächen mit 361 Millionen km^2 etwa 2,4-mal so groß sind wie die Festlandsflächen (149 Millionen km^2), vergrößern sich die Angaben um diesen Faktor, wenn von der Meeresfläche auf die Festlandsfläche gewechselt wird. Beim Übergang von der Festlands- zur Meeresfläche ist es umgekehrt. Die Darstellung verdeutlicht den grundsätzlichen Unterschied zwischen humiden und ariden Gebieten (66 bzw. 34% der Festlandsflächen). Humide Gebiete, in denen der Niederschlag höher ist als die Verdunstung, führen dem Meer überschüssiges Wasser in Form von Oberflächen- und Grundwasserabfluss zu (27 cm bzw. 11 cm). Ariden Gebieten fehlt der Abfluss bis zum Meer, sie sind dadurch gekennzeichnet, dass die

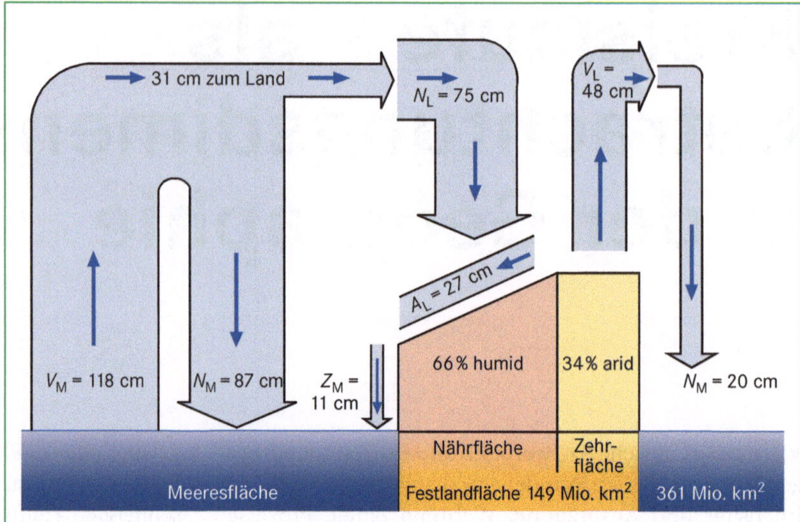

Abb. 9.1 Schematische Darstellung des Wasserkreislaufs. V_M = Verdunstung über dem Meer, N_M = Niederschlag über dem Meer, Z_M = Zufluss zum Meer, A_L = Abfluss von den Landflächen, N_L = Niederschlag auf das Land, V_L = Verdunstung vom Land (verändert nach Wilhelm 1997).

Verdunstung größer als der Niederschlag ist. Aus der schematischen Darstellung geht jedoch nicht hervor, dass auch in humiden Gebieten Verdunstung und in ariden Gebieten Niederschlag stattfindet.

9.2 Kohlenstoffkreislauf

Der Kohlenstoffkreislauf hat eine hohe Relevanz in der aktuellen Klimadiskussion. Wichtigste Kohlenstoffspeicher sind Sedimentgesteine, Ozeane, Böden, Torf und die Vegetation. Auch in der Atmosphäre ist Kohlenstoff enthalten, hier allerdings in wesentlich geringeren Mengen, wenn auch mit brisanter Wirkung für den aktuellen Klimawandel (Abb. 9.2). In den Ozeanen kommt Kohlenstoff größtenteils in organischer Substanz in Form von Phyto- und Zooplankton (frei im Wasser treibende Kleinstlebewesen) vor. In Zusammenhang mit dem Treibhauseffekt sind insbesondere die Flussraten zwischen den verschiedenen Speichern von Bedeutung. Sowohl die Bindung von Kohlenstoff in Gestein durch Sedimentation als auch die natürliche Freisetzung des lithogenen Kohlenstoffs durch Vulkanausbrüche weisen vernachlässigbar geringe Raten auf. Dagegen sind die Flussraten zwischen Biosphäre und Atmosphäre wesentlich höher: Atmosphärischer Kohlenstoff wird von Pflanzen durch Photosynthese gebunden und dann entweder durch die Atmung freigesetzt oder an Tiere (Herbivoren und Carnivoren) weitergegeben. Zudem wird Kohlenstoff in den Ozeanen gelöst bzw. vom dortigen Phytoplankton photosynthetisch gebunden. Zusätzlich zu diesen natürlichen Flüssen setzt der Mensch Kohlenstoff in die Atmosphäre frei. Dies geschieht zum einen durch die Verbrennung von fossilen Energieträgern, d. h. von Kohlenstoff, der im Verlauf der Erdgeschichte durch pflanzliche Photosynthese gebunden und anschließend durch verschiedene Prozesse wie die Inkohlung umgewandelt wurde. Auch der Landnutzungswandel, insbesondere die Rodung der tropischen Regenwälder, trägt zur Freisetzung von Kohlenstoff in die Atmosphäre bei. Die Ausweitung des Reisanbaus, wobei unter Sauerstoffabschluss bei der Zersetzung von organischem Material verstärkt Methan (CH_4) abgegeben wird, führt ebenfalls zur anthropogenen Kohlenstofffreisetzung. Dies ist in der aktuellen Klimadiskussion hochrelevant, da Methan eine vielfach höhere Treibhauswirkung aufweist als Kohlendioxid.

Insgesamt nehmen Ozeane und Pflanzen mehr CO_2 auf, als sie abgeben. Dennoch können sie nach dem derzeitigen Stand nur einen Teil der durch anthropogene Aktivitäten freigesetzten Kohlenstoffmenge aufnehmen. Lediglich etwas mehr als die Hälfte des vom Menschen ausgestoßenen Kohlendioxids wird durch die Ozeane und insbesondere durch die pflanzliche Vegetation wieder gebunden. Dabei stellen vor allem die Wälder der Nordhalbkugel Kohlenstoffsenken dar, da dort die meisten anderen Bedingungen wie Temperatur, Feuchte, Wasser- und Nährstoffverfügbarkeit, nahe am Optimum liegen (Glatzel 2007; Klink 1998). Der andere Teil des anthropogen freigesetzten Kohlendioxids reichert sich in der Atmosphäre an. So ist der Kohlendioxidgehalt der Luft seit 1750 um 35 % von 280 ppm (parts per million) auf 379 ppm im Jahr 2005 angestiegen, wobei die heutige Zuwachsrate die größte der letzten 50 Jahre ist. Dabei gehen 78 % der Erhöhung auf die Nutzung fossiler Brennstoffe zurück und 22 % auf Landnutzungsän-

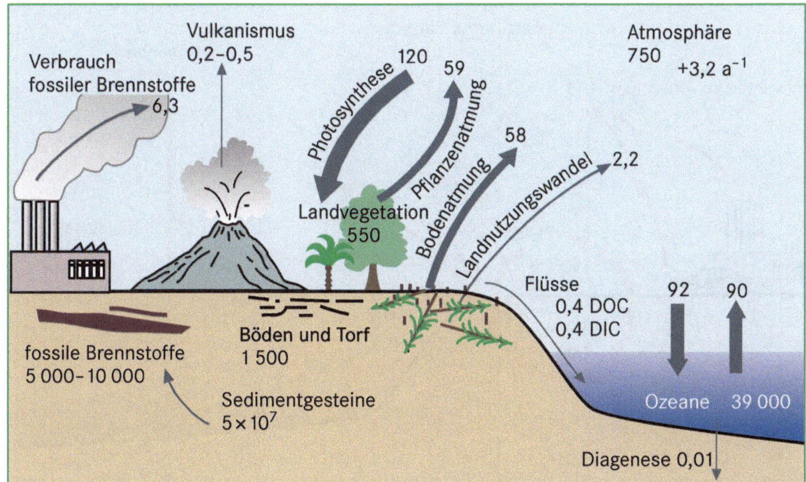

Abb. 9.2 Der heutige globale Kohlenstoffkreislauf. Alle Speicher in 10^{15} g Kohlenstoff und alle Flüsse in 10^{15} g Kohlenstoff pro Jahr, als Durchschnittswert für die 1980er Jahre. DOC = gelöster organischer Kohlenstoff, DIC = gelöster anorganischer Kohlenstoff (verändert nach Schlesinger 1997, Killops und Killops 1997, Houghton 2005).

derungen (z. B. Rodungen). Die Temperatur hat dadurch in den letzten 150 Jahren um ca. 0,75 °C zugenommen und wird bis zum Ende des Jahrtausends – abhängig von der weiteren Entwicklung in Bezug auf den Ausstoß von Treibhausgasen – um weitere 1,8 – 6,4 °C zunehmen. Selbst wenn die Konzentration sämtlicher Treibhausgase konstant auf dem Niveau des Jahres 2000 stabilisiert werden könnte, würde die globale Durchschnittstemperatur um weitere 0,6 °C ansteigen, da die Ozeane nur langsam auf die Veränderungen reagieren (IPCC 2007). Kohlendioxid trägt dabei von allen Treibhausgasen am stärksten zur globalen Temperaturerhöhung bei. Am Kohlenstoffkreislauf wird auf dramatische Weise deutlich, wie der Mensch durch Eingriffe in einen natürlicherweise ausgeglichenen Kreislauf schwerwiegende Folgen auslösen kann.

9.3 Stickstoffkreislauf

Die Atmosphäre bildet das größte Stickstoffreservoir. In ihr befinden sich ca. 4×10^9 Teragramm (Tg) Stickstoff ($1\,\mathrm{Tg} = 10^{12}$ g), was einem Volumenanteil von 78 % entspricht. Auch die Sedimentgesteine der Lithosphäre stellen mit 10^9 Tg Stickstoff einen großen Speicher dar, wohingegen Ozeane, Pflanzen und Böden nur kleinere Mengen Stickstoff gespeichert haben.

Obwohl Stickstoff damit das in der Atmosphäre am häufigsten vorkommende Gas darstellt, ist es dennoch in den meisten Ökosystemen ein limitierender Faktor für das Pflanzenwachstum: Das durch eine starke Dreifachbindung sehr stabile Molekül (N_2) muss, um für die Pflanze verfügbar zu sein, zunächst in andere Bindungsformen (Ammoniak NH_3, Ammonium NH_4^+, Nitrit NO_2^- oder Nitrat NO_3^-) überführt werden. Die **Stick-**

stofffixierung ist sehr energieintensiv und kann deswegen auf biotischem Weg nur von bestimmten Einzellern und Pilzen mit spezifischen Enzymen durchgeführt werden. Diese leben oft in mehr oder weniger enger Symbiose mit höheren Pflanzen, besonders bekannt sind hier die Knöllchenbakterien (Rhizobien) in den Wurzelknöllchen von Schmetterlingsblütlern (Fabaceen). Auf biotischem Weg werden ca. 150 Tg/Jahr fixiert, während die **abiotische Stickstofffixierung** (v. a. durch Blitze) mit jährlich 5 Tg nur eine geringe Rolle spielt. Durch das Anfang des 20. Jahrhunderts entwickelte Haber-Bosch-Verfahren ist auch eine **industrielle Stickstofffixierung** möglich. Durch dieses sehr energieintensive Verfahren – für die Gewinnung von 1 kg Stickstoffdünger ist die Energie aus 1 l Erdöl erforderlich – greift der Mensch massiv in den Stickstoffhaushalt der Erde ein: Jährlich werden 80 Tg Stickstoff durch die Produktion von Dünger fixiert (Glatzel 2007; Schopfer und Brennicke 2006).

Die höheren Pflanzen nehmen den fixierten Stickstoff aus dem Boden bzw. dem Wasser in Form von Ammonium und insbesondere von Nitrat auf und verwenden ihn zur Synthese von verschiedenen Eiweißverbindungen (Proteinen), die über die Nahrungskette an Tiere weitergegeben werden. Proteine sind im Pflanzen- und Tierreich sowohl als Baustoffe von Bedeutung als auch als Moleküle mit vielfältiger Funktion wie beispielsweise als enzymatische Proteine, Abwehrproteine im Immunsystem, hormonelle Proteine oder auch als Rezeptorproteine im Nervensystem sowie als Transportproteine wie das Hämoglobin im Blut von Wirbeltieren. Stickstoff gelangt dann durch tierische Ausscheidungsprodukte sowie durch abgestorbene pflanzliche und tierische Organismen in den Bestandsabfall, wo es entweder zersetzt oder in geringem Maße in Depots – ins-

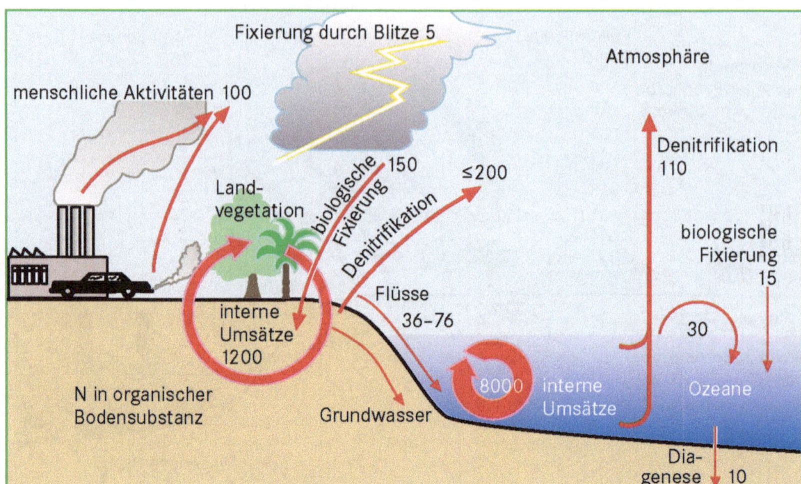

Abb. 9.3 Der globale Stickstoffkreislauf. Alle Flüsse in 10^{12} g Stickstoff pro Jahr (verändert nach Schlesinger 1997, Galloway 2003).

besondere den Huminstoffen im Boden – gespeichert wird. Die Zersetzung durch Mikroorganismen erfolgt in mehreren Teilschritten, wobei aus den hochmolekularen Eiweißmolekülen zunächst niedermolekulare Verbindungen wie Ammonium hergestellt werden (**Ammonifikation**) und diese danach in Nitrat umgewandelt werden (**Nitrifikation**) (Abb. 9.3).

Stickstoff wird durch den Prozess der **Denitrifikation** (Umwandlung von Nitrat in molekularen Stickstoff) wieder in die Atmosphäre zurückgeführt. Dies kann zum einen durch Verbrennungsprozesse geschehen (Pyrodenitrifikation), zum anderen durch die Tätigkeit von spezialisierten Mikroorganismen, die bei geringer Sauerstoffversorgung (z. B. in Feuchtgebieten) diesen Prozess zur Energiegewinnung nutzen. Bei der Denitrifikation können verschiedene klimawirksame Treibhausgase wie beispielsweise Lachgas (N_2O), dessen Treibhauswirkung um ein Vielfaches höher ist als die von Kohlenstoffdioxid, entstehen (Schopfer und Brennicke 2006; Klink 1998).

Exkurs

Biosphere 2

Wie schwierig die Bewertung und Quantifizierung von Stoffflüssen auf der Erde ist, zeigt das 1991 im US-Bundesstaat Arizona gestartete Großexperiment *Biosphere 2* (im Kontrast zu *Biosphere 1*, der „realen Erde").

Um die Probleme zu umgehen, die sich bei der Messung von Stoffumsätzen in der „realen Umwelt" ergeben, wurde mit dem hermetisch abgeriegelten Glashauskomplex versucht, ein von außen unabhängiges, sich selbst erhaltendes Ökosystem zu schaffen. Ziel waren Untersuchungen zu den Stoff- und Energieflüssen in verschiedenen Ökosystemen und deren Wechselwirkungen. Auch die Frage, ob es möglich sein könnte, menschliche Kolonien auf fremden Planeten oder untermeerisch einzurichten, stand im Raum. Dazu wurden auf einer Fläche von 1,3 ha Kuppelbauten aus Glas errichtet und darin verschiedene Ökosysteme wie tropische Regenwälder, Savannen, Mangroven, Wüsten, aber auch Bereiche intensiver landwirtschaftlicher Aktivität sowie Wohnräume für Menschen eingerichtet (Abb. 9.4). Der Komplex wurde über mehrere Jahre von verschiedenen Forscherteams, sogenannten Bionauten bewohnt. Schon nach Kurzem traten zahlreiche Probleme auf: Der Sauerstoffgehalt sank so stark, dass er entgegen der Planungen von

Abb. 9.4 *Biosphere 2* in der Nähe von Tuscon, Arizona (Foto: R. Glaser 2000).

außen zugeführt werden musste und die integrierten Wassersysteme eutrophierten. Es gelang also nicht, die Erde mit ihren komplexen Stoff- und Energieflüssen auf diese Weise zu kopieren.

Bei Verbrennungsprozessen entstehen außerdem verschiedene Stickoxide (Stickstoffdioxid NO_2, Stickstoffmonoxid NO), die mit dem atmosphärischen Wasser zu Salpetersäure (HNO_3) reagieren, die neben Schwefelsäure als Bestandteil des „**sauren Regens**" Bedeutung hat. Dadurch werden zum einen durch die Übersäuerung des Wassers sowohl Pflanzen als auch Bauwerke geschädigt, zum anderen findet aber so insbesondere im Lee von Industrie- und Ballungsräumen sowie von Gebieten mit intensiver landwirtschaftlicher Produktion eine diffuse Stickstoffdüngung statt.

Hohe Gehalte an Stickoxiden in städtischen Ballungsräumen sind auch für den Effekt des sogenannten **Sommersmogs** verantwortlich. Dabei wird durch die Reaktion von Stickstoffdioxid mit Sauerstoff unter Lichteinwirkung Ozon gebildet und in der Luft angereichert. Hohe Ozonwerte führen zu Reizungen der Atmungsorgane und der Augen.

Ein weiteres Problem, das durch die menschlichen Eingriffe in den natürlichen Stickstoffkreislauf verursacht wird, ist die **Überdüngung** von landwirtschaftlichen Nutzflächen. Nur ein Bruchteil des eingebrachten Stickstoffs landet letztendlich im landwirtschaftlichen Produkt, während ein großer Teil entweder als Nitrat im Grundwasser oder als Gas (N_2, NO_x oder NH_3) verloren geht. Die Belastung des Wassers mit Nitraten stellt daher eines der größten Umweltprobleme in agrarisch intensiv genutzten Gebieten dar (Glatzel 2007).

9.4 Fazit und Ausblick

Die verschiedenen Stoffkreisläufe sind aktuell nicht nur aufgrund ihrer Bedeutung für zahlreiche Umwelt- und Klimaprobleme ein wichtiges Forschungsfeld. Neben der Modellierung der verschiedenen Stoffspeicher und -flüsse stellt jedoch die Messung der verschiedenen Parameter oftmals noch ein Problem dar. Außerdem sind die hier vereinfacht als relativ abgeschlossen dargestellten Kreisläufe durch ein vielfältiges System von Wechselwirkungen gekoppelt. Aufgrund der Vielfältigkeit dieser Verknüpfungen ist ein umfassendes System- und Prozessverständnis erforderlich.

Zum Weiterdenken

1. Erläutern Sie, an welchen Stellen der Mensch in die verschiedenen Kreisläufe eingreift und was jeweils die Auswirkungen sind.
2. Warum ist die Quantifizierung der Parameter in den verschiedenen Stoffkreisläufen so schwierig?

Literatur

Glatzel S (2007) Biogeochemische Stoffkreisläufe: Kohlenstoff- und Stickstoffkreislauf. In: Gebhardt H et al. (2007) Geographie – Physische Geographie und Humangeographie. Heidelberg, S. 503–507.

IPCC (2007) Summary for Policymakers. In: Climate Change 2007: The Physical Science Basis. Contribution of Working Group I to the Fourth Assessment Report of the Intergovernmental Panel on Climate Change [Solomon S, Qin D, Manning M, Chen Z, Marquis M, Averyt KB, Tignor M, Miller HL (Hrsg.)]. Cambridge, New York.

Klink, HJ (1998) Vegetationsgeographie. 3. Aufl., Braunschweig.

Schopfer P, Brennicke A (2006) Pflanzenphysiologie. 6. Aufl., Heidelberg.

Larcher W (2001) Ökophysiologie der Pflanzen. 6. Aufl., Stuttgart.

Raumdimensionen 10

Betrachtet man ein Sandkorn im Mikroskop, so lassen sich Aussagen über die Transportprozesse treffen. Im Gegensatz dazu ermöglicht eine Analyse von Satellitenbildern der Sahelzone Rückschlüsse über großräumige Desertifikationsprozesse. Der Inhalt einer wissenschaftlichen Untersuchung hängt also in starkem Maß von der Wahl der Maßstabsebene der Betrachtung ab. Die Geographie versteht sich primär als Raumwissenschaft. Aus diesem Grund beschäftigt sie sich traditionell mit Fragen der räumlichen Ordnung. Wie kann die räumliche Vielfalt abgebildet werden? Wie lässt sich das Kontinuum Raum durch mehr oder weniger scharfe Grenzen gliedern und strukturieren? Auch wenn Systematisierungsversuche immer wieder Kritik hervorrufen, so liegt der besondere Reiz und auch ein Teil der bemerkenswerten Akzeptanz derartiger Ausarbeitungen zweifelsohne in der didaktischen Vereinfachung, der Ordnung der Vielfalt und der Reduktion komplexer Systeme auf eine überschaubare und handhabbare Anzahl von Typen.

10.1 Betrachtungen der Welt im Vierertakt

Seit den 1960er Jahren hat sich aus der Geosystemlehre zumindest für naturgeographische Fragestellungen ein System von vier überschaubaren, hierarchisch aufgebauten Betrachtungsebenen herausgebildet. Die unteren drei Ebenen haben mittlerweile Eingang in die Planung gefunden.

1. Die **topische Ebene** stellt die unterste Maßstabsebene in der Größenordnung von 1:1000 bis 1:25000 dar. Analysen auf dieser Stufe sind durch weitgehende Homogenität bezüglich des Zusammenwirkens aller beteiligten Faktoren wie Relief, Untergrund, Gesteinsart, Klima, Wasserhaushalt, Böden usw. gekennzeichnet. Ein **Geotop** ist dabei das kleinste selbständige Areal einer Landschaft, ein **Ökotop** die kleinste räumliche Einheit, die aufgrund ihrer abiotischen und biotischen Ausstattung ein homogenes Gefüge aufweist. Eine quantitative Erfassung der Stoff- und Energieflüsse aller Faktoren ist über komplexe Messgärten möglich. Die gewonnenen Erkenntnisse werden in Modellen abgebildet, um beispielsweise die Belastbarkeit und die weitere Entwicklung – z. B. unter Treibhausbedingungen – zu bilanzieren. Das in der Umweltplanung verwendete „Biotop" entspricht diesen Aspekten.

2. Die nächsthöhere Stufe ist die **chorische Ebene**. Hierbei werden heterogene im Maßstabsbereich 1:25000 bis zu 1:500000 Räume betrachtet, die mehrere Tope umfassen, aber hinsichtlich der Ausbildung des Gefüges sowie der gefügebestimmenden aktuell-dynamischen und genetischen Merkmale eine Einheit bilden. Beispiele wären ein Flusseinzugsgebiet oder eine Küstenlandschaft. Fliesengefüge, naturräumliche Haupteinheit, Mikro- und Mesochore sind nahezu inhaltsgleiche Begriffe für die entsprechenden Arealeinheiten

3. Auf der nächsten Ebene ist der **regionische Maßstabsbereich** angesiedelt. Die hier untersuchten geographischen Objekte können als großräumige Ausschnitte der Geosphäre nicht mehr auf die Gesamtheit ihrer Grundeinheiten zurückgeführt werden. Sie werden durch Merkmale des Geokomplexes charakterisiert, die – im Vergleich mit benachbarten Arealen – faktoriell eine Gleichartigkeit des betrachteten Raumes bedingen, wie z. B. die Mittelgebirge oder der Voralpenraum. Gleichwertige Begriffe für die Arealeinheiten sind naturräumliche Großeinheit, Großlandschaft, Makro- und Megachore oder Region. Die Typisierung erfolgt selektiv, d. h. einzelne Faktoren erhalten auf dieser Ebene mehr Gewicht als andere, beispielsweise das Relief – oder es werden integrierende Faktoren analysiert, etwa die Landnutzung. Neben der Vorgehensweise ändern sich auch die eingesetzten Medien. Geeignet sind Übersichtskarten und v. a. Fernerkundungsdaten.

4. Auf der höchsten Stufe findet sich der **geosphärische Maßstabsbereich**, in dem globale Phänomene untersucht werden, die planetar wirksamen Prozessen unterliegen. Aus einer solchen Betrachtung

resultieren Geographische Zonen, Landschaftszonen, Megachore oder Gürtel als Raumeinheiten.

Die vorgestellten vier Ebenen sind nicht voneinander losgelöst, sondern stehen in einem hierarchischen Wirkungszusammenhang. Dieser lässt sich im Rahmen von Up- und Downscaling-Verfahren abbilden. Dabei werden zwei quasi gegenläufige Zugangswege unterschieden: ein Weg von oben, *top-down*, und ein Weg von unten, *bottom-up*. Bei den **Top-down-Verfahren** wird von der globalen Ebene auf untergeordnete Strukturen geschlossen. Zumindest in der Frühphase der Entwicklung dieser Betrachtungsweise wurden homogen erscheinende Regionen oftmals intuitiv, also rein subjektiv, abgegrenzt. In neueren Ansätzen verwendet man quantitative und mehrdimensionale Verfahren. **Bottom-up-Verfahren** sind hingegen kleinräumig angelegt und basieren auf detailreichen quantifizierenden Geländeanalysen. Gestein, Relief, Boden, Vegetation, Fauna und Klima werden mit naturwissenschaftlichen Methoden im Gelände durch Messungen quantitativ erfasst, oft werden ergänzend Laboranalysen durchgeführt. Ziel ist es, eine Vorstellung von den komplexen Stoff- und Energieflüssen zu bekommen. Daraus können kleinste homogene Flächen, quasi die Basiseinheiten des Ökosystems, bestimmt werden. Eine gewisse Variation der Bottom-up-Verfahren stellen die Ansätze dar, bei denen mittels statistischer Verfahren von sekundären, aus Statistiken gewonnenen Daten ausgehend Regionalisierungen vorgenommen werden (Schröder et al. 1994). Die verschiedenen räumlichen Skalen erfordern also spezifische Forschungsansätze, Untersuchungsverfahren und Darstellungsmittel.

10.2 Ansätze zur naturräumlichen Gliederung Deutschlands

Es sind vielfältige Versuche unternommen worden, Deutschland in möglichst homogene Naturräume zu gliedern. Zu den „Klassikern" zählen die **naturräumlichen Gliederungen**, deren Ziel darin besteht, Räume mit ähnlichem oder gleichartigem Gesamtcharakter auszuweisen. In den **landschaftsökologischen Raumgliederungen** steht die Erfassung, Abgrenzung und Kennzeichnung von Landschaftsökosystemen im Mittelpunkt. Moderne Ansätze zielen dabei auf Belastbarkeit und Leistungsvermögen ab, um eine effektive und zugleich nachhaltige Nutzung zu ermöglichen (Bastian und Schreiber 1994; Dollinger 1998). Neben diesen

inhaltlichen Aspekten gab es schon immer Diskussionen um die geeignete Methodik, was sich in einem breiten Spektrum von Ansätzen niederschlägt. Sie reichen von subjektiven intuitiven Entwürfen über qualitativ bilanzierende bis hin zu streng quantitativen. Entsprechend vielfältig sind die Ergebnisse. Mal wird Deutschland mit Linienzügen scheinbar klar und eindeutig untergliedert, dann wieder erscheint es wie ein bunt schillerndes Mosaik quasi im „Tarnanzug", oder es zerfällt in Hektar große Bildpunkte, die auf den ersten Blick einen verwirrenden Eindruck hinterlassen. Das Problem besteht darin, dass Deutschland nur wenige eindeutige natürliche Grenzen aufweist. Das heißt, dass alle Bemühungen, Teilräume auszugliedern, intellektuelle Abstraktionen der Wirklichkeit und somit Konstruktionen sind.

Von der naturräumlichen Gliederung Deutschlands zur standortökologischen Raumgliederung

Der viel zitierte Klassiker ist die „**Naturräumliche Gliederung Deutschlands**"(Abb. 10.1), deren Anliegen darin besteht, „Deutschland nach den Unterschieden seiner Landesnatur in Gebiete zu gliedern, die für viele Zwecke als Bezugseinheiten dienen sollten" (Meynen et al. 1953–1962). Dabei werden mit einem eher intuitiven und subjektiven Ansatz möglichst homogene Landschaften ausgewiesen. Trotz der Kritik der fehlenden Objektivierbarkeit findet der Ansatz bis heute eine breite Anwendung. Als Großeinheiten ausgewiesen sind das Norddeutsche Tiefland mit dem Küstensaum, die Zentraleuropäische Mittelgebirgsschwelle mit dem vorgelagerten Lössgürtel, das Süddeutsche Schichtstufenland mit seinen östlichen Rahmenhöhen, dem Oberrheingraben mit den umgebenden Mittelgebirgen, das Nördliche Alpenvorland und die Alpen. Wie unschwer zu erkennen ist, sind die Geologie und das Relief die bestimmenden Faktoren.

In der von Liedtke (1988) vorgelegten Ausarbeitung „Naturräume und ihr Naturraumpotenzial" findet dieser Ansatz eine Erweiterung. Hier sind klimatische und bodenbezogene Parameter auf quantitativer Grundlage ausgewiesen und mit spezifischen anwendungsbezogenen Inhalten wie Belastungen in Städten und Ballungsgebieten sowie Ertragsmesszahlen in Beziehung gesetzt. Im Rahmen des Geosystemansatzes, der auf der Quantifizierung von Stoff- und Energieflüssen basiert und vor allem prozessdynamische Vorgänge integriert, sind diese Ansätze mehrfach auf verschiedenen Hierarchisierungsebenen verändert und erweitert worden (vgl. z. B. Renners 1991; Laux und Zepp 1997; Burak 2005).

Mit der Standortökologischen Raumgliederung von Schröder und Schmidt (2000) wurde der Versuch unternommen, die Klassifizierung ausschließlich auf der Grundlage quantifizierbarer Daten unter Verwendung objektivierbarer statistischer Verfahren durchzuführen, um den Nachteilen der subjektiv-intuitiven Ansätze entgegenzuwirken. In der Praxis sind jedoch Nachbearbeitungen erforderlich, wie Schönthaler (2001) anhand des bundesländerübergreifenden Biosphärenreservats Rhön darstellen konnte. Als wesentlicher Nachteil erwies sich dabei die uneinheitliche Datenstruktur sowie die noch unzureichende räumliche Auflösung. Dennoch ist die beschriebene Methodik wohl zukunftsweisend.

Anthropogene Transformation von Landschaft

Eine naturräumliche Gliederung, die anstrebt, nicht nur rein deskriptiv Landschaftseinheiten auszuweisen, son-

Abb. 10.1 Naturräumliche Gliederung von Deutschland (verändert nach Meynen et al. 1953–1962).

dern auch Fragen des Umweltmonitorings oder der Unter-Schutz-Stellung zu lösen, kann nicht bei der Zusammenschau von Stoffflüssen stehen bleiben, sondern muss sich ebenso mit der anthropogenen Überprägung der Landschaft auseinandersetzen.

Diesen **anthropogenen Transformationsgrad** spiegelt besonders treffend das **Konzept der Landschaftstypen und Wertstufen** (Gharadjedaghi et al. 2004) wider. Unterschieden werden die sechs Landschaftstypen Küstenlandschaften, Wald- sowie waldreiche Landschaften, offene strukturreiche und offene strukturarme Kulturlandschaften, Bergbaulandschaften sowie Siedlungs- und Industrielandschaften. Die Bilanzierungen sind entlarvend: Kulturlandschaften sind mit 65,7% Flächenanteil der mit Abstand dominierende Landschaftstyp Deutschlands, Waldlandschaften folgen mit einem Anteil von 27,8% erst mit Abstand.

Die ausgegliederten Landschaftstypen werden aufgrund ihres Anteils natürlicher und naturnaher Landschaftselemente in fünf Wertstufen bewertet. Als Resultat werden rund 12% der Fläche Deutschlands als besonders schutzwürdige Landschaft, 7,3% als schutzwürdige Landschaft, 28,8% als schutzwürdige Landschaften mit Defiziten klassifiziert. Das Gros von 48,1% gilt nur als Landschaft mit geringer Bedeutung und 3,7% gar als Landschaft mit erheblichen Defiziten und Beeinträchtigungen.

Nicht berücksichtigt wird bei diesem Ansatz, dass durch technische Maßnahmen auch neue Lebensräume geschaffen werden können oder neue Strukturen entstehen. So ist die ökologisch wertvolle Segetalflora ausschließlich in Ackerlandschaften anzutreffen, die Adventivflora und die Ruderalvegetation sind an Siedlungen gebunden. Ansonsten ist die vorliegende Klassifizierung bemerkenswert, da sie den Verlust an Natürlichkeit besonders deutlich macht.

Einen weiteren Ansatz zur Bestimmung der anthropogenen Überprägung der Landschaften stellt das **Konzept der Hemerobie-Stufen** dar (Kaule 2002). Der Begriff leitet sich von dem griechischen Wort *hemeros* für gezähmt und kultiviert und dem Wort *Bios* für Leben ab. Hier wird in besonderem Maße verdeutlicht, dass alle Ökosysteme Mitteleuropas durch den Jahrtausende währenden kulturellen Einfluss mehr oder weniger stark transformiert wurden. Die Landnutzung ist dabei Ausdruck der Verschneidung des natürlichen Ökosystems mit dem vom Menschen geschaffenen sozioökonomischen System. So ergibt sich ein Gradient der „Natürlichkeit", der von naturnahen über agrarisch-forstliche bis zu städtisch-industriellen Ökosystemtypen reicht. Die von Glawion (2002) vorgestellte Klassifizierung basiert auf den Bodenbedeckungskategorien der „CORINE Land Cover (CLC)" und 16 landnutzungsbezogenen Raumtypen, aus denen sechs Hemerobie-Stufen aggregiert wurden.

Der Stufe I werden ausschließlich gänzlich unbeeinflusste Landschaften zugeordnet, die in Deutschland praktisch nicht mehr vorkommen.

Die zu Stufe I–II gehörenden „naturnahen Ökosysteme" sind gekennzeichnet durch fehlende anthropogene Stoffeinträge sowie durch fehlende bis geringe Stoffentnahmen und Veränderungen des Wasser-, Feststoff- und Energiehaushaltes. Sie weisen nur geringe Abweichungen von der potenziellen natürlichen Vegetation auf, der Anteil von Neophyten liegt unter 5%. Diese Kriterien erfüllen in Deutschland lediglich 1,44% der Fläche wie beispielsweise Hochmoore, Salzwiesen, Watten und Dünen, aber auch vegetationsarme Hochgebirgsökosysteme wie alpine Tundren oder Felsflächen.

Der Stufe II der „überwiegend halbnatürlichen" Ökosysteme gehören hingegen 19,3% der Fläche an. Die forstwirtschaftlich genutzten Laub- und Mischwälder, die aus standorttypischen Arten aufgebaut sind und keine oder nur geringe Düngung erfahren, gehören ebenso in diese Klasse wie extensiv genutzte Heiden, Trocken- und Halbtrocken-Rasen sowie Magerwiesen und Almen. Grundsätzlich finden keine bis geringe anthropogene Stoffeinträge und -austräge statt, so dass der natürliche Standorthaushalt wenig verändert ist.

Knapp ein Drittel der Fläche Deutschlands gehört zu den „überwiegend bedingt-naturfernen" Ökosystemen (Stufe III). Hier finden mittlere bis starke, regelmäßige oder periodische Einträge und Entnahmen durch den Menschen statt. Nur durch diese menschlichen Eingriffe können die Ökosystemfunktionen erhalten bleiben. Hierzu zählen die Nadelforste, die intensiv genutzten Wiesen und Weiden sowie die Agrarmischgebiete.

Die „überwiegend naturfernen" Ökosysteme (Stufe IV) wie die intensiv genutzten Agrarflächen, insbesondere die Flächen für den Wein- und Obstbau, sind mit 40% der Fläche Deutschlands die dominante Klasse. Kennzeichnend sind hier hohe Biozideinträge und Überdüngung. Dies gilt auch für entsprechende Wald- und Forstflächen.

Die stark versiegelten Kernzonen städtischer und industrieller Ballungsgebiete, Infrastruktureinrichtungen, aber auch Abraumhalden, Deponien sowie Rohstoffabbauflächen bilden „überwiegend naturfremde" und künstliche Ökosysteme (Stufe V). Sie nehmen rund 7,2% der Fläche Deutschlands ein. Sie sind durch eine vollständige Transformation aller ursprünglichen Standorteigenschaften gekennzeichnet. Allerdings lassen sich gerade im innerstädtischen Bereich immer wieder hochwertige, durch den Mensch neu entstandene Lebensgemeinschaften erkennen.

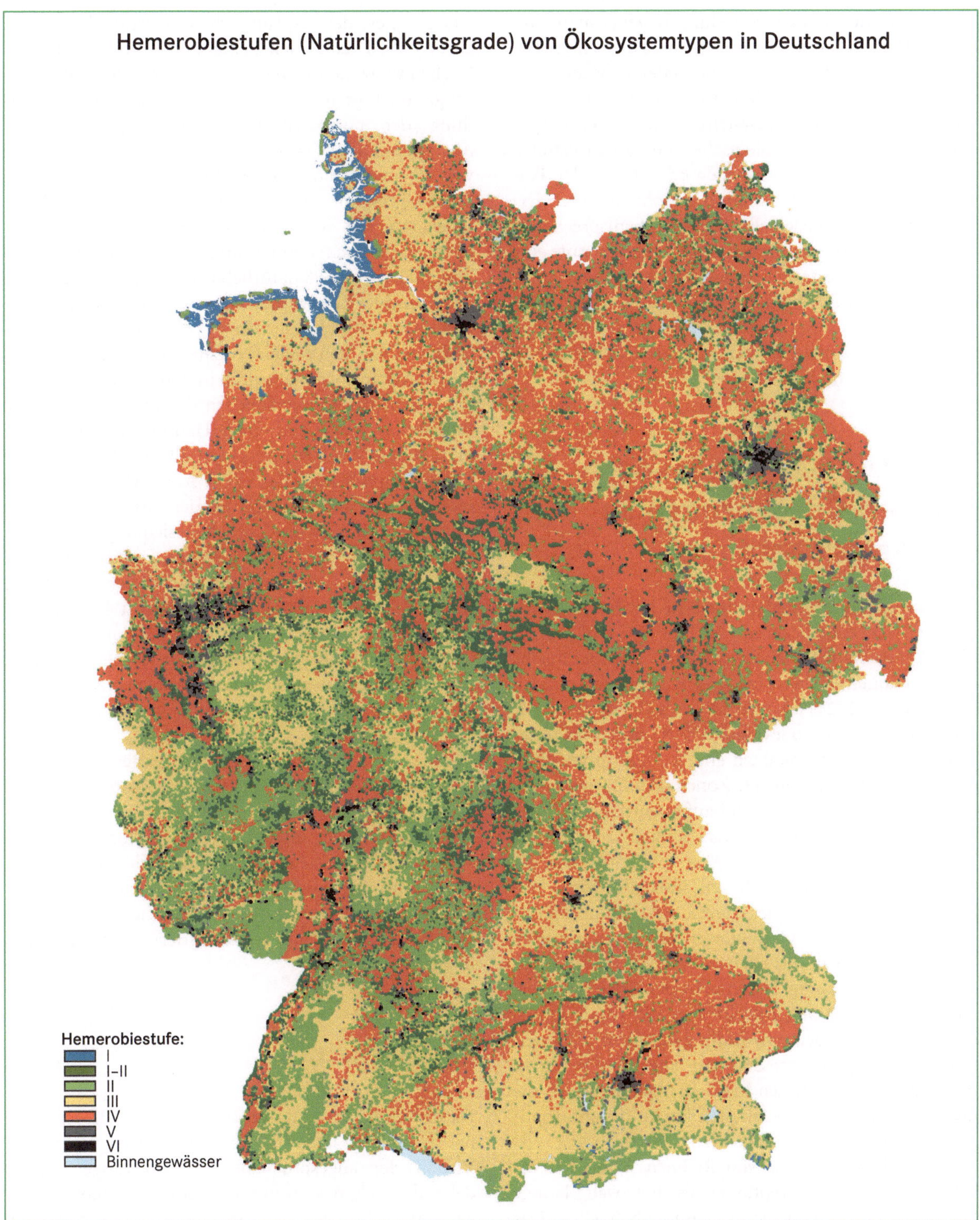

Abb. 10.2 Deutschland typisiert nach Hemerobiestufen (Datenquellen: Statistisches Bundesamt, 1997; Bundesamt für Natur-schutz, 1997. Aus Glawion, R.: Ökosysteme und Landnutzung. – In: Liedtke, H. u. Marcinek, J. (Hrsg.): Physische Geographie Deutschlands. 3. Aufl., Gotha 2002, S. 289–320).

Da nach wie vor die Versiegelung in Deutschland mit über 100 ha pro Tag voranschreitet, muss die planerische Aufmerksamkeit diesem Typ in besonderem Maße zuteil werden. Mögliche Maßnahmen wären dabei die Schaffung von Biotopverbundsystemen durch Vernetzung von Freiräumen, die ökologische Funktionen erfüllen und zugleich der naturbezogenen Erholung in den Ballungsräumen dienen könnten. Insbesondere durch Extensivierung der Pflegemaßnahmen und entsprechende Umgestaltung von städtischen Grünanlagen könnte eine strukturelle Verbesserung erzielt werden. Hinzu kommen die hinlänglich bekannten Maßnahmen der Dach- und Wandbegrünung sowie entsprechende sparsame Ausweisung von neuen Erschließungsflächen bzw. die neuen Akzente der Binnenentwicklung.

10.3 Die Globale Ebene – von den Geoökozonen zu den Anthropozonen

Auch auf globaler Betrachtungsebene haben die klassischen Ansätze zur Gliederung der Erde in **Geoökozonen oder Landschaftsgürtel** in jüngerer Zeit zahlreiche Modifikationen erfahren. In diesen klassischen Ansätzen (z. B. Passarge 1929) erhalten Klima, Relief und natürliche Vegetation ein großes Gewicht. Die Erde wird unter qualitativen Gesichtspunkten eher intuitiv in verschiedene, homogen erscheinende Zonen oder Gürtel gegliedert. Erst in jüngerer Zeit sind auf quantitativen Kriterien basierende Ansätze hinzugekommen (z. B. Schultz 2000, 2008). So wurden auch Konzepte entwickelt, die für planerische Belange relevant sind. Als Beispiel ist hier Baileys Konzeption der *ecoregions* zu nennen, die als Verschneidung der Geofaktoren Klima, Vegetation, Boden und Relief zu verstehen sind (Bailey 1998). Das in den USA angewandte Planungskonzept der *ecological regions* basiert darauf, bezieht aber die Landnutzung und damit verbundene anwendungsbezogene Fragestellungen stärker mit ein. Zugleich leitet eine derartige Betrachtungsweise zu den **Landschaftszonen** über, die über die natürlichen Geofaktoren hinaus die anthropogene Nutzung mit einbeziehen (Abb. 10.3).

Menschliche Nutzung von Räumen wird in sämtlichen klassischen Konzeptionen als eine zwangsläufige Folge der naturräumlichen Ausstattung betrachtet. Das Vorgehen ist also wieder selektiv und naturdeterministisch. Die in vielen Atlanten abgebildeten Landschaftszonen, in denen die Zonen in einem globalen Muster von polar bis feuchttropisch abgebildet werden, sind Ergebnisse dieser Betrachtungsweise und stellen meist eine Synthese der ursprünglichen Zustände dar. Mitteleuropa wird dabei den gemäßigten Breiten oder der Buchenwaldzone zugerechnet. Ohne Zweifel stellen derartige zonal orientierte Gliederungen durch die Einbindung der potenziell natürlichen Vegetation eine Abstraktion der Wirklichkeit dar. Mitteleuropa ist heute von einem geschlossenen Waldland, das es einmal vor 8 000 Jahren vor dem beginnenden Eingriff des Menschen war, mit noch rund 30 % Waldanteil recht weit entfernt. Je nach Betrachtung kann man für Europa bestenfalls noch 5 % natürliche Wälder annehmen.

In jüngster Zeit wurden daher Konzepte der **Anthropozonen** (*Anthropogenic biomes, Human biomes*) entwickelt, die von den realen Nutzungssituationen ausgeht und den Transformationsgrad in Betracht zieht. Hierbei wird nicht das Klima, sondern der Mensch und seine Interaktion mit der Umwelt als Hauptfaktor für die Ausbildung von Biomen betrachtet. Ellis und Ramankutty (2009) unterscheiden danach 21 Anthropobiome, die in sechs Klassen untergliedert werden (Abb. 10.4). Diese unterscheiden sich hinsichtlich Besiedlungsdichte und Nutzung. Die ländlichen Gebiete werden nach der hauptsächlichen Art der landwirtschaftlichen Nutzung nochmals in sechs Typen gegliedert. Mit 40 Mio. km² stellen die beweideten Flächen die flächenmäßig größte Klasse dar. In Deutschland sind keine Flächen zu finden, die als natürlich im engeren Sinne gelten können. Dominierend sind neben den stark besiedelten Lebensräumen die Anbauflächen.

Trotz aller Kritik haben die klassischen Ansätze der Gliederung der Erde in verschiedene Landschaftsgürtel weiterhin ihren didaktischen Wert, weil sie die Ausgangssituation der menschlichen Transformation darstellen. Sie vermitteln ein griffiges Bild der Welt im „Pocketformat" und damit eine Grundstruktur für globale Vorstellungen von der Welt. Zudem können sie als Leitbild für mögliche Renaturierungsüberlegungen dienen.

10.4 Fazit

Naturräumliche und geoökologische Gliederungen haben also eine lange Tradition in der Geographie. Die Vielfalt der angesprochenen Ausarbeitungen macht dabei deutlich, dass es immer wieder zu Neubewertungen und Überarbeitung bestehender Konzepte kam. Dabei spielten neben spezifischen wissenschaftlichen Überlegungen auch neue Anforderungen und Fragestellungen aus Planung und Praxis eine Rolle. Im Laufe der Zeit haben sich die Schwerpunkte von den subjektiv geprägten deskriptiven Ansätzen zu quantifizierenden

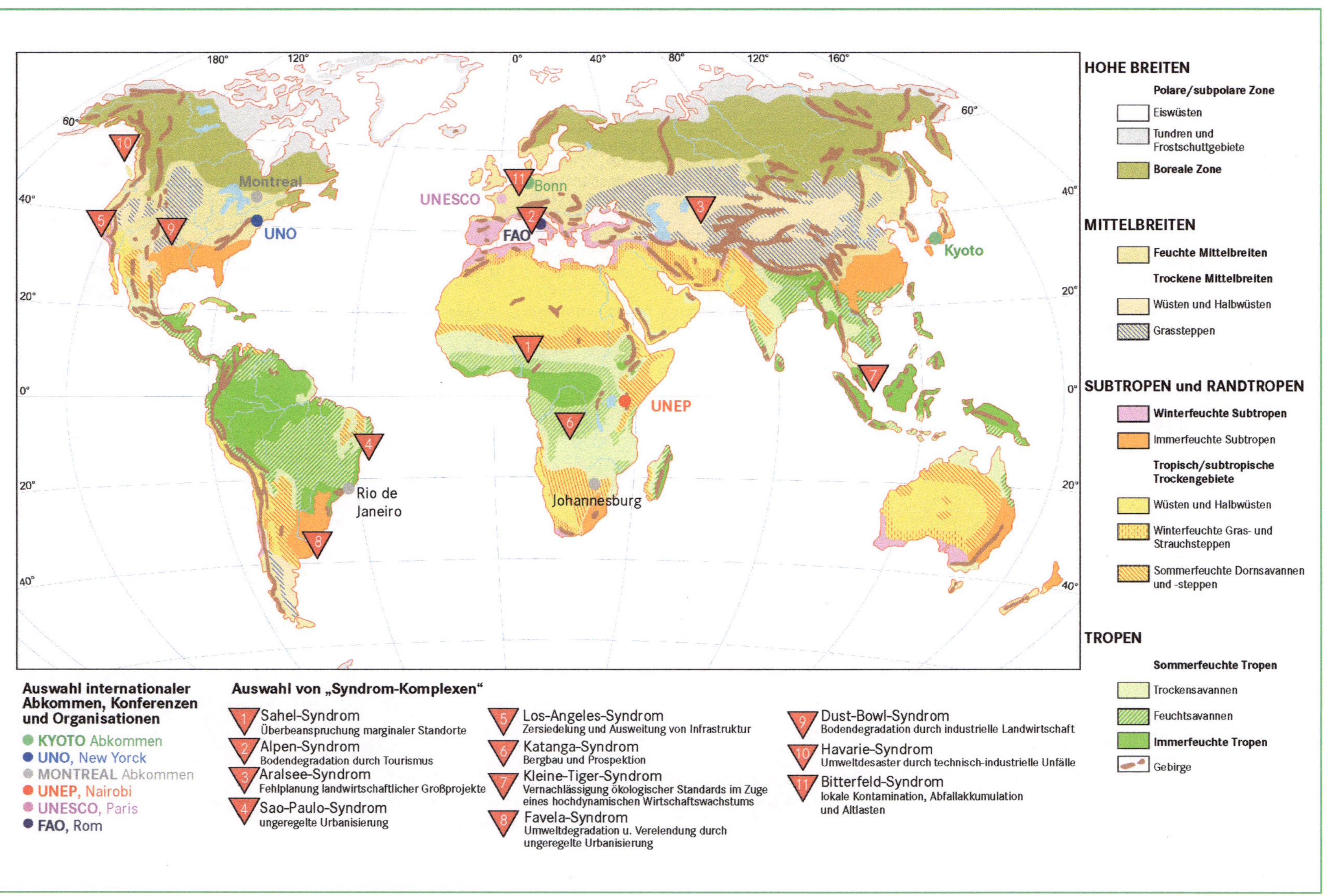

Abb. 10.3 Landschaftszonen der Erde (verändert nach Schultz 2008, Kartographie: Klaus-Dieter Lickert).

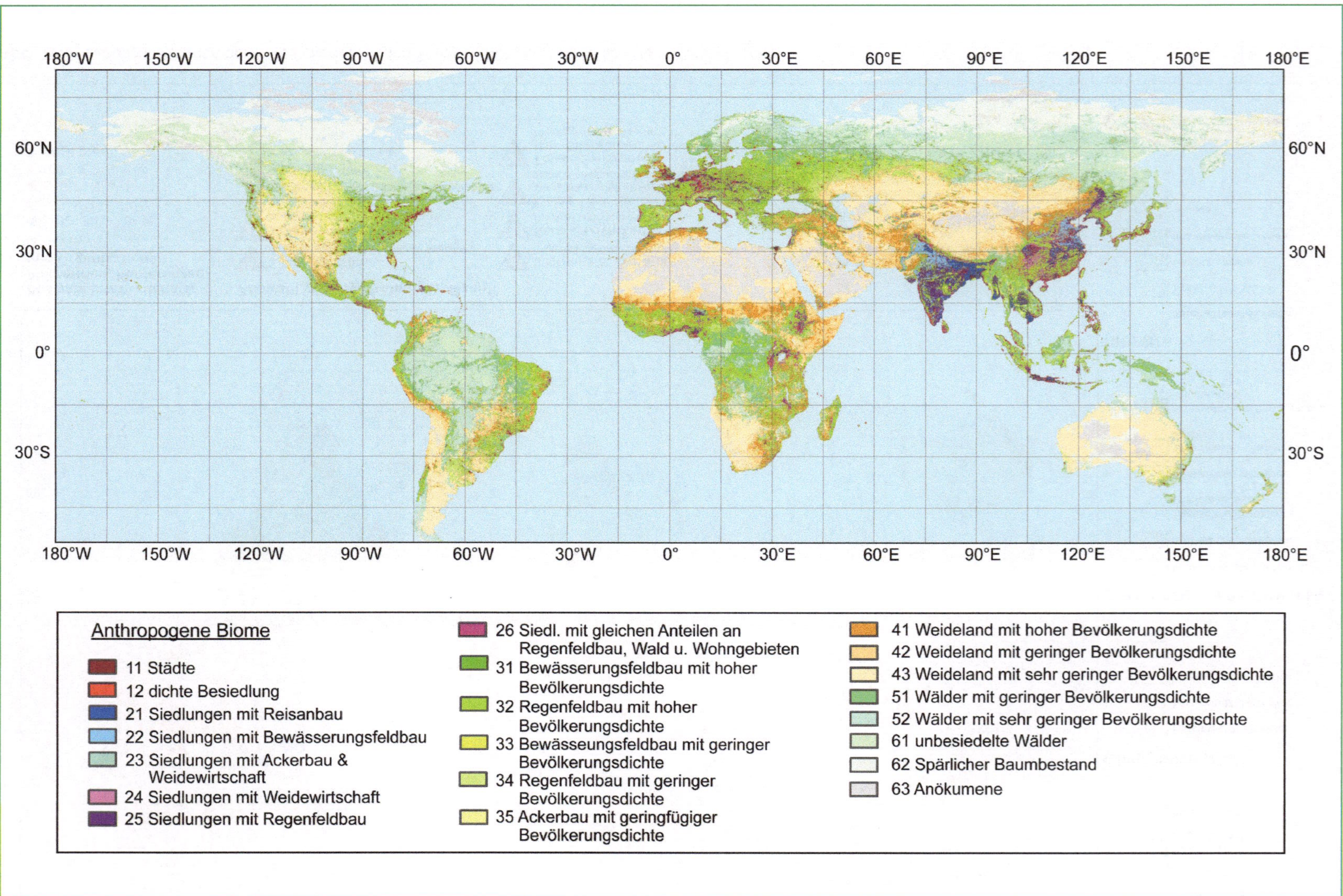

Abb. 10.4 Anthropozonen (*Anthropogenic bioms*) der Erde (nach Ellis und Ramankutty 2009).

und prozessorientierten Verfahren verschoben. Beachtenswert sind die automatisierten Ansätze, die über allgemein zugängliche Datensätze auf Grundlage quantifizierbarer Daten und objektivierbarer Methoden ein Höchstmaß an Objektivität anstreben. In Bezug auf Monitoring und Schutzgedanken spielt die Betrachtung von anthropogenen Eingriffen eine immer größere Rolle. Von Bedeutung werden zukünftig wohl vor allem praxisnahe, anwendbare Raumgliederungen auf der Basis von einfach zu erhaltenden Parametern sein. Eine deutliche Aufwertung und breitere Einsatzmöglichkeiten böten dabei die Integration von Immissionskatastern oder eine flächenhafte Bearbeitung der umwelttechnischen Belastungs- und Puffermöglichkeiten.

Aller Kritik zum Trotz haben die klassischen Ansätze wie die „Naturräumliche Gliederung Deutschlands" oder die „Landschaftsgürtel der Erde" weiterhin eine große Bedeutung. Diese resultiert aus dem überschaubaren, klaren didaktisch reduzierten Bild von der Erde oder einem abgegrenzten Raum, das sie vermitteln.

Demgegenüber sind neuere, komplexere Ausarbeitungen, die in Hektar-große Bildpunkte aufgelöst sind, oder deren Vielzahl von Signaturen nur noch durch seitenlange Legenden entschlüsselt werden können, deutlich schwerer zugänglich. In anderen Fällen ähneln die Ergebnisse bunt schillernden Mosaiken, die fatal an „Tarnanzüge" erinnern.

Insgesamt müssen die verschiedenen Ansätze vor dem Hintergrund ihrer Entstehungszeit, v. a. aber ihrer Zweckgebundenheit, gesehen werden.

⦿ Zum Weiterdenken

1. Diskutieren Sie die verschiedenen Ansätze von räumlichen Gliederungen.

2. Worin unterscheiden sich die globalen Ansätze und was sagen diese aus?

3. Auf welchen räumlichen Ebenen lassen sich welche Aussagen treffen und mit welchen Methoden wird dabei vorgegangen?

Literatur

Bailey RG (1998) Ecoregions. The Ecosystem Geography of the Oceans and Continents. New York, Heidelberg.

Bastian O, und Schreiber KF (1994): Analyse und ökologische Bewertung der Landschaft. Jena.

Burak A (2005) Eine prozessorientierte landschaftsökologische Gliederung Deutschlands. Forschungen zur deutschen Landeskunde, 254.

Dollinger F (1998) Die Naturräume im Bundesland Salzburg: Erfassung chorischer Naturraumeinheiten nach morphodynamischen und morphogenetischen Kriterien zur Anwendung als Bezugsbasis in der Salzburger Raumplanung. Habilitationsschrift, Univ. Salzburg.

Ellis E, Ramankutty N (2009) Anthropogenic biomes. In: Cleveland, CJ (Hrsg.): Encyclopedia of Earth. [First published in the Encyclopedia of Earth November 26, 2007; Last revised March 20, 2009; Retrieved June 30, 2009]. http://www.eoearth.org/article/Anthropogenic_biomes

Erdmann KH, Vieten S (2000) Naturschutz im geeinten Deutschland: Entwicklungen und Perspektiven. PGM 5/2000, 84–93.

Gebhardt H et al. (2007) Räumliche Maßstäbe und Gliederungen – von global bis lokal. In: Gebhardt, H et al. (Hrsg.) Geographie – Physische Geographie und Humangeographie. Heidelberg, 7–29.

Gharadjedaghi B, Heimann R, Lenz K, Martin C, Pieper V, Schulz A, Vahabzadeh A, Finck P, Riecken (2004) Verbreitung und Gefährdung schutzwürdiger Landschaften in Deutschland. Natur und Landschaft, 79 (2), 7181.

Glawion R (2002) Ökosysteme und Landnutzung. In: Liedtke, H und Marcinek J (Hrsg.) Physische Geographie Deutschlands. 3. Aufl. Gotha, Stuttgart, 289–319.

Haase G, Barsch H, Schmidt R (1991) Zur Einleitung: Landschaft, Naturraum und Landnutzung. In: Haase, G (Hrsg.) Naturraumerkundung und Landnutzung. Geochorologische Verfahren zur Analyse, Katierung und Bewertung von Naturräumen. Berlin, 19–25 (Beiträge zur Geographie 34/1).

Kaule G (2002) Umweltplanung. Stuttgart.

Laux HD, Zepp H (1997) Bonn und seine Region. Geoökologische Grundlagen, historische Entwicklung und Zukunftsperspektiven (mit Karte). In: Stiehl, E (Hrsg.) Die Stadt Bonn und ihr Umland: Ein geographischer Exkursionsführer. Bonn, 931 (Arbeiten zur rheinischen Landeskunde 66).

Liedtke H (1988) Naturräume der Bundesrepublik Deutschland und ihr Naturraumpotential. Geographische Rundschau 40/1, S. 12–19.

Meynen E, Schmithüsen J, Gellert J, Neef E, Müller-Miny H , Schulte JH (1953–1962): Handbuch der naturräumlichen Gliederung Deutschlands. Bundesanstalt für Landeskunde und Raumforschung – verschiedene Bände.

Passarge S (1929) Die Landschaftsgürtel der Erde: Natur und Kultur. Breslau.

Renners M (1991) Geoökologische Raumgliederung der Bundesrepublik Deutschland. Forschungen zur Deutschen Landeskunde 235.

Riecken U, Ries U, Ssymank, A (1994) Rote Liste der gefährdeten Biotoptypen der Bundesrepublik Deutschland. Schriftenr. Landschaftspfl. Natursch. 41, Bonn.

Schröder W, Schmidt G (2000) Raumgliederung für die Ökologische Umweltbeobachtung des Bundes und der Länder. Umweltwissenschaften und Schadstoff-Forschung. Zeitschrift für Umweltchemie und Ökotoxikologie 12(4), 237–243.

Schultz J (2000) Handbuch der Ökozonen. Stuttgart.

Schultz J (2008) Die Ökozonen der Erde. 4. Aufl. Stuttgart.

Anthropogenic biome website: http://www.ecotope.org/projects/anthromes/

Umweltschutz als gesellschaftlicher Diskurs

11

Umweltschutz ist in den letzten Jahrzehnten zu einem der führenden gesellschaftlichen und politischen Leitbegriffe geworden. Bei genauerer Betrachtung sind es verschiedene Motive, die in diesem Zusammenhang aufblitzen: Was ist schützenswert? Was halten wir für Natur? Welche Einschränkungen und welche Risiken wollen wir als Gesellschaft tragen und welchen Stellenwert messen wir der Umwelt generell bei? Die sehr verschiedenen Exkurse zu den Natur- und Kulturlandschaften wie sie durch die jüngsten Diskussionen und Bewertungen über Weltnatur- und -kulturerbe ersichtlich sind, betonen dies. Umwelt- und Naturkatastrophen sind regelmäßig Medienstars. Sie verweisen neben den Dauerbrennern wie Klimawandel, Verlust an Biodiversität und den Fragen der Wasser- und Luftqualität auf die Defizite und Problembereiche, in einer von weitreichender Transformation und Belastungen aller Geofaktoren geprägten Welt des Übermaßes und der Übernutzung. Globale Leitbilder und Werthaltungen sind verantwortlich für die Ressourcenproblematik in ihrer ganzen Bandbreite.

Mittlerweile gibt es aber auch eine Fülle von Umweltschutzmaßnahmen, die mehr oder weniger effektiv, finanzierbar und durchsetzbar sind und von einer innovativen Umweltpolitik, neuen Umwelttechnologien und weitgreifender Umweltplanung mit rechtlichen Regelungen getragen werden. Schon früh wurde auf den Stellenwert der Umwelt hingewiesen und bereits 1872 mit der Ausweisung des Yellowstone Nationalparks in den USA erste Schutzgebiete eingerichtet. Einzelne amerikanische Visionäre wie Aldo Leopold oder Rachel Carson prangerten bereits in den 1940er und 1960er Jahren Defizite an, ebenso die weithin bekannten von Meadows im Jahre 1972 publizierten „Grenzen des Wachstums" des Club of Rome. Anfang der 1970er Jahre kam der Umweltschutz auch in Deutschland auf die politische Agenda. Mittlerweile existieren Konzeptionen und Gegenentwürfe globaler Dimension wie der Brundtland-Report von 1986 mit der Grundlegung des Nachhaltigkeitsgedankens und schließlich dessen konkreter Umsetzung auf der Rio-Konferenz 1992.

11.1 Nachhaltigkeit als Leitbild im Umweltschutz

Der Umweltpolitik liegt – sowohl auf lokaler als auch auf nationaler und globaler Ebene – das Prinzip der **Nachhaltigkeit** (*sustainability*) zugrunde. Dieses Konzept stammt ursprünglich aus der Forstwirtschaft, fand dann aber gegen Ende des 20. Jahrhunderts auch Eingang in die Debatten um die Umweltverträglichkeit wirtschaftlicher Entwicklungen. Durch den 1987 veröffentlichten Bericht der Weltkommission für Umwelt und Entwicklung (Brundtland-Bericht) wurde der Begriff in seiner heute meistgebräuchlichen Definition im öffentlichen Umweltdiskurs manifestiert. Danach wird eine Entwicklung dann als nachhaltig bezeichnet, wenn sie den Bedürfnissen der heutigen Generation entspricht, ohne den Gestaltungsspielraum künftiger Generationen zu gefährden (Brundtland et al. 1987). Dieser intergenerative Grundsatz soll in einem integrativen Gesamtkonzept verwirklicht werden, das eine ökologisch verträgliche, sozial gerechte und gleichzeitig wirtschaftlich leistungsfähige Entwicklung zum Ziel hat. Mitunter wird dieses **Nachhaltigkeitsdreieck** um die Komponente „Partizipation", d. h. Teilhabe, erweitert.

So einsichtig dieses Konzept zunächst anmutet, so schwierig ist es, die Forderungen in konkrete Handlungsmaßnahmen umzusetzen. Die bei der „Konferenz für Umwelt und Entwicklung der Vereinten Nationen" 1992 in Rio de Janeiro beschlossene **Agenda 21** stellt einen Meilenstein auf dem Weg zur Umsetzung des Leitbilds der Nachhaltigkeit sowohl auf globaler als auch auf lokaler Ebene dar (BMU 1997). Dieses Leitpapier

Tabelle 11.1 Die wichtigsten Umweltprobleme der nächsten 100 Jahre nach einer Einschätzung von 200 Umweltexperten und Wissenschftlern der UNEP in Prozent (Mehrfachnennungen möglich, Stand: UNEP 2001) (Quelle: Globus 7060 vom 21.05.2001).

Nr.	Umweltproblem	%
1	Klimawandel	51
2	Wasserknappheit	29
3	Zerstörung der Wälder / Wüstenbildung	28
4	Wasserverschmutzung	28
5	Verlust der Artenvielfalt	23
6	Mülldeponien	20
7	Luftverschmutzung	20
8	Bodenerosion	18
9	Störung der Ökosysteme	17
10	Belastung durch Chemikalien	16
11	Verstädterung	16
12	Ozonloch	15
13	Energieverbrauch	15
14	Erschöpfung natürlicher Ressourcen	11
15	Zusammenbruch des biogeochemischen Kreislaufs	11
16	Industrieabgase	10
17	Naturkatastrophen	7
18	Einschleppung fremder Arten	6
19	Gentechnik	6
20	Meeresverschmutzung	6
21	Überfischung	5
22	Veränderung der Meeresströmungen	5
23	schwerabbaubare Zellgifte (u. a. DDT)	4
24	El Niño	3
25	Anstieg des Meeresspiegels	3

fordert Veränderungen in der Wirtschafts- sowie in der Umwelt- und Entwicklungspolitik. Um diese Forderungen auf nationaler und internationaler Ebene umzusetzen, entwarf die UN-Kommission für nachhaltige Entwicklung (*Committee on Sustainable Development*, CSD) 1995 ein mehrjähriges internationales Arbeitsprogramm, in dem Bewertungskriterien und möglichst sogar quantitative Messgrößen entwickelt werden sollten, um den Grad der Nachhaltigkeit von Entwicklungen und Maßnahmen zu beurteilen. Dieser Satz von **Nachhaltigkeitsindikatoren** wurde nachfolgend auf europäischer und nationaler Ebene weiterentwickelt und den jeweiligen Gegebenheiten sowie den vorhandenen statistischen Daten angepasst (United Nations 2007; Statistisches Bundesamt 2008). Die vom deutschen Umweltministerium (BMU) vorgelegte Indikatorenliste ist Teil der 2002 veröffentlichten nationalen Nachhaltigkeitsstrategie, die konkrete quantitative Zielvorgaben zur Entwicklung von einzelnen Indikatoren macht. Die

Indikatoren decken hier die Bereiche Generationengerechtigkeit, Lebensqualität, sozialer Zusammenhalt und internationale Verantwortung ab. Da sich globale Umweltprobleme oft auf Handlungen auf örtlicher Ebene zurückführen lassen, fordert die Agenda 21 nach dem Motto *Think global – act local* die konkrete Umsetzung des Leitbilds der Nachhaltigkeit auf kommunaler Ebene in einer **Lokalen Agenda 21**. Auch hier sind mittlerweile Indikatorensets entwickelt worden, die helfen sollen, kommunale Leitbilder zu konkretisieren, indem sie vorrangige Themengebiete der nachhaltigen Entwicklung in einer Gemeinde identifizieren. Hierzu gehören die von der EU herausgegebenen „Europäischen Indikatoren für eine nachhaltige lokale Entwicklung" oder das Indikatorensystem der Forschungsstätte der Evangelischen Studiengemeinschaft in Heidelberg (Diefenbacher et al. 2004). Auch die Deutsche Umwelthilfe (DUH) hat mit dem Wettbewerb „Zukunftsfähige Kommune" und dem entsprechenden Indikatorenset ein Messinstrument entwickelt, um die nachhaltige Entwicklung in verschiedenen Kommunen im Lokalen-Agenda-21-Prozess zu vergleichen (Deutsche Umwelthilfe 2004). Unter dem Motto *Local Governments for Sustainability* agiert die 1990 gegründete Organisation ICLEI (*International Council for Local Environmental Initiatives*), die mit über 1000 Städten, Regionen und Ländern kooperiert, Aktionen koordiniert, Programme entwickelt und Studien verfasst, um durch die Gesamtheit lokaler Aktivitäten greifbare Verbesserungen der weltweiten Nachhaltigkeit – mit besonderem Blick auf die globalen Umweltbedingungen – zu erzielen.

Grundsätzlich kann konstatiert werden, dass einige Staaten, etwa Schweden, elaborierte Agenda-21-Aktivitäten aufweisen, während andere recht nachlässig mit diesem Instrument umgehen. Auch fällt auf, dass mit diesem Instrument in Entwicklungsländern oft eher ökonomische Entwicklung stimuliert werden soll, während es in den Industrienationen primär als ökologisches Vehikel angesehen wird.

Ein weiteres, eher didaktisch orientiertes Konzept, das das Prinzip der Nachhaltigkeit sogar auf individueller Ebene zugänglich macht, ist das des **ökologischen Fußabdrucks** (*Global footprint network*, Wackernagel und Rees 1997). Der Einfluss der Lebensverhältnisse und des Konsumverhaltens auf die Umwelt wird dabei räumlich bilanziert, indem die Fläche berechnet wird, die man benötigt, um den heutigen Lebensstil auf unbegrenzte Zeit aufrecht zu erhalten. Dabei geht es um das Gebiet, das erforderlich ist, um alle konsumierte Energie und alle materiellen Ressourcen bereitzustellen und gleichzeitig den gesamten anfallenden Abfall zu absorbieren, d. h. es werden die Flächen für die Agrarproduktion (Ackerland und Weideland), für den Energiebedarf,

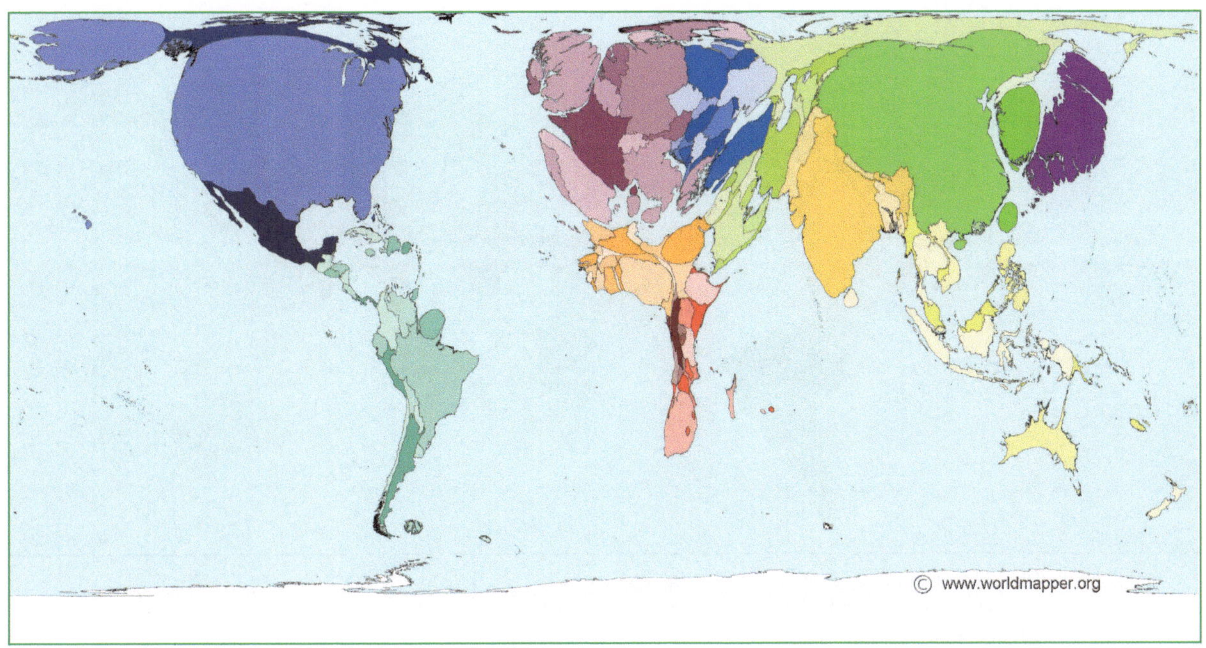

Abb. 11.1 Die Staaten der Erde dargestellt als Fläche ihres ökologischen Fußabdrucks (Quelle: http://www.worldmapper.org/display.php?selected=322).

für den Bedarf an Holzprodukten, die Meeresflächen für den Bedarf an Meeresprodukten sowie die benötigten Siedlungsflächen in die Berechnung einbezogen. Bei der Ermittlung der Fläche für den Verbrauch an fossilen Energieträgern werden die CO_2-Emissionen auf Waldflächenäquivalente umgerechnet, um eine CO_2-neutrale Lösung zu erreichen. Der ökologische Fußabdruck wird in **globalen Hektar** (gha) angegeben, einer Maßeinheit, die die unterschiedliche Produktivität verschiedener Flächen (Biokapazität) einbezieht. Diese kann von der Art der Fläche (z. B. Ackerland und Wüste) oder von regionalen Gesichtspunkten abhängen, beispielsweise ist eine Ackerfläche in Deutschland wesentlich ertragreicher als in der Sahelzone (Abb. 11.1).

Nach den auf dieser Grundlage errechneten Ergebnissen des *Global Footprint Network* (Ewing et al. 2008) hat ein Mensch einen durchschnittlichen ökologischen Fußabdruck von 2,7 ha bei einer Biokapazität von nur 2,1 ha pro Person. Damit nutzt die menschliche Bevölkerung derzeit das Äquivalent von 1,3 Erden, um ihre Bedürfnisse zu befriedigen. Das bedeutet, dass die Erde ein Jahr und vier Monate zur Regeneration des menschlichen Konsumverhaltens eines Jahres braucht. Ändern sich die globalen Trends bezüglich des Lebensstils nicht, wird die Menschheit Mitte der 2030er Jahre zwei Planeten benötigen. Noch drastischer sind die Ergebnisse, wenn man sich einzelne Staaten anschaut: Ein Deut-

scher braucht durchschnittlich 4,2 gha an Fläche, während nur 1,9 gha pro Kopf zur Verfügung stehen. Bei dem sich dadurch ergebenden ökologischen Defizit von 2,3 gha pro Person müsste Deutschland eine mehr als doppelt so große Fläche besitzen, um eine ausgeglichene Bilanz zu erreichen. In anderen Ländern sind die Defizite noch dramatischer: Ein Niederländer benötigt das Vierfache der ihm zur Verfügung stehenden Fläche, ein Spanier fast das 4,4-fache, und ein Bürger der Vereinigten Arabischen Emirate sogar fast das Neunfache. Gleichzeitig gibt es Länder, die ihre Kapazitäten bei weitem nicht ausschöpfen. Der Kongo braucht mit einem ökologischen Fußabdruck von 0,5 gha pro Kopf nur ca. 0,4 % der ihm zur Verfügung stehenden produktiven Fläche. Und da sich die Erde nicht beliebig vervielfältigen lässt, bedeutet das, dass wir derzeit zum einen über unsere Verhältnisse leben und dass es Länder gibt – wie die Industrienationen – die auf Kosten anderer Länder – v. a. der Entwicklungsländer – ihren Lebensstil ausleben (Abb. 11.2).

Das Konzept des ökologischen Fußabdrucks ist insbesondere als didaktisches Instrument von Bedeutung: Es macht die Folgen des individuellen Lebensstils konkret anschaulich, wobei es gleichzeitig durch die detaillierte und allgemein zugängliche Berechnung für jeden ersichtliche Handlungsmaßnahmen sowie deren Effektivität sichtbar macht.

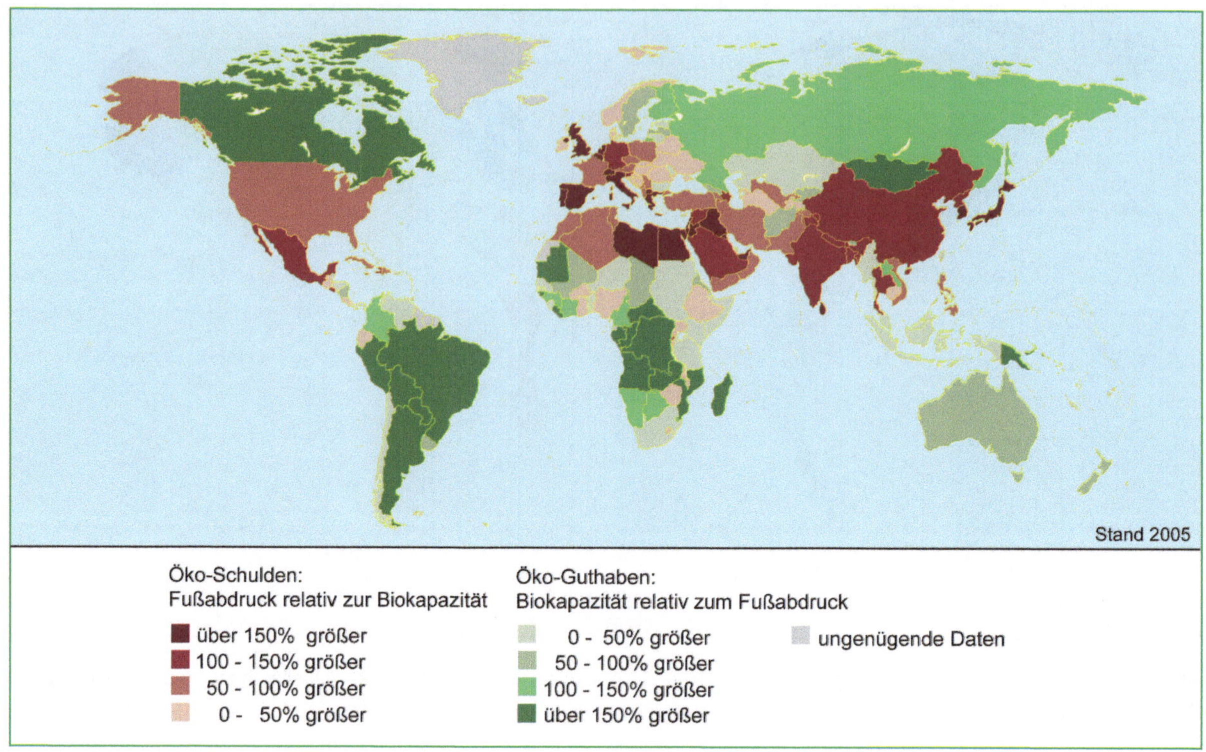

Abb. 11.2 Ökologische Schuldner- und Geberländer 2005 (Quelle: Global Footprint Network 2008).

11.2 Der Zustand unserer Umwelt – Umweltmonitoring und Umweltbilanzierung

Ziel des Umweltschutzes ist es – nicht nur im Hinblick auf die Nachhaltigkeit von Maßnahmen –, die Vorgänge in der Natur zu beobachten und in geeigneten Daten abzubilden sowie die Einhaltung von Grenzwerten zu überwachen. An zahlreichen Umweltmessstationen werden umwelt- bzw. gesundheitsschädliche Stoffe wie CO, Ozon, Stickoxide, SO_2 sowie Feinstaub gemessen (Abb. 11.3). Hinzu kommen indirekte Verfahren, etwa die Erfassung von Flechten oder anderen Pflanzen- und Tierarten, die als Bioindikatoren fungieren und deren Zustand, Verbreitung und Populationsdichte Auskunft über den Zustand der Umwelt gibt. Der jährliche Waldzustandsbericht, der früher als Waldschadensbericht publiziert wurde, kann als Beispiel genannt werden. Gegenstände solcher Untersuchungen können aber auch Biotope, Ökosysteme und selbst Landschaften sein. Laut Bundesnaturschutzgesetz sind Bund und Länder zu regelmäßigen Umweltbeobachtungen verpflichtet,

entsprechend vielfältig sind die existierenden Monitoringsysteme.

Die Einrichtung von Dauerbeobachtungsflächen und -systemen stellt beim Umweltmonitoring eine wichtige Methode dar. Als Konzept zur regelmäßigen Beobachtung der Normallandschaft in Deutschland wurde vom Statistischen Bundesamt und dem Bundesamt für Naturschutz die **Ökologische Flächenstichprobe** (ÖFS) entwickelt. Ihr primäres Augenmerk gilt weniger besonders seltenen oder besonders schützenswerten Arten als vielmehr dem Arteninventar und dessen dominierenden Strukturen. Per Stichprobenerhebung können so der Zustand und die Funktionsfähigkeit von Landschaftsausschnitten, Ökosystemen und den darin lebenden Tier- und Pflanzenarten als Indikatoren für den Gesamtzustand der Umwelt beobachtet werden. Die ÖFS ist so konzipiert, dass sie repräsentative Aussagen zum Zustand und zu Veränderungen über ca. 90% der Fläche der Bundesrepublik liefern kann. Lediglich urbane Bereiche sind von der Beobachtung ausgenommen (Dröschmeister 2001).

Neben einem Monitoring der Normallandschaft finden auch in speziellen Bereichen des Naturschutzes Umweltbeobachtungen statt. Hierzu gehören beispiels-

Abb. 11.3 Unsere Umwelt wird mittlerweile an zahlreichen Messstationen überwacht. Teilweise werden diese Werte auch der Öffentlichkeit zugänglich gemacht, wie hier am Freiburger Hauptbahnhof (Foto: R. Glaser).

weise das Vogelmonitoring oder die Überwachung der Anpflanzung von gentechnisch veränderten Organismen (Bundesamt für Naturschutz). Auch der aktuelle Zustand des Bodens und dessen Veränderungen werden auf sogenannten Bodendauerbeobachtungsflächen (BDF) regelmäßig überwacht (Stachow et al. 2004).

Neben den klassischen Messinstrumentarien werden bei Monitoringsystemen mittlerweile vor allem verschiedene Fernerkundungsverfahren und Geographische Informationssysteme eingesetzt (Kapitel 12). Diskutiert werden weiterhin Fragen nach den geeigneten Messgrößen, der räumlichen und zeitlichen Auflösung sowie der Standardisierung der verschiedenen Verfahren. Insbesondere bei Verfahren, die auf Stichprobenerhebungen basieren, ist die Forderung nach der Repräsentativität der ausgewählten Parameter wichtig, was den Einsatz von vielfältigen statistischen Verfahren nach sich zieht.

Die Ergebnisse der verschiedenen Monitoringansätze werden nachfolgend verarbeitet und auf geeignete Weise bilanziert. Ein solches Resultat bilden in Deutschland beispielsweise die **Umweltökonomischen Gesamtrechnungen** (UGR). Auf Grundlage der Erkenntnis, dass für das menschliche Wirtschaften auch ökologische Ressourcen in Anspruch genommen werden, stellen diese einen Brückenschlag zwischen einer ökonomischen und einer ökologischen Betrachtung dar, wobei Wechselbeziehungen zwischen Wirtschaft und Umwelt im Mittelpunkt stehen. Ausgehend von den Volkswirtschaftlichen Gesamtrechnungen (VGR) wird dabei neben den klassi-

Individuelle Ökobilanzen

Der ökologische Fußabdruck ist ein hervorragendes Konzept, um nachhaltiges Handeln auf individueller Ebene sichtbar zu machen. Im Internet sind zahlreiche Rechner vorhanden, mit deren Hilfe man den eigenen ökologischen Fußabdruck bestimmen kann, beispielsweise unter www.fooprint.ch oder www.latschlatsch.de. Dabei wird deutlich, welche Konsumgewohnheiten zu einer negativen Bilanz führen und welche Änderungen des persönlichen Lebensstils zu einem nachhaltigeren Handeln führen können.

Die für das Auffangen der globalen CO_2-Emissionen notwendige Fläche (*Carbon Footprint*) macht durchschnittlich die Hälfte des gesamten ökologischen Fußabdrucks aus. Daher kann eine Reduktion des Kohlendioxidausstoßes besonders stark zu einem nachhaltigeren Lebensstil beitragen. Aus diesem Grund boomen derzeit CO_2-Rechner wie beispielsweise der des Bayerischen Landesamtes für Umwelt (http://www.lfu.bayern.de/luft/fachinformationen/ co2_rechner/index.htm). Hier werden – ähnlich wie bei

„herkömmlichen" Fußabdruck-Rechnern – Daten zu Konsum, Ernährung und Reisegewohnheiten abgefragt und der entsprechende CO_2-Ausstoß errechnet.

Ebenso beliebt sind Aktionen, die einen Ausgleich der insbesondere durch Reisegewohnheiten erzeugten Kohlendioxidemissionen suggerieren (beispielsweise *Atmosfair*, www.atmosfair.de). Hier kann man die bei einer Flugreise ausgestoßenen CO_2-Äquivalente in bares Geld umrechnen lassen und die entsprechende Summe spenden. Die so erwirtschafteten Gelder werden für Klimaschutzprojekte eingesetzt. Für einen Flug von Frankfurt nach Mallorca und zurück wird beispielsweise eine Summe von 17 Euro angegeben, die nach Angaben der Organisation genügen, um die 700 kg ausgestoßenes CO_2 an anderer Stelle einzusparen. Dieser vielfach kritisierte „Ablasshandel" dient aber nicht dazu, klimaschädliches Verhalten tatsächlich zu vermeiden, sondern kann allenfalls das Gewissen nach einer Flugreise ein wenig erleichtern.

Exkurs

Informationsverluste durch Indikatoren

Es ist schwierig, den Zustand unserer Umwelt in ihrer Komplexität und Differenziertheit vollständig und gleichzeitig kompakt und verständlich wiederzugeben. Aus diesem Grund wurden in den letzten Jahren Indikatorensysteme entwickelt, um die aktuelle Situation der Umwelt in handhabbaren Werten griffig und komprimiert zum Ausdruck zu bringen (Abb. 11.4).

Die Probleme und Restriktionen hieraus ergeben sich zwangsläufig: Die Verringerung der Komplexität von Daten geht automatisch mit einer Verdichtung und Generalisierung einher, was zwangsläufig Informationsverluste nach sich zieht. Da je nach Grad der Kompression von Daten zwangsläufig Prioritäten gesetzt werden müssen, besteht bei diesem „Spiel mit Zahlen" grundsätzlich die Möglichkeit zu Fehlgewichtungen bis hin zu bewusster Manipulation. Den Extremfall an Informationsverdichtung bilden dabei hochaggregierte Indikatoren, die versuchen, mehrere komplexe Problemfelder auf einen Zahlenwert zu reduzieren wie beispielsweise der ökologische Fußabdruck. Den beschriebenen Nachteilen zum Trotz können solche Werte äußerst anschaulich und verständlich sein, was ihnen einen hohen didaktischen Wert verleiht. Indikatorensysteme wie das der nationalen Nachhaltigkeitsindikatoren sind dagegen weniger stark komprimiert, dafür allerdings wesentlich komplexer und damit der breiten Öffentlichkeit weniger zugänglich.

In den letzten Jahren wurden von den zuständigen Behörden in Deutschland zahlreiche, mehr oder weniger stark aggregierte Indikatoren entwickelt und z. T. wieder verworfen. Beispielsweise wurde Anfang der 2000er Jahre der sogenannte Deutsche Umweltindex (DUX), angelehnt an den Deutschen Aktienindex, als griffiges und medientaugliches Maß für den Zustand der Umwelt definiert, aber schon bald

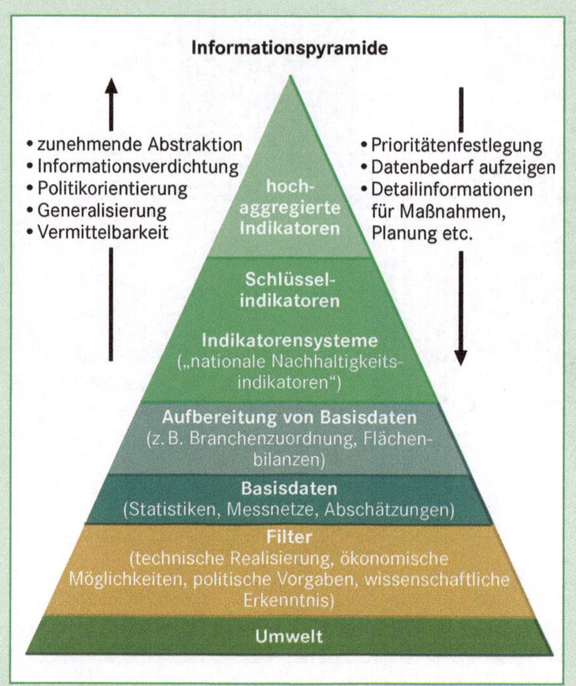

Abb. 11.4 Informationspyramide von Indikatoren (verändert nach Glaser 2007a).

wieder verworfen und durch das weniger stark komprimierte Umwelt-Kernindikatorensystem des Umweltbundesamtes (KIS) ersetzt (Glaser 2007a; Umweltbundesamt 2006).

---

schen Produktionsfaktoren Arbeit und Kapital vor allem dem Produktionsfaktor Natur Rechnung getragen.

Zum einen wird dazu die Nutzung des **Naturvermögens** bilanziert. Dazu zählen nicht nur Rohstoffe wie Energieträger, Erze oder Wasser, sondern auch Flächen, die als Standort für Produktion, Konsum und Freizeitaktivitäten dienen, sowie weitere natürliche Systeme etwa verschiedene Ökosysteme oder die Atmosphäre. Gleichzeitig wird die Umwelt als Schad- und Reststoffsenke betrachtet, was über den bei wirtschaftlichen Aktivitäten anfallenden Stoffoutput gemessen wird. Um Aussagen über die Nutzungseffizienz der natürlichen Einsatzfaktoren machen zu können, setzt man diese ins Verhältnis zur wirtschaftlichen Leistung. Als Ergebnis hat die gesamtwirtschaftliche Umweltproduktivität, also die gesamtwirtschaftliche Leistung (Bruttoinlandsprodukt) im Verhältnis zu den eingesetzten Elementen des

Naturvermögens, zwischen 1995 und 2007 zugenommen, wobei sich der Trend nach einer starken Zunahme Ende der 1990er Jahre zu Beginn der ersten Dekade des neuen Jahrtausends verlangsamt. Insbesondere bei der Abgabe von Luftschadstoffen und Treibhausgasen, aber auch beim Wasserverbrauch hat sich die Produktivität stark erhöht, während beim Einsatz von Flächen kaum Verbesserungen zu verzeichnen sind. Insgesamt stellen die umweltökonomischen Gesamtrechnungen einen wesentlichen Beitrag zur Bilanzierung und Budgetierung der Umwelt dar. Sie bringen ökonomische Motive in die Umweltschutzdiskussion ein, indem sie die etablierten Volkswirtschaftlichen Gesamtrechnungen mit Überlegungen zur Effektivität von Umweltschutzmaßnahmen anreichern. Allerdings beziehen sich die Aussagen oft nur auf geschätzte Werte, was die Aussagekraft mitunter erheblich verringert. Es zeigt sich aber, dass in

Phasen der Hochkonjunktur auch die Umwelt stärker unter Druck gerät und erst in wirtschaftlich schwachen Zeiten der Umwelt eine Atempause gegönnt wird. Dies ist bei der derzeitigen Finanzkrise ebenso zu spüren, wie es bei den Umstrukturierungsprozessen in der DDR und in den ehemaligen osteuropäischen Staaten des Warschauer Paktes der Fall war. Und selbst aus dem All kann man heute anhand der Stickoxidemissionen nachvollziehen, wie sich die Hot Spots von Nordamerika und Europa in den 1990er Jahren nach China verschoben haben (Dech et al. 2008). Auch hierbei spielen wirtschaftliche Umstrukturierungen, sowie technologische Verbesserungen und härtere Umweltschutzauflagen eine Rolle.

Monitoringansätze bilden also die Grundlage, um den Zustand der Umwelt regelmäßig zu erfassen und durch aussagekräftige, allgemein verständliche Indikatoren auszudrücken. Das Spiel mit den Zahlen hängt dabei sowohl von wissenschaftlichem Kenntnisstand und messtechnischen Möglichkeiten als auch von ökonomischen Gesichtspunkten und politischen Prioritätensetzungen ab. Die letztlich notwendige, aber oft nicht mehr für jeden nachvollziehbare Komprimierung und Generalisierung von Informationen in Form von Indikatoren birgt dabei Möglichkeiten zu falscher Prioritätensetzung und Fehlinterpretation, bis hin zu bewusster oder unbewusster Manipulation von Daten. Trotz dieser Nachteile haben Indikatoren weiterhin Konjunktur.

11.3 Umwelt- und Naturschutz in Deutschland

Die frühesten Bestrebungen zu Umwelt- und Naturschutz in Deutschland gehen bereits auf eine durch die Industrialisierung im Kaiserreich verursachte Großstadtfeindlichkeit zurück. Die schlechten hygienischen Verhältnisse in gründerzeitlichen Wohngebieten sowie die starke Verschmutzung von Wasser und Luft durch die damals noch nicht mit Rußfiltern oder ähnlichem ausgestatteten Industrieanlagen führten zu einer Wertschätzung der Natur als Gegenentwurf zur lebensfeindlichen Großstadt. Diese Entwicklungen führten bereits um 1900 zur Gründung der ersten Naturschutzverbände wie beispielsweise dem Deutschen Bund für Vogelschutz. Zusammengefasst wird dies häufig als „erste Phase der Umweltbewegung". Während in der Weimarer Republik und zur Zeit des Nationalsozialismus die Natur als Erholungsgebiet zur Erhaltung der Volksgesundheit durchaus einen hohen Stellenwert genoss, allerdings in die unsägliche „Blut und Boden"-Ideologie eingebunden war, standen in der Nachkriegszeit der

gesellschaftliche und wirtschaftliche Wiederaufbau an erster Stelle, so dass dem Umwelt- und Naturschutz in den 1950er und 1960er Jahren nur geringe Beachtung geschenkt wurde. In jedem Ort vorhandene, nicht abgedichtete Müllkippen, Luftverschmutzung durch Industrie- und Autoabgase sowie nicht gereinigte Abwassereinleitungen in Flüsse waren die Folgen der Wirtschaftswunderjahre, aber auch der Planwirtschaft des Ostens. Der komplexe Wirkungsrahmen aus gesellschaftlicher Entwicklung, den dabei zum Ausdruck gekommenen Werthaltungen und den daraus resultieren Umweltschäden, die sich an einer Vielzahl von Parametern festmachen lassen, wird als „1950er-Jahre-Syndrom" bezeichnet (Glaser und Gebhardt 2007).

Erst um 1970, als die Verschmutzung von Luft und Gewässern ihren Höhepunkt erreicht hatte, begann ein Umdenken in Politik und Gesellschaft in beiden Teilen Deutschlands – wenn auch mit unterschiedlicher Intention und politischer Dimension. Man spricht in diesem Zusammenhang von der „zweiten Phase der Umweltschutzbewegung". Erste Umweltschutzprogramme wurden erlassen, um die Belastungen durch Lärm, Verkehr, Luft- und Wasserverschmutzung zu bekämpfen. Während der Umwelt- und Naturschutz anfangs noch auf einen breiten Rückhalt in der Bevölkerung basierte, fand ab Mitte der 1970er Jahre eine starke Polarisierung in der Gesellschaft statt: Umweltschutzziele standen dem ökonomischen Ziel entgegen, Deutschlands Konkurrenzfähigkeit auf dem Weltmarkt zu etablieren und auszubauen. Durch Schreckensszenarien wie die 1972 im Bericht des *Club of Rome* veröffentlichten „Grenzen des Wachstums" und durch Ereignisse wie die Ölkrise 1973 wurde die ohnehin schon kontroverse Diskussion weiter angefacht. Der so polarisierte Konflikt „Ökonomie versus Ökologie" eskalierte in der Folge immer öfter, insbesondere bei Bürgerprotesten gegen den Bau von Atomanlagen. Immer mehr Bürgerinitiativen bildeten sich und konnten mitunter handfeste Ergebnisse vorweisen. So konnte 1975 durch die andauernde Besetzung des Bauplatzes für das Atomkraftwerk in Wyhl am Kaiserstuhl dessen Bau verhindert werden. Aus dieser und anderen Auseinandersetzungen wie die um Brokdorf, das Atommüllendlager in Gorleben oder die Wiederaufarbeitungslage in Wackersdorf ging letztendlich Anti-Atomkraftbewegung als Teil der Umweltbewegung in Deutschland hervor (Linse 1988; Brand 1997: Gebhardt und Glaser 2007).

In den 1980er Jahren verloren die verschiedenen Bürgerbewegungen an Radikalität und gliederten sich – auch mit dem Einzug der Grünen in den Bundestag – zunehmend in den politischen Diskurs in Deutschland ein. Themen wie Verkehrs- und Lärmbelastung sowie Luft- und Wasserverschmutzung wurden nun zuneh-

Abb. 11.5 Titelbilder zu Umweltproblemen in Deutschland: Spiegel 47 / 1981, 33 / 1986, 49 / 1987 und 44 / 1991 (aus Gebhardt et al. 2007).

mend von weitreicherenen und teilweise auch global bedeutenderen Themen wie Klimawandel oder Ozonproblematik abgelöst (Abb. 11.5 und Tabelle 11.2). Katastrophenereignisse wie das Reaktorunglück von Tschernobyl 1986, aber auch der Chemieunfall von Sandoz im gleichen Jahr hielten die Diskussion über Umweltschutz am Leben. In der Folge gewannen globa-

lere Betrachtungsweisen immer stärkere Bedeutung, das Leitbild der Nachhaltigkeit hielt Einzug in deutsche Umweltpolitik. Die aktuelle Diskussion wird nach wie vor vom Klimawandel bestimmt, wobei zunehmend die Mitigation und die Auswirkungen thematisiert werden. Daneben tritt die Biodiversität. Artenschwund und die weiter voranschreitende Zerschneidung und Versiegelung der Landschaft stehen nach wie vor weit oben auf der Agenda, ebenso invasive Arten und deren Folgen. Auch die Verfügbarkeit von Wasser und in diesem Zusammenhang die Frage nach der moralischen Wertung und v. a. realen Bilanzierung des virtuellen Wassers nehmen immer stärker Kontur an. Der schlechte Zustand der Meere mit der Ausbildung sogenannter *dead-zones*, das sind Sauerstoff- und damit lebensfreie Bereiche in der Ostsee, sowie das Problem der Überfischung sind ebenso angesagt, wie die Frage nach den Entwicklungen der Hochgebirge und Feuchtgebiete (Wirsching 2006; Glaser und Gebhardt 2007; Weder 2003; Brand 1997).

Auch wenn ein Großteil der Bevölkerung der Überzeugung ist, Umweltschutz sei wichtig und sich hierzulande viele Umweltorganisationen für die Belange der Umwelt quasi *bottom-up* stark machen, den durchgreifendsten Ansatz bieten letztlich verbindliche rechtliche Regelungen.

Grundlage für den Umwelt- und Naturschutz in Deutschland ist das Bundesnaturschutzgesetz (BNatSchG). Neben allgemeinen Regeln werden darin insbesondere Regelungen zum Arten- und zum Flächenschutz getroffen. Letzterer soll hauptsächlich durch die Ausweisung von Schutzgebieten erreicht werden. **Naturschutzgebiete** (NSG) bilden die Basiseinheit des Flächenschutzes in Deutschland. Flächen, die in solchen Gebieten liegen, sind am umfassendsten und strengsten geschützt. Sie enthalten Pflanzen- oder Tierarten, die

Tabelle 11.2 Typische Planungs- und Umweltkonflikte der 1980er Jahre in der Bundesrepublik Deutschland (nach Gebhardt et al. 2007).

	Waldsterben und saurer Regen
	Gewässerverschmutzung („Umkippen" von Flüssen und Seen, Dünnsäureverklappung und Giftmüllverbrennung auf dem Meer)
	Luftverschmutzung (CO_2-Ausstoß, Ozonloch)
	Konflikte um Anlagen zur Nutzung der Kernenergie
	Konflikte um großflächige Verkehrseinrichtungen (Autobahnausbau, Auf- und Ausbau von Großflughäfen)
	Konflikte um kommunale und regionale Entsorgungseinrichtungen (Sondermülldeponien, Müllverbrennungsanlagen)
	Konflikte um großflächigen Bergbau (Tagebau in den Braunkohlerevieren)
	Konflikte um die Stationierung sensibler Waffensysteme („*Cruise Missiles*" und „Marschflugkörpern" auf amerikanischen Stützpunkten in der Bundesrepublik)

Abb. 11.6 Torfabbau im Naturschutzgebiet. Immer wieder trifft man auf derartige Widersprüche. Oft sind es von außen schwierig zu verstehende Aushandlungsprozesse, wenn bestimmte Nutzungen wie hier der langfristig geregelte Torfabbau noch zugelassen werden, bevor „Renaturierungsmaßnahmen" eingeleitet werden. Die Diskussion um Kulturlandschaften und pflegerische Begleitmaßnahmen um einen bestimmten Zustand zu erhalten, zählen ebenfalls dazu (Foto: R. Glaser).

„aus ökologischen, wissenschaftlichen, naturgeschichtlichen oder landeskundlichen Gründen und wegen ihrer Seltenheit, besonderen Eigenart oder hervorragenden Schönheit" unter Schutz gestellt werden sollen (§ 23 BNatSchG). Falls diese Gebiete ihre Schutzwürdigkeit durch historische Bewirtschaftungsformen erhalten haben, soll die Kultivierung so fortgeführt werden, dass die Arten erhalten bleiben (Abb. 11.6). Um Einflüsse von außen gering zu halten, werden die umliegenden Bereiche in der Regel als Landschaftsschutzgebiete ausgewiesen. Obwohl Naturschutzgebiete der Allgemeinheit zugänglich gemacht werden können, falls dies die vorhandenen Tier- und Pflanzenarten dadurch nicht beeinträchtigt, sind sämtliche Handlungen verboten, die dem Schutzzweck zuwider laufen. In Deutschland gibt es 8 125 Naturschutzgebiete mit einer Gesamtfläche von 1 240 345 ha (Umweltdaten des Umweltbundesamtes, Stand 31.12.2007).

Erfüllt ein großräumiges Gebiet in seinem überwiegenden Teil die Kriterien eines Naturschutzgebiets und befindet sich gleichzeitig in einem anthropogen weitgehend unbeeinflussten Zustand, so kann es zum **Nationalpark** erklärt werden. Dies ist ebenso möglich, wenn es in einen durch den Menschen weitgehend ungestörten Zustand entwickelt werden kann. Ziel ist es, „einen möglichst ungestörten Ablauf der Naturvorgänge in ihrer natürlichen Dynamik" zu gewährleisten (§ 24 BNatSchG). Dabei ist der Zugang aus wissenschaftlichen Zwecken sowie zur Bildung und Erholung der Bevölkerung erlaubt, wenn die Natur dadurch nicht beeinträchtigt wird. Um Konflikte zwischen den verschiedenen Nutzungsmotiven und Schutzbedürfnissen weitgehend zu vermeiden, sind Nationalparks in verschiedene Zonen gegliedert, die ein unterschiedliches Maß an menschlicher Nutzung erlauben: In der Kernzone gelten die strengsten Schutzvorschriften, in der Entwicklungszone sind lenkende Eingriffe gestattet, in der Erholungszone dürfen auch kleinflächige Pflegemaßnahmen getätigt werden. Allerdings existieren darüber keine national verbindlichen Kriterien, so dass sich die Zonierungskonzepte der Nationalparks oft erheblich unterscheiden.

Um eine internationale Vergleichbarkeit der Schutzkategorien in verschiedenen Ländern zu schaffen, hat die IUCN (*International Union for the Conservation of Nature*) Richtlinien und entsprechende Kategorien für die Ausweisung von Schutzgebieten und insbesondere von Nationalparks festgelegt. Danach ist ein Nationalpark (Schutzkategorie II) ein Gebiet, das hauptsächlich zum Schutz von Ökosystemen und zu Erholungszwecken genutzt wird. Mindestens 75% der Fläche sollen sich dabei in einem naturnahen Zustand befinden (IUCN 2008). Die 14 deutschen Nationalparks erfüllen diese Kriterien bisher nur zum Teil. Ziel ist es, innerhalb der nächsten 20–30 Jahre alle Nationalparks so zu entwickeln, dass sie die IUCN-Kriterien erfüllen (Umweltdaten des Umweltbundesamtes; Bundesamt für Naturschutz).

Der deutsche Nationalpark Bayerischer Wald ist in seiner Entwicklung gemäß den internationalen Kriterien am weitesten fortgeschritten. Hier zeigt sich allerdings, zu welchen Kontroversen das konsequente Vermeiden anthropogener Eingriffe führen kann. Die großen Verwüstungen in den Wäldern, die durch schwere Stürme Anfang der 1980er Jahre verursacht wurden, hat man nicht beseitigt, sondern ohne anthropogene Eingriffe einer natürlichen Weiterentwicklung überlassen. Die geworfenen Fichten bildeten in der Folge ein ideales Brutraumangebot für den Borkenkäfer, so dass es ins-

Abb. 11.7 Blick vom Lusen im Nationalpark Bayerischer Wald über die von Borkenkäfer geprägten Bestände (Foto C. Hauter).

besondere in den Hochlagen zu einem großräumigen Absterben der Fichtenwälder kam (Abb. 11.7). Diese Maßnahme wurde in der Folge heftig diskutiert, da sie dem allgemeinen Vernehmen nach nicht zu einer Verbesserung des Ökosystems beitrug (Glaser 2007; Bordon et al. 2000).

Bei **Biosphärereservaten** steht die Erhaltung von historisch gewachsenen Kulturlandschaften mit ihrer durch die langjährige, vielfältige Nutzung bedingten Arten- und Biotopvielfalt im Vordergrund. Sie sollen neben dem Schutz von Arten in Naturschutzgebieten der „Entwicklung und Erprobung von die Naturgüter besonders schonenden Wirtschaftsweisen dienen" (§ 25 BNatSchG). Es geht also nicht um den Schutz und die Erforschung der Natur, sondern um das – möglichst ausgeglichene – Verhältnis zwischen Mensch und Natur. Biosphärereservate sind daher besonders geeignet, um nachhaltige Landnutzungskonzepte sowie regionale Vermarktungsstrukturen für nachhaltig erzeugte Produkte zu etablieren und so für einen Erhalt der Kulturlandschaft zu sorgen.

Auch die Kriterien für die Ausweisung von Biosphärereservaten sind sowohl durch die nationale Gesetzgebung als auch durch internationale Kriterien, in diesem Fall durch das *Man and Biosphere*-Programm der UNESCO, geregelt (UNESCO 1996). Ebenso sind sie – ähnlich wie Nationalparks – in Zonen verschiedener Nutzung gegliedert. In Deutschland sind 16 Biosphärenreservate mit einer Fläche von 1 873 911 ha ausgewiesen, wovon bisher 15 von der Unesco anerkannt sind (Bundesamt für Naturschutz). Weltweit gibt es 553 Biosphärenreservate, wobei die USA mit 47 das Land mit der größten Anzahl ausgewiesener Gebiete ist (UNESCO 2009).

Landschaftsschutzgebiete (LSG) stellen im Vergleich zu den bisher genannten eine weniger strenge Schutzkategorie dar. Hier ist die Nutzung nicht so stark eingeschränkt, sogar eine wirtschaftliche Nutzung ist erlaubt, soweit sie mit dem Schutzzweck vereinbar ist. Geschützt werden zum einen Gebiete, deren Naturhaushalt erhalten werden soll, zum anderen aber auch Gebiete, in denen die natürliche Leistungsfähigkeit nach jahrelanger anthropogener Nutzung wieder hergestellt werden soll. Dies können zum Beispiel Rekultivierungsareale, Abbaugebiete und Halden sein. Landschaftsschutzgebiete stellen oft Erholungsflächen dar, sie liegen aber häufig auch in der Nachbarschaft von Naturschutzgebieten, um Randeinflüsse von diesen fernzuhalten (Glaser 2007b; § 26 BNatSchG). Da es ein weites Spektrum von Gründen gibt, um Landschaftsgebiete auszuweisen, besitzen sie den größten Flächenanteil aller Schutzkategorien: Es gibt 7 239 Landschaftsschutzgebiete mit einer Gesamtfläche von ca. 9,9 Mio. ha, was ca. 28 % der Fläche Deutschlands entspricht (Umweltdaten des Umweltbundesamtes).

Auch **Naturparks** findet man in Deutschland häufig: Die bisher ausgewiesenen 99 Naturparks bedecken mit einer Gesamtfläche von über 9,1 Mio. ha etwa 25,5 % der Landesfläche Deutschlands (Umweltdaten des Umweltbundesamtes) (Abb. 11.8). In ihnen sollen besonders attraktiv erscheinende Landschaften geschützt und für einen nachhaltigen Tourismus zugänglich gemacht werden. Angestrebt wird eine dauerhaft umweltgerechte Nutzung, verbunden mit einer nachhaltigen Regionalentwicklung (§ 27 BNatSchG; Glaser 2007). Ihnen wird aufgrund ihrer einseitigen Ausrichtung auf eine Freizeitinfrastruktur oft vorgeworfen, eine Mogelpackung in Sachen Umweltschutz zu sein. Auch Verstöße gegen den

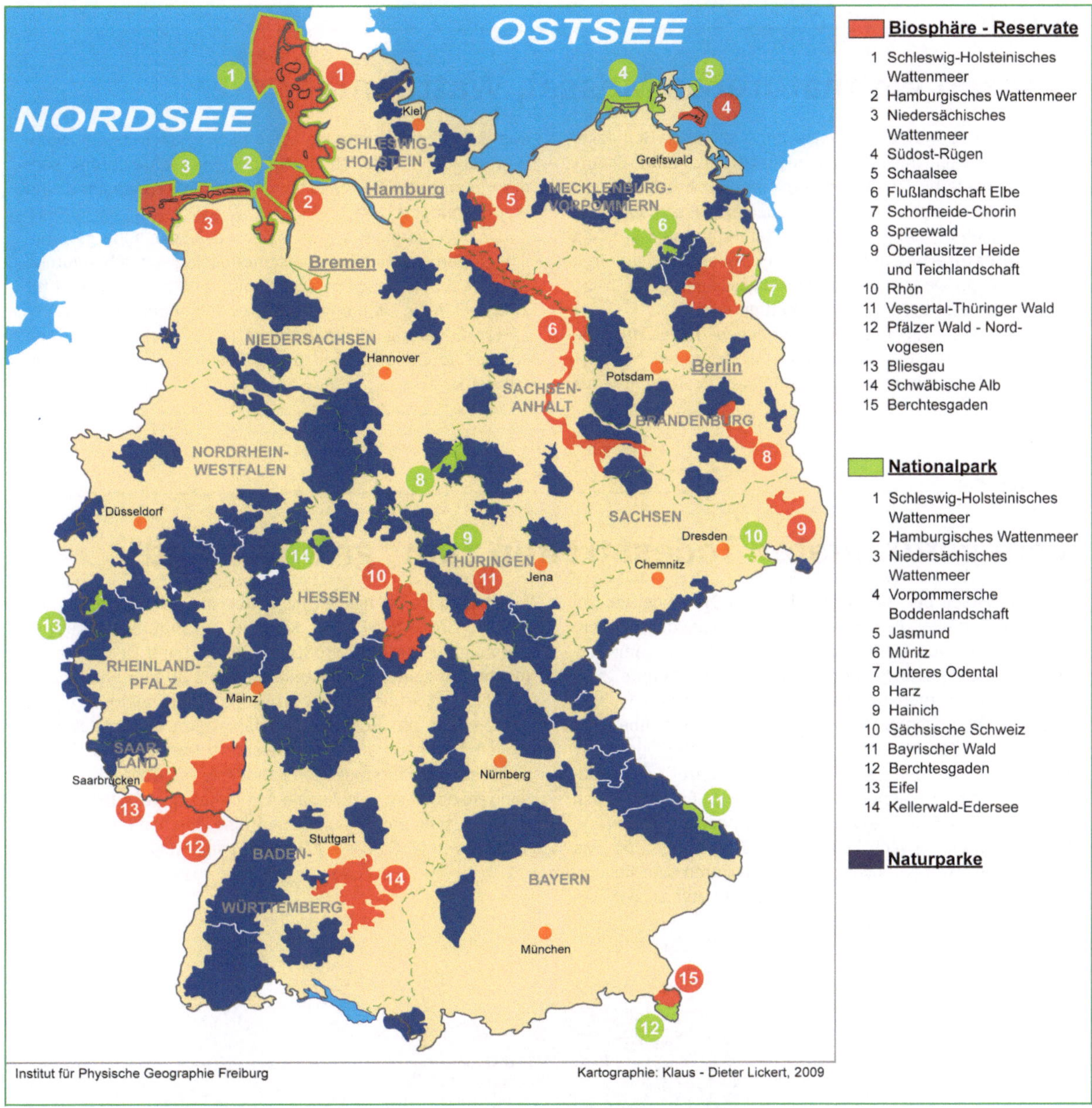

Abb. 11.8 Ausgewählte Schutzgebietskategorien in Deutschland. Dargestellt sind die flächenhaften Typen, denen aber ein unterschiedlicher ökologischer Wert beigemessen werden muss. Naturschutzgebiete sind zur besseren Übersichtlichkeit nicht dargestellt (nach Glaser 2007b).

Naturschutz werden hier weniger stark geahndet als in den Gebieten der strengeren Kategorien.

Neben diesen geschützten Flächen existieren Regelungen zum Schutz von besonderen Einzelobjekten. Dies können sogenannte **Naturdenkmäler** wie Felsen, Höhlen oder Wasserfälle sein, aber auch kleinere **geschützte Landschaftsbestandteile** wie Alleen oder Hecken.

Um nicht nur einzelne Flächen, sondern vernetzte Areale über Ländergrenzen hinweg zu schützen, wurde basierend auf dem „Übereinkommen über die biologische Vielfalt" der Rio-Konferenz 1992 das **Natura-2000-Netz** ins Leben gerufen. In einem zusammenhängenden europaweiten Netz sollen hier bedeutsame Lebensräume für seltene Tier- und Pflanzenarten geschützt werden. Hintergedanke ist neben dem europaweit einheitlichen

Unesco Weltnaturerbe Messel, Wattenmeer

Zu der Vielfalt an nationalen und internationalen Schutzkategorien gesellt sich auch das von der UNESCO unter Schutz gestellte Welterbe. Zusätzlich zum wesentlich bekannteren Weltkulturerbe stellt die UNESCO auch ästhetisch oder wissenschaftlich besonders wertvolle Naturstätten im Rahmen des **Weltnaturerbes** unter Schutz. In Deutschland gehören hierzu die bei Darmstadt gelegene Fossillagerstätte Grube Messel sowie seit Juni 2009 das Wattenmeer.

Wo früher im Tagebau Ölschiefer abgebaut wurden, tummeln sich heute in der Grube Messel die Touristen. Mit über 40 000 Funden, darunter dem berühmten Urpferdchen aus dem Eozän, ermöglicht sie einen Blick in die früheste Evolution der Säugetiere. Nicht nur der Fossilienreichtum, sondern auch der außerordentlich gute Erhaltungszustand sind hier besonders.

Das Wattenmeer wurde aufgrund seiner außergewöhnlich großen Artenvielfalt und seiner ökologischen Bedeutung als gezeitenabhängiges Feuchtbiotop und als Rastgebiet für Zugvögel in die Liste des Welterbes aufgenommen.

Die Erklärung zur Welterbestätte der UNESCO hat eine enorme touristische Bedeutung (Deutsche UNESCO-Kommission).

Vom gefürchteten Todesstreifen zum „grünen Band"

Von der Ostsee bei Travemünde bis zum Dreiländereck bei Hof zieht sich über 1 393 km Länge ein nahezu durchgehendes Band wertvollster Biotope. Wo fast 40 Jahre lang Stacheldraht und Grenzpatrouillen herrschten, konnte sich ungeachtet der menschlichen Tragödien die Natur weitgehend frei und ungestört entfalten. Hier finden sich über 600 geschützte Arten in den verschiedensten Biotoptypen. Der Streifen ist durch einen vielseitigen Wechsel von Waldgebieten und Offenlandbereichen geprägt. Es finden sich Gewässer und Feuchtgebiete mit verlandenden Seen und Niedermooren, abwechslungsreiche Grünlandbiotope wie Magerrasen, Zwergstrauchheiden, Altgrasfluren oder Feucht- und Nasswiesen sowie nur wenig forstwirtschaftlich genutzte Wälder (Abb. 11.9).

Besonders ist hierbei nicht nur die der Artenreichtum und die Größe der Fläche, sondern ihre durchgehende Verzahnung, die sie zum größten Biotopverbund Deutschlands macht. Mit seiner mittlerweile mehr als 50 Jahre andauernden Nutzungsruhe ist das grüne Band ein hervorragendes Beispiel für die Regenerationsfähigkeit der mitteleuropäischen Natur. Gefahren für diesen grünen Korridor in der sonst so stark zerstückelten Landschaft ergeben sich insbesondere durch das oft illegale Ausgreifen der Landwirtschaft in die geschützten Flächen und eine Zerschneidung durch Verkehrswege (Glaser 2007b, Schlumprecht et al. 2002).

Abb. 11.9 Das grüne Band (Foto: R. Glaser).

Schutz auch die Minderung der Chance für einzelne Mitgliedsstaaten, durch weniger strenge Umweltschutzrichtlinien wirtschaftliche Wettbewerbsvorteile zu erlangen. In Deutschland sind in diesem Rahmen 5 101 Schutzgebiete auf über 7 Mio. ha ausgewiesen. Die Fauna-Flora-Habitat- sowie die Vogelschutzrichtlinie bilden die rechtliche Basis. Das Natur-2000-Netz existiert unabhängig von den sonstigen nationalen Schutzgebietszuweisungen. Auch hier sind die Bundesländer für die Festlegung von Gebieten zuständig, die dann an die Bundesregierung gemeldet und letztendlich an die Europäische Kommission weitergeleitet werden, die dann die endgültige Auswahl trifft. Natura 2000 ist zwar im Bundesnaturschutzgesetz verankert, stellt aber keine eigene Schutzkategorie dar. Die entsprechenden Gebiete müssen daher im Rahmen der nationalen Kategorien unter Schutz gestellt werden (BfN und BMU 2008; Glaser 2007).

Insgesamt ermöglichen es die im BNatSchG festgelegten Richtlinien, ein breites Spektrum von Gebieten nach vielfältigen Kriterien unter verschieden strenge Formen von Schutz zu stellen. Geschützt werden die weitgehend unberührte Natur oder auch historisch gewachsene Kulturlandschaften. Allerdings wird diese Vielfalt an Kategorien von Kritikern oft als unübersichtlich angesehen. Auch aus diesem Grund trifft der Naturschutz nicht immer auf eine breite Akzeptanz in der Öffentlichkeit. Insbesondere wenn der Naturschutz viel Geld verschlingt, da beispielsweise zur Erhaltung von Kulturlandschaften oft kostenintensive Pflegemaßnahmen notwendig sind, oder wenn das Landschaftsbild unter ästhetischen Gesichtspunkten beeinträchtigt wird, sieht sich der Umweltschutz oft mit einer großen Skepsis konfrontiert. Der insbesondere im Rahmen von Natura 2000 geforderten Vernetzung steht oft eine Zerschneidung der nach Ansicht mancher Kritiker ohnehin schon viel zu klein bemessenen Gebiete gegenüber.

In den Umweltschutzbestrebungen in Deutschland ist erkennbar, dass das Leitbild der Nachhaltigkeit in seinen unterschiedlichen Facetten immer stärker Einzug gefunden hat. Dennoch flammt der alte Konflikt Ökonomie versus Ökologie bei vielen politischen Entscheidungen immer wieder auf.

Zum Weiterdenken

1. Welche Schutzkategorien gibt es in Deutschland und wie unterscheiden sich diese?

2. Was sind die Vor- und Nachteile von Umweltindikatoren?

3. Was ist der ökologische Fußabdruck und was wird mit ihm zum Ausdruck gebracht?

4. Welche umweltbezogenen Diskurse wurden in den letzten Jahren in Deutschland geführt?

Literatur

Bayerisches Landesamt für Umwelt (2008): Der ökologische Fußabdruck. Augsburg.

Bordon D et al. (2000) Vegetations- und Totholzklassifizierung im Nationalpark Bayerischer Wald anhand von IRS-1C Daten. In: Petermanns Geographische Mitteilungen 144(3), 18–25.

Brand K-W, Eder K, Poferl A (Hrsg.) (1997) Ökologische Kommunikation in Deutschland. Opladen.

Brundtland GH et al. (Hrsg.) (1987) Unsere gemeinsame Zukunft. Greven.

Bundesamt für Naturschutz und Bundesministerium für Umwelt, Naturschutz und Reaktorsicherheit (2008) Natura 2000 in Deutschland. Bonn-Bad Godesberg.

Bundesministerium für Umwelt, Naturschutz und Reaktorsicherheit (Hrsg.) (1997) Agenda 21. Konferenz der Vereinten Nationen für Umwelt und Entwicklung im Juni 1992 in Rio de Janeiro. Original Dokument in deutscher Übersetzung. http://www.agenda21-treffpunkt.de/archiv/ag21dok/index.htm

Bürger K Dröschmeister R (2001) Naturschutzorientierte Umweltbobachtung in Deutschland: ein Überblick. In: Natur und Landschaft 76(2), 49–57.

Diefenbacher H et al. (2004) Indikatoren nachhaltiger Entwicklung in Deutschland – Ein alternatives Indikatorensystem zur nationalen Nachhaltigkeitstrategie. Heidelberg.

Deutsche Umwelthilfe (Hrsg.) (2004) Indikatoren-Set „Zukunftsfähige Kommune". Handlungsanleitung. Radolfzell.

Dröschmeister R (2001) Bundesweites Naturschutzmonitoring in der „Normallandschaft" mit der Ökologischen Flächenstichprobe. Natur und Landschaft 76, 58–69.

Ewing B et al. (2008) The Ecological Footprint Atlas. Oakland.

Gebhardt H et al. (2007) Räumliche Maßstäbe und Gliederungen – von global bis lokal. In: Gebhardt H et al. (Hrsg.) (2007) Geographie – Physische Geographie und Humangeographie. Heidelberg, 1–28.

Glaser R (2007a) Umwelt in Perspektive: Umweltbilanzierungen, Indikatoren- und Monitoringsysteme. In: Gebhardt et al. (Hrsg.) (2007) Geographie – Physische Geographie und Humangeographie. Heidelberg, 524–531.

Glaser R (2007b) Schutzraum Umwelt. In: Glaser R. et al. (2007) Geographie Deutschlands. Darmstadt, 223–232.

Glaser R, Gebhardt H (2007) Umweltplanung, Umweltmanagement und ökologische Kommunikation. In: Glaser R. et al. (2007): Geographie Deutschlands. Darmstadt, 243–258.

Global Footprint Network 2008. National Footprint Accounts, 2008 Edition. Available at www.footprintnetwork.org.

IUCN (2008) Defining Protected Areas. An international conference in Almeria, Spain, May 2007. Edited by Nigel Dudley and Sue Stolton. Gland.

Linse U et al. (Hrsg.) (1988) Von der Bittschrift zur Platzbesetzung. Konflikte um technische Großprojekte. Laufenburg, Walchensee, Wyhl, Wackersdorf. Berlin, Bonn.

Nurick R, Johnson V (1998) Towards community based indicators for monitoring quality of life and the impact of industry in south Durban. Environment and Urbanization 10(1), 233–250.

Presse- und Informationsamt der Bundesregierung (2008) Fortschrittsbericht 2008 zur nationalen Nachhaltigkeitsstrategie. Für ein nachhaltiges Deutschland. Berlin.

Schlumprecht H et al. (2002) E+E-Vorhaben „Bestandsaufnahme Grünes Band 1", Natur und Landschaft 77(9/10), 179–192.

Stachow U et al. (2004) Analyse der landwirtschaftlichen Nutzung und ihrer Entwicklungsoptionen in Brandenburg als Grundlage von Konzepten für anbaubegleitendes Monitoring – Entwicklung von Monitoringkonzepten in Beziehung zu regionalspezifischen Wechselwirkungen zwischen agronomischen, ökologischen und betrieblichen Parametern am Beispiel ausgewählter Agrarlandschaften Brandenburgs. Abschlussbericht. Leibniz-Zentrum für Agrarlandschaftsforschung e.v. (ZALF). Müncheberg.

Statistisches Bundesamt (Hrsg.) (2008) Nachhaltige Entwicklung in Deutschland. Indikatorenbericht 2008. Wiesbaden.

Umweltbundesamt (Hrsg.) (2006) Umweltinformationen auf einen Blick – das Umwelt-Kernindikatorensystem des Umweltbundesamtes. Presse-Information 14/2006. Dessau.

UNESCO (Hrsg.) (1996) Biosphärenreservate. Die Sevilla-Strategie und die internationalen Leitlinien für das Weltnetz. Bonn.

UNESCO (Hrsg.) (2009) Biosphere Reserves World Network. Paris.

United Nations (2007) Indicators of Sustainable Development: Guidelines and Methodologies. 3. Aufl. New York.

Wackernagel M, Rees W (1997) Unser ökologischer Fußabdruck: wie der Mensch Einfluß auf die Umwelt nimmt. Basel.

Weder DJ (2003) Umwelt. Bedrohung und Bewahrung. Bonn.

Wirsching A (2006) Abschied vom Provisorium. 1982–1990. Geschichte der Bundesrepublik Deutschland. Kapitel Gebrochenes Fortschrittsbewusstsein und politischer Protest. München.

World Wide Fund For Nature (Hrsg.) (2008) Living Planet Report 2008. Deutschsprachige Version. Glan.

Global Footprint Network: http://www.footprintnetwork.org/

Bundesamt für Naturschutz: http://www.bfn.de

Umweltdaten des Umweltbundesamtes: http://www.umweltbundesamt-umwelt-deutschland.de/umweltdaten/

ICLEI: http://www.iclei.org/

Deutsche Unesco-Kommission: http://www.unesco.de/welterbe.html?&L=0

http://www.worldmapper.org/copyright.html

Wissenschaft braucht Handwerk – Arbeitsmethoden

12

Die Geographie als Fachdisziplin an der Schnittstelle von Naturwissenschaften und Gesellschaftswissenschaften ist auf die Anwendung eines breiten methodischen Spektrums angewiesen. Die Nutzung und Erstellung analoger und digitaler Karten, die Analyse raumbezogener Daten mit Geographischen Informationssystemen sowie die Anwendung statistischer Verfahren sind Fertigkeiten, die alle Geographinnen und Geographen beherrschen müssen. Eine Spezialisierung in der Physischen Geographie, die, dem Forschungsgegenstand entsprechend, stärker an den Naturwissenschaften ausgerichtet ist, erfordert eine grundlegende Kenntnis aktueller Messverfahren und Forschungstechniken der gesamten Physischen Geographie und der einschlägigen Nachbardisziplinen. Darüber hinaus sollten in mindestens einem methodischen Bereich vertiefte Fertigkeiten aufgebaut werden. Im Rahmen einer Einführung kann die methodische Vielfalt nicht annähernd behandelt werden, daher spricht dieses Kapitel für ausgewählte methodische Aspekte einige Grundtatsachen an.

12.1 Feld- und Labormethoden

Je nach Fragestellung sind spezielle Feldmethoden einzusetzen und anzupassen. In der Vorbereitung der Feldarbeiten lassen sich viele Übersichtsdaten bereits aus thematischen und topographischen Karten, die in der Regel als Kartengrundlage bei der Kartierung im Gelände dienen, oder von Dauermessstationen wie Wetterstationen und Abflusspegeln gewinnen. Im Feld werden mit geomorphologischen Methoden die Formen und Prozesse erfasst, Laborarbeiten dienen der Analyse spezieller Materialeigenschaften (Herget 2007).

Dem **Relief** kommt eine besondere Bedeutung bei der geographischen Feldaufnahme zu, daher wird in dieser kurzen Ausführung der Schwerpunkt hierauf gelegt. Das Relief ist die Übergangsfläche zwischen Erdkruste und Atmosphäre und hat Einfluss auf Klima, Abfluss, Bodenentwicklung, Vegetation, Wasser- und Stoffdynamik, Morphogenese sowie Natur- und Kulturgeschichte. Die Abhängigkeit der Reliefprägung von den Geofaktoren verleiht dem Relief große Aussagekraft über die Geogenese. Zudem ist es ein leicht flächenhaft quantitativ erfassbarer Parameter, der eng mit schwer aufnehmbaren Parametern korreliert. Daher ist die Reliefaufnahme eine bedeutende geomorphologische Methode (Bork und Dalchow 2000). Die Formen lassen sich beispielsweise als **Geomorphologische Karte** (GMK) darstellen, für die eine Musterlegende erarbeitet wurde (Leser und Stäblein 1985).

Reliefanalyse

Das Relief wird durch die Lage, XY-Werte eines Koordinatensystems, und die Höhe, Z-Wert, beschrieben. Diese Werte können im Gelände in Bezug zu trigonometrischen Punkten mit Hilfe eines Tachymeters oder Nivelliergeräts eingemessen werden. Alternativ sind sie aus Karten oder einem DGM zu gewinnen (Exkurs Relief digital).

Aus diesen Primärdaten lassen sich Reliefparameter bestimmen, wie die **Hangneigungsstärke**. Diese beschreibt die maximale Abweichung einer Fläche gegenüber einer gedachten horizontalen Ebene. Die Hangneigungsstärke kann im Gelände direkt mit einem Neigungsmesser ermittelt werden. Aus Karten wird sie im rechten Winkel zu den Höhenlinien abgetragen, digital wird sie automatisiert vom DGM abgeleitet. Die **Hangneigungsrichtung** (Exposition) beschreibt die Himmelsrichtung der Böschung in Bezug zur geographischen Nordrichtung. Aus Karten wird die Exposition als hangabwärtsweisender rechter Winkel zu den Höhenlinien ermittelt.

Relief digital

Die Bedeutung des Reliefs für aktuelle planungsrelevante Fragestellungen etwa bei der Standortwahl von Sendemasten in der Telekommunikation oder von Windkraftanlagen hat in den letzten Jahrzehnten stark zugenommen. Seit Mitte der 1980er Jahre steht Reliefinformation in Form digitaler, numerischer Modelle als **Digitales Höhenmodell** (DHM) oder **Digitales Geländemodell** (DGM) zur Verfügung. Diese werden entweder aus der Digitalisierung von Höheninformation aus topographischen Karten oder über moderne Erfassungsverfahren wie Laserscanntechniken gewonnen. In einigen Bundesländern ist das Relief mit dieser Technik flächendeckend mit einer räumlichen Auflösung von bis zu 1 m aufgenommen worden. Während der *Shuttle Radar Topography Mission* (SRTM) im Februar 2000 wurde ein nahezu globales Höhenmodell geschaffen, das frei verfügbar ist. Mit der *Radar Tandem Mission* ist bis 2014 eine globale Abbildung bei 10 m Auflösung geplant. Dank der Verfügbarkeit dieser Daten wird die Reliefanalyse in zunehmendem Maße digital durchgeführt.

Die **Wölbung** beschreibt die Krümmung eines Reliefausschnittes richtungsbezogen sowohl als horizontale als auch als vertikale Wölbung. Ihre Stärke wird über Radien gedachter Kreise bestimmt, die an den Reliefausschnitt angelegt werden (Bork und Dalchow 2000). In der Regel gliedert sich ein Hang in einen konvexen Oberhang, einen gestreckten Mittel hang und einen konkaven Unterhang (Zepp 2008).

Messung von Prozessen

Die Frage, welche Prozesse oder Prozesskombinationen in welcher Intensität und Abfolge eine bestimmte Form hervorgebracht haben, ist nur indirekt über die Messung geomorphologischer Prozesse zu beantworten (Zepp 2008). Eine Quantifizierung erfolgt über:

- eine wiederholte Vermessung der Erdoberfläche (Monitoring),
- eine Analyse von Erosionsprofilen und Sedimentanalysen zur Rekonstruktion früherer Formzustände,
- eine Kombination von Vermessung und Sedimentanalyse in Aufschlüssen zur Rekonstruktion früherer Formzustände,
- eine Bestimmung von Transportraten auf morphologisch aktiven Flächen.

Messungen im Gelände erfolgen beispielsweise über das Auffangen des Abflusses an einem Hang und die Bestimmung der Sedimentfracht, wie dies in Erosionsmessparzellen gehandhabt wird. An Erosionsmessstäben kann sowohl deren Freilegung als auch Verschüttung millimetergenau abgelesen werden (Bork und Dalchow 2000).

Bodenprofilanalyse

Bei der Aufnahme von Aufschlüssen zur Reliefanalyse ist die Unterscheidung von **autochtonen** (Bodenbildungen, evtl. Reste davon) und **allochtonen Profilabschnitten** (Kolluvien und Hochflutsedimente) wichtig. Diese unterscheiden sich in Körnung, Farbe und den Lagerungsverhältnissen. Begleitend ist die Rekonstruktion von Landnutzungs- und Witterungsgeschichte (Bork et al. 1998) und die Datierung der Sedimentablagerungen sinnvoll (Abschnitt 12.2). Soweit möglich erfolgt die Profilansprache nach der bodenkundlichen Kartieranleitung in der aktuellen Fassung (KA 5, Sponagel 2005). Die Aufnahme von Bodenaufschlüssen kann durch eine flächenhafte Anwendung geophysikalischer Methoden (Georadar, Seismik und Geoelektrik) unterstützt werden, wie sie insbesondere in der Geoarchäologie eingesetzt werden (Exkurs Geoarchäologie in Kapitel 3).

Eine Analyse der petrographischen Zusammensetzung der Sedimente gibt Aufschluss darüber, aus welchem Ausgangsgestein die Partikel hervorgegangen sind. Über die Orientierung von Steinen und Kieseln können die Strömungsverhältnisse rekonstruiert werden. Schichtungen, wie beispielsweise eine Schrägschichtung, sagen etwas über die Ablagerungsverhältnisse aus. Ergänzend können Laboranalysen durchgeführt werden.

Labormethoden

Labormethoden werden vor allem in der Bodengeographie und Geomorphologie zur Analyse von Boden- und Sedimenteigenschaften angewandt. In den anderen geographischen Teildisziplinen sind sie weniger bedeutend oder es werden, wie in der Vegetationsgeographie, die gleichen Methoden eingesetzt. Die Bodeneigenschaften,

Tabelle 12.1 Untergliederung und Kornfraktionen des Grob- und Feinbodens (nach KA 5, Sponagel 2005).

Größe [mm]	Kornfraktionen			
	Untergruppe		**Gruppe**	**Hauptgruppe**
	gerundet	kantig		
630	gerundete Großblöcke	kantige Großblöcke	Blöcke	Grobboden (Bodenskelett)
200	gerundete Blöcke	kantige Blöcke	Blöcke	
63	gerundete Steine	kantige Steine	Steine	
20	Grobkies	Grobgrus		
6,3	Mittelkies	Mittelgrus	Kies	
2	Feinkies	Feingrus		
0,63	Grobsand			Feinboden
0,2	Mittelsand		Sand	
0,063	Feinsand			
0,02	Grobschluff			
0,0063	Mittelschluff		Schluff	
0,002	Feinschluff			
0,00063	Grobton			
0,0002	Mittelton		Ton	
	Feinton			

wie die Wasserspeicherfähigkeit, werden insbesondere durch die **Korngrößenverteilung** geprägt. Nach ihrer Größe lassen sich die Bodenpartikel in den Feinboden (> 2 mm) und den Grobboden oder auch Bodenskelett (< 2 mm) einteilen. Der Feinboden umfasst folglich alle kleinen Korngrößenfraktionen einschließlich Sand (Tab. 12.1). Die Bestimmung der Körnung des Feinbodens erfolgt für die Sandfraktion über eine Siebanalyse (DIN 19683, Blatt 1). Die Körnung der Ton- und Schlufffraktion wird über eine Sedimentationsanalyse nach Köhn ermittelt (Schlichting et al. 1995), die darauf beruht, dass die Sinkgeschwindigkeit der Teilchen von der Größe abhängig ist.

Die Rohdichte und der aktuelle Wassergehalt eines Bodens werden anhand von Stechzylindern bestimmt. Diese Proben werden im Gelände als bekannte Volumen aus dem ungestörten Boden entnommen. Die Bestimmung des pH-Wertes erfolgt mit standardisierten Verfahren ebenfalls im Labor. Weiterhin kann über den Glühverlust der Gehalt an organischer Substanz in kalkfreien Böden ermittelt werden. Der Glühverlust ist die Gewichtsdifferenz einer Probe vor und nach Erhitzen auf mindestens 420 °C (Schlichting et al. 1995). Die Bestimmung der Gehalte an anorganischen und organischen Schafstoffen ist zum großen Teil nur mit aufwendigen apparativen Verfahren aus der analytischen Chemie möglich.

12.2 Datierungsmethoden

Eine Vielzahl geographischer Fragestellungen bspw. zur Klimakonstruktion oder zur Landschafts- und Vegetationsgeschichte sind ohne den Einsatz von geochronologischen Verfahren zur Altersbestimmung nicht lösbar. Eingesetzt werden daher vielfältige Datierungsmethoden, mit denen entweder relative oder absolute Alter bestimmt werden können (Radtke und Schellmann 2007). Während die relativen Methoden nur ein jünger als bzw. älter als liefern, werden mit den unabhängigen Methoden absolute Alter im Rahmen einer Fehlertoleranz ermittelt. Je nach vorliegendem Probenmaterial und zu bestimmendem Alter sind unterschiedliche Methoden anzuwenden.

Mit **stratigraphischen Verfahren** werden relative Alter bestimmt. Jüngere Schichten sind, wenn es nicht zu massiven Verwerfungen kam, immer oben abgelagert. Unterschieden werden unter anderem Morpho- (Formen), Pedo- (Böden), Litho- (Gesteinseinheiten) und Magnetostratigraphie (Erdmagnetfeld), Tephrochronologie (vulkanischer Aschelagen) sowie biostratigraphische Methoden wie die Vegetationsentwicklung (Exkurs Pollenanalyse) und die Sauerstoff-Isotopenstratigraphie-Datierung. Eine Sonderstellung nimmt die **Warvenchronologie** ein, die eine stratigraphische Methode ist, mit der das Kalenderjahr genau datiert werden kann und die daher zu den absoluten Datierungsmethoden zählt. Abgesehen von der Warven- und der Dendrochronologie beruhen die absoluten Datierungen vielfach auf dem radioaktiven Zerfall von Isotopen oder der Speicherung von Strahlenbelastungen in Mineralen.

Auch die **Dendrochronologie** erlaubt eine kalenderjahrgenaue Datierung. Sie beruht auf der Ausbildung von Jahrringen beim Dickenwachstum der Bäume. Voraussetzung sind deutlich ausgeprägte Jahreszeiten an ihrem Wuchsort, wie dies in Mitteleuropa der Fall ist. Feuchtigkeits- und Temperaturverhältnisse beeinflussen die Dichte und Breite der Jahrringe so, dass sich spezifische Abfolgen ergeben, anhand derer Holzfunde datiert werden können. Lückenlose Baumjahrringchronologien liegen für Mitteleuropa für die letzten 11 100 Jahre vor (Radtke und Schellmann 2007).

Am häufigsten angewandt wird die **Radiokohlenstoffmethode** (^{14}C). Sie beruht darauf, dass ^{14}C ein radioaktives Kohlenstoffisotop ist, das entsprechend seinem Verhältnis zu den stabilen Isotopen ^{12}C und ^{13}C in der Atmosphäre in Organismen eingebaut wird. Werden abgestorbene Organismen konserviert, verschiebt sich dieses Verhältnis durch den radioaktiven Zerfall von ^{14}C. Bestimmt wird entweder die Anzahl der Zerfälle in einem Zählrohr (konventionelle Methode) oder das Verhältnis von ^{14}C und ^{12}C zueinander (AMS-Methode).

Pollenanalyse

Die Pollenanalyse ist eine Methode zur Rekonstruktion der Vegetationsgeschichte anhand fossiler Pollen und Sporen. Diese erhalten sich unter anaeroben Bedingungen (unter Sauerstoffabschluss) Millionen von Jahren. Untersucht werden daher i. d .R. Torfe, Seesedimente, marine Ablagerungen oder Kohlen, die mehr oder weniger kontinuierlich aufwachsen und in denen sich Pollen und Sporen akkumulieren.

Pollen und Sporen weisen spezifische morphologische Merkmale auf, die eine Bestimmung bis auf die Familie, teilweise bis auf die Art, zulassen. Aus der Zusammensetzung der Pollen und Sporengehalte der Ablagerungen können neben der Rekonstruktion der Vegetationsgeschichte auch Aussagen über das Milieu des Untersuchungsobjekts und die Klimaentwicklung abgeleitet werden. Da die Vegetationszusammensetzung mit der Zeit differiert, lässt sich die Pollenanalyse auch als biostratigraphische Methode zur Alterseinordnung von Ablagerungen einsetzen. Für eine sichere chronostratigraphische Einordnung werden Pollenanalysen durch unabhängige Datierungen wie die Radiokohlenstoffmethode ergänzt.

Die Halbwertszeit von 5 730 Jahren und die Messtechnik begrenzen die Methode auf Alter von 50 000 bis 55 000 Jahren (Hajdas 2008). Angegeben werden die Radiokohlenstoffalter in Jahren vor 1950 (BP, *before present*). Nach Korrektur der Daten aufgrund bekannter Schwankungen des atmosphärischen ^{14}C-Gehaltes können die Daten als kalibrierte Alter (cal. BP) angegeben werden. **Lumineszenzdatierungen** (OSL, TL) gewinnen zunehmend an Bedeutung, da mit ihnen Ablagerungszeitpunkte direkt bestimmt werden können. Unterschieden werden optisch stimulierte Lumineszenz (OSL) und Thermolumineszenz (TL). Die Daten geben den Zeitpunkt an, zu dem Quarz oder Feldspat Licht oder Hitze ausgesetzt waren (Bleichung). Im Gegensatz zur Radiokohlenstoffmethode hat dies einen Vorteil, da zur ^{14}C-Datierung geeignete organische Bestandteile eines Sediments bereits mehrfach umgelagert sein können.

12.3 Statistik

Wissenschaftliche Messungen und Analyseverfahren liefern in vielen Fällen eine große Zahl von Werten, die im Einzelnen nicht interpretiert werden können. Durch Sortierung und Zusammenfassung dieser Werte sowie der Ableitung von einfachen Maßen für das Verhalten eines Datenkollektivs können Zusammenhänge zwischen verschiedenen Messgrößen, Hypothesen usw. abgeleitet werden. Grundlegende Maßzahlen für die beschreibende oder **deskriptive Statistik** sind arithmetisches Mittel, Median, Modus, Varianz, Schiefe etc. (Tab. 12.2). Sie erlauben einen raschen Vergleich von charakteristischen Eigenschaften großer Datenkollektive.

Am Beispiel des Vergleichs der mittleren Tagestemperaturen der Wetterstationen Fehmarn und Kempten lässt sich die Bedeutung der Parameter erkennen. Sie ermöglichen Rückschlüsse auf die klimatischen Verhältnisse (Abb. 12.1). Das arithmetische Mittel der Temperatur von Fehmarn ist um 1,6 °C höher als das von Kempten. Allerdings ist die Spannbreite wie auch die Standardabweichung der Temperaturen in Kempten deutlich größer. Daraus kann unmittelbar geschlossen werden, dass das Klima in Kempten stärker kontinental geprägt ist als dasjenige auf Fehmarn. Aus den einzelnen Messwerten ist eine gleichwertige Aussage, selbst wenn die Messwerte bereits geordnet und in einem Histogramm graphisch dargestellt sind, nicht ohne weiteres ableitbar.

In der praktischen Anwendung ist es üblich, dass die Menge aller möglichen Untersuchungselemente – die **Grundgesamtheit** – nicht vollständig erfasst werden kann und man auf eine beschränkte Zahl von Werten – eine **Stichprobe** – angewiesen ist. Die Frage ist jedoch immer, ob die Eigenschaften der Grundgesamtheit gleich sind wie diejenigen der Stichprobe und ob die Stichprobe repräsentativ für die Grundgesamtheit ist. Das bedeutet, „dass die Eigenschaften der Grundgesamtheit nicht exakt bestimmt, sondern nur mit hinreichender Genauigkeit aus den Eigenschaften der Stichprobe geschätzt werden können" (Nipper 2007). Über statistische Testverfahren können auf der Basis von theoretischen Häufigkeitsverteilungen Aussagen darüber gemacht werden, wie groß die Irrtumswahrscheinlichkeit bei solchen Schätzungen ist.

In der **schließenden Statistik** werden Testverfahren auch genutzt, um Aussagen über die Erklärung von Phänomenen abzusichern. Beispielsweise wird der Zusammenhang zwischen Variablen bewertet (Abb. 12.2). Im einfachsten Fall einer linearen, univariaten Abhängigkeit wird der Wert der Zielgröße Y durch den Wert einer Größe X beschrieben als $Y = a + bX$. Falls der Zusammenhang streng deterministisch ist, besteht

Tabelle 12.2 Auswahl einfacher statistischer Maße (Nipper 2007).

Parameterkategorie Parameter	Definition/Formel	Aussage/Aussageziel
Lageparameter		Angaben zum Bereich, in dem die Daten in etwa liegen
Modus, Modalwert	M_d = Wert, an dem die Häufigkeitsverteilung ihr Maximum hat	Lage des Wertes, bei dem die Daten mit der höchsten Wahrscheinlichkeit auftreten
Median	M_e = Wert, der die der Größe nach geordnete Datenreihe in zwei gleich große Mengen aufteilt	a) Lage des Wertes, der die Datenreihe in eine gleich große „untere" und „obere" Gruppe teilt b) Wert, bei dem die Summe der Abweichungen $\|x_i - M_e\|$ minimiert ist
Arithmetischer Mittelwert	$\bar{x} = \dfrac{1}{n}\sum_{i=1}^{n} x_i$	a) Durchschnitt aller Werte x_i b) Wert, bei dem die Summe der Abweichungsquadrate $(x_i - \bar{x})^2$ minimiert ist
Streuungsparameter		Unterschiedlichkeit/Variation der Daten
Spannweite	$R = \|x_{max} - x_{min}\|$	Gesamterstreckungsbereich der Daten
Mittlere Abweichung	$\bar{d} = \dfrac{1}{n}\sum_{i=1}^{n} \|x_i - \bar{x}\|$	Durchschnittliche Abweichung der Einzelwerte vom Mittelwert
Standardabweichung	$s = \sqrt{\dfrac{1}{n}\sum_{i=1}^{n}(x_i - \bar{x})^2}$	a) Maß für die durchschnittliche Abweichung der Einzelwerte vom Mittelwert b) Maß für die durchschnittliche Abweichung der Einzelwerte untereinander

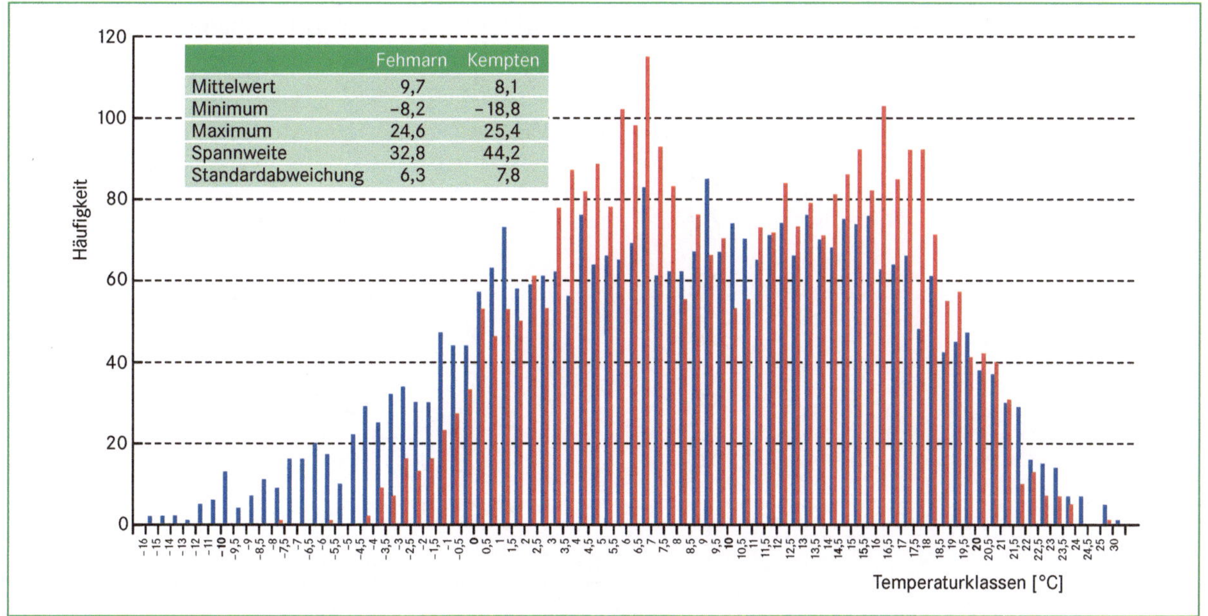

Abb. 12.1 Deskriptive statistische Parameter und Histogramm (Haufigkeitsverteilung) der mittleren Tagestemperaturen der Wetterstationen Fehmarn (rot) und Kempten (blau) im Zeitraum 2000 bis 2008. Für die Darstellung wurden die einzelnen Messwerte den angegebenen Temperaturklassen zugeordnet und die Häufigkeit des Auftretens der jeweiligen Klasse aufgetragen (Datenquelle: Deutscher Wetterdienst).

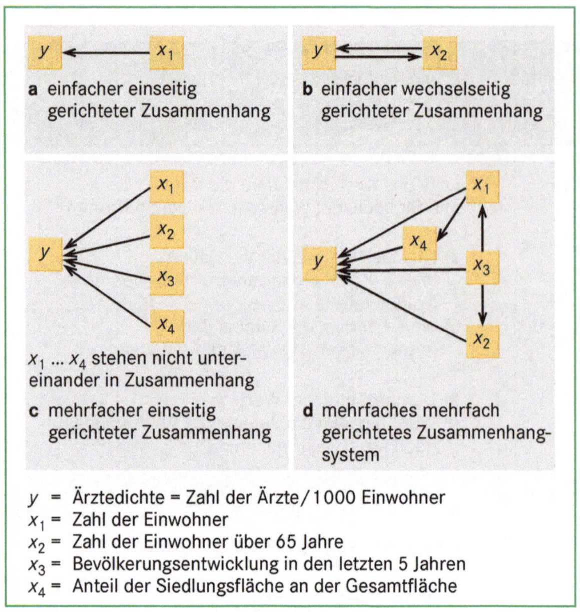

Abb. 12.2 Arten von Zusammenhängen (Nipper 2007).

damit eine eineindeutige Beziehung zwischen den Werten. In vielen Fällen sind jedoch noch andere, untergeordnete Einflussgrößen im Spiel, so dass sich in der Regel kleine Abweichungen ε der Messwerte von der Geraden ergeben. Somit ist $Y = a + bX + \varepsilon$. Mit der **Regressionsanalyse** wird versucht, die Summe aller

Abweichungen zu minimieren und eine in diesem Sinne optimale Regressionsgerade zu finden (Abb. 12.3). Ist diese gefunden, erlauben Testverfahren wiederum Aussagen darüber, wie groß die Irrtumswahrscheinlichkeit ist.

Insgesamt bietet die Statistik eine Vielzahl von Verfahren für verschiedene Fragestellungen. Für die in der Geographie häufig angewendeten Zeitreihenanalysen oder räumlichen Interpolationen spielt die Frage der **stochastischen Unabhängigkeit** von Messwerten eine besondere Rolle. Damit ist gemeint, dass eine Abhängigkeit zwischen zeitlich oder räumlich benachbarten Messwerten ausgeschlossen werden muss, bevor statistische Verfahren angewendet werden können, die in der Regel Zufallsvariablen, also stochastische Unabhängigkeit voraussetzen. Die Verfahren der **Geostatistik** erlauben weitgehende Analyse- und Modellierungsfunktionen raumbezogener Daten. Sie bilden einen wichtigen Funktionsbestandteil in Geographischen Informationssystemen (Abschnitt 12.6)

12.4 Kartographie

Eine Karte ist ein Bild von Erscheinungen auf oder nahe an der Erdoberfläche. Zwei grundsätzliche Probleme treten bei der Abbildung der Erdoberfläche in Karten auf. Zunächst müssen die Objekte aufgrund der notwendigen Verkleinerung ausgewählt, bewertet und vereinfacht dargestellt werden. Häufig können Objekte

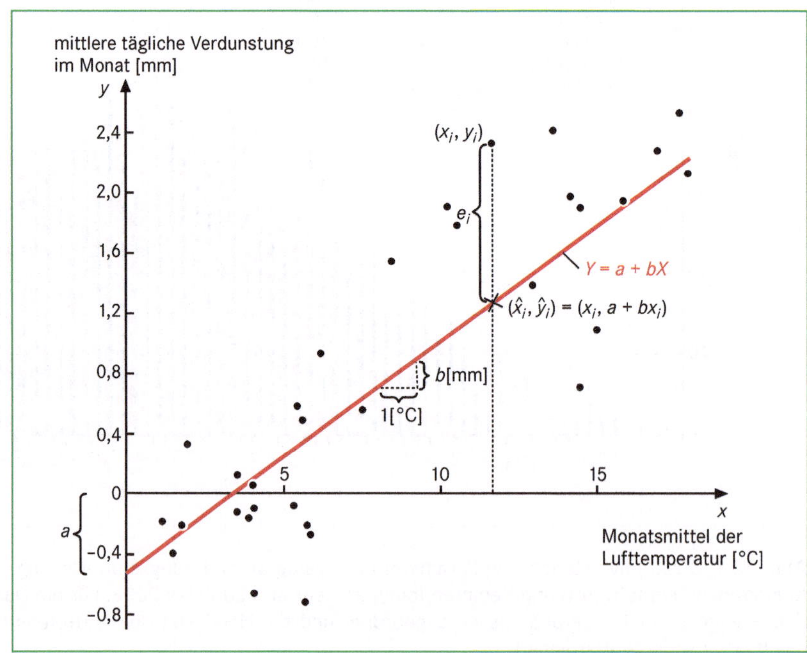

Abb. 12.3 Korrellogramm mit Regressionsgerade (Nipper 2007).

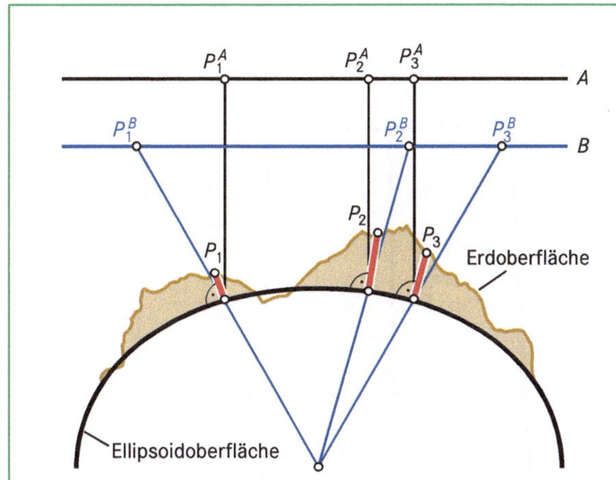

Abb. 12.4 Das Prinzip der Projektion: Die auf der Erdoberfläche ausgewählten Punkte (P1 bis P3) werden rechnerisch durch Lotfällung auf eine Kugel- oder Ellipsoidoberfläche übertragen (siehe rote Linie), bevor sie nach unterschiedlichen Rechenvorschriften auf eine Ebene, einen Zylinder oder einen Kegel projiziert werden. Je nach Rechenvorschrift kann die Lage der Punkte in den resultierenden Karten (A und B) sehr unterschiedlich ausfallen. Die so entstehenden Verzerrungen lassen sich nicht vermeiden. Sollen die Lagefehler der Punkte in der Karte klein bleiben, können jeweils nur kleine zusammenhängende Raumausschnitte kartiert werden. Gängige Koordinatensysteme hierfür sind das weltweit angewendete UTM (*Universal Transversal Mercator*-System) oder das in Deutschland übliche Gauß-Krüger-System (Saurer und Rosner 2007).

nicht mehr maßstabsgetreu gezeichnet werden. Sie müssen vergrößert werden, um sichtbar zu sein, was dazu führen kann, dass andere Objekte in der Darstellung verschoben (verdrängt) werden. Die Gesamtheit dieser Maßnahmen wird als **Generalisierung** bezeichnet. Das

zweite Problem ist die **Verzerrung**, die sich aus der Form der Erde ergibt. Für Karten kleinen Maßstabs kann die Erde näherungsweise als Kugel beschrieben werden. Für Karten mittlerer und großer Maßstäbe wird die Form der Erde mit einem Ellipsoid angenähert. Ein Ellipsoid ist ein Körper, der durch die Rotation einer Ellipse um eine der Symmetrieachsen entsteht. Der Prozess der Übertragung von Punkten der Erdoberfläche auf eine Karte (**Projektion**) besteht, bildlich gesprochen, aus drei Schritten. Die zu kartierenden Punkte der Erdoberfläche werden ausgewählt, durch Lotfällung auf die Bezugsoberfläche (Kugel oder Ellipsoid) übertragen und anschließend nach festgelegten Rechenvorschriften auf eine Ebene, einen Zylinder oder einen Kegel abgebildet (Abb. 12.4). Daraus resultieren unterschiedliche Geometrien des Kartennetzes (Abb. 12.5) mit spezifischen Eigenschaften wie Winkeltreue oder Flächentreue. Es ist jedoch nicht möglich, beliebige Strecken auf einer Kugel oder einem Ellipsoid verzerrungsfrei auf eine ebene Fläche zu übertragen. Je nach Anwendung werden bestimmte Eigenschaften bevorzugt. Für die historische Seefahrt war die einfache Navigation wichtig, was durch den Einsatz winkeltreuer Karten gegeben war. Bei der Erzeugung einer Karte der Bevölkerungsdichte der Erde ist dagegen eine flächentreue Darstellung sinnvoll.

Generalisierung und Verzerrung führen dazu, dass in einer Karte immer eine (subjektive) Auswahl von Objekten der Erdoberfläche in einer mehr oder weniger verzerrten geometrischen Anordnung dargestellt ist. Monmonier (1996) spricht in diesem Zusammenhang etwas salopp von den Lügen der Kartographen: „Mit Karten zu lügen, ist nicht nur leicht, es ist sogar notwendig. Um die komplexe, dreidimensionale Welt auf ein ebenes Blatt Papier oder auf einen Bildschirm abzubilden, muss eine Karte zwangsläufig die Wirklichkeit verzerren. Als maß-

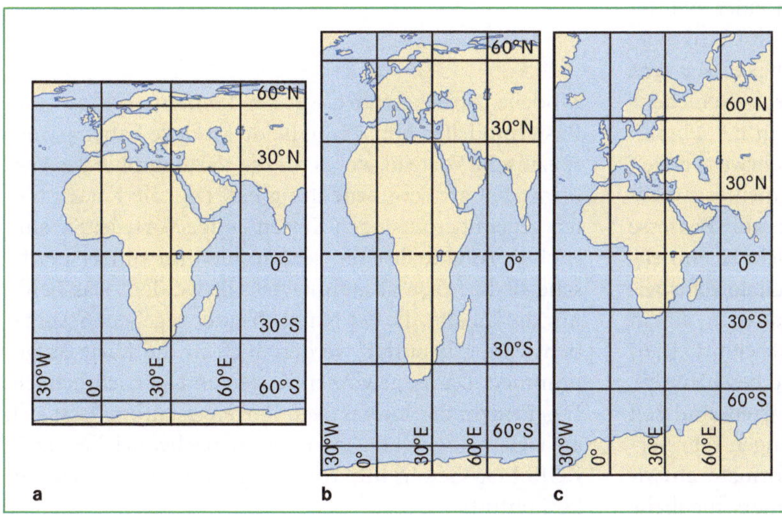

Abb. 12.5 Die Eigenschaften einer Projektion sowie Lage und Form der Projektionsfläche bestimmen die Anordnung des Kartennetzes, also den Verlauf der Längen- und Breitenkreise und der Form und Lage von Meeren und Landflächen: a) flächentreue Zylinderprojektion nach Behrmann, b) flächentreue Peters-Projektion und c) winkeltreue Mercatorprojektion (Saurer und Rosner 2007).

stäbliches Modell verwendet die Karte Symbole, die fast immer überproportional größer oder breiter sind als die Merkmale, die sie repräsentieren. Damit entscheidende Informationen nicht in einem Gewirr von Details untergehen, gibt die Karte notwendigerweise ein ausgewähltes, unvollständiges Bild der Realität wieder."

Üblicherweise werden zwei Klassen von Karten unterschieden. Karten, die primär der Orientierung dienen, werden als **topographische Karten** bezeichnet. Karten, die vor allem die räumliche Verteilung eines oder mehrerer Sachverhalte aufzeigen, werden als **thematische Karten** angesprochen.

Bei der Orientierung sind Koordinaten hilfreich, die auf topographischen Karten angefügt sind. Die **Geographischen Koordinaten** Länge und Breite sind dabei vor allem auf Karten kleiner Maßstäbe nützlich, wenn große Teile der Erdoberfläche zusammen dargestellt werden. Längen- und Breitenangaben sind dagegen unpraktisch, wenn in Karten großer Maßstäbe Entfernungen oder Flächen gemessen werden sollen. Deshalb spielen in Plänen und topographischen Karten mit Maßstäben von 1 : 500 bis 1 : 100 000 die sogenannten **geodätischen Koordinaten** eine viel wichtigere Rolle. Geodätische Koordinatensysteme wurden in vielen Staaten der Erde von den Vermessungsverwaltungen eingeführt und sind dementsprechend unterschiedlich. Mit dem UTM-System (*Universal-Transverse-Mercator*-System) hat sich heute ein weltweiter Quasi-Standard durchgesetzt (Abb. 12.6, Exkurs „UTM-System"). Es wird in vielen Staaten der Erde verwendet und hat die eigenen, landesspezifischen Systeme abgelöst oder wird parallel dazu verwendet.

Karten erlauben einen raschen Zugang und Überblick über Strukturen und Prozesse im Raum. Bei der **Karteninterpretation** wird Wissen aus der Allgemeinen Geographie konkret auf einen Raum angewendet und im Hinblick auf raumprägende Vorgänge in einer synthetischen Betrachtungsweise zusammengeführt. In wissenschaftlichen Fragestellungen werden bei dieser synthetisierenden Betrachtung oft mehrere verschiedene topographische und thematische Karten in die Überlegungen einbezogen. Damit kann ein Mehrwert erzielt werden, da die gleichzeitige Betrachtung mehrerer Themen und Einflussgrößen Rückschlüsse auf Prozesse erlaubt, die den einzelnen Karten allein nicht zu entnehmen sind. Es ist naheliegend, dass eine digitale Verarbeitung entsprechender raumbezogener Daten in einem Geographischen Informationssystem (Abschnitt 12.6) diese Auswertung erheblich erleichtert und beschleunigt.

Neben den gedruckten (analogen) Karten sind seit Mitte der 1990er Jahre digitale Darstellungen sehr verbreitet. Dafür wurden spezielle Datenformate entwickelt, die auf zwei grundsätzlich unterschiedliche

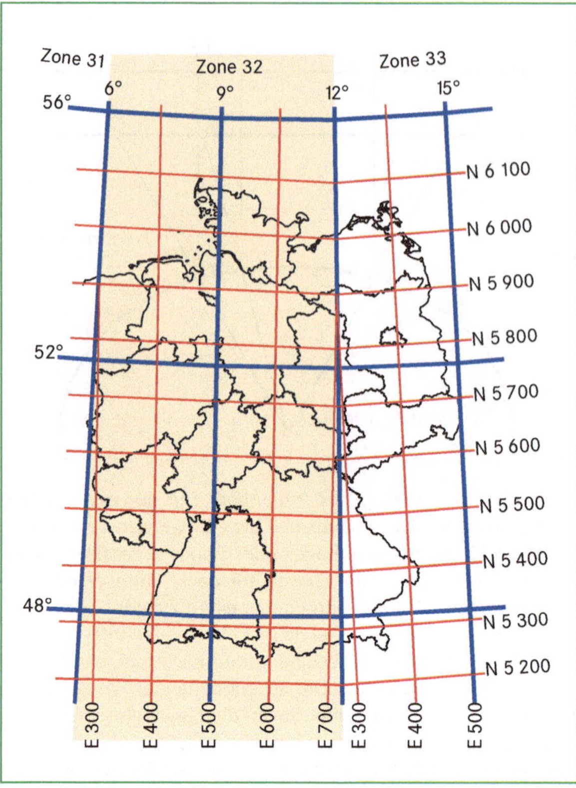

Abb. 12.6 UTM-Koordinaten: Die UTM-Koordinaten beziehen sich auf den Abstand vom Mittelmeridian und die Entfernung vom Äquator. Aufgrund der Breite einer UTM-Zone von 6° wird Deutschland von zwei Zonen des UTM-Systems abgedeckt. Die Koordinaten für Berlin-Mitte, die man aus der Abbildung entnehmen kann, lauten: Zone 33, E 395, N 5825 (Genauigkeit ±10 Kilometer). Verwendet man Karten größeren Maßstabs, lassen sich die Koordinaten genauer bestimmen. Die Mitte des Brandenburger Tors in Berlin hat beispielsweise die folgenden Werte: Zone 33, E 3900420, N 5820845 (Genauigkeit von ±10 Meter) (nach Saurer und Rosner 2007).

Modelle zurückgeführt werden können: Vektor- und Rastermodelle (Abb. 12.7). Beide Modelle haben jeweils spezifische Vorteile, wobei für die Kartographie das Vektormodell größere Bedeutung hat. Digitale Karten bieten gegenüber analogen Karten einige Vorteile: Sie sind leichter zu aktualisieren und können für nutzerspezifische Bedürfnisse zusammengestellt werden. Das heißt, nur die Inhalte, die der Nutzer bei der gegebenen Aufgabenstellung benötigt, werden auch in die Karte aufgenommen. Damit gewinnen Karten an Übersichtlichkeit. Das Prinzip der interaktiven Kartengestaltung lässt sich an vielen Angeboten im Internet nachvollziehen (z. B. KGIS MapViewer: http://www.kgis.scar.org/mapviewer/ kgis.phtml).

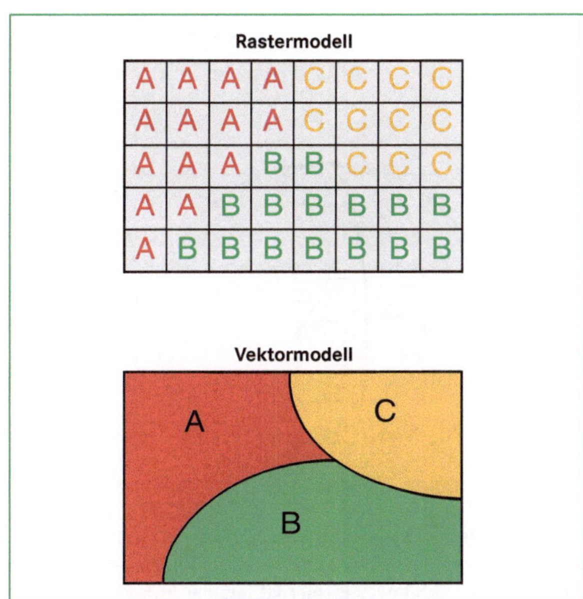

Abb. 12.7 Grundlegende Datenmodelle in Geographischen Informationssystemen (nach Saurer und Rosner 2007).

12.5 Fernerkundung

Fernerkundung ist die Beobachtung eines Objektes mittels geeigneter Techniken zur Aufzeichnung elektromagnetischer Strahlung. Dies erfolgt entweder auf photographischem oder elektronischem Weg. Je nach Herkunft der Strahlung unterscheidet man zwei Gruppen von Sensoren. Bei einem **passiven Fernerkundungssystem** wird das reflektierte Sonnenlicht oder die von den Oberflächen emittierte Strahlung, beispielsweise die Wärmestrahlung von Erde und Wolken, aufgezeichnet. Damit sind Einschränkungen verbunden. In den Wellenlängen der solaren Strahlung können Gebiete grundsätzlich nur tagsüber beobachtet werden. Weil Wolken sowohl die solare als auch die terrestrische Strahlung beeinflussen, können bestimmte Gebiete der Erde, über denen sich häufig Wolken befinden, kaum beobachtet werden. Eine Lösung dieser Probleme ergibt sich durch die Verwendung **aktiver Verfahren**. Dabei wird von den Fernerkundungssystemen selbst Strahlung ausgesendet und deren reflektierter Anteil aufgezeichnet. In RADAR-Systemen wird Mikrowellenstrahlung verwendet, bei der Wolken „durchsichtig" sind. Das heißt, die Strahlung wird von Wolken nicht oder nur sehr wenig beeinflusst. Die reflektierte Strahlung lässt deshalb auch bei Bewölkung oder nachts auf Oberflächentyp und Eigenschaften des beobachteten Ausschnitts der Erdoberfläche schließen. Als Träger für entsprechende Aufzeichnungsgeräte der Fernerkundung werden meist Flugzeuge oder Satelliten eingesetzt, die Beobachtungen „von oben" erlauben. Es gibt aber auch die umgekehrte Beobachtungsrichtung. Astronomen beobachten Galaxien von der Erde aus. Meteorologen verwenden bodengestützte Radargeräte, die eine flächendeckende Aussage über die Niederschlagsmengen erlauben. In der Geomorphologie und der Archäologie werden elektromagnetische Resonanzverfahren genutzt, um im Untergrund verborgene Strukturen und Ruinen zu finden.

Bei der Nutzung von Fernerkundungsdaten in den Umweltwissenschaften dominiert jedoch die Beobachtung mit flugzeug- oder satellitengetragenen Systemen. Dabei ist die Wettervorhersage der Bereich, in dem mit deutlichem Abstand die größte Menge an Fernerkundungsdaten zur Analyse des Atmosphärenzustands operationell umgesetzt wird. Neben den bekannten Wettersatelliten wie Meteosat werden auch andere Systeme eingesetzt, die beispielsweise den Ozongehalt der polaren Atmosphäre oder die Meereisverteilung bestimmen. Wettersatelliten der Meteosat-Serie „stehen" immer über demselben Punkt des Äquators. Sie sind damit Beispiele für **geostationäre Satelliten**. Mit geostationären Satelliten kann man den gleichen Ausschnitt der Erdoberfläche beliebig häufig beobachten.

Der zweite große Bereich der zivilen Nutzung beschäftigt sich im weitesten Sinne mit einer thematischen Kartierung von Wasser- und Landoberflächen. Bei einer solchen Kartierung nutzt man das spezifische Reflexions- und Emissionsverhalten verschiedener Oberflächen. Vereinfacht kann man sagen, man betrachtet die unterschiedlichen Farben der Oberflächen, um sie zu klassifizieren. Die Zahl der Farben ist jedoch gering und die Reflektionswerte verschiedener Oberflächen im sichtbaren Licht ähneln sich. Deswegen werden für die Klassifikation auch Wellenlängen des elektromagnetischen Spektrums verwendet, die für das menschliche Auge nicht sichtbar sind. So sehen ein sommerlicher Laubwald und eine Wiese aus der Höhe im sichtbaren Licht ähnlich grün aus. In geeigneten Wellenlängen unterscheidet sich ihr Reflektionsverhalten jedoch. Bei Berücksichtigung entsprechender Spektralabschnitte („Kanäle") können sie vom Rechner als verschiedene Landnutzungen erkannt werden. Die Verwendung von Wellenlängen, die nicht aus dem sichtbaren Bereich stammen, führt zu Falschfarbenbildern (Abb. 12.9). Diese entstehen, wenn die Reflexionswerte, d. h. die Helligkeit einer beobachteten Fläche, beispielsweise aus dem nahen Infrarotbereich, auf einem Bildschirm sichtbar gemacht und damit in einer anderen Wellenlänge dargestellt werden.

Die Satelliten der Landsat-Serie umkreisen die Erde auf einer Bahn, die einen Winkel von fast 90° mit der Äquatorebene bildet. Mit Ausnahme der Polargebiete

UTM-System

Die transversale Mercatorprojektion ist eine Abbildung, bei der man sich einen Zylinder so an die Erde gelegt vorstellen kann, dass die Zylinderachse in der Äquatorebene liegt (Abb. 12.8). Wenn der Zylinderradius etwas kleiner ist als die kleine Halbachse des Ellipsoids, ergibt sich ein Schnittzylinder, der zwei Linien auf der Erdoberfläche längentreu abbildet. In der Nähe dieser Linien ist die Verzerrung klein. Dadurch lassen sich Ausschnitte der Erde nahezu verzerrungsfrei auf die Karte projizieren. Werden mehrere solcher Projektionen erstellt, in dem der Zylinder jeweils etwas gedreht wird, ergibt sich ein System von streifenförmigen Karten, das die ganze Erde oder größere Teile davon abdecken kann. Beispiele für derart erzeugte Meridianstreifensysteme sind das deutsche Gauß-Krüger-System und das international verwendete UTM-System.

Beim UTM-System werden 6° breite Streifen gebildet, die Zonen genannt werden. Die Zonen werden mit Nummern zwischen 1 und 60 bezeichnet. Die Zählung beginnt bei 180° westlicher Länge und steigt ostwärts an. Demzufolge umfasst Zone 1 den Längengradbereich von 180° w. L. bis 174° w. L. Die Zonen 32 und 33 mit ihren Mittelmeridianen bei 9° ö. L. und 15° ö. L. überdecken unter anderem die Landesflächen von Deutschland, Österreich und der Schweiz (Abb. 12.6).

Im UTM-System wird ein rechteckiges Raster an den Mittelmeridian angelegt. Für die Lageangabe eines Punktes wird ein Koordinatenpaar verwendet, deren Werte als „*Easting*" und „*Northing*" bezeichnet werden. Der „*Easting*"-Wert ergibt sich aus dem Abstand vom Mittelmeridian, dem ein willkürlicher Wert von 500 Kilometer zugeordnet wird, um negative Werte zu vermeiden. Die „*Northing*"-Komponente ergibt sich durch Zählung der Gitterlinien vom Äquator aus („*Northing*"-Wert 0 km). Durch Hinzufügen weiterer Stellen können die Koordinaten beliebig genau angeben werden. Für

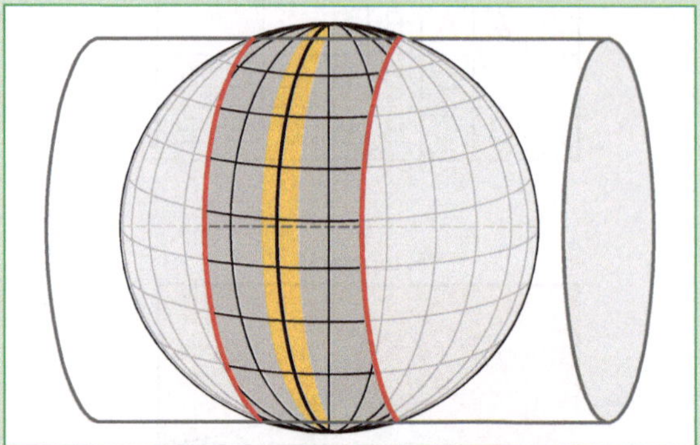

Abb. 12.8 Transversale Mercatorprojektion mit einem Schnittzylinder: Die Projektion der Erdoberfläche erfolgt auf einen Zylinder, der etwas kleiner ist, als der Erdradius beziehungsweise die kleine Halbachse eines Ellipsoids. Dadurch ergeben sich zwei Schnittlinien, die in gleicher Länge wie die entsprechende Strecke auf der Erdoberfläche abgebildet werden (rote Linien). In der Abbildung ist der Größenunterschied von Ellipsoid und Zylinder übertrieben dargestellt, damit das Prinzip erkennbar ist. Beim UTM-System ist der Zylinder tatsächlich nur wenig kleiner als der Erdradius. Daraus ergibt sich ein schmaler Streifen (gelbe Fläche) um den Mittelmeridian (schwarze Linie), in dem die Verzerrungen gering sind und deshalb bei darauf aufbauenden topographischen Karten vernachlässigt werden können. Diese gelbe Fläche stellt eine Zone des UTM-Systems dar (Saurer und Rosner 2007).

die Südhalbkugel werden negative Werte verwendet, beginnend mit einem „*Northing*"-Wert von –10 000 km am Äquator und ansteigenden Werten Richtung Süden.

Auflösung

In der Fernerkundung spielt der Begriff der Auflösung eine wichtige Rolle. Damit verbunden sind mehrere Eigenschaften von Sensoren und Trägersystemen. Die **zeitliche Auflösung** beschreibt die Frequenz, mit der Aufnahmen vom selben Gebiet erzielt werden können. Bei den Landsat-Satelliten liegt dieser Wert aufgrund der Flugbahn bei 16 Tagen. Meteosat dagegen hat eine zeitliche Auflösung von 30 Minuten.

Eine ähnlich große Spanne ergibt sich bei der **räumlichen Auflösung**. Mit dem aktuellen Meteosat-Satelliten (*Meteosat Second Generation*, MSG) können Objekte in der Größe von knapp unter 1 km² erkannt werden, während mit Quickbird oder IKONOS ein Bistrotisch auf einer Dachterrasse gerade noch detektierbar sein kann. Die räumliche

Auflösung von militärischen Systemen ist noch höher und liegt im Bereich um einen Dezimeter.

Als dritte Auflösung in der Fernerkundung ist die **radiometrische Auflösung** zu nennen. Darunter werden die Helligkeitswerte verstanden, physikalisch spricht man auch von der Energiestromdichte, die ein Sensor unterscheiden kann. Schließlich gibt es die **spektrale Auflösung**, die die Unterscheidbarkeit von Strahlung in verschiedenen Wellenlängenbereichen beschreibt. Beschränken wir uns auf das sichtbare Licht, könnte man sagen: Die spektrale Auflösung gibt an, wie viele Farben ein Sensor unterscheiden kann.

Für unterschiedliche Anwendungen ergibt sich nach dem jeweiligen Bedarf jeweils ein optimaler Sensor oder eine bestmögliche Sensorkombination.

Abb. 12.9 Landsat-TM-Bild des südlichen Oberrheingebietes in verschiedenen Kanalkombinationen. Von Multispektralscannern wird die von der Erdoberfläche reflektierte oder emittierte elektromagnetische Strahlung in verschiedenen Wellenlängenbereichen getrennt aufgezeichnet. Zur Visualisierung werden die spektralen Signale kombiniert. Dabei ergeben sich Farbeindrücke, die als Falschfarbenbilder bezeichnet werden. Lediglich die Kombination, die das sichtbare Licht (rot, grün, blau) zeigt, erweckt einen Eindruck, der unserer Erfahrung entspricht (Echtfarbenbild im Sektor links unten). Die Helligkeitswerte eines einzelnen Kanals können als Grautonbild sichtbar gemacht werden (Mitte links) (Saurer und Rosner 2007).

können sie damit jeden Punkt der Erde überfliegen. Dabei erreichen sie eine bestimmte geographische Breite immer zur gleichen Tageszeit. Man spricht daher von **sonnensynchronen Satelliten**. Satelliten der Landsat-Serie haben eine Umlaufzeit von 98 Minuten. Sie sind damit viel schneller als geostationäre Satelliten und fliegen auch wesentlich tiefer. Daher ist die räumliche Auflösung von sonnensynchronen Satelliten besser als die geostationärer Satelliten. Auch kleine Objekte und

Strukturen auf der Erdoberfläche sind erkennbar. Von Nachteil ist, dass solche Satelliten nur einen kleinen Ausschnitt der Erdoberfläche erfassen können und daher denselben Punkt der Erdoberfläche erst nach einigen Tagen wieder abdecken.

12.6 Geographische Informationssysteme – GIS

Viele Informationen, mit denen wir uns täglich auseinandersetzen, haben einen Raumbezug: das Geschehen, von dem wir in der Zeitung lesen, statistische Daten, Versorgungseinrichtungen unserer Städte – alle sind nur in Verbindung mit ihrer Lage im Raum sinnvoll zu verstehen. Geographische Information besteht somit aus **Sachdaten** und **Geometriedaten**. Die Lage im Raum wird dabei in der Regel als Position in einem kartesischen oder sphärischen Koordinatensystem angegeben. Die Verbindung von Sach- und Lageinformation wird als **Georeferenzierung** bezeichnet. Geographische Informationssysteme (GIS) dienen dazu, georeferenzierte Information effizient speichern, analysieren, weiterverarbeiten und graphisch darstellen zu können. Die in einem GIS abgelegten Daten können nach dem jeweiligen Bedarf geordnet, ausgewählt oder neu zusammengestellt werden. Mit den räumlichen Analysefunktionen können unterschiedliche Datenebenen sehr einfach kombiniert werden, um beispielsweise zu beantworten, wie viele Gebäude in einem bestimmten Abstand von einer Bundesstraße liegen oder wie die Landnutzungsverteilung zwischen verschiedenen Biotopen aussieht. GIS-Datensätze können auch Grundlage für Simulationen und Prognosen sein (Exkurs Modelle in der Wissenschaft). Entsprechend der Vielfalt georeferenzierter Information und der damit zusammenhängenden Fragestellungen werden Geographische Informationssysteme von der Archäologie über die Logistik bis zur Zoologie in allen Disziplinen genutzt, in denen räumliche Aspekte eine Rolle spielen.

Exkurs

WebGIS und OGC

Mit Geographischen Informationssystemen im Internet (WebGIS) besteht die Möglichkeit auf Datenbestände zuzugreifen, die an verschiedenen Stellen und in unterschiedlichen Formaten vorliegen. Damit ein solches System funktionieren kann – oder in der Fachsprache ausgedrückt: interoperabel ist –, müssen vielseitige Standards definiert und eingehalten werden. Die syntaktische Interoperabilität wird über einheitliche Datenformate und Schnittstellen erreicht. Die semantische Interoperabilität erfordert eine einheitliche Modellierung und einen definierten Bedeutungsgehalt der Daten oder, vereinfacht gesagt, eine einheitliche Legende.

Das *Open Geospatial Consortium* (OGC) vereint Firmen, Behörden und Forschungsinstitutionen aus dem Bereich der Geoinformation. Ziel des OGC ist die Definition und Standardisierung von Technologien, die die Geodatenverarbeitung über das Internet ermöglichen.

Zur Beschreibung von Geodaten hat das OGC die *Geography Markup Language* (GML) eingeführt. GML basiert auf XML und dient der formalen Beschreibung von räumlichen und nichträumlichen Daten und deren Beziehungen untereinander. Um technische Interoperabilität zu ermöglichen, hat das OGC mehrere Schnittstellen für Webdienste spezifiziert. Der *Web Map Service* (WMS) ist ein OGC-Webdienst zur bildhaften Darstellung von raumbezogenen Daten. Der *OGC Web Feature Service* (WFS) erlaubt den Zugriff auf und die Manipulation von Geoobjekten im Vektorformat, der *Web Coverage Service* (WCS) liefert Rasterdaten.

Das OGC kooperiert eng mit der Internationalen Organisation für Standardisierungsfragen (*International Organization for Standardization*, ISO), die im *Technical Committee*

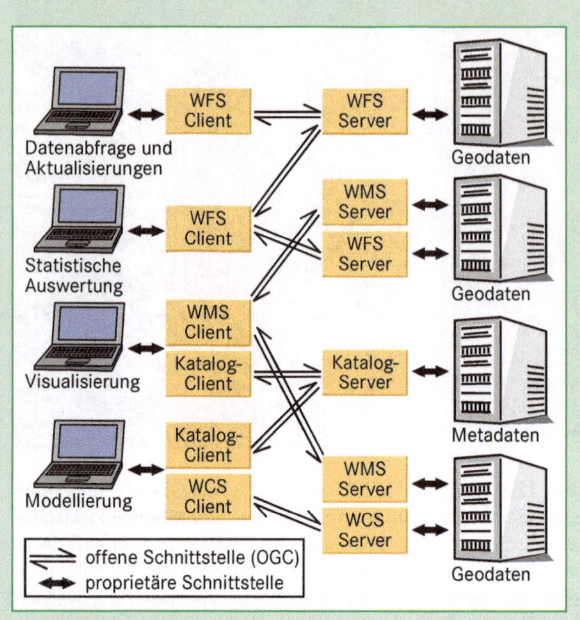

Abb. 12.10 Das Prinzip der verteilten Datenhaltung mit den nötigen standardisierten Schnittstellen in einer „*Open-GIS*"-Umgebung (Saurer und Rosner 2007).

211 Normen für digitale raumbezogene Daten erarbeitet. Abb. 12.10 zeigt schematisch, wie auf Grundlage der Standards verschiedene Anwender im Internet auf unterschiedliche Datenbestände zugreifen können.

Raummodelle

Zur räumlichen Darstellung von Daten in einem Geographischen Informationssystem werden zwei grundsätzlich verschiedene Raummodelle verwendet. Es wird zwischen einer **Raster-** und einer **Vektordarstellung** unterschieden (Abb. 12.7). Im Vektormodell werden Objekte über ein System von georeferenzierten Punkten, Linien und Polygonen abgebildet, die mit Sachdaten verknüpft sind. Im Rastermodell wird die betrachtete Fläche in kleine, regelmäßige Teilflächen – in der Regel Quadrate – zerlegt. Der Lagebezug wird über die Angabe der absoluten Lagekoordinaten einer einzelnen Rasterzelle, deren Ausdehnung sowie der relativen Lageangabe in Form von Zeilen- und Spaltennummer einer beliebigen Zelle hergestellt. Dieses Raummodell ist Grundlage der Fernerkundung, spielt aber auch eine Rolle in der digitalen Kartographie. Heute unterstützten viele Softwarelieferanten beide Modelle, haben aber

in der Regel ihren Schwerpunkt auf einem der beiden Bereiche.

Vektoren sind Größen, deren Eigenschaften durch einen Zahlenwert und eine Richtungsangabe ausgedrückt werden. Man spricht in diesem Zusammenhang auch von einer „gerichteten Strecke". Kleinster Baustein des Vektormodells ist der Punkt, der eine genaue Position und eine oder mehrere Attributeigenschaften besitzt. Aus einer Folge von mehreren Punkten setzen sich Linien und Flächen bzw. Polygone zusammen. In diesem Fall unterscheidet man Punkte unterschiedlicher Funktionalität: Knoten (*node*) sind Anfangs- oder Endpunkte von Linien bzw. Polygonen oder sie sind Ursprung bzw. Ziel für mehrere aus- oder eingehende Vektoren („Knoten"). Ein Vertex dagegen übernimmt in diesem Zusammenhang die Funktion eines Hilfspunktes, der zum Beispiel die Richtungsänderung einer Linie anzeigt. Als Kennzeichen für ein Polygon ergibt sich, dass Anfangs- und Endknoten identisch sein müssen.

Modelle in der Wissenschaft

Der Modellbegriff ist in der Wissenschaft sehr heterogen und vielfältig belegt. Über unsere Wahrnehmung konstruieren wir die Umwelt, schaffen ein eigenes, individuelles Bild der Welt. Mit mathematischen Beziehungen beschreiben wir kausale oder stochastische Zusammenhänge und damit prozesshafte Abläufe. Daneben sind gegenständliche Modelle weit verbreitet, etwa ein Relief als Modell der Erdoberfläche. An diesen Beispielen wird klar, dass es verschiedene Modelltypen gibt. **Quantitativen** und damit **operationalisierbaren Modellen** stehen **qualitative Modelle** gegenüber. Rein **deskriptive Modelle** kontrastieren mit **funktionalen Modellen**. Trotz der Vielfalt besteht in den verschiedenen Wissenschaftsdisziplinen Einigkeit über grundsätzliche Charakteristika von Modellen. Sie sind ein materielles oder intellektuelles Konstrukt, mit dessen Hilfe ausgewählte Objekte und Abläufe der natürlichen und gesellschaftlichen Umwelt in einer abstrahierten, vereinfachten und idealisierten Form beschrieben werden. „Der Vergleich beobachteter Objekte ... führt hin zur Abstraktion, d. h. zur Auswahl jener beobachteten Attribute, die für wesentlich gehalten werden, und zum absichtlichen Weglassen anderer, die als unwesentlich gelten" (Ahnert 2003). Daher ist jedes Modell selektiv und zweckorientiert.

Wenn operationalisierte Modelle angewendet werden, um bekannte Abläufe nachzubilden (**Simulation**), kann durch den Vergleich der Modellergebnisse mit beobachteten Eigenschaftswerten eine **Validierung** des Modells erfolgen. Dabei müssen nicht alle Teilvorgänge im Detail verstanden sein. In komplexen Modellen reicht es aus, Teilprozesse durch geeignete beschreibende Größen (*sensu stricto*: durch ein einfacheres Modell) zu ersetzen. Man spricht in diesem Fall von **Parametrisierung**. In Klimasimulationen ist es beispielsweise unmöglich, die kleinräumig auftretenden Konvektionsvorgänge in der Atmosphäre im Detail nachzubilden. Für lange Zeitabschnitte und kleine Skalen reicht es völlig aus, wenn dieser Prozess durch eine Parametrisierung summarisch in seinen Auswirkungen beschrieben wird.

Auf Basis einer erfolgreichen Validierung können Modelle benutzt werden, um neue, bisher nicht beobachtete Zustände des modellierten Systems zu beschreiben und damit eine **Prognose** vorzunehmen.

Große Vorteile ziehen die Rastermodelle aus ihrer einfachen Datenstruktur. Alle Methoden der digitalen Bildverarbeitung und damit ein sehr breites Spektrum effizienter Analysemöglichkeiten sind leicht programmierbar. Die Umsetzung logischer Operatoren oder mathematischer Berechnungen im Sinne einer *Map Algebra* bereiten keine Schwierigkeiten. Die Bildung lokaler Ausschnitte oder die Anwendung von Nachbarschaftsoperationen sind ohne großen Rechenaufwand zu realisieren. Problematisch gestaltet sich die Einbindung relationaler Datenbanken oder topologischer Strukturen (d. h. der Raumbezüge wie Insellage, Verbindung etc.). Beziehungen im Sinne von „was ist rechts" oder „was ist links" sind nur mit großem Aufwand bestimmbar. Auch die Abgrenzung vor allem kleinerer Objekte wird durch die Flächenhaftigkeit der Information erschwert. Je nach Größe der Rasterzellen liegen in einer Zelle häufig Informationen über mehrere Objekte vor. Darüber hinaus zeigen Grenzen und Linien eine Blockstruktur, was die exakte Darstellung von Grenzlinien (Flur- oder Grundstücke) und Grenzpunkten erschwert. Vektormodelle zeichnen sich dagegen durch ein hohes Maß an räumlicher Genauigkeit aus. Grenzverläufe können sehr exakt dargestellt werden, was sie vor allem für raumplanerische Anwendungen interessant macht. Vorteile haben Vektordaten auch beim verringerten Speicherplatzbedarf bei weitgehend homogenen Flächeneigenschaften wie Landnutzungsklassen. Bei einer starken räumlichen Variation der Werte wie sie in Fernerkundungsdaten oder digitalen Geländemodellen meist auftritt, sind dagegen Rasterdaten effizienter zu speichern und schneller zu verarbeiten.

Bisherige Umsetzungen Geographischer Informationssysteme sind weitgehend auf 2-dimensionale Daten begrenzt. Die Verortung erfolgt in einem zweidimensionalen, in einem in der Regel kartesischen Koordinatensystem. Wenn die Geländehöhe als Attribut verwendet wird, ist oft von 2,5-D-Modellen die Rede. Jüngere Entwicklungen zielen auf die Berücksichtigung der dritten Raumdimension ab (3D-GIS). Durch die Einbeziehung der Zeit werden 4D-GIS ermöglicht. Vor allem die Entwicklung realitätsnaher Stadtmodelle und deren verschiedenen Gebäudebeständen in Raum und Zeit sind heute aktuelle Forschungsgebiete mit vielfältigen Anwendungsmöglichkeiten (Coors und Zipf 2005).

Zum Weiterdenken

1. Warum ist das Relief für die geographische Feldaufnahme von so großer Bedeutung und wie wird es erfasst und analysiert?

2. Erläutern Sie den Unterschied zwischen relativen und absoluten Datierungen und die entsprechenden Methoden.

3. Überlegen Sie sich, wie eine Verteilung von Messwerten aussehen könnte, wenn die Werte des arithmetischen Mittels und des Medians a) nahe beieinander und b) weit auseinander liegen!

4. Betrachten Sie die Richtungen der UTM- oder der Gauß-Krüger-Gitterlinien sowie der Längen- und Breitenkreise auf verschiedenen Topographischen Karten. Weshalb unterscheiden sich die Winkel zwischen den Netzen auf verschiedenen Kartenblättern?

5. Stellen Sie Vorteile von Raster- und Vektormodellen zusammen. Ist die Lagegenauigkeit von Vektordaten immer besser als die Lagegenauigkeit von Rasterdaten?

Weiterführende Literatur

Albertz J (2001) Einführung in die Fernerkundung. Grundlagen der Interpretation von Luft- und Satellitenbildern. 2. Aufl., Wissenschaftliche Buchgesellschaft, Darmstadt

Bahrenberg G, Giese E, Nipper J (1999) Statistische Methoden in der Geographie. Band 1: Univariate und bivariate Statistik. 4. Aufl., Teubner, Stuttgart.

Bahrenberg G, Giese E, Nipper J (2003) Statistische Methoden in der Geographie. Band 2: Multivariate Statistik. korrigierter Nachdruck der 2. Aufl. Teubner, Stuttgart.

Hake G, Grünreich D, Meng L (2002) Kartographie – Visualisierung raum-zeitlicher Informationen. 8. Aufl., de Gruyter, Berlin.

Hennermann K (2006) Kartographie und GIS – Eine Einführung. Wissenschaftliche Buchgesellschaft, Darmstadt.

Lange N de (2006) Geoinformatik in Theorie und Praxis. 2. Aufl., Springer, Berlin.

Lillesand TM, Kiefer RW, Chipman JW (2008) Remote Sensing and Image Interpretation. 6. Aufl., Wiley, Hoboken.

Saurer H, Behr FJ (1997) Geographische Informationssysteme – Eine Einführung. Wissenschaftliche Buchgesellschaft, Darmstadt.

Zitierte Literatur

Ahnert F (2003) Einführung in die Geomorphologie. 3. Aufl., Ulmer, Stuttgart.

Bork HR, Dalchow C (2000) Reliefaufnahme. In: Barsch H, Billwitz K, Bork HR (Hrsg.) Arbeitsmethoden in Physiogeographie und Geoökologie. Klett-Perthes, Gotha, Stuttgart, 143–172.

Bork, HR, Bork H, Dalchow C, Faust B, Piorr HP, Schatz T (1998) Landschaftsentwicklung in Mitteleuropa – Wirkung des Menschen auf Landschaften. Klett-Perthes, Gotha u. Stuttgart.

Coors V, Zipf A (Hrsg.) (2005) 3D-Geoinformationssysteme. Grundlagen und Anwendungen. Hüthig, Heidelberg.

Hajdas I (2008) Radiocarbon dating and ist applications in Quaternary studies. Eiszeitalter und Gegenwart 57(1–2), 2–24.

Herget J (2007) Feldmethoden der Physischen Geographie. In: Gebhardt H et al. (Hrsg.) Geographie – Physische Geographie und Humangeographie. Spektrum, Heidelberg, 97–101.

Leser H, Stäblein G (1985) Legend of the geomorphological map 1:25 000 (GMK 25) – fifth version in the GMK priority program of the Deutsche Forschungsgemeinschaft. Berliner Geographische Abhandlungen 39, 61–89.

Monmonier M (1996) Eins zu einer Million. Die Tricks und Lügen der Kartographen. Birkhäuser, Basel.

Nipper J (2007) Rechnen und Mathematikmachen: quantitative Analyseverfahren in der Geographie. In: Gebhardt H et al. (Hrsg.) Geographie – Physische Geographie und Humangeographie. Spektrum, Heidelberg, 123–134.

Radtke U, Schellmann G (2007) Datierungsmethoden. In: Gebhardt H et al. (Hrsg.) Geographie – Physische Geographie und Humangeographie. Spektrum, Heidelberg, 109–114.

Saurer H, Rosner HJ (2007) Kartographie – von Mercador zur virtuellen Welt. In: Gebhardt et al. (Hrsg.) Geographie – Physische Geographie und Humangeographie. Spektrum, Heidelberg, 134–147.

Schlichting E, Blume, HP, Stahr K (1995) Bodenkundliches Praktikum. Eine Einführung in pedologisches Arbeiten für Ökologen, insbesondere Land- und Forstwirte und Geowissenschaftler. 2. Aufl., Blackwell Wissenschafts-Verlag, Berlin, Wien, Oxford.

Sponagel H [Red.] (2005) Bodenkundliche Kartieranleitung. 5. Aufl., Bundesanstalt für Geowissenschaften und Rohstoffe in Zusammenarbeit mit den Staatlichen Geologischen Diensten der Bundesrepublik Deutschland (Hrsg.) Schweizerbart, Stuttgart.

Zepp H (2008) Geomorphologie. UTB, Paderborn.

Global Change und seine Risiken

13

13.1 Facetten des globalen Wandels

Globale Umweltveränderungen sind in den letzten Jahren zunehmend in den Blick der Öffentlichkeit gerückt. Dazu beigetragen haben Filme wie *The Day after Tomorrow*, wo durch das plötzliche Abreißen des Golfstroms eine neue Eiszeit über Nordamerika hereinbricht – selbstverständlich massenwirksam inszeniert durch Begleitphänomene wie Überschwemmungen und schwere Stürme –, oder auch Al Gores Dokumentarfilm *Eine unbequeme Wahrheit*, in dem der ehemalige amerikanische Vizepräsident vor den Folgen des Klimawandels warnt. Das gilt ebenso für Buchbestseller wie Frank Schätzings *Der Schwarm*, in dem die Folgen des globalen Wandels zu katastrophenartigen Weltuntergangsszenarien führen. Die negativen Auswüchse der modernen globalisierten Wirtschaft, insbesondere der industriellen Massenproduktion von Nahrungsmitteln, wurden im Kinofilm *We feed the World* thematisiert.

Dabei wird in der Öffentlichkeit eine Diskussion aufgegriffen, die in der Wissenschaft schon seit Ende der 1960er Jahre geführt wird. Auch wenn der Klimawandel mit seinen Ausprägungen besondere Aufmerksamkeit erfahren hat, werden unter dem Begriff Globaler Wandel weitere wichtige Themen verstanden. Zentrale Aspekte der Global-Change-Forschung stellen die Landnutzung und Landnutzungsänderungen etwa die Abholzung von Wäldern oder die Ausweitung und Intensivierung von landwirtschaftlichen Flächen dar. Eng damit verwoben sind Fragen der Boden- und Landschaftsdegradation sowie Desertifikation. Auch der Verlust an biologischer Vielfalt, der Rückgang von originären Wäldern im Boreal und in den Tropen sowie von Feuchtgebieten, die Überfischung der Weltmeere und die Verbreitung fremder Arten stellen zentrale Themenkreise dar, ebenso der Umgang mit Wasser und die Veränderung der globalen Stoffkreisläufe. Neben den Veränderungen des Kohlenstoffhaushalts wie er im Treibhauseffekt diskutiert wird, hat der Mensch bereits ebenfalls den Stickstoff- und den Phosphorkreislauf massiv verändert (vgl. Kapitel 9). Der Mensch steht mit seinen Konsumansprüchen, Werthaltungen und Verhaltensmustern für diese Eingriffe und Umgestaltungen. Während die physischen Umweltauswirkungen unter dem Begriff des Globalen Wandels geführt werden, zielt der Begriff der Globalisierung auf den anthropogenen Anteil dieser Entwicklung ab. Hierzu gehören geoökonomische Veränderungen wie die globalisierte industrielle und agrarische Produktion, geosoziale, geopolitische und geokulturelle Veränderungen, die Herausbildung von Megastädten, Fragen der Armut, Bildung, Partizipation, Ernährungssicherung und Gesundheit (Johnston et al. 2002, Glaser und Gebhardt 2007). Im Grunde lassen sich beide Themenfelder nicht voneinander trennen. In den letzten Jahren haben sich profunde Forschungsrichtungen herausgebildet, die sich mit dem Wechselverhältnis zwischen Mensch und Gesellschaft sowie der Umwelt befassen, etwa die Risikoforschung oder die Vulnerabilitäts- und Resilienzforschung.

Die massiven global ausgeprägten Veränderungen der menschlichen Lebensverhältnisse und insbesondere der menschlichen Umwelt, die durch das Wechselspiel zwischen menschlichen Aktivitäten und Prozessen der natürlichen Umwelt hervorgerufen werden, sind teils irreversibel und finden weltweit mit einer beschleunigten Dynamik statt (WBGU 1993, Mauser 2007, Glaser und Gebhardt 2007).

Charakteristisch ist hierbei ein räumliches Auseinanderklaffen von Ursache und Wirkung (*spatial lag*): Einzelne Handlungen können direkt oder indirekt auch in anderen Teilen der Welt gravierende Auswirkungen haben. So trägt jeder Deutsche beispielsweise durch seine Kraftfahrzeugnutzung dazu bei, dass die Bewohner von 20 000 km entfernten Inseln im Pazifik durch den Meeresspiegelanstieg in ihrer Lebensgrundlage bedroht sind. Das Schlagwort des *global village* oder auch die Maxime vom „globalen Denken und lokalen Handeln" werden am Phänomen des globalen Wandels besonders deutlich. Da das Verursacherprinzip nicht mehr greift, wird die politische Lösung der auftretenden Probleme erschwert. Lokales Handeln hat oft globale Effekte, wirkt

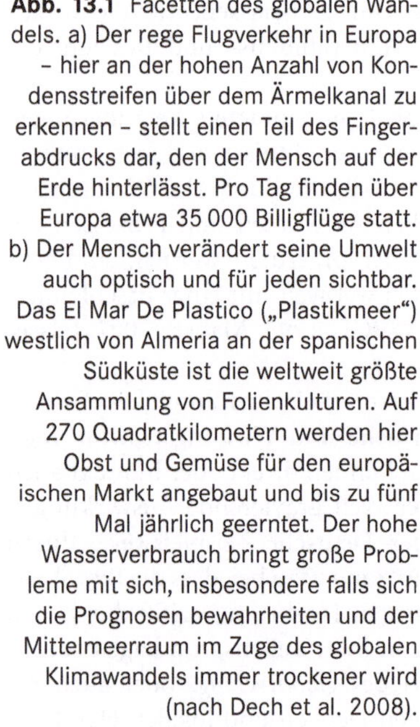

Abb. 13.1 Facetten des globalen Wandels. a) Der rege Flugverkehr in Europa – hier an der hohen Anzahl von Kondensstreifen über dem Ärmelkanal zu erkennen – stellt einen Teil des Fingerabdrucks dar, den der Mensch auf der Erde hinterlässt. Pro Tag finden über Europa etwa 35 000 Billigflüge statt. b) Der Mensch verändert seine Umwelt auch optisch und für jeden sichtbar. Das El Mar De Plastico („Plastikmeer") westlich von Almeria an der spanischen Südküste ist die weltweit größte Ansammlung von Folienkulturen. Auf 270 Quadratkilometern werden hier Obst und Gemüse für den europäischen Markt angebaut und bis zu fünf Mal jährlich geerntet. Der hohe Wasserverbrauch bringt große Probleme mit sich, insbesondere falls sich die Prognosen bewahrheiten und der Mittelmeerraum im Zuge des globalen Klimawandels immer trockener wird (nach Dech et al. 2008).

sich aber schließlich wieder lokal und regional aus. Der Globale Wandel ist damit auch ein spezifisches räumliches Skalenphänomen. Auf den verschiedenen Betrachtungsskalen sind sehr häufig unterschiedliche Reaktionsmechanismen zu beobachten, die unterschiedliche Herangehensweisen und Analyseschritte erfordert. Die Erforschung dieses räumlich differenzierten Reaktionsmusters (*regional response*) stellt gerade für die Geographie einen zentralen Forschungsgegenstand dar (Glaser und Kremb 2006, 2007).

Die Entkopplung von Ursache und Wirkung tritt nicht nur in räumlicher, sondern auch in zeitlicher Dimension auf (*time lag*). Dieses zeitliche Auseinanderfallen wird insbesondere beim Klimawandel deutlich: Durch die Pufferwirkung des Systems Erde werden die Folgen des Ausstoßes an Treibhausgasen erst verzögert sichtbar. Selbst wenn die Konzentrationen konstant auf dem Niveau des Jahres 2000 gehalten werden könnten, würde die globale Temperatur immer noch bis zum Ende des Jahrhunderts ungefähr um ein halbes Grad ansteigen. Die Folgen des heutigen Handels werden also erst in späteren Generationen sichtbar. Nachhaltiges Handeln hat also bei sämtlichen den Globalen Wandel betreffenden Handlungsmöglichkeiten Priorität.

Auch diese zeitliche Entkopplung stellt erhöhte Anforderungen an das politische Handeln (Glaser und Gebhardt 2007, Jacobeit 2008).

13.2 Menschliche Eingriffe ins System Erde

Die im Zuge des Global Change zu erforschenden Prozesse und Wechselwirkungen sind so komplex, dass einfache lineare monodisziplinäre Ansätze nicht genügen, sondern interdisziplinäre, multiperspektivische, systemare Ansätze erforderlich sind, um den Globalen Wandel in all seinen Facetten zu erfassen. Die **Global-Change-Forschung** steht also an der Schnittstelle zwischen Umweltanalyse und menschlicher Gesellschaft. Ihr Blick ist dabei insbesondere auf die Wechselwirkungen zwischen diesen Systemkomponenten und die daraus resultierenden Regelmechanismen gerichtet.

Die Erde stellt nach den Ergebnissen der **Erdsystemforschung** ein vernetztes und sich selbst regulierendes System dar, das jedoch graduelle sowie abrupte Änderungen erfahren und so seinen Zustand jederzeit verändern kann. Die komplexen Wirkungsmechanismen, die dieses System in einem dynamischen natürlichen Gleichgewichtszustand halten, können in Form von globalen Regelnetzen dargestellt werden (Abb. 13.2, Exkurs „Globale Regelnetze im Erdsystem"). Diese gehen über die reine Betrachtung von Stoffkreisläufen mit ihren Material- und Energieflüssen hinaus und vernetzen diese miteinander. Bei der Stabilisierung des Erdsystems über komplexe Rückkopplungsmechanismen spielt der belebte Teil der Erde, die Biosphäre, eine bedeutende Rolle. Durch Photosynthese und Transpiration stellt die Lebewelt einen bedeutenden Parameter im Kohlenstoff- und im Wasserkreislauf dar und vernetzt diese in vielfältiger Art und Weise.

Die Rückkopplungsmechanismen in solchen Regelnetzen beruhen auf physikalischen, chemischen oder biologischen Prozessen. Durch die atmosphärische und ozeanische Zirkulation sind die ablaufenden Prozesse über die gesamte Erde hinweg gekoppelt. So kann die Veränderung eines Parameters Auswirkungen auf weit entfernte Regionen oder auf die gesamte Erde haben. Allerdings gehören gerade die Rückkopplungsmechanismen zwischen Ozeanen und Atmosphäre zu den am wenigsten verstandenen Parametern, bei denen in Klimamodellen die höchsten Unsicherheiten bestehen (Steffen et al. 2004, Mauser 2007).

Trotz aller Stabilisierungsmechanismen ist im System Erde jedoch die Variabilität wesentlich höher, als lange angenommen. Die relativ kurze instrumentelle Messperiode mit relativ kleinen Variationen vermittelt hier mitunter ein falsches Bild. Veränderungen können dabei nicht nur graduell über lange Zeiträume, sondern auch vergleichsweise abrupt auftreten. Das Überschreiten eines kritischen Schwellenwertes (**Kipppunkt**) kann eine Kaskade von Veränderungen im System auslösen, die dieses in verhältnismäßig kurzer Zeit in einen neuen stabilen Gleichgewichtszustand versetzen. Es ist ein Anliegen der aktuellen Forschung, Parameter zu identifizieren, die unter bestimmten Bedingungen durch kleine Störungen einen Kipppunkt überschreiten und so ihren Zustand oder den Zustand des gesamten Systems Erde qualitativ verändern können (**Kippelemente**, Exkurs „Kippelemente im Klimasystem"). Der grönländische und der westantarktische Eisschild könnten nach der Ansicht vieler Wissenschaftler noch in diesem Jahrhundert einen Kipppunkt überschreiten und damit große globale Veränderungen auslösen. Die atlantische thermohaline Zirkulation, deren Instabilität durch den Katastrophenfilm *The Day After Tomorrow* weltweit in die Schlagzeilen geriet, wird dagegen nach den meisten Klimamodellen in diesem Jahrhundert keine abrupte Veränderung erfahren, allerdings kann es hier zu graduellen Änderungen kommen, die im nächsten Jahrhundert zum Überschreiten eines kritischen Schwellenwertes führen könnten. Generell bestehen hinsichtlich der Erforschung und der Modellierung von nichtlinea-

Globale Regelnetze im Erdsystem

Die verschiedenen Kompartimente des Systems Erde sind durch zahlreiche positive und negative Wechselwirkungen miteinander verbunden. In Abb. 13.2 ist ein daraus entstehendes globales Regelnetz beispielhaft dargestellt. Eine Erhöhung der CO_2-Konzentration der Atmosphäre führt über den Treibhauseffekt zu einer Erhöhung der Temperatur. Sowohl die „CO_2-Düngung" als auch die Temperaturerhöhung wirken sich positiv auf das Pflanzenwachstum aus. Gleichzeitig führen die höheren Temperaturen zu einer stärkeren Verdunstung und intensivieren damit den Wasserkreislauf, was ebenfalls einen positiven Effekt auf das Pflanzenwachstum hat. Aus feuchteren, eher mit Vegetation bedeckten Böden wird weniger Staub ausgetragen. Da das marine Phytoplankton auf die Nährstoffe aus angewehtem Staub angewiesen ist, wird dessen Produktivität reduziert.

Dadurch wird weniger Kohlendioxid gebunden und in lebender oder toter Biomasse in den Ozeanen gespeichert. Dies führt letztendlich zu einem steigenden CO_2-Gehalt der Atmosphäre.

Im dargestellten Regelnetz findet also eine positive Rückkopplung statt: Ein erhöhter CO_2-Gehalt führt über ein komplexe Wirkungsmechanismen zu einem weiteren Anstieg des CO_2-Gehalts. Solche Regelmechanismen werden als Erklärung für den parallelen Anstieg von Temperaturen und Kohlendioxidgehalt der Atmosphäre am Ende der letzten Eiszeit herangezogen. Das dargestellte Regelnetz ist ein relativ einfaches Beispiel für Regelmechanismen im System Erde. Eine reine Betrachtung der scheinbar abgeschlossenen Stoffkreisläufe reicht nicht aus, um die komplexen Wirkungsgefüge zu erklären, die zum globalen Wandel beitragen.

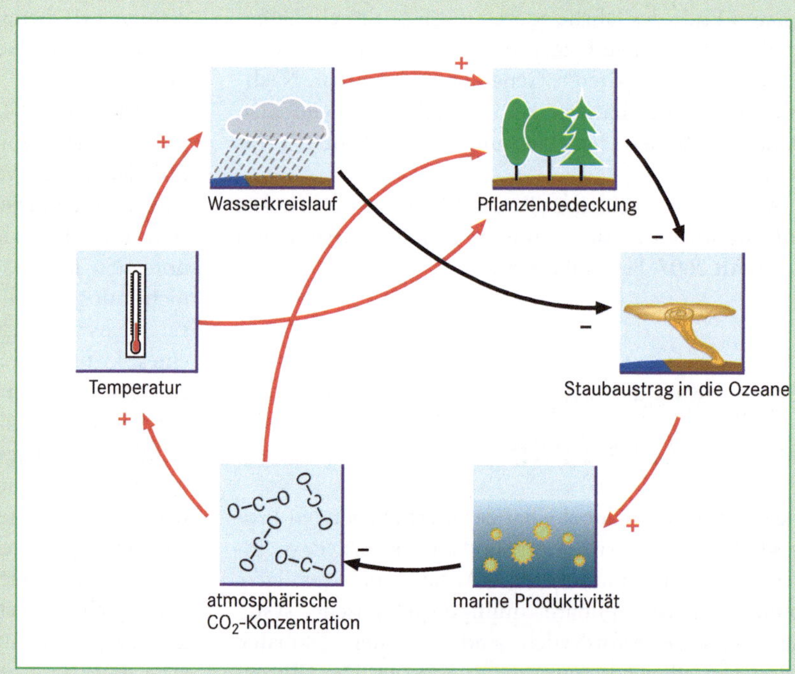

Abb. 13.2 Schematische Darstellung eines globalen Regelnetzes im Erdsystem. Die roten Pfeile bedeuten einen verstärkenden, die schwarzen Pfeile einen hemmenden Einfluss (verändert nach Ridgewell und Watson 2002).

ren Prozessen im Klimasystem sowie von dabei vorhandenen Rückkopplungsmechanismen noch große Unsicherheiten, insbesondere was Geschwindigkeit und Verlauf betrifft (Lenton et al. 2008, IPCC 2007a).

Der Mensch greift immer stärker in dieses stabile, aber dennoch dynamische und variable System Erde ein (Abb. 13.3).

Durch die Rodung von Wäldern und die Umwidmung der Flächen in landwirtschaftliche Nutzflächen, Siedlungs-, Industrie- oder Verkehrsflächen verändert der Mensch die **Landnutzung** in starkem Maß. Fast 50% der Landoberfläche ist mittlerweile anthropogen beeinflusst (Steffen et al. 2004). Dabei haben insbesondere die Flächen ungenutzten Landes sowie Waldflächen seit der zweiten Hälfte des 19. Jahrhunderts stark abgenommen (Abb. 13.4). Dahingegen hat sich das Weideland stark ausgedehnt, während sich Ackerland eher moderat ausgebreitet hat.

Kippelemente im Klimasystem

Der Kino-Kassenschlager *The Day After Tomorrow* behandelt ein Klima-Katastrophenszenario, bei dem, ausgelöst durch das Versiegen des Nordatlantikstroms, die Nordhalbkugel rapide abkühlt und innerhalb weniger Tage komplett vereist. Wenn auch das außerordentliche Tempo und die Begleiterscheinungen dieses Szenarios – insbesondere Tsunami-ähnliche Flutwellen, Mega-Tornados und Super-Stürme – aus wissenschaftlicher Sicht unrealistisch erscheinen, so steckt doch ein wahrer Kern hinter den im Film dargestellten Entwicklungen. Der in Richtung Europa reichende Ast des Golfstroms, der Nordatlantikstrom, transportiert warmes Oberflächenwasser in die kühleren Gebiete im nördlichen Europa und bewirkt dort eine Milderung des Klimas im Vergleich zu auf ähnlichen Breitengraden liegenden Gebieten beispielsweise in Nordamerika. Er wird von zwei Faktoren angetrieben: Das Wasser kühlt sich auf seinem Weg nach Norden ab und wird dadurch schwerer. Zum anderen wird die Dichte des Wassers durch die Verdunstung und den dadurch zunehmenden Salzgehalt erhöht. Da das dichtere Wasser nach unten sinkt, kommt eine Strömung zustande, die wegen ihrer Antriebsfaktoren als **thermohaline Zirkulation** bezeichnet wird.

Eine Temperaturerhöhung des Oberflächenwassers in höheren Breiten aufgrund der globalen Erwärmung oder ein Zufluss von Süßwasser durch das Schmelzen des arktischen und des grönländischen Eisschildes könnten die Dichte des Wassers verringern und der Nordatlantikstrom könnte so seine Antriebspumpe verlieren. Alle gängigen Klimamodelle sagen einen Kollaps des Nordatlantikstroms bei Überschreiten eines kritischen Schwellenwertes voraus. Allerdings gehen die Prognosen bei der Frage nach der Reversibilität dieses Prozesses und der Frage, wann und in welchem Tempo eine solche Änderung vor sich gehen könnte, weit auseinander. Nach Berechnungen der meisten Modelle würde ein Kollaps der thermohalinen Zirkulation einen Zeitraum von mehreren Dekaden in Anspruch nehmen, wobei der kritische Schwellenwert im 21. Jahrhundert nicht erreicht wird. Außerdem würde selbst ein kompletter Zusammenbruch des Nordatlantikstroms nicht zu einer neuen Eiszeit in Nordeuropa und Nordamerika führen, sondern lediglich die Folgen der globalen Erwärmung, die sich in den nördlichen Breiten besonders stark bemerkbar macht, ein wenig abmildern.

Der grönländische Eisschild könnte dagegen nach Ansicht vieler Wissenschaftler noch in diesem Jahrhundert einen Kipppunkt überschreiten. Eis hat eine höhere Albedo als die Landoberfläche. Durch das Schmelzen des Eisschilds wird also weniger Strahlung reflektiert, was zu einer Erwärmung und damit zur weiteren Eisschmelze führt (**Eis-Albedo-Rückkopplung**). Ein kritischer Schwellenwert für die globale Temperaturerhöhung liegt hier bei 1,9–4,6 °C, also durchaus in einem Temperaturbereich, den die verschiedenen IPCC-Szenarien als realistisch für das 21. Jahrhundert ansehen (IPCC 2007a, Lenton et al. 2008).

Die **Veränderungen biogeochemischer Kreisläufe** wurden in Kapitel 9 angesprochen. Insbesondere in den Stickstoffkreislauf greift der Mensch massiv ein. Mittlerweile übersteigt die anthropogene die natürliche Stickstofffixierung (Abb. 13.5). Dabei ergeben sich auch regional ausgeprägte Unterschiede, wobei die *Hotspots* des Stickstoffeintrags in Europa, Indien, Ostasien und in den agrarisch intensiv genutzten Flächen im mittleren Westen der USA liegen (Abb. 13.6).

Auch in den Kohlenstoffkreislauf hat der Mensch seit der Industrialisierung eingegriffen. Der Kohlendioxidgehalt der Luft ist in diesem Zeitraum von 280 auf 379 ppm angestiegen, der Methangehalt von 715 ppb auf 1 732 ppb (IPCC 2007a). Während derzeit noch mehr als die Hälfte des zusätzlichen Kohlendioxids durch die terrestrische Biosphäre, die Böden und die Ozeane abgefangen wird, könnten sich diese derzeitigen Senken noch im 21. Jahrhundert zu Kohlenstoffquellen verwandeln. Dies ist auf die verstärkte Atmung der Lebewesen unter dem Einfluss von steigenden Temperaturen und intensiviertem Wasserkreislauf sowie auf die veränderte Löslichkeit von CO_2 in Wasser bei höheren Temperaturen zurückzuführen. Auch dieser Wechsel könnte sich relativ abrupt in einem Zeitraum von zwanzig Jahren vollziehen (IPCC 2007a; Steffen et al. 2004).

Der Wasserkreislauf ist ebenfalls stark durch menschliche Aktionen beeinflusst. Mehr als die Hälfte der zugänglichen Süßwasservorräte wird direkt oder indirekt vom Menschen genutzt. Selbst unterirdische fossile Süßwasserreservoire werden angegriffen. Beispielsweise wird beim Great-Man-Made-River-Projekt in Libyen die Küstenregion, u. a. die Großstadt Tripolis, über Wasserpipelines mit fossilem Grundwasser aus der Tiefe versorgt.

Veränderungen in der Artenzusammensetzung der Biosphäre sind teils auf die agrarische Nutzung von Flächen, teils auf die gezielte Jagd von Lebewesen oder den Fischfang zurückzuführen. Insbesondere durch die Abholzung der tropischen Regenwälder um ca. 35% seit 1750 hat sich die Artenvielfalt auf der Erde stark verringert (Mauser 2007). Auch die Küsten und die Meere wurden durch Eingriffe der Menschen stark verändert,

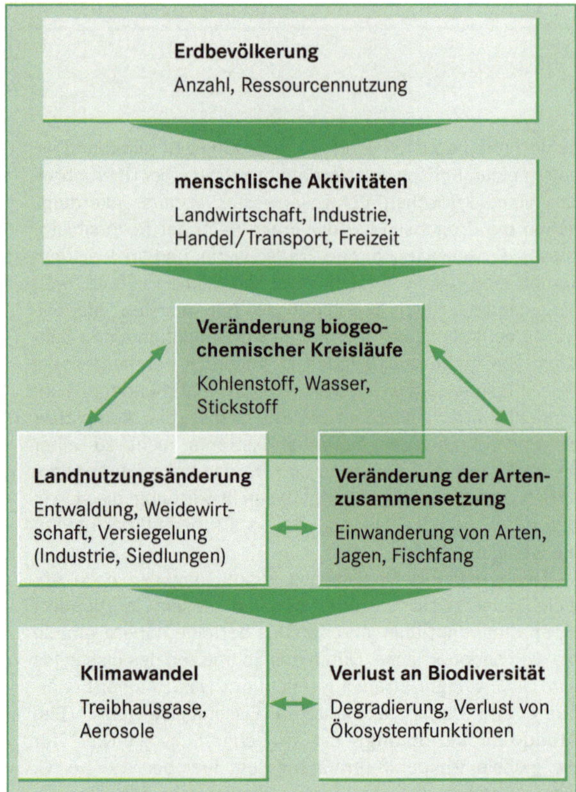

Abb. 13.3 Schematische Darstellung der Eingriffe des Menschen in das Erdsystem (verändert nach Steffen et al. 2004).

beispielsweise ist nur noch die Hälfte der ursprünglichen Mangroven vorhanden (Abb. 13.8).

Alles in allem greift der Mensch also in teils unvorhersehbarem Maße in die im System Erde ablaufenden Prozesse ein. Sein Handeln hat dabei vielfältige Folgen, auf die im nächsten Abschnitt ausführlich eingegangen werden soll.

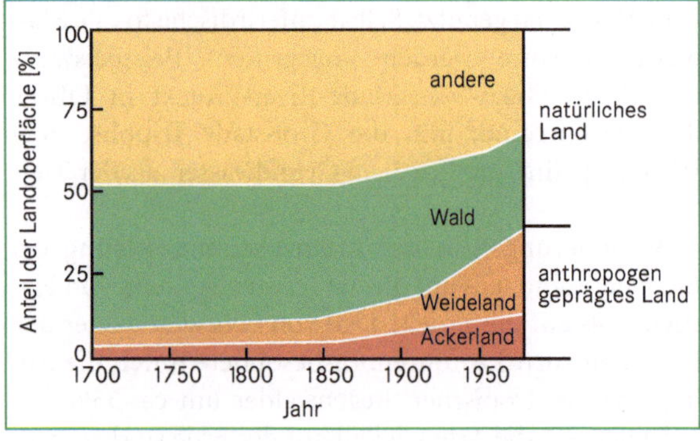

Abb. 13.4 Entwicklung der globalen Landnutzung von 1700 bis heute (verändert nach Steffen et al. 2004).

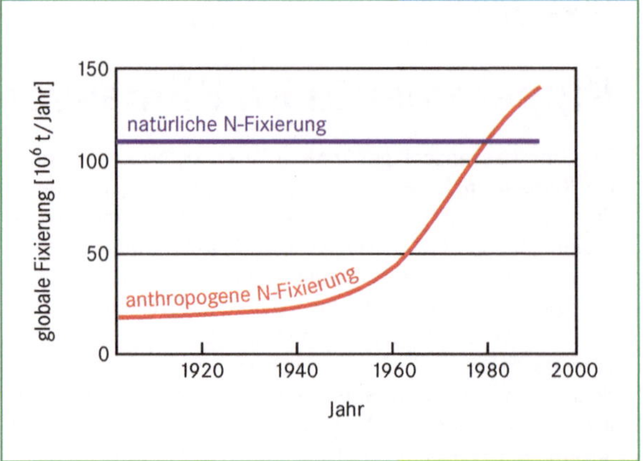

Abb. 13.5 Vergleich der zeitlichen Entwicklung der natürlichen und anthropogenen Stickstofffixierung (verändert nach Vitousek 1994).

13.3 Syndromkonzept

Es gibt zahlreiche Versuche, die Folgen der vielfältigen menschlichen Eingriffe in das System Erde zu systematisieren. Ein sehr facettenreiches, aber dennoch einprägsames Schema stellt das vom Wissenschaftlichen Beirat der Bundesregierung Globale Umweltveränderungen (WBGU) entwickelte **Syndromkonzept** dar. Danach lassen sich auf globaler Ebene bestimmte Umweltdegradationsmuster identifizieren, die durch für bestimmte Regionen typische Muster der Interaktionen zwischen Mensch und Umwelt zustande kommen. Diese Syndrome sind „unerwünschte charakteristische Konstellationen von natürlichen und zivilisatorischen Trends und ihren Wechselwirkungen, die sich geographisch explizit in vielen Regionen dieser Welt identifizieren lassen" (WBGU 1996). Allen diesen globalen Krankheitsbildern ist gemeinsam, dass die nicht-nachhaltige Nutzung von Naturressourcen zu komplexen Interaktionsmustern führt, die Schädigungen in verschiedenen Sektoren (wie Wirtschaft, Biosphäre, Bevölkerung) bzw. Umweltmedien (Wasser, Luft, Boden) hervorrufen. Alle diese Syndrome sind für mehrere Regionen der Erde typisch, manche modifizieren sogar das gesamte System Erde und haben somit globalen Charakter. In solchen Fällen sind globale Ansätze zur Lösung der Probleme erforderlich. Auch wenn die Umweltdegradationsmuster grundsätzlich unabhängig voneinander vorhanden sind, so treten sie doch häufig in Wechselwirkungen zueinander. So kann ein Syndrom ein anderes bedingen bzw. verstärken oder auch abschwächen.

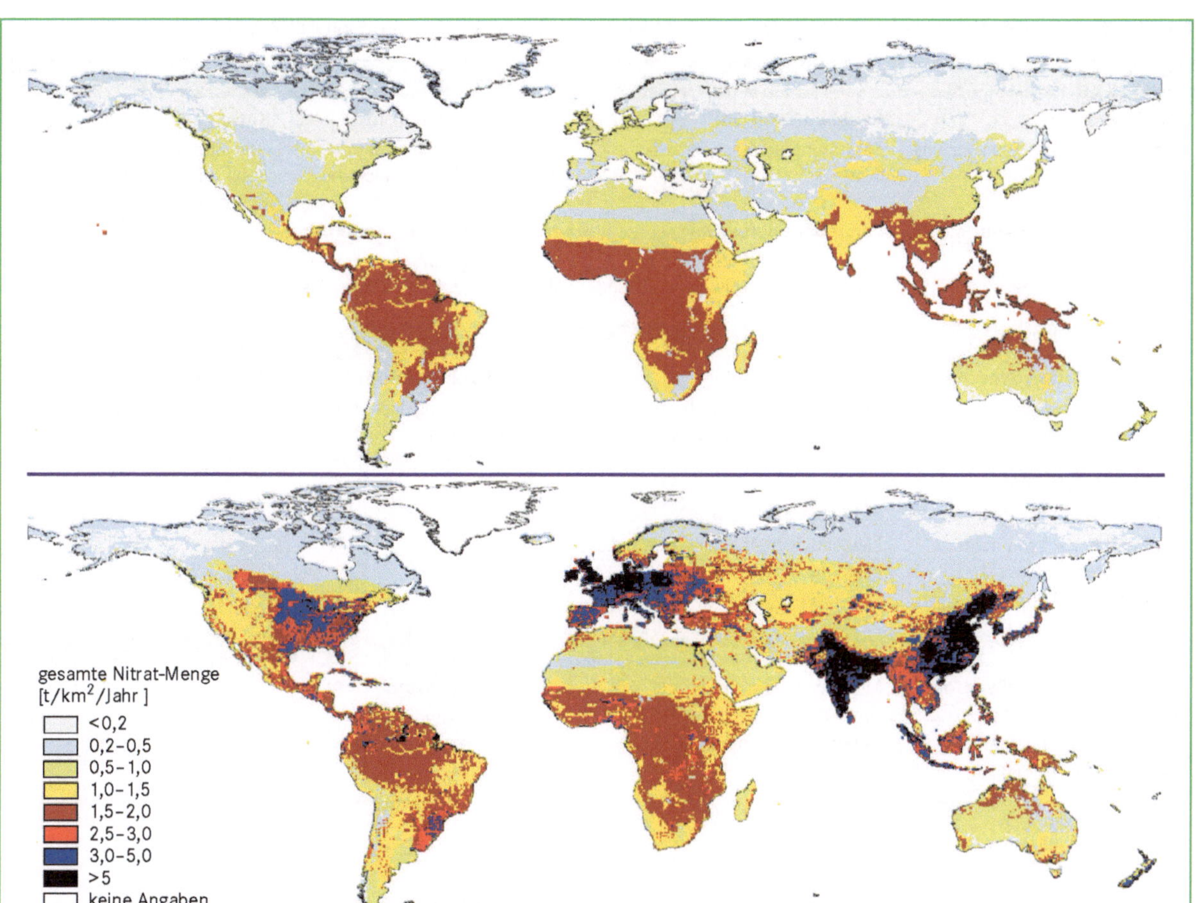

Abb. 13.6 Verteilung des Eintrags an reaktivem Stickstoff in vorindustrieller Zeit (vor 1700, oben) und in der Gegenwart (1995, unten) in Tonnen Nitrat pro Quadratkilometer und Jahr (verändert nach Green et al. 2004).

Abb. 13.7 In den 1970er Jahren wurde die Shrimpszucht in der Entwicklungshilfe als Chance für viele Schwellen- und Entwicklungsländer gesehen. Mit Hilfe von Fördergeldern entstanden so – beispielsweise im Golf de Fonseca an der Pazifikküste von Honduras – Zuchtbecken für Shrimps-Aquakulturen. Die Mangrovenwälder, die 1976 noch vollkommen intakt waren (linkes Bild) wurden in der Folge zu großen Teilen zerstört, obwohl sie einen natürlichen Lebensraum für zahlreiche Jungfische und Larvenstadien der Meeresfauna darstellen. Es entstanden Beckenanlagen große Beckenanalgen (mittleres Bild). Diese waren jedoch schon nach wenigen Jahren durch die Abwässer der Shrimps-Monokulturen so stark verschmutzt, das sie aufgegeben werden mussten und nur unfruchtbare Flächen voll Schlamm zurückblieben (rechtes Bild) (aus Dech et al. 2008).

Tabelle 13.1 Ausgewählte Syndrome des globalen Wandels (verändert nach Glaser und Gebhardt 2007).

unangepasste Nutzung von natürlichen Ressourcen			
Sahel-Syndrom	**Raubbau-Syndrom**	**Dust-Bowl-Syndrom**	**Katanga-Syndrom**
landwirtschaftliche Übernutzung marginaler Standorte	Zerstörung natürlicher Ökosysteme	Umweltdegradation durch industrielle Landwirtschaft	Umweltdegradation durch Abbau nicht erneuerbarer Ressourcen
Verbrannte-Erde-Syndrom	**Landflucht-Syndrom**	**Massentourismus-Syndrom**	
Umweltzerstörung durch militärische Nutzung	Umweltdegradation durch die Aufgabe traditioneller Landnutzung	Schädigung von Naturräumen durch den globalen Tourismus	
nicht nachhaltige Entwicklungsprozesse			
Grüne-Revolution-Syndrom	**Aralsee-Syndrom**	**Kleine-Tiger-Syndrom**	**Favela-Syndrom**
Umweltprobleme durch Verbreitung standortfremder landwirtschaftlicher Produktionsverfahren	Umweltprobleme durch großflächige Umgestaltung von Naturräumen	Vernachlässigung ökologischer Standards in rasch wachsenden Wirtschaftsräumen der Dritten Welt	Umweltdegradation und Verelendung in Städten durch ungeregelte Urbanisierung
Havarie-Syndrom	**Suburbia-Syndrom**		
singuläre menschgemachte Umweltkatastrophen mit Langzeitwirkung	Landschaftsschädigung durch die geplante Expansion von städtischen Agglomerationen		
unangepasste Entsorgung von Stoffen in Umweltmedien			
Hoher-Schornstein-Syndrom	**Müllkippen-Syndrom**	**Altlasten-Syndrom**	
Umweltdegradation durch weiträumige Verteilung oft langlebiger Wirkstoffe	Umweltdegradation durch Deponierung von Abfällen	Umweltdegradation im Einzugsbereich von Altindustriestandorten	

Der WBGU hat 16 solcher Erdkrankheiten identifiziert, die sich in drei Gruppen zusammenfassen lassen (Tab. 13.1):

- Zur **Syndromgruppe Nutzung** gehören Syndrome, die sich durch einen unangepassten Gebrauch von Naturressourcen ergeben.
- Die **Syndromgruppe Entwicklung** beinhaltet die Krankheitsbilder, die aufgrund von nicht-nachhaltigen Entwicklungsprozessen entstehen.
- In der **Syndromgruppe Senken** werden durch unsachgemäße Entsorgung von Zivilisationsgütern zustande gekommene Umweltdegradationsmuster zusammengefasst.

Aus der Syndromgruppe Nutzung soll hier beispielhaft das **Sahel-Syndrom** besprochen werden. Darunter werden das Ausweichen auf marginale Standorte, an denen die landwirtschaftliche Inwertsetzung nur begrenzt möglich ist, und die daraus resultierende Übernutzung eben dieser Gebiete zusammengefasst. Dies führt zur Degradation der vorhandenen Böden durch Erosion, Fertilitätsverlust und Versalzungserscheinungen. Holzpflanzen werden für die Brennholzgewinnung gerodet, so dass deren vielfältige positive Eigenschaften nicht mehr zum Tragen kommen. Typischerweise sind vom Sahel-Syndrom solche Regionen betroffen, in denen verarmte ländliche Bevölkerungsgruppen dazu gezwungen sind, den Anbau auf der bisherigen Fläche zu intensivieren und selbst vorhandene marginale Standorte intensiv zu nutzen, um ihr Überleben zu sichern. Traditionelle nachhaltige Bewirtschaftungsformen wie verschiedene Fruchtfolgesysteme oder das Einhalten von Brachezeiten werden dabei oft aufgegeben. In der Folge verarmt die Bevölkerung, es kommt zu Landflucht und zu einer steigenden Anfälligkeit gegenüber Nahrungskrisen sowie im Extremfall zu politischen und sozialen Unruhen. Im für das Syndrom namensgebenden Sahelgebiet ist inzwischen mehr als die Hälfte der Bevölkerung akut von Hunger bedroht. Auch die Degradation von marginalen Standorten durch den Brandrodungsfeldbau (*shifting cultivation*), beispielsweise im Süden Thailands, ist ein Beispiel für das Sahel-Syndrom.

Unter den verschiedenen Syndromen, die in der Gruppe Entwicklung zusammengefasst werden, ist das **Aralsee-Syndrom** sehr populär. Hier werden Schädigungen zusammengefasst, die durch großflächige und planmäßige Eingriffe in die Natur entstehen. Meist handelt es sich dabei um großtechnische Anlagen wie Staudämme oder Bewässerungsprojekte, die mit hohem Kapitaleinsatz zur Erreichung strategischer Ziele geplant

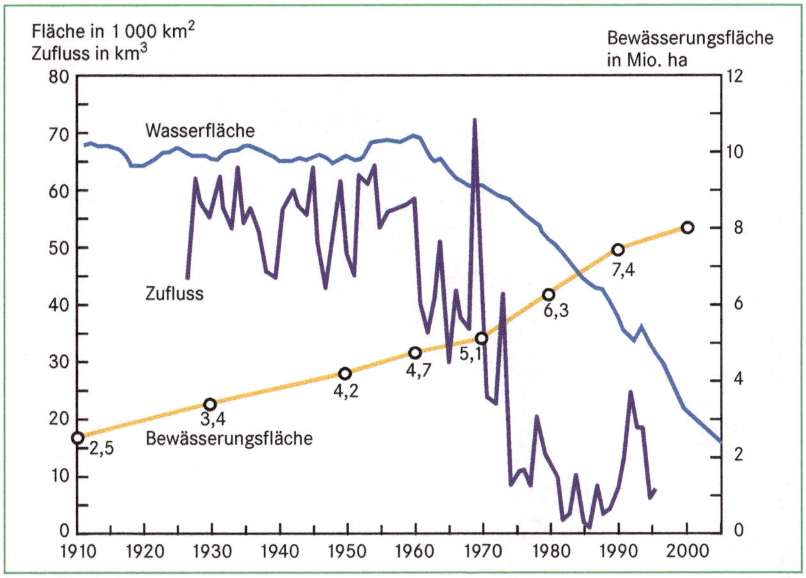

Abb. 13.8 Entwicklung von Bewässerungsfläche im Aralsee-Becken sowie Entwicklung des Wasserzuflusses und der Wasseroberfläche des Aralsees 1910 bis 2005. Aus Giese u. Sehring 2007 (verändert nach Micklin und Williams 1996).

und umgesetzt werden. Aber auch großflächige Flurbereinigungsprojekte können in diese Syndromgruppe fallen. Bei der Planung dieser Projekte sind meist die natürlichen, im Ökosystem ablaufenden Prozesse außer Acht gelassen worden, so dass es zu unvorhergesehenen Auswirkungen und Degradationserscheinungen kommt. Am namengebenden Aralsee kann dieses Syndrom in seiner idealtypischen Ausprägung beobachtet werden. Der ehemals viertgrößte Süßwassersee der Erde wurde früher intensiv zum Fischfang und zu touristischen Zwecken genutzt. Um die Region für die Baumwollproduktion in Wert zu setzen, wurden die Zuflüsse des Aralsees in sowjetischer Zeit für ein groß angelegtes Bewässerungssystem angezapft. Seitdem ist der See wegen der kaum noch vorhandenen Zuflüsse um rund vier Fünftel seiner ursprünglichen Fläche und ein Zehntel seines ursprünglichen Volumens geschrumpft (Abb. 13.8). Mittlerweile hat er sich in einen kleinen nördlichen und einen größeren südlichen Teil getrennt (Abb. 13.9). Der Salzgehalt des Wassers hat sich verfünffacht und in den verlandeten Teilen hat sich eine dicke Salzkruste gebildet, eine neue Wüste ist entstanden. Vom ehemaligen Seeboden wird salzhaltiger Staub ausgeweht und bis zu 500 km weit verfrachtet. Fast alle in der Region ursprünglich vorhandenen Tier- und Pflanzenarten sind ausgestorben, insbesondere alle 34 einst im See existenten Fischarten. Auch das ohnehin kontinental-aride Klima verschlechtert sich weiter. Durch den massiven Einsatz von Herbiziden, Pestiziden und Düngern im Baumwollanbau ist mittlerweile auch das Trinkwasser der Region stark belastet. Eine der höchsten Kindersterblichkeitsraten im Land und eine überdurchschnitt-

lich hohe Zahl an Missbildungen und Krankheiten wie Blutarmut, Typhus, Hepatitis und Krebs sind die Folge. Durch den Zusammenbruch der Fischereiwirtschaft verschlimmern sich die sozialen Probleme in der Region zusätzlich. Sämtliche nach dem Zusammenbruch der Sowjetunion geplanten Hilfsprogramme sind nicht in der Lage, die Probleme zu lösen. Für eine Modernisierung der veralteten und uneffektiven Bewässerungsanlagen fehlen die Mittel, und auch Umstrukturierungen in der Landwirtschaft waren wegen der großen Bedeutung des Baumwollanbaus nicht möglich. Zusätzlich erschweren organisatorische Probleme bei der Umsetzung der Hilfsprogramme sowie politische Barrieren die Lösung der Probleme (Giese und Sehring 2007, Dech et al. 2008, Conrad 1999, Sladkevich 2009).

Der Aralsee stellt aber bei Weitem nicht das einzige Beispiel dar, in dem aufgrund eines fehlenden Verständnisses für Systemprozesse die Auswirkungen eines Großprojekts nur ungenügend bedacht wurden. Auch bei zahlreichen Staudammprojekten wie beispielsweise dem Drei-Schluchten-Projekt, dem Hoover- oder dem Assuan-Staudamm wurden ökologische und ökonomische Folgen nur ungenügend in die Planung einbezogen (WBGU 1996).

Aus der Syndromgruppe Senken soll das **Hoher-Schornstein-Syndrom** hervorgehoben werden, das im Gegensatz zu den vorher beschriebenen mitunter einen globalen Charakter aufweist. Es beschreibt die Fernwirkung, die stoffliche Emissionen durch ihre Entsorgung in die Luft oder auch in das Wasser haben können. Es kann so – je nach Schadstoff – zu lokaler, regionaler oder globaler Verteilung kommen. Die emittierten Stoffe

13

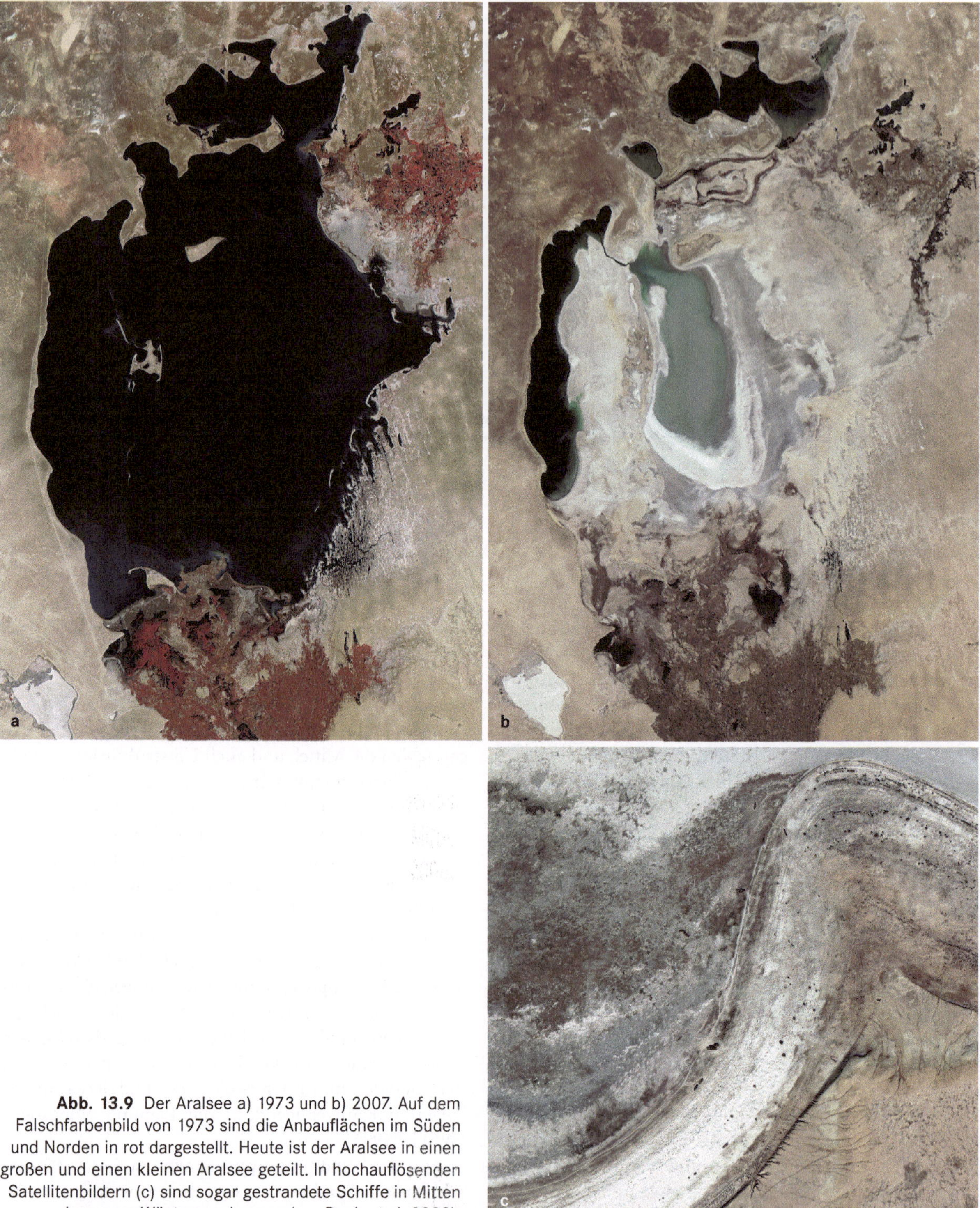

Abb. 13.9 Der Aralsee a) 1973 und b) 2007. Auf dem Falschfarbenbild von 1973 sind die Anbauflächen im Süden und Norden in rot dargestellt. Heute ist der Aralsee in einen großen und einen kleinen Aralsee geteilt. In hochauflösenden Satellitenbildern (c) sind sogar gestrandete Schiffe in Mitten der neuen Wüste zu erkennen (aus Dech et al. 2008).

können ebenso entweder auf regional begrenzte Systeme wirken, wie es bei der Anreicherung von Säuren im Boden durch die Freisetzung von Stickstoff- und Schwefeloxiden der Fall ist, oder wie beim Ozonloch oder dem Treibhauseffekt Effekte im gesamten System Erde zur Folge haben (WBGU 1996). Am Ozonabbau durch Fluorchlorkohlenwasserstoffe (FCKW), der mit diesem Syndrom verbunden ist, wird besonders deutlich, wie unvorhersehbar die Effekte menschlicher Handlungen sein können. Hier ist die Menschheit offenbar nur knapp einer Katastrophe entgangen. Wären als Treibgase bzw. Kältemittel in Spraydosen und Kühlschränken anstatt der üblichen Fluorchlorkohlenwasserstoffe (FCKW) bromhaltige Stoffe verwendet worden, hätte dies wesentlich gravierendere Folgen für die stratosphärische Ozonkonzentration gehabt. Die Bromverbindungen hätten die Ozonschicht ungefähr 100-mal stärker zerstört, als es bei den eingesetzten Chlorverbindungen der Fall war. In der Folge hätte sich schon während der 1970er Jahre ein ganzjähriges, weltumspannendes Ozonloch entwickelt, also schon bevor Chemiker überhaupt die nötigen wissenschaftlichen Erkenntnisse zur Analyse des Problems und noch weniger zum Entwickeln von Gegenmaßnahmen erlangt hatten (Crutzen 1995, Steffen et al. 2004).

Durch das Syndromkonzept des WBGU werden also globale Zusammenhänge in ihrer Komplexität verdeutlicht und gleichzeitig strukturiert. Dies geschieht in einem ganzheitlichen Ansatz über Fächergrenzen hinweg. Auch die Dynamik der verschiedenen Problemmuster in Vergangenheit, Gegenwart und Zukunft werden aufgezeigt. Das Konzept hat weiterhin den Vorteil, dass sich aus den analysierten Prozessen und Interaktionsmustern direkte Handlungsoptionen ergeben. Insbesondere wird durch das Konzept der Begriff des nachhaltigen Handelns operationalisiert: Die jedem Syndrom zugrunde liegenden Wirkungsgefüge können als Indikatoren für die Nachhaltigkeit von Entwicklungen verstanden werden (vgl. Kapitel 11). Der Syndromansatz hat aber auch Kritik erfahren. Für viele stehen die physischen Faktoren zu sehr im Vordergrund, während die entscheidenden anthropogenen Einflüsse zu wenig Beachtung finden.

13.4 Der globale Klimawandel und seine Folgen

Der Klimawandel stellt einen Kernaspekt des Global Change dar. Spätestens seit der Veröffentlichung des 4. Sachstandsberichts des IPCC im Jahr 2007 ist das Problem in der Öffentlichkeit als solches anerkannt und wird kontrovers in den Medien diskutiert. Der IPCC (*Intergovernmental Panel on Climate Change*), ein vom Umweltprogramm der UN (UNEP) und der *World Meteorological Organization* (WMO) ins Leben gerufener Ausschuss, trägt in seinen *Assessment Reports* die aktuellsten wissenschaftlichen Forschungsergebnisse zum Klimawandel zusammen. Im 4. Sachstandsbericht stellt der IPCC nun klar, dass eine globale Erwärmung eindeutig festzustellen ist und dass ein großer Teil dieser Erwärmung sehr wahrscheinlich auf anthropogene Treibhausgasemissionen zurückzuführen ist (IPCC 2007a, b). Dieses Statement wird durch die Ergebnisse von Simulationen der Temperaturen des letzten Jahrhunderts mithilfe von Klimamodellen begründet (vgl. Kapitel 5): Modelle, die nur natürliche Einflüsse in Betracht ziehen, können die beobachteten Variationen im letzten Jahrhundert nicht erklären, während solche, die auch den Klimafaktor Mensch berücksichtigen, einen Temperaturverlauf angeben, der den beobachteten Werten stark ähnelt (Schönwiese 2009). Insbesondere das Argument vieler Klimaskeptiker, dass eine erhöhte Sonnenfleckenhäufigkeit und die damit verbundene erhöhte solare Aktivität für die globale Erwärmung verantwortlich ist, konnten die Forscher durch Modellsimulationen und den Vergleich mit den entsprechenden tatsächlichen Messwerten entkräften. Die Temperaturen nehmen nämlich insbesondere in der Troposphäre zu, während die Stratosphäre eher abkühlt. Falls eine erhöhte solare Aktivität für die Erwärmung verantwortlich wäre, müsste die Erwärmung in der gesamten Atmosphäre jedoch relativ gleichmäßig ausfallen (IPCC 2007a, Jacobeit 2008).

Die bisher beobachtete globale Erwärmung kann an folgenden Fakten festgemacht werden (IPCC 2007a, Schönwiese 2009, Jacobeit 2008):

- Die durchschnittliche bodennahe globale Lufttemperatur hat zwischen 1909 und 2008 um 0,75 °C zugenommen, wobei die Temperaturerhöhung der letzten 50 Jahre ungefähr doppelt so hoch ist wie die der letzten 100 Jahre.
- In der Arktis war die Erwärmung ungefähr doppelt so hoch wie im globalen Mittel. Das dortige Meereis ist seit 1978 um 8% pro Jahr zurückgegangen. In der Antarktis ist bisher kein Rückgang des Meereises zu beobachten, langfristig zeigt sich sogar eine leichte Zunahme.
- Der Meeresspiegel ist im letzten Jahrhundert um 17 cm angestiegen, in den Jahren 1993 – 2003 hat sich der Anstieg auf 3,1 mm pro Jahr beschleunigt.

Interessant ist dabei ein Blick auf die Faktoren des Meeresspiegelanstiegs. Die thermische Ausdehnung des Wassers trägt zu mehr als der Hälfte des Anstiegs bei, wohingegen die Schmelze von Gletschern und Eiskappen nur etwa zu einem Viertel verantwortlich ist. Der grönländische Eisschild hat einen wesentlich geringeren Einfluss auf die Erhöhung des Meeresspiegels, der antarktische Eisschild wird mitunter sogar als anwachsend und damit als meeresspiegelsenkend eingeschätzt. Das Schmelzen von Meereis wirkt sich dagegen nicht auf den Meeresspiegel aus.

Die Frage, wie sich unser Klima in Zukunft verändern wird, wird häufig diskutiert. Dabei ist es schwierig, verlässliche Aussagen zu machen, da die zukünftige Klimaentwicklung sehr stark von wirtschaftlichen und sozialen Gegebenheiten abhängt. Deren Vorhersage ist ebenso schwierig wie eine Prognose über die Entwicklung der natürlichen Antriebsfaktoren. Außerdem ist es trotz vieler Verbesserungen in den letzten Jahren immer noch schwierig, die komplexen Prozesse der Atmosphäre adäquat in Modellen abzubilden (für eine detailliertere Darstellung zu Klimamodellen vgl. Kapitel 5). Zukünftige Entwicklungen können also nur auf Basis verschiedener Szenarien, die von unterschiedlichen wirtschaftlichen Entwicklungen ausgehen, simuliert werden. Man geht derzeit von folgenden zukünftigen Entwicklungen aus (Jacobeit 2008; IPCC 2007a):

- Die globalen Durchschnittstemperaturen werden je nach Emissionsszenario bis zum Ende des 21. Jahrhunderts um $1{,}1-6{,}4\,°C$ ansteigen, wobei mittlere Szenarien eine Temperaturerhöhung von $2{,}8\,°C$ angeben.
- Selbst wenn sämtliche Treibhausgaskonzentrationen auf dem Wert des Jahres 2000 eingefroren würden, würde sich die Erde bis zum Ende dieses Jahrhunderts um weitere $0{,}6\,°C$ erwärmen.
- Die stärksten Temperaturänderungen (von $7{,}5\,°C$ in mittleren Szenarien) sind dabei im Winter in den nördlichen Breiten zu erwarten.
- Dementsprechend sind die größten Verluste an Eis- und Gletscherflächen in den hohen Breiten der Nordhalbkugel zu erwarten. Das arktische Meereis könnte bis zum Ende des 21. Jahrhunderts im Spätsommer sogar ganz verschwunden sein.
- Der Meeresspiegel wird in den nächsten 100 Jahren um 18 bis 59 cm ansteigen, wobei mittlere Szenarien von 48 cm ausgehen.
- Die erwarteten Veränderungen der Niederschlagsverteilung fallen regional deutlich differenzierter aus (vgl. Kapitel 5). Zunehmende Niederschläge sind insbesondere in den inneren Tropen zu erwarten, während in den randtropisch-subtropischen Gebieten die Niederschlagssummen eher abnehmen. Diese Gebiete geringer werdender Niederschläge werden sich voraussichtlich in den jeweiligen Sommern weiter bis in mittlere Breiten ausdehnen. Allerdings sind gerade bei der Prognose von Niederschlägen die Modelle mit besonders großen Unsicherheiten behaftet.

Die beschriebenen Veränderungen haben so vielfältige Folgen für das menschliche Leben auf der Erde, dass eine vollständige Darstellung kaum möglich ist. In diesem Rahmen können lediglich einige ausgewählte Konsequenzen grob umrissen werden (vgl. IPCC 2007c für eine ausführliche Darstellung).

Die steigenden Temperaturen in den nördlichen Breiten führen zu Veränderungen für die dortigen Permafrostböden. Bedingt durch eine anwachsende saisonale Auftauschicht nimmt die Stabilität des Untergrundes insbesondere an Hängen deutlich ab. Dies kann in bewohnten Gebieten die Infrastruktur in erheblichem Maße beeinträchtigen. Durch die Erwärmung wird außerdem im Boden in Form von CO_2 und CH_4 gespeicherter organischer Kohlenstoff freigesetzt, was über den Treibhauseffekt zu positiven Rückkopplungsprozessen führt. Insbesondere im subaquatischen Permafrost sind große Mengen an Methanhydraten gespeichert, die bei einer Freisetzung das Klima erheblich beeinflussen könnten. Die Hochgebirge sind ähnlich klimasensitiv wie die Polarregionen und könnten von ähnlichen Prozessen beeinflusst werden (Veit 2002).

Der steigende Meeresspiegel hat drastische Folgen für viele tief liegende Küstenregionen (Sterr 2007). Insbesondere in niedrig liegenden Inselarchipelen wie den Malediven, wo ein großer Prozentsatz der Bevölkerung in Küstennähe lebt, und in Ländern mit niedrigem Entwicklungsstand, die nicht in der Lage sind, ihre Infrastruktur entsprechend anzupassen (beispielsweise Bangladesh), ist mit einer zunehmenden Zahl von „Klimaflüchtlingen" zu rechnen. Ebenso sind durch den Meeresspiegelanstieg verursachte ökonomische Schäden zu erwarten. So könnten die damit einhergehenden Extremereignisse beispielsweise die Abläufe in größeren Häfen beeinträchtigen, was sich auf regionale Handels- und Transportnetzwerke auswirken würde. Auch an der deutschen Nord- und Ostseeküste könnte der Meeresspiegelanstieg ökonomische Folgen mit sich bringen (Exkurs „Auswirkungen des Meeresspiegelanstiegs auf den deutschen Küstenraum").

Der Klimawandel wirkt sich nicht nur auf das menschliche Wirtschaften, sondern in starkem Maß auch auf die menschliche Gesundheit aus. Einen direkten Einfluss hat dabei der Anstieg der Häufigkeit und der Intensität von extremen Wetterereignissen wie Überschwemmungen oder Hitzewellen. Der Hitzesommer 2003 forderte europaweit ca. 55 000 zusätzliche hitzebedingte Sterbefälle, davon ca. 7 000 in Deutschland (Jendritzky 2009). Thermische Belastungen beeinflussen außerdem Morbidität, Leistungsfähigkeit und Wohl-

Auswirkungen des Meeresspiegelanstiegs auf den deutschen Küstenraum

Obwohl in Deutschland die Vulnerabilität wesentlich geringer ist als in anderen vom Meeresspiegelanstieg bedrohten Regionen, ist auch hier mit erheblichen Auswirkungen zu rechnen. Sturmfluten werden in Zukunft an Nord- und Ostsee wesentlich häufiger auftreten als bisher. Durch die höhere Belastung der Deiche, die unter anderem durch kürzere Abstände und längere Dauer von Extremwasserständen verursacht wird, steigt das Risiko für Überschwemmungen. Auf niedrig liegenden ungeschützten Flächen, die auf Nordseeinseln sowie an der Ostseeküste häufig sind, kann es ab Mitte des 21. Jahrhunderts zu einer dauerhaften Überflutung kommen. Außerdem könnte die Küstenerosion zunehmen. All dies stellt eine große Bedrohung für die Wirtschaft in den betroffenen Regionen insbesondere jedoch für den Tourismus dar.

Alles in allem werden die Kosten für Küstenschutzmaßnahmen in den nächsten Jahren stark ansteigen (Sterr 2007). Mit großem finanziellem und technischem Aufwand wurde die Deichhöhe beispielsweise in Hamburg im laufenden Bauprogramm mittlerweile auf acht Meter über Normalnull erhöht. Man reagiert damit auf die derzeitigen Prognosen und Entwicklungen. Ähnlich massive Erhöhungen der Deiche gab es zuletzt nach der Sturmflut von 1962 (auf NN + 7,20 m), zuvor nach der Sturmflut von 1825 (auf NN + 5,70 m). Waren die früheren Maßnahmen Reaktionen auf Katastrophen, sind die derzeitigen präventiv.

befinden in nachteiliger Weise. Durch Hochwasser oder Sturmfluten kann die Trinkwasserqualität beeinträchtigt werden, was entsprechende Folgen für die Hygiene hätte. Auch posttraumatische Störungen, die durch solche Extremereignisse ausgelöst werden, gehören zu den gesundheitlichen Folgen des Klimawandels. Zu den indirekten Folgen der globalen Erwärmung für die Gesundheit zählt die größere Häufigkeit von Krankheiten. Insbesondere von Vektoren wie Insekten, Spinnentieren oder Nagetieren übertragene Erreger könnten häufiger auftreten, da die erwähnten Organismen sich schnell an veränderte Umgebungsbedingungen anpassen können und sich so stärker ausbreiten. In Deutschland konnte beispielsweise ein deutlicher Anstieg der Erkrankungen an Lyme-Borreliose sowie an Frühsommer-Meningoenzephalitis beobachtet werden, die beide von Zecken übertragen werden. Weltweit könnte die Anzahl der Malaria-Erkrankungen steigen. Die Anopheles-Mücke, die diese Krankheit überträgt, ist bisher auf tropische und subtropische Regionen beschränkt. Durch eine Klimaänderung könnte sie sich aber weiter verbreiten. Durch die globale Erwärmung ist außerdem mit einer Zunahme von Luftallergenen zu rechnen. Durch die verlängerte Vegetationsperiode beginnt der Pollenflug früher und die Pollenmenge erhöht sich. Die Ausbreitung von Neophyten trägt zusätzlich zu einer Erhöhung der allergenen Pollenmenge bei. Schließlich wird die menschliche Gesundheit durch eine erhöhte Belastung mit UV-Strahlen beeinträchtigt, die aus einer Abnahme der stratosphärischen Ozonkonzentration resultiert (Jendritzky 2009).

Die Folgen des Klimawandels sind so facettenreich und weitreichend, dass sie sich einer vollständigen Darstellung in diesem Rahmen entziehen. Auch für die Landwirtschaft, für die Versorgung mit Trinkwasser oder auch für marine Ökosysteme wie beispielsweise Korallenriffe ergeben sich weitreichende Konsequenzen. Der Klimawandel und seine Folgen bleibt einer der großen Herausforderungen unserer Zeit. Mittlerweile zielen die politischen und wissenschaftlichen Maßnahmen bzw. Analysen nicht mehr nur auf die Minderung und Bekämpfung der Ursachen ab, sondern auf die Folgen und deren Bewältigung. Dem globalen Klimawandel kommt in der Global-Change-Forschung nach wie vor eine exponierte Rolle zu.

13.5 Umgang mit den Risiken des globalen Wandels

Die massiven Eingriffe in das System Erde haben gravierende Folgen für die Lebensumstände vieler Menschen. Diese sind nicht immer nur von positiver Natur. Wie bereits beschrieben, sind viele Menschen durch die Auswirkungen des globalen Wandels von Armut und Hunger bedroht. Die Versorgung mit Trinkwasser gestaltet sich in vielen Teilen der Erde immer schwieriger und auch kurzzeitig wirksame Phänomene wie Sturmfluten, aber auch Unfälle in Kernkraftwerken stellen die wachsende Bevölkerung vor Probleme. Wie kann der Mensch mit solchen Risiken umgehen?

Das Risiko eines bestimmten Ereignisses wird im Wesentlichen durch dessen **Eintrittswahrscheinlichkeit** sowie durch das mit dem Eintreten verbundene **Schadensausmaß** bestimmt (WBGU 1999). Dieses wiederum kann in verschiedenen Regionen vollkommen unterschiedlich ausfallen. Der Grad der Anfälligkeit von Systemen für Krisen (Katastrophen, Konflikte) bzw. gegenüber Umweltveränderungen sowie ihre Fähigkeit, sich an die Auswirkungen anzupassen, wird als Verwundbarkeit (**Vulnerabilität**) bezeichnet. Diese hat eine interne und eine externe Seite: Die Vulnerabilität einer Gesellschaft ist hoch, wenn sie zum einen Risiken stark ausgesetzt ist (*exposure*) und zum anderen Schwierigkeiten hat, mit diesen umzugehen (*coping*) (Bohle 2008, WBGU 2005).

Um den Risiken des globalen Wandels adäquat zu begegnen, ist es zunächst notwendig, diese zu typisieren, um so die Handlungsmaßnahmen an die jeweiligen komplexen Interaktionsmuster anzupassen. Der WBGU gliedert Risiken zunächst nach der Zugehörigkeit zu einem bestimmten Risikobereich (Normal-, Grenz- oder Verbotsbereich) (WBGU 1999). Diese unterscheiden sich hinsichtlich Ungewissheit in Bezug auf die Wahrscheinlichkeitsverteilung von Schäden, Schadenspotenzial, Eintrittswahrscheinlichkeit, Schwankungsbreiten, Persistenz, Ubiquität, Irreversibilität und Konfliktpotenzial. Bei Risiken im **Normalbereich** sind sämtliche genannten Faktoren als eher gering einzustufen, was sie handhabbar für das politische Handeln macht. Im **Grenz- und Verbotsbereich** wird dagegen bei mindestens einem der genannten Parameter ein hohes Maß erreicht, wobei bei Risiken im Verbotsbereich extreme Ausprägungen vorliegen. Innerhalb dieser Be-

reiche werden dann je nach Ausprägung der einzelnen genannten Faktoren verschiedene Risikotypen unterschieden (Abb. 13.10). Ereignisse, die große Schäden anrichten können, jedoch mit nur sehr geringer Wahrscheinlichkeit eintreten, werden dem Typ **Damokles** zugeordnet. Hierzu gehören Unfälle in Kernkraftwerken oder großchemischen Anlagen sowie an Staudämmen, aber auch Naturkatastrophen wie Meteoriteneinschläge. Beim Risikotyp **Zyklop** ist die Eintrittswahrscheinlichkeit weitgehend ungewiss, das Ausmaß der Schäden jedoch recht gut bestimmbar. Hierbei kann es sich um Naturereignisse wie Überschwemmungen oder Erdbeben, aber auch beispielsweise das Auftreten von AIDS handeln. Falls hingegen zusätzlich zur Eintrittswahrscheinlichkeit auch das Schadenspotenzial eines Ereignisses nicht bekannt ist, so wird es dem Typ **Pythia** zugeordnet. Als Beispiel ist hier eine plötzliche nichtlineare Klimaänderung zu nennen, deren katastrophale Folgen nur schwer modelliert werden können (Exkurs Kippelemente im Klimasystem). Ähnlich unüberschaubar sind Risiken des Typs **Pandora**. Sie haben persistente, ubiquitäre und irreversible Auswirkungen, deren Art und Ausmaß aber noch gänzlich unbekannt sind. Ein Beispiel hierfür ist die Wirkung persistenter organischer Schadstoffe (POP). Dem Typ **Kassandra** werden Schäden zugeordnet, bei denen das am Anfang des Kapitels beschriebene *time lag* besonders groß ist, die also erst in weiter Zukunft auftreten. Wenn auch ihre Eintrittswahrscheinlichkeit relativ hoch und das Schaden-

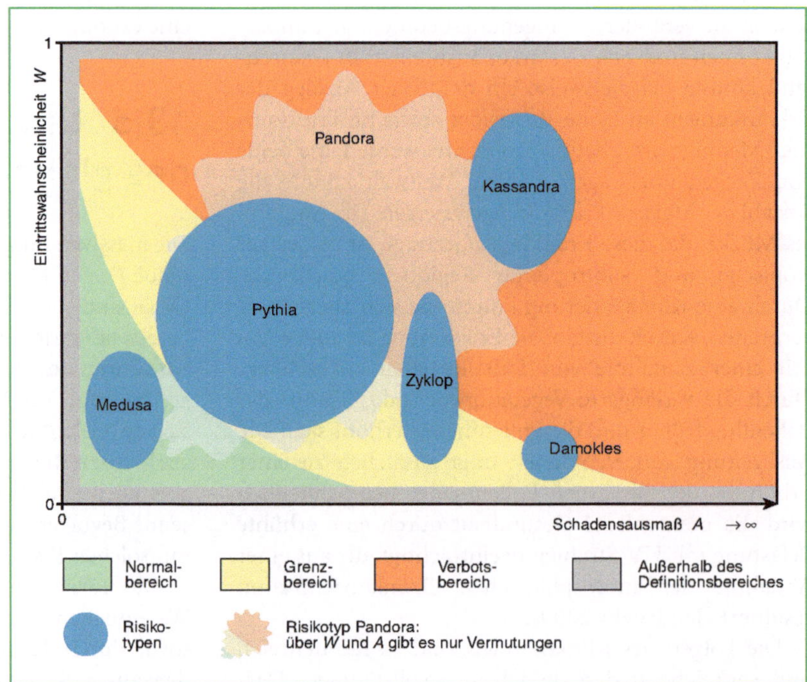

Abb. 13.10 Risikotypen im Normal-, Grenz- und Verbotsbereich (nach WBGU 1999).

spotenzial bekannt ist, entsteht in der Gesellschaft doch der trügerische Eindruck von Sicherheit. Wäre die Zeitspanne zwischen Auslöser und Effekt kleiner, würden höchstwahrscheinlich die Aufsichtsbehörden eingreifen. Deswegen ist dieser Risikotyp in der Verbotszone angeordnet. Ein Beispiel für diesen Effekt ist der bereits ausführlich beschriebene anthropogene Klimawandel. Andere Phänomene haben dagegen ein hohes Konfliktpotenzial in der Gesellschaft, obwohl die Bedrohung aus wissenschaftlicher Sicht als gering einzustufen ist. Sie liegen zwar aus fachlicher Sicht im Normalbereich, erscheinen aber als besonders angstauslösend und haben daher hohe Akzeptanzschwierigkeiten in der Gesellschaft. Solche vermeintlichen Risiken werden dem Typ **Medusa** zugeordnet.

Wenn also ein Ereignis einem der beschriebenen Risikotypen zugeordnet werden kann, ist es möglich, gezielte Handlungsmaßnahmen zu ergreifen. Grundsätzlich zielt man bei allen Maßnahmen darauf ab, das Risiko aus dem Grenz- bzw. Verbotsbereich in den Normalbereich zu überführen, der ein handhabbares Management auf politischer Ebene erlaubt. Dies kann zum einen durch Maßnahmen geschehen, die das Wissen verbessern und so dem Risikotyp entsprechende Unsicherheiten abbauen. Zum anderen können bestimmte regulative Maßnahmen ergriffen werden, die auf die jeweils typenspezifischen Größen einwirken (WBGU 1999).

Allgemein ist es jedoch schwer, mit den Risiken des globalen Wandels umzugehen. Durch die oben beschriebene räumliche und zeitliche Entkopplung von Ursache und Wirkung greift das sonst oft angewendete Ursacherprinzip nur schwer. Oft treffen die Wirkungen von Handlungen, die in reichen Ländern stattfinden, gerade die Länder mit einer höheren Vulnerabilität. Um diese zu reduzieren müssen verschiedene Instrumente der technischen Entwicklungszusammenarbeit angewandt werden, die damit einen wichtigen Bestandteil der globalen Risikovorsorge darstellt. Allgemein entziehen sich die Risiken des globalen Wandels zunehmend einer Lösung auf nationalstaatlicher Ebene. Nur durch eine globale Zusammenarbeit können wirksame Handlungsoptionen erarbeitet werden.

Zum Weiterdenken

1. Was könnten die Ursachen dafür sein, dass der antarktische Eisschild im Gegensatz zum grönländischen Eisschild und zum antarktischen Meereis eine positive Massenbilanz hat? Erläutern Sie.

2. Informieren Sie sich über die Folgen des Klimawandels für die Landwirtschaft. Erstellen Sie ein entsprechendes Wirkungsgefüge.

3. Stellen Sie die regionalen Auswirkungen des Klimawandels zusammen. Verwenden Sie zusätzlich zu diesem Text weitere Quellen wie beispielsweise den IPCC-Bericht.

4. Erstellen Sie ein Wirkungsgefüge zum Aralsee-Syndrom.

Literatur

Bohle HG (2008) Krisen, Katastrophen Kollaps – Geographien von Verwundbarkeit in der Risikogesellschaft. In: Kulke E, Popp H (Hrsg.) Umgang mit Risiken. Katastrophen – Destabilisierung – Sicherheit. Deutscher Geographentag 2007 Bayreuth. 29.09.–05.10.2007. Kongress für Wissenschaft, Schule und Praxis. Bayreuth, Berlin, 69–82.

Conrad C (2002) Auswirkungen intensiver Bewässerungswirtschaft in Zentralasien. Petermanns Geographische Mitteilungen 146(6), 4–5.

Crutzen P (1995) My life with O_3, NO_x and other YZO_xs. Nobel Lecture, 8. Dezember 1995. In: http://nobelprize.org/nobel_prizes/chemistry/laureates/1995/crutzen-lecture.pdf

Dech S, Glaser R, Meissner R (2008) Globaler Wandel. Die Erde aus dem All. München.

Giese E, Sehring J (2007) Die Aralsee-Katastrophe. In: Gebhardt H et al. (2007) Geographie. Physische Geographie und Humangeographie. Heidelberg, 1004–1005.

Glaser R, Gebhardt H (2007) Global Change, Syndromkomplexe und globale Ressourcenkonflikte. Einführung: Syndromkomplexe und der Kampf um Ressourcen. In: Gebhardt H et al. (2007) Geographie. Physische Geographie und Humangeographie. Heidelberg.

Glaser R, Kremb K (Hrsg.) (2007) Asien. Planet Erde. Darmstadt.

Glaser R, Kremb K (Hrsg.) (2006) Nord- und Südamerika. Planet Erde. Darmstadt.

Glaser R, Kremb K, Drescher A (Hrsg.) (2010) Afrika. Planet Erde. Darmstadt.

IPCC (2007a) Climate Change 2007: The Physical Science Basis. Contribution of Working Group I to the Fourth Assessment Report of the Intergovernmental Panel on Climate Change. Cambridge, New York.

IPCC (2007b) Climate Change 2007: Synthesis Report. Contribution of Working Groups I, II and III to the Fourth Assessment Report of the Intergovernmental Panel on Climate Change. Genf.

IPCC (2007c) Climate Change 2007: Impacts, Adaptation and Vulnerability. Contribution of Working Group II to the Fourth Assessment Report of the Intergovernmental Panel on Climate Change. Cambridge.

Jacobeit, J. (2008) Neuere Perspektiven des Klimawandels. In: Kulke E, Popp H (Hrsg.) (2007) Umgang mit Risiken. Katastrophen – Destabilisierung – Sicherheit. Deutscher Geographentag 2007 Bayreuth. 29.09.–05.10.2007. Kongress für Wissenschaft, Schule und Praxis. Bayreuth, Berlin, 115–155.

Jendritzky G (2009) Folgen des Klimawandels für die Gesundheit. Geographische Rundschau 61(9), S. 36–42.

Johnston RJ, Taylor PJ, Watts MJ (2002) Geographies of Global Change. Remapping the World. Oxford.

Lenton TM et al. (2008) Tippig elements in Earth's climate system. In: PNAS 105(6), 1786–1793.

Mauser W (2007) Globaler Wandel und Grenzen des Wachstums. In: Gebhardt et al. (2007) Geographie. Physische Geographie und Humangeographie. Heidelberg.

Schönwiese CD (2009) Klimawandel im Industriezeitalter: Fakten und Interpretationen der Vergangenheit. Geographische Rundschau 61(9), 4–11.

Sladkevich A (2009) Der verschwundene See. Eine Reise in den Westen Usbekistans. Geographische Rundschau 61(9), 60–64.

Steffen W et al. (2004) Global Change and the Earth System. A Planet Under Pressure. Heidelberg.

Sterr H (2007) Folgen des Klimawandels für Ozeane und Küsten. In: Endlicher W, Gerstengabe, FW (2007) (Hrsg.) Der Klimawandel – Einblicke, Rückblicke und Ausblicke. Berlin, Potsdam.

Veit H (2002) Die Alpen. Geoökologie und Landschaftsentwicklung. Stuttgart.

Vitousek PM (1994) Beyond Global Warming. Ecology and Global Change. Ecology: Vol 75, No. 7, 1861–1876.

WBGU (1993) Welt im Wandel: Grundstruktur globaler Mensch-Umwelt-Beziehungen. Jahresgutachten 1993. Bonn.

WBGU (1996) Welt im Wandel: Herausforderungen für die deutsche Wissenschaft. Jahresgutachten 1996. Bremerhaven.

WBGU (1999) Welt im Wandel: Strategien zur Bewältigung globaler Umweltrisiken. Hauptgutachten 1998. Berlin, Heidelberg, New York, Springer-Verlag.

WBGU (2005) Welt im Wandel: Armutsbekämpfung durch Umweltpolitik. Berlin, Heidelberg, New York.

WBGU (2007) Welt im Wandel: Sicherheitsrisiko Klimawandel. Berlin.

Index

Die gesamte Geographie in einem Band!

Hans Gebhardt / Rüdiger Glaser / Ulrich Radtke /
Paul Reuber (Hrsg.)

Geographie

Dieses Geographie-Lehrbuch behandelt auf ca. 1100 Seiten die gesamte Geographie, also Physische Geographie wie auch Humangeographie.

Neben den aktuellen Forschungsfeldern nehmen die Schnittbereiche dieser beiden Teildisziplinen, die das Wechselverhältnis von Umwelt und Gesellschaft betrachten, hier einen breiteren Raum ein als üblich. Integrative Ansätze wie die Humanökologie und die Politische Ökologie werden ebenso vorgestellt wie Probleme des Global Change und aktuelle Ressourcenkonflikte, etwa um Wasser oder Erdöl. Auch verschiedene Aspekte von Naturgefahren und Naturrisiken kommen zur Sprache. Ausführlich werden natur- und gesellschaftswissenschaftliche Forschungsmethoden, Konzeptionen und Zugangswege in der Geographie besprochen und kritisch reflektiert.

Jedes Kapitel wird durch einen kurzen Aufriss, der in das Thema einführt, eingeleitet. Zusammenfassungen und Perspektiven erleichtern es, Zusammenhänge zu verstehen und über das Faktenlernen hinaus zu einem grundlegenden Verständnis von Gesellschafts- und Umweltfragen zu gelangen.

1. Aufl. 2006, 1098 S., 653 farb. Abb., geb.
€ [D] 89,50 / € [A] 92,- / CHF 139,-
ISBN 978-3-8274-1543-1

▸ Enthält Physische Geographie und Humangeographie

▸ Ausführliche Darstellung von Forschungsmethoden und Konzeptionen

▸ Boxen zur Hervorhebung von einzelnen Aspekten

▸ ca. 650 vierfarbige Abbildungen

„Das Buch präsentiert die moderne Geographie in all ihrer Stärke: ganzheitlich, interdisziplinär, aktuell und zukunftsorientiert."
Prof. Dr. Hans-Joachim Fuchs, Universität Mainz

„Exzellenter Überblick über die Geographie zu Beginn des 21. Jahrhunderts in Deutschland."
Prof. Dr. Thomas Krings, Universität Freiburg

„In eine todlangweilige Kommissionssitzung mitgenommen, zu blättern begonnen, oft festgelesen – mit großem Gewinn die Sitzung verlassen."
Prof. Dr. Winfried Schenk, Universität Bonn

„Wenn jemand wissen will, was moderne Geographie ist, dann hat er mit diesem Buch die Antwort."
Prof. Dr. Dominik Faust, TU Dresden

„Die klare Sprache und Gliederung ermöglicht es Anfängern sich rasch über Grundlagen und Anwendungsbezüge der verschiedenen fachlichen Schwerpunkte zu orientieren."
Prof. Dr. Jürgen Heinrich, Universität Leipzig

Bild-CD-ROM
Geographie
mit den Grafiken des Buches in JPEG- und PDF-Format

1. Aufl. 2006, CD-ROM – ISBN 978-3-8274-1791-6
€ [D] 25,- / € [A] 25,21 / CHF 37,-

▸ Ausführliche Informationen unter www.spektrum-verlag.de

Die € [D]-Preise enthalten 7 % MwSt (Bücher) bzw. 19 % MwSt. (elektronische Produkte). Der € [A]-Preis ist uns vom dortigen Importeur als Mindestpreis genannt worden. Irrtümer und Preisänderungen vorbehalten. Stand März 2010. 20100310

Buchtipps für das Studium der Geographie

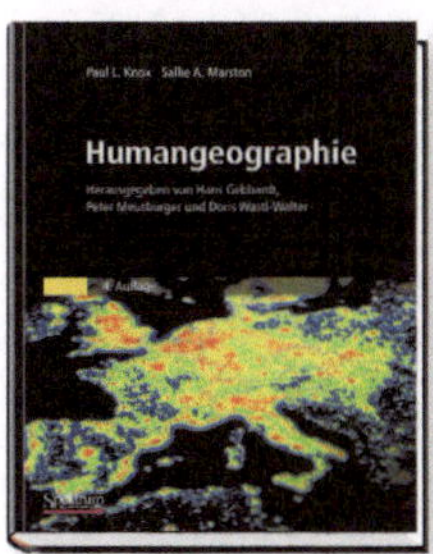

4. Aufl. 2008, 790 S., 480 farb. Abb., geb.
€ [D] 74,95 / € [A] 77,06 / CHF 109,-
ISBN 978-3-8274-1815-9

Paul L. Knox / Sallie A. Marston
H. Gebhardt / P. Meusburger / D. Wastl-Walter (Hrsg.)

Humangeographie

Das Buch verfolgt ein inhaltliches Konzept, das in dieser Form für ein deutschsprachiges Lehrbuch zur Einführung in die Geographie neu ist: eine Ordnung des Stoffes der allgemeinen Humangeographie im Spannungsfeld zwischen weltweiter Globalisierung einerseits und Regionalisierung/Fragmentierung andererseits. Durch den Bezug auf Alltagserfahrungen wird das Basiswissen der Humangeographie leicht verständlich zu erläutern.

2. Aufl. 2010, 364 S., 27 farb. Abb., geb.
€ [D] 49,95 / € [A] 51,35 / CHF 77,50
ISBN 978-3-8274-1919-4

Elmar Kulke (Hrsg.)

Wirtschaftsgeographie Deutschlands

In den letzten zwei Jahrzehnten seit der Wiedervereinigung erfuhr ganz Deutschland einen tiefgreifenden wirtschaftlichen und räumlichen Wandel, der zunehmend durch internationale Verflechtungen beeinflusst wird. Das vorliegende Lehrbuch beleuchtet in vielen Facetten die aktuellen Strukturen und Veränderungen in Deutschland, sowohl in sektoraler als auch in räumlicher Hinsicht. Die aktuellen Fakten werden durch zahlreiche Grafiken, Tabellen und Fotografien veranschaulicht.

2. Aufl. 2010, ca. 196 S., geb.
€ [D] 39,95 / € [A] 41,07 / CHF 58,-
ISBN 978-3-8274-2594-2

J. Eberle / B. Eitel / W. D. Blümel / P. Wittmann

Deutschlands Süden
vom Erdmittelalter zur Gegenwart

Die Verfasser stellen die Landschaftsgeschichte Süddeutschlands allgemeinverständlich für einen breiten Leserkreis dar und entwerfen zu den einzelnen Zeitphasen ein virtuelles Bild dieser Landschaft. Vergleiche mit heutigen Landschaften außerhalb Europas ermöglichen es dem Leser überdies, eine bessere Vorstellung des einstigen Erscheinungsbildes von Süddeutschland zu entwickeln.

1. Aufl. 2010, ca. 278 S., 180 farb. Abb., geb.
€ [D] 39,95 / € [A] 41,07 / CHF 62,-
ISBN 978-3-8274-2006-0

Klaus Zehner / Gerald Wood (Hrsg.)

Großbritannien
Geographien eines europäischen Nachbarn

Dieses vierfarbige, mit Fotos und Grafiken reich illustrierte Buch ist keine umfassende Länderkunde, sondern greift exemplarisch interessante und spannende Aspekte des Landes auf, z.B. die Bergwerksproblematik in Wales, London als Großraum, die Überalterung des Südens. Das Buch ist ein Lese-Lehrbuch, das heißt es bietet Fakten und Lernstoff für die Ausbildung, lädt aber aufgrund seiner Themenwahl auch zum Schmökern ein.

▶ Ausführliche Informationen unter www.spektrum-verlag.de